农圣文化与国学经典教育

李昌武　主编

李广伟　李兴军　副主编

中国农业出版社

北　京

《农圣文化与国学经典教育》编撰委员会

教材编撰领导小组

组　　长：李昌武　李凤祥

副组长：杨专志　李广伟

成　　员：高宏赋　张治富　赵兴军　刘学周

　　　　　李兴军　李俊英

教材编撰委员会

主　　编：李昌武

副主编：李广伟　李兴军

成　　员：李兴军　杨晓霞　赵兴军　张晴晴

　　　　　姜志云　马　健　李俊英　杨秋红

学术顾问：樊志民　刘效武　国乃全

前　言

　　中华文化源远流长，中华文明灿若星辰。农耕文化作为中华优秀传统文化的重要组成部分，对中国人的影响深远、根深蒂固。寿光是农圣贾思勰故里，著名的中国蔬菜之乡、中国农耕文化之乡，史称"北海名城，东秦壮县""衣冠文采，标盛东齐""人物辐辏之地"，全国唯一的县办大学——潍坊科技学院就坐落于此。

　　自 2010 年以来，学院连续举办了九届中华农业文化国际研讨会。2011年，学院成立国学研究所，将研究成果融入人才培养方案，面向全校学生开设了国学必修课。2014 年，为加强优秀传统文化教育，学校开展了以农圣文化为特色的优秀传统文化研究和育人实践。2016 年，学校成为中国农业历史学会常务理事单位，建设了农圣文化研究中心，搭建了农圣文化研究的新平台，在农圣文化与优秀传统文化的挖掘、研究方面作出了积极努力。2017 年，农圣文化研究中心由山东省教育厅确立为"十三五"山东高校人文社会科学研究基地；同年，农圣文化研究标志性成果《中华农圣贾思勰与〈齐民要术〉研究丛书》（20 册，500 余万字）正式出版，并获国家出版基金资助，入选"十三五"国家重点图书出版规划，在国内学术界产生积极影响。2018 年 11 月 11日，由潍坊科技学院牵头申报的国家二级学会"中国农业历史学会农学思想与〈齐民要术〉研究会"正式揭牌成立，标志着农圣文化研究进入了潍坊科技学院与全国，乃至世界范围内农史研究工作者学术交流互动的全新时代。

　　江河万里，不废古今。忘记意味着背叛，而摒弃传统我们将会失去共有的精神家园。按照马克思主义历史唯物论分析，人类几千年甚至上万年的农耕生产生活方式，形成了内涵丰富的农耕传统文化。一部中国古代史也是新时代中国的农耕文明史，而传统农耕文化一直持续和影响到近现代。南北朝时期在我国的社会发展中是一个特殊的时期，也是我国第一次民族大分裂、大融合悲喜共存的时代。北魏拓跋氏建立的少数民族政权与南朝汉民族政权对峙，尽管孝文帝崇尚汉民族文化，推行了一系列的汉化改革措施，但不可否认中华民族传统农耕文化也因此受极大冲击，面临被颠覆的危机。"齐郡益都"（时县治在今山东寿光）贾思勰悲天悯民，敢于担当大任，倾其毕生精力创作了影响中国乃至世界发展的农学巨著《齐民要术》。他承先启后，系统总结了中国北方主要是黄河流域北魏及其以前的农业生产经验，并从理论上加以提高，使我国农学第一次形成精耕细作的完整体系，挽救了传统农业并使之得以持续发展，是对中华文明的有益传承。一定程度上讲，也为隋唐盛世的形成奠定了坚实基础。

一

我们无法一一列举或详细明确曾为中国乃至世界带来重大影响，甚至改变人类历史发展进程的那些具体的"中国发明""中国创造"，但可以肯定的是，中华优秀传统文化是其中最具民族智慧和特色的根本所在，是"根"和"魂"。正如习近平总书记指出的："文化的力量是民族生存和强大的根本力量。中华民族历史悠久、饱经沧桑，几分几合，几遭侵略，都不能被分裂和消亡，始终保持着强大的生命力，根本的原因就在于我们具有源远流长、博大精深的文化内涵"，"中华文化积淀着中华民族最深沉的精神追求，包含着中华民族最根本的精神基因，代表着中华民族独特的精神标识，是中华民族生生不息、发展壮大的丰厚滋养。""中华优秀传统文化是中华民族的精神命脉，是涵养社会主义核心价值观的重要源泉，也是我们在世界文化激荡中站稳脚跟的坚实根基。"

党的十九大报告进一步提出，"文化自信是一个国家、一个民族发展中更基本、更深沉、更持久的力量。"坚守中华文化立场，创造性转化、创新性发展中华优秀传统文化，就必须不忘本来、吸收外来、面向未来。更好构筑中国精神、中国价值、中国力量，为人民提供精神指引。每一个中国人，尤其是新时代青年大学生，更应当义无反顾地、责无旁贷地担负起这样的历史重任，自觉做一个中华优秀传统文化的传承者、坚守者。

"君子和而不同"，中华优秀传统文化是中华民族在波澜壮阔的历史发展进程中，不断地交流、碰撞、融合、凝练、升华而成的。它既有以诸子百家的思想、学说，特别是以儒家思想学说为底色、根本和主流的文化内涵，又有以各民族各地域文化为特色、表征和载体的具体文化形态，代表了中华民族的群体思维特点，是中华民族宇宙观、人生观、价值观、道德观的具体体现。齐鲁文化是诞生并发展于齐鲁大地的地域文化，诞生了著名的"齐鲁十二圣"，在中华传统文化中占有重要地位，与我国古老的东夷文化（以潍坊区域为腹地）又有着深刻的渊源关系。在齐鲁大地上诞生了影响中国数千年历史发展，并将长期影响中国发展的两大杰出文化代表，这便是礼崩乐坏后春秋以降以至圣孔子的思想学说为代表的儒家学派和儒家文化，民族分裂融合下南北朝以降以农圣贾思勰的思想学说为代表的农家学派和农圣（耕）文化。儒家文化是中华优秀传统文化的基石和底色，农圣（耕）文化作为优秀传统文化的一部分，创造性转化、创新性发展了儒家文化，推动了农耕文明的持续性发展，成为儒家文化中以家国情怀为代表的人文思想和学以致用的典范。

农圣文化作为传统农耕文化的杰出代表，是中华优秀传统文化的重要组成部分，它是以我国南北朝时期，北魏著名农学家贾思勰（今山东寿光人）的农学思想为核心，以其所著农学巨著《齐民要术》为客观载体，综合了中华优秀传统文化，特别是传统农耕文化精华，在长期的历史发展过程中普遍为人们接受和传承应用所形成的，包括精神的、物质的、社会的等价值体系内涵的稳定的传统文化形态。如果说儒家文化是从中国人的思想和精神层面，构建并形成的一种经世致用的普遍的宇宙观、价值观、人生观、道德观，那么，农圣文化则是从与人类休戚相关的现实生活层面，构建并形成的一种经济实用的朴素的价值观、发展观、生产观和生活观。作为中华优秀传统文化的主流和核心部分，齐鲁文化与其他地域文化、各民族文化一起，共同构成了内涵丰富、异彩纷呈、辉煌灿烂的中华文化。农圣文化形成于齐鲁大地，东夷文化是农圣文化的渊源所在，确切地说农圣文化是从贾思勰的故乡（寿光）出发，以齐鲁为中心，辐射长江以北我国黄河流域的一种农耕社会的文化形态，是齐鲁文化的重要构成元素。因此，农圣文化与齐鲁文化、东夷文化水乳交融关系密切，共同汇入了中华传统文化的大河。无论农圣文化、齐鲁文化，还是东夷文化，都是中华优秀传统文化不可分割的重要组成部分，它们之间既有包含与被包含、传承与创新，又有拓展与完善的关系，而从文化的主体与个体关系讲，中华优秀传统文化是其共有的文化母体。

二

热爱自己的国家从热爱自己的家乡开始，而爱家乡就应该对在家乡这片土地上所形成的特有的乡土文化，具有自觉地珍爱和保护意识，就需要对家乡的文化内涵有一个清晰的认知，从而唤起内心那份对"家"的眷恋与自豪，进而形成一种朴素的家国情怀，负起对家对国应尽的一份责任担当。要把握农圣文化的基本内涵和核心精神，农圣贾思勰与其所著《齐民要术》无疑是农圣文化研究和传承中的关键所在，也是打开农圣文化宝库的唯一一把金钥匙。

贾思勰，我国历史上著名的农学家之一，南北朝时期北魏齐郡益都县（时县治在今山东省寿光市城南益城村）人，官至高阳郡太守。贾思勰"人以文传"，史籍缺乏记载，其具体生卒年不详，学界基本认同贾思勰约生活于公元5世纪末至6世纪上叶（北魏末至东魏初，南京农业大学郭文韬教授、严火其教授考证其大约生活于公元488—556年，大概活了68岁）。贾思勰与北魏后期同为今寿光籍的贾思伯、贾思同兄弟相近，且为宗族兄弟关系。贾思勰家学深厚、学识渊博，一生潜心治学，躬耕田畴，"身居一郡，博识宏通"，足迹遍至今山东、河南、山西、河北等地，积累了丰富的农业生产实践知识和经验。他认为农业是人民衣食之本，也是安邦之本，主张"食为政首""要在安民，富而教之"，祈愿"岁岁开广，百姓充给"；他认为"人生在勤，勤则不匮"，农业生产应"顺天时，量地利，则用力少而成功多；任情返道，劳而无获"；他把商业流通看做是"益国利民不朽之术"，还主张节约，反对浪费，重视粮食生产，主张农林牧渔副全面发展的大农业思想，倾其生精力著成"中国古代农业百科全书"《齐民要术》，贾思勰也因此被世人尊为"农圣"。

贾思勰何以为"圣"？究其原因，综合中外专家学者的观点，主要有以下四个主要方面：

（一）兴灭继绝，力挽狂澜

南北朝时期，北魏由北方少数民族拓跋氏一族主政，春秋战国和秦汉以来所形成的传统农业体系受到北方草原游牧文化的严峻冲击和破坏，贾思勰在中国农业历史面临倒退的危急时刻，扶大厦于即倾，全面、系统、丰富、科学地总结和继承了公元6世纪当时及之前我国古老的优秀农耕传统，并对少数民族畜牧生产技术进行了科学巧妙地取舍，悉数载入《齐民要术》，承前启后，为中华传统农耕文化的持续发展，做出了不可估量、无可替代的卓越贡献，也为后来隋唐盛世局面的形成奠定了基础，"在世界农学史上填补了欧洲中世纪时期农学的空白。"（著名农史专家缪启愉教授语）。

（二）体例创新，但开风气

《齐民要术》之前的古农书体例单一且多佚失，贾思勰"起自耕农，终于醯醢，资生之业，靡不毕书"，包含了农、林、牧、渔、副大农业生产的各个方面，可谓开风气之先，第一次使中国农学形成精耕细作的完整的综合体系。贾思勰开创的著述新风，援引资料标明出处、保留原文、不擅改一字，树立了古农书中的典范。虽其无先例可循，却为后世农书开创了范例，"体系完整，是前所未见的全新格局""规模之大是空前的，超过以前任何农书""是中国农学发展史的里程碑"（缪启愉语），也是世界农学史上第一部百科全书式的专著，具有划时代的意义。

（三）知行合一，后学楷模

贾思勰创作《齐民要术》"采捃经传，爰及歌谣，询之老成，验之行事"，将传统知识、民间采集与调查研究、总结思考与实践验证等融为一体，理论联系实际，从群众中来到群众中去，"丁宁周至，言提其耳，每事指斥，不尚浮辞"，开创了后世农学研究著述新蹊径，"具有超前的创新性和综合性质"（缪启愉语）。

（四）思想深邃，光耀千秋

贾思勰坚持"食为政首""要在安民，富而教之"的传统"农本"思想和"民本"思想，系统地将儒家、法家、道家、墨家、兵家、农家、阴阳家等诸子百家优秀文化思想，科学地植入、转化为指导农业生产实践的先进农学思想，建立了系统完善的古代农学思想体系，形成内涵丰富的农圣文化，体现了中国思维、东方智慧，达到了前无古人、行为世范的境界。

《齐民要术》是目前发现的贾思勰唯一的传世作品，约成书于公元 6 世纪（据南京农业大学郭文韬、严火其教授考证，《齐民要术》约成书于公元 528—556 年间），全书共 10 卷，92 篇，11 多万字，引用摘录古代典籍 150 余种（据西北农学院即今西北农林科技大学石声汉教授考证，若不重复计算，全书引用的古籍约 157 种）。此外，卷 1 前面《杂说》，大多数研究者认为非贾书原有，专家考证认为是唐代人加入的可能性较大。全书内容涉及了现代大农业生产的各个方面，第一次全面系统地记载了 6 世纪及之前时期我国黄河流域旱地农业的生产状况及农业技术，精确细致地总结了劳动人民从实践中积累的精耕细作的优良传统，对中华传统农耕文明的可持续发展作出巨大贡献，是中国与世界农学史上的经典性农学巨著，对后世农业生产具有深远影响，被誉为"中国古代的农业百科全书"。

专家学者普遍认同，《齐民要术》的科学成就和学术贡献，主要体现在以下十个方面：

1. 对秦汉以来黄河流域旱作农业以保墒防旱为中心的精细技术措施作了系统的总结。

2. 总结创新了种子处理和选种、育种、良种培育等技术。

3. 总结创新了播种技术、轮作和间混套种，绿肥使用等技术措施。

4. 总结了精耕细作的园艺技术，林木压条、嫁接等繁育技术，动植物的保护和饲养技术，防治杂草猖獗，病虫害防治，防止鸟、畜破坏，重视作物品种的抗逆性，预防霜冻，家畜的安全越冬问题，仔猪肥育法，养鸡速肥法等。

5. 对生物的鉴别和对遗传变异的认识，包括对植物性别和种类的鉴别，家禽、畜类的饲养管理、选留种畜、种禽，外形鉴定，乃至人工杂交等技术的总结创新。

6. 对有关微生物学、生物化学的应用实践和农副产品加工的系统总结，涉及微生物所产生的酶的广泛利用，包括酒化酶、醋酸菌、蛋白酶、乳酸菌和淀粉酶的利用，产品繁多，广及各种酒、醋、酱、酸咸素肉类菹菜、鱼肉酢（音 zhǎ）、饴糖等，是最早的饮食工艺集中记载。

7. 《齐民要术》的诞生，使我国农学第一次形成系统科学的体例。全书体例和取材布局，为我国后来的许多农书开辟了可以参考和遵循的途径，对后世影响巨大。石声汉教授评价说"《齐民要术》的成就，是总结了以前农学的成功，也为后来的农学开创了新的局面"，缪启愉教授更是说"《要术》本身虽然没有先例可循，却给后代农书开创了总体规划的范例，后代综合性的大型农书，无不以《要术》的编写体例为典范。"

8. 贾思勰写作所采取的"采捃经传，爰及歌谣，询之老成，验之行事"方法，也即重视继承与创新，走群众路线，注重实践经验和重视亲自试验的创作途径和方法，为后世农学家指明了方向，树立了治学典范。

9. 由于《齐民要术》的引用，保存了北魏以前的重要农业科学技术资料，是对传统的有益继承。同时，对于征引资料，贾思勰采取了严肃、认真、负责的态度，不任意加以删改剪裁，一般都较好地保持着原书的模样，因而给其他经书之类的校勘提供了很好的考证资料。

10. 最重要的是农学思想内涵丰富，体系较完整，是中华优秀传统文化的重要组成部分，不仅对中外农业生产与历史具有巨大的影响，其中包括"顺天时，量地利，则用力少而成功多"等在内的一些科学思想至今仍然是现代大农业生产的重要遵循。

《齐民要术》是"我国现存最早的，在当时最完整、最全面、最系统化、最丰富的一部农业科学知识集成……也是全世界最古的农业科学专著之一。所以它不仅是我们祖国最珍贵的遗产，也是全人类光荣伟大的成就。"（摘自石声汉著《从〈齐民要术〉看中国古代的农业科学知识》）。在国内，《齐民要术》一经问世，起初虽为手抄本方式传播，但已引起历朝历代的高度重视，将之视为督导农业发展生产，增加税赋充实国库，从而稳定社会的重要依据，甚至出现"非朝廷要人不可得"的局面。自宋代以后到近代，相继出现了20多种版本，最早的刻本是北宋天圣年间（1023—1031）由皇家藏书馆"崇文院"校刊的官方刻本，现能发现的这一刻本藏存于日本高山寺，可惜十卷仅残存第五、第八两卷（缺最后半页）。1838年日本人小岛尚质影摹此两卷，后为我国清末民初杰出的历史地理学家、金石文字学家、目录版本学家、书法艺术家、泉币学家、藏书家杨守敬（1839—1915）所得，现存于北京中国农业科学院图书馆。1914年，我国近代农学家、教育家、考古学家、金石学家、敦煌学家、目录学家、校勘学家、古文字学家罗振玉（1866—1940）借得高山寺本用珂罗版影印，编入《吉石盦丛书》，国内才有院刻本的流传。已故的现代西北农学院（即今西北农林科技大学）的石声汉教授、南京农业大学的万国鼎教授、华南农业大学的梁家勉教授、北京农业大学的王毓瑚教授等等是早期研究中国农史的四大家，他们对贾思勰《齐民要术》的研究都作出过重要贡献。

在亚欧国家，《齐民要术》尚在手写传抄阶段就已东传日本，日本宽平年间（889—897年，相当于中国唐朝后期，《齐民要术》成书之后的300年左右）由藤原佐世编撰的《日本国见在书目》就收录了《齐民要术》；日本学者更是将贾思勰《齐民要术》研究称之为"贾学"（日本学者西山武一首次提出此概念），甚至说"凡是民家生产上生活上的事业，只要向《齐民要术》求教，依照着去做，经过历年的试行，没有一件不成功的。"（日本农学家山田罗谷语），"即使用现代科学的成就来衡量，在《齐民要术》这样雄浑有力的科学论述前面，人们也不得不折服。"（日本学者神谷庆治语），"我们的祖先在科学技术方面一直蒙受中国的恩惠。直到最近几年，日本在农业生产技术方面继续沿用中国技术的现象还到处可见"（日本学者薮内清语）。早在18世纪，法国的耶稣会士（即传道士）就在《北京耶稣会士关于中国人历史、科学、技术、风俗、习惯等纪要》等文献中，将《齐民要术》的部分内容翻译成法文传入法国。英国著名的生物学家查尔斯·罗伯特·达尔文在其《物种起源》和《动物和植物在家养下的变异》等著作中，曾5次引用《齐民要术》的观点来支持他的学说，并称之为"中国古代的农业百科全书"；英国近代生物化学家、科学技术史专家李约瑟博士在《中国科学技术史》中也谈及"中国文明在科学史中曾起过从未被认识的巨大作用。在人类了解自然和控制自然方面，中国有过贡献，而且贡献是伟大的。"其所指的也是《齐民要术》；20世纪80年代，德国学者赫茨（Hertz）还把《齐民要术》翻译成德文。

由此可见，《齐民要术》对世界农业和农业科学技术发展都有卓越的贡献，在中外农学史和科技发展史上均具有突出地位和深远影响。近现代以来，中外学者对《齐民要术》进行了深入研究，但没有得到人们的普遍重视，甚至认为不合时宜，更没有认识到《齐民要术》对优秀传统文化的弘扬，及其丰富的农学思想内涵和当代价值，实为可悲！文化传承是大学的使命，服务社会是大学的价值所在。挖掘研究《齐民要术》当代价值，培育农圣文化特色，作为农圣故里一所应用型大学，潍坊科技学院责无旁贷。

三

中华民族曾以无比的智慧和创造而无愧于伟大的民族，中华文明以东方文明的瑰丽和博大而无愧于泱泱大国风范。"位卑未敢忘忧国""先天下之忧而忧，后天下之乐而乐""为天地立心，为生民立命，为往圣继绝学，为万世开太平""苟利国家生死以，岂因祸福避趋之？""虽千万人，吾往矣"……古人前贤已在他们所处的时代，作出震烁古今黄钟大吕般的回答和惊天地泣鬼神式的伟大实践，处在改革开放的中国特色社会主义新时代和人类命运共同体发展的重要时期，我们应该怎么做？青年大学生又应该如何做？有的人忘记自己是从哪里来、到哪里去，数典忘祖，崇尚洋节，盲目追风不能自拔，令人叹息！那么，到底是随波逐流，在世界多元化的迅猛冲击中迷失自我、沉默消融？还是坚守中华文化立场，在波谲云诡的世界变幻中坚定道路自信、理论自信、制度自信和文化自信，为中华民族伟大复兴的中国梦，为世界和平发展的伟大实践，作出自己应有的积极贡献？

回答应该是肯定的，也应当是坚定的。

2013 年 11 月，习近平总书记在山东曲阜考察孔府和孔子研究院时说："一个国家、一个民族的强盛，总是以文化兴盛为支撑的，中华民族伟大复兴需要以中华文化发展繁荣为条件。"文化传承是中国梦的根基，文化融合更是连接世界梦的重要纽带。习近平总书记指出，"要引导人民树立和坚持正确的历史观、民族观、国家观、文化观，增强做中国人的骨气和底气。"就必须在继承中发展，在发展中继承，"要讲清楚每个国家和民族的历史传统、文化积淀、基本国情不同，其发展道路必然有着自己的特色；要讲清楚中华文化积淀着中华民族最深沉的精神追求，是中华民族生生不息、发展壮大的丰厚滋养；要讲清楚中华优秀传统文化是中华民族的突出优势，是我们最深厚的文化软实力；要讲清楚中国特色社会主义植根于中华文化沃土、反映中国人民的意愿、适应中国和时代发展进步要求，有着深厚历史渊源和广泛现实基础。""努力实现传统文化的创造性转化、创新性发展""把跨越时空、超越国度、富有永恒魅力、具有当代价值的文化精神弘扬起来"。

作为中华优秀传统文化重要组成部分的农圣文化，主要包括精神价值体系、物质价值体系和社会价值体系三大理论价值体系，其内涵相当丰富，当代价值鲜明突出。凝练到文化层面，农圣文化丰富的内涵和当代价值突出地表现为：以传统文化中的修身、齐家、治国、平天下思想为基本价值取向的家国情怀，以功成不必在我、功力必不唐捐为崇高人生境界的责任担当，以食为政首、要在安民、富而教之为基本政治洪范的农本思想和民本思想，以农林牧渔副综合发展为基本生产经营的大农业格局，以顺应自然规律、尊重科学为指导思想的实事求是理念，以注重学习实践、知行合一为基本内容的探索创新精神，以及以主张节约、反对奢靡浪费和未雨绸缪的忧患意识为基本特征的勤俭朴素品德等核心价值。农圣文化的核心价值与中华优秀传统文化主体精神一脉相承，充分展示了中华优秀传统文化在农业生产领域具体生动的转化与实践，也显示了中华优秀传统文化强大的生命力和普遍的适用价值。

社会主义核心价值观是对中华优秀传统文化的传承和升华，"把涉及国家、社会、公民的价值要求融为一体，既体现了社会主义本质要求，继承了中华优秀传统文化，也吸收了世界文明有益成果，体现了时代精神。"（《习近平在北京大学师生座谈会上的讲话》）中华优秀传统文化是涵养社会主义核心价值观的重要源泉。而农圣文化核心价值精神与社会主义核心价值观又有着非常密切的相互联系：与社会主义核心价值观国家层面富强、民主、文明、和谐的价值内涵相比，农圣文化的核心价值所体现的主要是对治国理政理念的高度重视；与社会主义核心价值观社会层面自由、平等、公正、法治的价值内涵相比，农圣文化的核心价值所体现的主要是对社会风气的高度重视；与社会主义核心价值观个人层面爱国、敬业、诚信、友善的价值内涵相比，农圣文化的核心价值则更多地体现为对个人修养的重视。

中国传统文化历来重视"家"的概念，仁人志士崇尚家国情怀，农圣文化也充分体现了这一特点，"家是国的家，国是家的国"，民富国强，也只有国家强大了人民富裕了社会文明了，个人的发展才会天高地阔更有价值，人与人之间才能更加文明和谐。由此说，践行农圣文化核心价值对坚守中华文化立场，提高思想境界，增强责任担当，丰富知识储备，涵养个人道德品性，增强其实践能力和职业操守，服务经济社会发展等大有裨益，对传承创新中华优秀传统文化，增强做中国人的骨气和底气，也是非常必要的。

四

"青年兴则国家兴，青年强则国家强"。教育，从根本上讲是立德树人的系统工程，"十年树木，百年树人"，育人的根本在立德。我们培育的人才只有有了高尚的品德，才能学以致用，自觉地将所学知识运用到建设国家、为人民服务的伟大实践中去。否则，其德不立其行不义难得其所，重者祸国殃民，这应当是教育工作者时刻思考的问题。文化是一个国家、一个民族的灵魂。"文化兴国运兴，文化强民族强"，没有高度的文化自信，没有文化的繁荣兴盛，就没有中华民族的伟大复兴。"人民有信仰，国家有力量，民族才有希望"，以国家富强、人民幸福为己任，志存高远、德才并重、情理兼修、勇于开拓是国家、民族和时代对青年人的希望与寄托，是中华民族实现伟大复兴中国梦的现实需求。为此，我们就必须要坚守中华文化立场，从中华民族五千多年文明历史所孕育的中华优秀传统文化中，寻找到力量之源和自信之基，就有必要结合中华优秀传统文化，对身边的、地方的优秀传统文化进行系统梳理、归纳、总结和提炼，让这些优秀的思想观念、人文精神、道德规范和具有积极时代价值的文化瑰宝，焕发出应有的智慧光芒，来丰富中国精神，丰满中国形象，彰显中国价值，创造性转化、创新性发展为立德树人的宝贵资源和生动教材。当然，我们也必须以开放包容的姿态，对待世界上一切优秀的文明成果，吸收借鉴一切先进的文化成果，剔除摒弃腐朽落后的不良文化，筑牢中华优秀传统文化根基，共同建设新时代中国特色社会主义文化大厦。

潍坊科技学院始终坚持"以生为本，适合的教育"核心理念，作为全国唯一一所县办大学，又是一所较为年轻的全日制普通本科高校。从成人教育、高职教育到本科教育，再到硕士学位授予培育建设单位，标志性、里程碑式的重大飞跃，受惠于齐鲁文化特别是以农圣文化为特色的地域文化和中华优秀传统文化的濡染，学校在实践与发展中形成了以"修身、博学、求索、笃行"为校训，以"创业敬业，求是求新"为学校精神，以"让认真成为品质"为校风，以"责任高于一切"为教风，以"勤学苦练"为学风的"113 潍科校园文化精神价值体系"（一校训、一学校精神、三风），成为潍坊科技学院区别于其他高校校园文化而特有的一种文化特质。"113 潍科校园文化精神价值体系"是潍科人共同的价值取向，充分体现了农圣文化核心价值文化特质，是对优秀传统文化与农圣文化的完美融合与凝练，反映了潍坊科技学院以农圣文化为特色的校园文化的历史纵深感、文化厚重感和时代张力感。

《农圣文化与国学经典教育》的编写，集中了潍坊科技学院人文学科教授、学者的智慧，也是对 2011 年以来实施国学教育校园全覆盖，优秀传统文化教育贯穿人才培养全过程的集中体现，更是寿光市《齐民要术》研究会、山东高校人文社科研究基地农圣文化研究中心多年研究成果的集中体现。全书以潍坊科技学院校训为纲安排章节，并结合社会主义核心价值观，分为了五章。从内容上讲，第一章至第四章主要从校训内容的释义、农圣文化核心价值与之相关的文化内涵释义、优秀传统文化（国学）经典文选释义、相关的人文故事，以及实践体验等，进行了诠释解读，第五章对农圣文化与社会主义核心价值观的关系作了系统分析，以期深化理解农圣文化，深刻把握潍坊科技学院"113 潍科校园文化精神价值体系"内涵，从而自觉践行社会主义核心价值观，自觉将农圣文化核心价值融入学习、成长、成才全过程，担负起青年大学生应有的责任，为实现自己的人生价值和理想能有所帮助。

中华文化博大精深，地域文化更是异彩纷呈，对中国社会和百姓生活产生广泛影响的农圣文化，却"百姓日用而不知"，限于编者的水平和能力，书稿的框架体例，以及选文选人选事的仁者见仁、智者见智，标准实难裁一，故挂一漏万，疏玉遗珠在所难免。我们将坚持对农圣文化这一重大课题的持续深入研究，特别是 2018 年 11 月 11 日国家二级学会"中国农业历史学会农学思想与《齐民要术》研究会"在潍坊科技学院成立后，更是为全国乃至世界范围内的农圣文化研究专家、学者提供了一个开放包容的学术交流平台，也必将更加深入地挖掘农圣文化当代价值，服务于高校"立德树人"根本任务，为现代农业发展和乡村振兴战略实施贡献积极的力量。

随着研究的不断深入和系列新研究成果的推出，《农圣文化与国学经典教育》一定还有一些需要不断提高和完善的地方，作为一本校本教材使用虽不尽精善，但却有其一定之特色，也符合学校培育以农圣文化为特色的校园文化的初衷，以及学校以农圣文化为特色的中华优秀传统文化融入人才培养全过程的人才培养规划。我们也衷心地期盼着莘莘学子能够在学习中，以习近平新时代中国特色社会主义思想为指导，将农圣文化核心价值与中华优秀传统文化精神、与"113 潍科校园文化精神"融而为一，不断转化为内心人文自觉，成为自身的一种修养和品质。坚定中华文化立场，培养"四个意识"，坚持"四个自信"，树立正确的世界观、人生观、价值观，强体健魄，勤学苦练，以责任高于一切的自觉和担当，努力学习好专业知识，丰富人文素养，充实大学生活。当你离开大学校园，带着"潍科文化"的烙印，自信地走向社会人生，用自己的聪明和才智，为实现自己的人生理想和个人价值，为实现中华民族伟大复兴的中国梦作出应有的积极贡献。

寿光市人大常委会副主任、潍坊科技学院校长

2019 年元月

目　　录

第一章 修身篇

第一节 修身 齐家 治国 平天下

2014年5月4日，习近平总书记在北京大学师生座谈会上的讲话中曾经强调指出："青年的价值取向决定了未来整个社会的价值取向，而青年又处在价值观形成和确立的时期，抓好这一时期的价值观养成十分重要。这就像穿衣服扣扣子一样，如果第一粒扣子扣错了，剩余的扣子都会扣错。人生的扣子从一开始就要扣好。"人无德不立，修德是做人之要、立身之本，所以青年要养成正确价值观，必须要从修身做起。

一、修身对人生与事业的重要性

《大学》中讲"修身、齐家、治国、平天下"，历代先贤都是把"修身"放在第一位。古代的"修身"现在一般称为自身修养。自身修养主要是指道德修养，指个人为培养优秀的道德品质、高尚的人格而进行的自我锻炼、自我改造活动。

儒家思想的核心思想是"仁"，那么什么是"仁"呢？孔子说"仁者爱人"。就是说只有内心充满爱人之心的人才会达到"仁"的境界。孟子也进一步证实道："仁，人心也"（《孟子·告子章句上》）。看来儒家的"仁"即人之本性，是爱心，是人心。只有真正具备了爱心和真心的人，才会具备"仁"的美德。那么，什么又是"德"呢？儒家把人比作一棵大树，德即树之根，做人之根本，而财富只是树的枝梢。"德者，本也；财者，末也"（《大学》）。根深才会叶茂，树才会生长旺盛。品德高尚的人才会得到社会的赞许，世人的尊崇，才会获得真正的财富。所以儒家认为"仁"为德本，德为人之本，这才是为人处世的原则。"仁者以财发身，不仁者以身发财"（《大学》）。有钱的人往往首先想到的是怎样装饰豪华的房屋，住得舒舒服服，但他们的内心却是空虚的，而往往又为钱财而忧虑。而道德高尚的人心胸宽广，性格开朗，做事光明正大从不做违心的事，自然心情愉悦。

司马光在《资治通鉴》中有一段著名的"德才论"："是故才德全尽谓之圣人，才德兼亡谓之愚人，德胜才谓之君子，才胜德谓之小人。凡取人之术，苟不得圣人，君子而与之，与其得小人，不若得愚人。"我们常用"德才兼备"来评价人才。当今社会对人才的"德"是很重视的，下面的事例可以说明这一点。

香港知名爱国人士、企业家刘永龄先生在华中理工大学与学生座谈时，有学生问刘先生，你作为一个中国人，在德国买下一家万余人的大企业，凭的是什么本领？他说，凭的是德才兼备的人才。学生又问，是德重要还是才重要？他说，当然是德重要，有德，才差一些问题不大，安排一个合适的位置就可以充分发挥作用。如果缺德，那就麻烦了。学生问，你所谓的"德"是什么德？刘先生听后沉重地讲，"我看至少是职业道德和社会公德吧！""我可以告诉你，大陆有的学生到我们公司去，表现不好，不但不信守合同，撕毁合同，而且撕毁合同以后，把公司借给他的东西，甚至不是借给他的东西席卷而去，不辞而别，逃之夭夭。请问是有这种人好？还是没有这种人好？"

在过去数年里，在欧洲要寻找好雇员，欧洲各行各业——从航空到钢铁，从电脑到旅馆——许多公司都在探索究竟是什么东西决定赢家和输家、好雇员和差雇员的区别。最终他们都得出了相同的答案：员工知识与他们的品质相比，真是太微不足道了。雇用，不仅是去找有相当经验的人，而是寻找有相当修养内涵的人。这些都说明修身的对一个人来说在其人生与事业上的重要性。

做人是做官的前提，一个领导干部的作为，取决于本人的修为。习近平同志非常重视干部的道德修养，强调"见贤思齐焉，见不贤而内自省也"。习近平同志把"三严三实"作为干部改进作风的要求，其中摆在首位的就是"严以修身"，涵盖了加强党性修养、坚定理想信念、提升道德境界、追求高尚情操等四个方面的内涵，为干部立德、立言、立行指明了具体方向。同时，习近平同志也明确阐述了修身立德的方法："吾日三省吾身"，强调的是反躬自省、自我批评；"心存敬畏，手握戒尺"，强调的是遵纪守法、不碰底线；"慎权、慎独、慎微、慎友"，强调的是防微杜渐、不弃微末；"祸莫大于不知足，咎莫大于欲得"，强调的是领导干部要管住自己的欲望。

二、潍坊科技学院校训中的"修身"

　　校园是大学生们的主要活动场所，因此，校训对学生的成长有着不可忽视的重要影响力。校训是学校历史和文化的积淀，是学校精神的象征，是学校教育理念的集中体现，是学校的行动纲领与指针，更是全校师生员工共同遵循的行为规范。校训，就是学校训诫、训导其学生在求学和做人等方面该怎么做，以促使其形成高尚的人格和正确的人生观。校训对于学校内聚合力，外塑形象，永葆活力与朝气，都具有不可替代的作用；对于激励师生员工奋发向上，开拓创新，弘扬优良传统，增强荣誉感、责任感和使命感，具有特别重要的意义。潍坊科技学院的校训是：修身，博学，求索，笃行。这八个字诠释了学院的办学理念、治校精神，也是学院校园文化建设的重要内容，是学院教风、学风、校风的集中表现，体现学院文化精神的核心内容。

　　"修身"语出《礼记·大学》："古之欲明明德于天下者，先治其国；欲治其国者，先齐其家；欲齐其家者，先修其身；欲修其身者，先正其心；欲正其心者，先诚其意；欲诚其意者，先致其知；致知在格物，物格而后知至，知至而后意诚，意诚而后心正，心正而后身修，身修而后家齐，家齐而后国治，国治而后天下平。"修身是指修养身心，涵养德性，努力提高自身的思想道德修养水平，是指个人对自己的思想意识和道德品质进行主动的、自觉的锻炼和修正，按照社会道德标准的要求，不断的消除、克制自己内心的各种非道德欲望，努力将自己的品德修养提高到一个尽善尽美的境界。修身，一是修德，二是修智，德才兼备，便是修身的理想结果，而修德又是修身的首要任务。修身是一个人安身立命之本，在中国文化传统中，修身一直作为培养人才的首要条件。学校是育人的圣地，修身是学校的主要任务，学生当"以修身为本"，学会做人，有爱心、负责任，要从现在做起，从我做起，树立远大理想，坚定崇高信念，自觉抵制和排斥各种不良的思想文化的侵蚀，立志为祖国和人民建功立业，积蓄才智。

三、"修身"内涵与经典选读

（一）传统文化视角下"修身"的内涵

　　《礼记·大学》一文中曾经提到，"自天子以至于庶人，壹是皆以修身为本。"儒家讲修身、齐家、治国、平天下，这里讲的修身，是一切生活实践的前提和基础，它包括以下几方面的内涵。

1. 以治国平天下为目标

中国传统文化一个显著的特点，就是重视个体道德情操和人格意志的培养，强调个体不断加强自身修养，提高自我，完善自我。不过，古人重视自身修养，并不仅是为了完善自我，也是为完善社会，即治国平天下。当然，欲完善社会，需从完善自身做起。孔子主张"修己以安人"，"修己以安百姓"（《论语·宪问》)，将提高自身修养看做治国安民的前提。孟子更明确说明了自身与家、国、天下的关系："天下之本在国，国之本在家，家之本在身。"（《孟子·离娄》)《大学》对这一思想作了更为具体、明确的表述。《大学》讲：

古之欲明明德于天下者，先治其国；欲治其国者，先齐其家；欲齐其家者，先修其身；欲修其身者，先正其心；欲正其心者，先诚其意；欲诚其意者，先致其知，致知在格物。物格而后知至，知至而后意诚，意诚而后心正，心正而后身修，身修而后家齐，家齐而后国治，国治而后天下平。

这里，先哲为我们展示了人生进修的阶梯。就这里的阶梯本身而言，包括了"内修"和"外治"，即完善自我和完善社会两大方面。"格物、致知、诚意、正心"是"内修"，即如何完善自我；"齐家、治国、平天下"是"外治"，即从治家到定国安邦，其间的纽带是"修身"。"外治"以"内修"为基础，"自天子以至于庶人，壹是皆以修身为本"；而齐家、治国、平天下则是自身道德修养追求的最大目标，是实现人生价值的根本。由此可见，儒家的"修身之道"具有强烈的社会责任感和使命感，而不只局限于狭隘的个人利益。

2. 以人性论为理论基础

人性论主要探讨人性的本质是什么，人性的源泉是什么，人性是善是恶，人性的等级品次是怎么样的，等等。通过人性论的阐发，目的是说明人能否通过修身而达到理想的精神境界。我国历代思想家都关注人性问题，形成了丰富而深刻的人性理论，如孟子的性善论，荀子的性恶论，扬雄的善恶相混说，董仲舒、韩愈的性三品说，张载、朱熹的双重人性论等。其中最有代表性的是性善论和性恶论。

性善论在中国古代人性论中影响最大，传统启蒙读物《三字经》的开篇第一句即是"人之初，性本善"，从而使这一观点几乎家喻户晓、妇孺皆知。

在先秦儒家中，孔子最早论及人性问题。《论语·阳货》载："子曰：性相近，习相远也。"这里所谓性，指人类天生的本性。孔子认为，人性本来是相近似的，并不存在根本的差异。人们的善恶智愚差别，是由于后天习染不同而形成的。孔子的哲学思维触及了两个问题：一是人类普遍共同的人性问题。人作为异于禽畜的智慧生灵，具有不同于禽兽之性的人性。从相对于禽兽之性来说，人性是普遍近似的，"性相近"是对人的本质的抽象。二是从人性出发的心性修养问题。人性是自然天生的，而人的道德精神却是可心通过后天的学习实践来塑造的。孔子这里所说的学习，不仅指日常生活中的耳濡目染，更指人生有目的的习教明道。由于后天的学习实践不同，人既可以向善，成为君子，也可以学恶，成为小人。

孟子沿着孔子的思想，对人性做出了深入的探讨和规定，系统提出人性善的理论。孟子认为，人不同于禽兽，人是智慧动物，不仅有生命本能，还聪明智慧，生来便有善心，具有良知良能。"人之所不学而能者，其良能也；所不虑而知者，其良知也。孩提之童，无不知爱其亲者；及其长也，无不知敬其兄也。亲亲，仁也；敬长，义也。"（《孟子·尽心上》）这里的良知良能，就是指人别于禽兽所特有的道德良心。孟子认为，人与动物禽兽是有本质区别的，它先天具有所谓"四端"。孟子说"恻隐之心，仁之端也；羞恶之心，义之端也；辞让之心，礼之端也；是非之心，智之端也。人之有是四端也，犹其有四体也。"（《孟子·告子上》）因此，孟子认为人性皆善，"人性之善也，犹水之就下也。人无有不善，水无有不下"（《孟子·告子上》），人性具有与生俱来的本然善性，犹如水性向下一样。

人性本善，但在现实社会中，为什么人和人善恶不同？为什么人和人有那么大差别？孟子指出，这是由于后天的影响造成。在孟子看来，人天生的善端，既可以生成仁、义、礼、智四德而完成善，也可能因得不到存养，丢失本善而趋于恶，甚至变成禽兽一样的恶人。因此孟子强调，人都应该认识自己的善性，培养内在的善端，扩充天生的良心，使自己成为高尚仁德的人。

与孟子不同，战国时期的另一位儒家大师荀子认为人性本恶，提出了著名的性恶论。在《荀子·性恶》篇首，荀子开宗明义提出"人之性恶，其善者，伪也。"荀子认为人天生就有利益之心："今人之性，饥而欲饱，寒而欲暖，劳而欲休，此人之情性也。"又说："若夫目好色，耳好声，口好味，心好利，骨体肤理好愉佚，是皆生于人之惰性也；感而自然，不待事而后生之者也。"（《荀子·性恶》）耳口腹肌肤之欲，以及由此形成的好利之心，都是人自然的天性。这种利欲之心，促使人以追求物质利益作为其活动的目的。社会的教化、礼义、法度，是为了防止和节制人性之恶，使人向善而制定的。善是后天人为，人的天性是恶的。

人性本恶，为什么又会讲求道德，立志向善？荀子认为人性可化，即能够加以改造。"性也者，事所不能为也，然而可化也。"（《荀子·儒效》）人性为天生而来，不是人为造成，但这并不是说人注定要为恶，会成为恶人。人可以通过后天的主观努力来改变自己恶的本性，因为人除了利欲之心，还有辨知之能。人可以发挥自己的辨知之能，学习圣人制定的礼义法度，来节制自己的利欲之心，使自己的心思行为合于天人之道，合于仁义礼智，从而成为善人。

荀子性恶论的根本宗旨就在于承认人性是恶的，让人们通过后天的努力来改变恶性，也就是他所讲的"化性起伪"（《荀子·性恶》），这种学说的积极意义在于强调后天道德修养的作用。

荀子主张性恶，孟子主张性善，然而他们都是为仁义道德寻找根据，其出发点和最后归宿，都是教人为善，根本精神是对人抱有乐观和信任的态度，相信人都可以为善。孟子曾提出"人皆可以为尧舜"（《孟子·告子上》），每个人都可以成为尧、舜那样的圣人；荀子也提出"涂（途）之人可以为禹"（《荀子·性恶》），路途上的普通人可以成为大禹那样的圣人。人不可能生下来就是圣人，但注重后天的修养，都有成为通过人的可能。性恶论和性善论虽然对人本质的探索，走着迥然异趣的路向，但同样都极其重视后天的道德修养。

人性善恶之争，说到底是为后天的修养指出门径，或者是通过后天修养保持先天的善性，或者是通过后天修养改恶从善。后来，扬雄的善恶相混说，其目的也在于强调后天修身的重要，修善就可以成为善人，修恶就会成为恶人；董仲舒、韩愈的人性品级层次之分，也是为人们从低品次向高品次修善做论证的；张载、朱熹的双重人性论强调后天的修养，改变后天习染中不纯的一面，达到尽善尽美的境地。中国古代这些丰富的人性理论为自身修养奠定了理论基础。

3. 以正确的价值观为指导

要想成为一个具有高尚品德的人，需要以正确的价值观为指导，长期进行修养磨炼才有可能达到。古人对"公私"、"苦乐"、"荣辱"、"生死"等人生面临的最现实的价值选择问题进行了深入探讨，形成了积极的公私观、苦乐观、荣辱观、生死观，并以此为指导进行基本的品行修养教育。

正确看待和处理公与私，即集体利益、个人利益以及它们之间的关系，是伦理道德重要的问题之一。中国传统道德的一贯思想，就是强调整体利益，个体要为社会、为民族、为国家、为人民的整体利益做出贡献乃至牺牲。因此，在"公私"问题上，古人主张大公无私，先公后私，提倡公而忘私，反对假公济私，而人类社会的理想则是"天下为公"。早在《诗经》中，就有"夙夜在公"（《诗经·采蘩》）的说法。汉代贾谊《治安策》中，提出"国而忘家，公而忘私"。明代黄宗羲《明夷待访录·原君》说："不以一己之利为利，而使天下受其利；不以一己之害为害，而使天下释其害。"这些都显示了社会个体为整体利益积极献身的精神。在这一原则下，古人主张先人后己，克己利他；清正廉明，克己奉公；公利为重，精忠报国；公正无私，见义勇为。从一定意义上来说，传统美德非他不嫁围绕这一整体精神而展开的。比较而言，西方文化更重视个体利益，中国传统文化更重视整体利益。强调个人自觉为他人、为社会、为国家尽责任，是中国传统伦理道德区别于西方道德传统的一个重要特点。

人都有荣誉感和羞耻心。荀子说"好荣恶辱……"是君子小人之所同也（《荀子·荣辱》）。怎样对待荣辱，是人生的一大问题。儒家对待荣辱有一个主导思想，就是以义为荣，以不义为辱。古人认为，"义"是人与禽兽的根本区别，"由义为荣，背义为辱，轻重荣辱，惟义与否"（《陆九渊集》卷十三《与郭邦逸》）。以义为荣，而权势地位不足以为荣。贾谊说："位不足以为尊，而号不足以为荣。"（《新书·大政》）陆贾说："贱而好德者尊，贫而有义者荣。"（《新语·本行》）就是说，荣辱取决于道义，高位并不能自然带荣誉，而位卑者只要"好德"、"有义"、行善，一样能获取荣誉。因此，居下位都不应以贫贱为辱，而应以道义有亏、作恶为非为辱。荀子具体阐述了义荣和势荣；有德的君子虽然往往得不到势荣，但却能取得义荣。小人虽可逃避势辱，但却无法摆脱义辱；君子虽有时会蒙受势辱，但却不会有义辱。荀子所看重的是义荣与义辱，认为这才是与自己德行有关的真正荣辱（《荀子·正论》）。儒家始终将荣辱与道义相连，因此一再鼓励人们行仁行义，正道求荣。

中国传统文化有关"公私"、"苦乐"、"荣辱"、"生死"方面的基本观念和精神，在历史上产生了深远的影响。这些积极正确的价值观念，培育了世世代代中国人尊德重义、克己奉公、团结奋斗、崇尚志节、勇于牺牲的光荣传统。

4. 以慎独为最高境界

所谓慎独，就是在个人独处、无人监督的情况下，依然小心谨慎，自觉遵守道德，而不为非越轨，做到表里内外如一。它既是古人所倡导的一种道德修养方法，也是一种至高的道德境界。只有做到慎独，道德才真正成为主体自律的道德，这是自身修养的最高境界。

慎独的根本精神是不须臾离道。人们如能在任何环境、场合下都不离道义、坚守道义，就自然能做到人前人后，明处暗中始终如一。这无疑是一种很高的要求。怎样才能达到这一要求呢？这就需要将外在的道德规范切实转化为自律，由外在约束转换为内在的道德意志。这样道德就能由他律转化为自律，由外在约束转换为内在的自我约束。这是慎独的前提和保证。一个人如未形成坚定的道德信念与意志，他只能在众目睽睽之下守规矩，一旦个人独处、无人监督，就有可能放纵、越轨。反之，一个树立了坚定道德信念的人，不管处于什么环境，都能谨守道德，不逾矩。前者只是被动接受社会舆论的监督，而后者不仅能主动、坦然地接受社会舆论的监督，同时又自觉接受自己信念的监督。显然，在两种监督中，后一种监督更有力、有效。可见慎独功夫当从树立坚定的道德信念做起。

慎独出于诚。要做到慎独，需要真诚为善，即真诚地要求完善自身，达到理想人格，从而真心实意地人事道德修养。先哲指出，一些人之所以在有人监督的"显明之地"貌似君子，而在无人监督的"隐微之中"无所不为，是由于他们对行善没有诚意。这种人在明处的善乃是"诈善"，是为了欺骗他人，而欺人实乃自欺。这种自欺欺人的人在道德上将永无长进。对此，《大学》曾做了颇为生动的揭露与描绘："小人闲居为不善，无所不至，见君子而后厌然，掩（掩）其不善而著其善。人之视己，如见其肺肝，然则何益矣？"人应当真心为善，应当"如恶恶臭，如好好色"一样。对于恶，应该毫不虚假地避开、抛弃它；而对于善，则应真心、热诚地去追求它。有了这种真诚，就能克服常人难以避免的双重人格。这样，行善就不再是做样子给别人看。在道德修养过程中，人们只有过了诚意这一关，才能真正为善，才能慎独。正如《大学》所说："诚于中，形于外。"外在的慎独乃是内心真诚的表现。一个对道德修养缺乏诚意、自欺欺人的人是永无也不会慎独的。由真诚自然会产生高度的自觉。有了高度自觉，人就能严于自律，自己主宰自己。这样，是否有外界监督对他也就无关紧要了。可以说，慎独源于道德上的真诚、自觉，也是道德上真诚、自觉的表现。

总之，修身并不是一蹴而就的事，并不是看了些圣贤书就成为圣人。修身的本质是一个个人成长中与自己的薄弱意志作斗争的长期过程，时时检束自己的身心言行，用诚心、仁爱、谦卑等高尚情操来祛除掉思想中的杂质。

（二）传统文化中"修身"经典文选释读

1.《论语》选读

《论语》是孔子弟子及其再传弟子追记孔子言行思想的著作，成书于春秋战国之际，《汉书·艺文志》中有云："《论语》者，孔子应答弟子、时人及弟子相与言而接闻于夫子之语也。当时弟子各有所记，夫子既卒，门人相与辑而论纂，故谓之《论语》。"

秦始皇焚书坑儒，许多古代典籍付之一焚，《论语》未能幸免，几乎失传。汉代经官府搜集整理，曾有三种不同的本子流传，即《古文论语》、《齐论语》和《鲁论语》。《古文论语》是汉景帝时，鲁恭王在孔子故宅壁中发现的秦代以前的古本《论语》，用先秦古文字（蝌蚪文）写成，为古文本，史称《古文论语》，共有二十一篇。《齐论语》是齐国学者所传，有二十二篇。《鲁论语》为鲁国学者所传，有二十篇。《齐论语》和《鲁论语》均用汉代通行文字隶书写成，史称《今文论语》。西汉末年，张禹以《鲁论语》为根据，参考《齐论语》与《古文论语》进行考证修订，改编成《张侯论》，并为官府列为官学。东汉时期，郑玄又以《张侯论》为依据，参考《古文论语》和《齐论语》再加以改订，即成为今本《论语》。郑玄的注本流传后，《齐论语》和《古文论语》便逐渐亡佚了。

《论语》涉及哲学、政治、经济、教育、文艺等诸多方面，内容非常丰富，是儒学最主要的经典。在表达上，《论语》语言精练而形象生动，是语录体散文的典范。在编排上，《论语》没有严格的编纂体例，每一条就是一章，集章为篇，篇、章之间并无紧密联系，只是大致归类，并有重复章节出现。

今本《论语》共二十篇，篇名取自每篇首章中的前二三字，并无实际意义。每篇包括若干章。全文采用语录体，章节简短，每事一段。孔子循循善诱，教诲弟子，或言简意赅，点到即止；或启发论辩，侃侃而谈。语言生动活泼、含蓄隽永、寓意深远、耐人寻味，有不少语句已成为格言和成语，如"三人行则必有我师"，"知之为知之，不知为不知，是知也"，"己所不欲，勿施于人"，等等。

《论语》善于通过神情语态的描写，展示人物形象。孔子是《论语》描述的中心，"夫子风采，溢于格言"（《文心雕龙·征圣》）。书中不仅有关于他的仪态举止的静态描写，而且有关于他的个性气质的传神刻画。此外，围绕孔子这一中心，《论语》还成功地刻画了一众孔门弟子的形象。如子路的率直鲁莽，颜渊的温雅贤良，子贡的聪颖善辩，曾皙的潇洒脱俗等，个性鲜明，栩栩如生。孔子因材施教，对于不同的对象，考虑其不同的素质、优点和缺点、进德修业的具体情况，给予不同的教诲，表现了诲人不倦的可贵精神。如《颜渊》篇中所述，同是弟子问仁，孔子有不同的回答，答颜渊"克己复礼为仁"，答仲弓"己所不欲，勿施于人"，答司马中"仁者其言也切"。颜渊学养高深，故答以"仁"学纲领，对仲弓和司马中则答以细目。又如，同是问"闻斯行诸?"孔子答子路曰："有父母在，如之何其闻斯行之!"因为"由也兼人，故退之"。答冉有曰："闻斯行之。"因为"求也退，故进之"。这不仅是因材施教教育方法的问题，其中还饱含孔子对弟子的高度的责任心。

《论语》反映了孔子伦理体系最基本的思想，这个体系的核心是"仁"，实施"仁"的手段和途径是"礼"。何谓仁? 子曰："克己复礼为仁。一日克己复礼，天下归仁焉。"(《颜渊》) 也就是说，只要克制自己，让言行符合礼就是仁德了。一旦做到言行符合礼，天下的人就会赞许你为仁人了。可见"仁"不是先天就有的，而是后天"修身"、"克己"的结果。孔子还提出仁德的外在标准，这便是"刚、毅、木、讷"(《子路》)，即刚强、果断、质朴、谦虚。同时他还提出实践仁德的五项标准，这便是"恭、宽、信、敏、惠"(《阳货》)，即恭谨、宽厚、信实、勤敏、慈惠。他说，对人恭谨就不会招致侮辱，待人宽厚就会得到大家拥护，交往诚信就会得到别人信任，做事勤敏就会取得成功，给人慈惠就能够很好使唤民众。孔子说能拥有这五种美德者，就可算是"仁"了。

在孔子看来，仁德是做人的根本，是处于第一位的。孔子曰："弟子入则孝，出则弟，谨而信，泛爱众，而亲仁。行有余力，则以学文。"(《学而》) 又曰："人而不仁，如礼何? 人而不仁，如乐何?"(《八佾》) 这说明只有在仁德的基础上做学问、学礼乐才有意义。孔子还认为，只有仁德的人才能无私地对待别人，才能得到人们的尊重。子曰："唯仁者能好人，能恶人。"(《里仁》) "齐景公有马千驷，死之日，民无德而称焉。伯夷、叔齐饿死于首阳之下，民到于今称之。"(《季氏》) 充分说明仁德的价值和力量。

《论语》一书，对后世的思想和学术影响至深，在汉代已被视为辅翼"五经"的传或记，汉文帝时列于学官，东汉时被尊为经，从此，《论语》受到历代统治者的推崇，成为言行是非的标准，甚至有"半部《论语》治天下"的赞誉。《论语》在中华民族的道德、文化、心理状态和民族性格的铸造过程中，起到了巨大的作用。司马迁有言："余读孔氏书，想见其为人……天下君王至于贤人众矣，当时则荣，没则已焉。孔子布衣，传十馀世，学者宗之。自天子王侯，中国言六艺者折中于夫子，可谓至圣矣!"

【原文】

曾子(1)曰："吾日三省(2)吾身。为人谋而不忠(3)乎? 与朋友交而不信(4)乎?

传不习⁽⁵⁾乎?" ——《论语·学而》

【注释】

(1) 曾子:曾子,孔子弟子,姓曾名参(shēn),字子舆,生于公元前505年,鲁国人,是被鲁国灭亡了的鄫国贵族的后代。曾参是孔子的得意门生,以孝出名。据说《孝经》就是他撰写的。

(2) 三省:省(xǐng),检查、察看。三省有几种解释:一是三次检查;二是从三个方面检查;三是多次检查。其实,古代在有动作性的动词前加上数字,表示动作频率高,不必认定为三次。

(3) 忠:旧注曰:尽己之谓忠。此处指对人应当尽心竭力。

(4) 信:旧注曰:信者,诚也。以诚实之谓信。要求人们按照礼的规定相互守信,以调整人们之间的关系。

(5) 传不习:传,旧注曰"受之于师谓之传",指老师传授给自己的。习:与"学而时习之"的"习"字一样,指温习、实习、演习等。

【导读】

儒家十分重视个人的道德修养,以求塑造成理想人格。而本章所讲的自省,则是自我修养的基本方法。在春秋时代,社会变化十分剧烈,反映在意识领域中,即人们的思想信仰开始发生动摇,传统观念似乎已经在人们的头脑中出现危机。于是,曾参提出了"反省内求"的修养办法,不断检查自己的言行,使自己修善成完美的理想人格。《论语》中多次谈到自省的问题,要求孔门弟子自觉地反省自己,进行自我批评,加强个人思想修养和道德修养,改正个人言行举止上的各种错误。这种自省的道德修养方式在今天仍有值得借鉴的地方,因为它特别强调进行修养的自觉性。

在本章中,曾参还提出了"忠"和"信"的范畴。忠的特点是一个"尽"字,办事尽力,死而后已。如后来儒家所说的那样,"尽己之谓忠"。"为人谋而不忠乎",是泛指对一切人,并非专指君主。就是指对包括君主在内的所有人,都尽力帮助。因此,"忠"在先秦是一般的道德范畴,不只用于君臣关系。至于汉代以后逐渐将"忠"字演化为"忠君",这既与儒家的忠有关联,又有重要的区别。"信"的涵义有二,一是信任,二是信用。其内容是诚实不欺,用来处理上下等级和朋友之间的关系,"信"特别与言论有关,表示说真话,说话算数。这是一个人立身处世的基石。

【原文】

子曰:"弟子⁽¹⁾入⁽²⁾则孝,出⁽³⁾则弟,谨⁽⁴⁾而信,汎⁽⁵⁾爱众,而亲仁⁽⁶⁾,

行有余力⁽⁷⁾，则以学文⁽⁸⁾。"

——《论语·学而》

【注释】

（1）弟子：一般有两种意义：一是年纪较小为人弟和为人子的人；二是指学生。这里是用后一种意义上的"弟子"。

（2）入：古代时父子分别住在不同的居处，学习则在外舍。《礼记·内则》："由命士以上，父子皆异宫。"入是入父宫，指进到父亲住处，或说在家。

（3）出：与"入"相对而言，指外出拜师学习。出则弟，是说要用弟道对待师长（也可泛指年长于自己的人）。

（4）谨：寡言少语称之为谨。

（5）汎（fàn）：同泛，广泛的意思。

（6）仁：仁即仁人，有仁德之人。

（7）行有余力：指有闲暇时间。

（8）文：古代文献。主要有诗、书、礼、乐等文化知识。

【导读】

孔子要求弟子们首先要致力于孝悌、谨信、爱众、亲仁，培养良好的道德观念和道德行为，如果还有闲暇时间和余力，则用以学习古代典籍，增长文化知识。这表明，孔子的教育是以道德教育为中心，重在培养学生的德行修养，而对于书本知识的学习，则摆在第二位。

【原文】

子曰："君子⁽¹⁾，不重⁽²⁾则不威；学则不固⁽³⁾。主忠信⁽⁴⁾。无⁽⁵⁾友不如己⁽⁶⁾者；过⁽⁷⁾则勿惮⁽⁸⁾改。"

——《论语·学而》

【注释】

（1）君子：这个词一直贯穿于本段始终，因此这里应当有一个断句。

（2）重：庄重、自持。

（3）学则不固：有两种解释：一是作坚固解，与上句相连，不庄重就没有威严，所学也不坚固；二是作固陋解，喻人见闻少，学了就可以不固陋。

（4）主忠信：以忠信为主。

（5）无：有一种解释为通"毋"，不要的意思。南怀瑾先生在《论语别裁》中则解释为"没有"

（6）不如己：一般解释为不如自己。另一种解释说："不如己者，不类乎己，所谓'道不同不相为谋'也。"把"如"解释为"类似"。后一种解释更为符合孔子的原意。

（7）过：过错、过失。

（8）惮（dàn）：害怕、畏惧。

【导读】

本章中，孔子提出了君子应当具有的品德，这部分内容主要包括庄重威严、认真学习、慎重交友、过而能改等项。作为具有理想人格的君子，从外表上应当给人以庄重大方、威严深沉的形象，使人感到稳重可靠，可以付之重托。重视学习，不自我封闭，善于结交朋友，而且有错必改，以上所提四条原则是相当重要的。作为具有高尚人格的君子，"过则勿惮改"就是对待错误和过失的正确态度，可以说，这一思想闪烁着真理光辉，反映出孔子理想中的完美品德，对于研究和理解孔子思想有重要意义。

【原文】

子禽(1)问于子贡(2)曰："夫子(3)至于是邦(4)也，必闻其政，求之与，抑(5)与之与?"子贡曰："夫子温、良、恭、俭、让(6)以得之。夫子之求之也，其诸(7)异乎人之求之与?"

　　　　　　　　　　　　　　　　　　　——《论语·学而》

【注释】

（1）子禽：姓陈名亢，字子禽。郑玄所注《论语》说他是孔子的学生，但《史记·仲尼弟子列传》未载此人，故一说子禽非孔子学生。

（2）子贡：姓端木名赐，字子贡，卫国人，比孔子小31岁，孔子的学生，生于公元前520年。子贡善辩，孔子认为他可以做大国的宰相。据《史记》记载，子贡在卫国做了商人，家有财产千金，成了有名的商业家。

（3）夫子：这是古代的一种敬称，凡是做过大夫的人都可以取得这一称谓。孔子曾担任过鲁国的司寇，所以他的学生们称他为"夫子"。后来，因此而沿袭以称呼老师。《论语》中所说的"夫子"，都是孔子的学生对他的称呼。

（4）邦：指当时割据的诸侯国家。

（5）抑：表示选择的文言连词，有"还是"的意思。

（6）温、良、恭、俭、让：就字面理解即为温顺、善良、恭敬、俭朴、谦让。这是孔子的弟子对他的赞誉。

（7）其诸：语气词，有"大概""或者"的意思。

【导读】

本章通过子禽与子贡两人的对话，把孔子的为人处世品格勾画出来。孔子之所以受到各国统治者的礼遇和器重，就在于孔子具备温和、善良、恭敬、俭朴、谦让的道德品格。例如，这五种道德品质中的"让"，在人格的塑造过程中，就起着十分重要的作用。"让"是在功名利权上先人后己，在职责义务上先己后人。"让"用之于外交如国事访问，也是合乎客观需要的一个重要条件。孔子就是因具有这种品格，所以每到一个国家，都受到各国国君的礼遇。孔子认为，好胜，争取名声；夸功，争取名利；争不到便怨恨别人，以及在名利上贪心不足，都不符合"让"的原则。据此可知，"让"这一基本原则形成社会风尚的可贵之处是：就人情而言，长谦让名利地位之风。

【原文】

子曰："不患[(1)]人[(2)]之不己知，患不知人也。"   ——《论语·学而》

【注释】

(1) 患：忧虑、怕。

(2) 人：指有教养、有知识的人，而非民。

【导读】

这段话是孔子对自己学生所传授的为人处世之道。有的解释者说，这是孔子安贫乐道、不求名位的思想。这种解释可能不妥，这不符合孔子一贯的主张。在孔子的观念中，"学而优则仕"，是一种积极入世的态度。这里的潜台词是：在了解别人的过程中，也使别人了解自己。

【原文】

子曰："吾十有[(1)]五而志于学，三十而立[(2)]，四十而不惑[(3)]，五十而知天命[(4)]，六十而耳顺[(5)]，七十而从心所欲不逾矩[(6)]。"   ——《论语·为政》

【注释】

(1) 有：同"又"。

(2) 立：站得住的意思。

(3) 不惑：掌握了知识，不被外界事物所迷惑。

(4) 天命：指不能为人力所支配的事情。

(5) 耳顺：对此有多种解释。一般而言，指对那些于己不利的意见也能正确对待。

(6) 从心所欲不逾矩：从：遵从的意思；逾：越过；矩：规矩。

【导读】

在本章里，孔子自述了他学习和修养的过程。这一过程，是一个随着年龄的增长，思想境界逐步提高的过程。就思想境界来讲，整个过程分为三个阶段：十五岁到四十岁是学习领会的阶段；五十岁、六十岁是安心立命的阶段，也就是不受环境左右的阶段；七十岁是主观意识和做人的规则融合为一的阶段，在这个阶段中，道德修养达到了最高的境界。孔子的道德修养过程，有合理因素：第一，他看到了人的道德修养不是一朝一夕的事，不能一下子完成，不能搞突击，要经过长时间的学习和锻炼，要有一个循序渐进的过程。第二，道德的最高境界是思想和言行的融合，自觉地遵守道德规范，而不是勉强去做。这两点对任何人，都是适用的。

【原文】

子游[1]问孝，子曰："今之孝者，是谓能养。至于犬马，皆能有养[2]，不敬，何以别乎？"
　　　　　　　　　　　　　　　　　　　　　　　——《论语·为政》

【注释】

(1) 子游：姓言名偃，字子游，吴人，孔子的弟子，比孔子小 45 岁。

(2) 养：音 yàng。

【导读】

本篇还是谈论孝的问题。对于"至于犬马，皆能有养"一句，历来也有几种不同的解释。一是说狗守门、马拉车驮物，也能侍奉人；二是说犬马也能得到人的饲养。本文采用后一种说法，因为此说比较妥帖。

【原文】

子夏问孝，子曰："色难[1]。有事，弟子服其劳[2]；有酒食，先生[3]馔[4]，曾是以为孝乎？"
　　　　　　　　　　　　　　　　　　　　　　　——《论语·为政》

【注释】

(1) 色难：色，脸色。难，不容易的意思。

(2) 服劳：服，从事、担负。服劳即服侍。

(3) 先生：先生指长者或父母；前面说的弟子，指晚辈、儿女等。

(4) 馔（zhuàn）：意为饮食、吃喝。

【导读】

以上两条都是孔子谈论有关孝的问题。孔子所提倡的孝，体现在各个方面和各个层次，反映了宗法制度的需要，适应了当时社会的需要。一个共同的思想，就是不仅要从形式上按周礼的原则侍奉父母，而且要从内心深处真正地孝敬父母。

【原文】

子曰："人而无信，不知其可也。大车无輗[1]，小车无軏[2]，其何以行之哉？"
　　　　　　　　　　　　　　　　　　　　　　　——《论语·为政》

【注释】

(1) 輗（ní）：古代大车车辕前面横木上的木销子。大车指的是牛车。

（2）軏（yuè）：古代小车车辕前面横木上的木销子。没有輗和軏，车就不能走。

【导读】

信，是儒家传统伦理准则之一。孔子认为，信是人立身处世的基点。在《论语》书中，信的含义有两种：一是信任，即取得别人的信任；二是对人讲信用。在后面的《子张》《阳货》《子路》等篇中，都提到信的道德。

【原文】

子曰："富与贵，是人之所欲也，不以其道得之，不处也；贫与贱，是人之所恶也，不以其道得之，不去也。君子去仁，恶乎成名？君子无终食之间违仁，造次必于是，颠沛必于是。" ——《论语·里仁》

【导读】

这一段，反映了孔子的理欲观。以往的孔子研究中往往忽略了这一段内容，似乎孔子主张人们只要仁、义，不要利、欲。事实上并非如此。任何人都不会甘愿过贫穷困顿、流离失所的生活，都希望得到富贵安逸。但这必须通过正当的手段和途径去获取。否则宁守清贫而不去享受富贵。这种观念在今天仍有其不可低估的价值。这一章值得研究者仔细推敲。

【原文】

子曰："放(1)于利而行，多怨(2)。" ——《论语·里仁》

【注释】

（1）放（fǎng）：同仿，效法，引申为追求。

（2）怨：别人的怨恨。

【导读】

本章也谈义与利的问题。孔子认为，作为具有高尚人格的君子，他不会总是考虑个人利益的得与失，更不会一心追求个人利益，否则，就会招致各方的怨恨和指责。这里仍谈先义后利的观点。

【原文】

子曰："不患无位，患所以立；不患莫己知，求为可知也。"

——《论语·里仁》

【导读】

这是孔子与自己的学生经常谈论的问题，是他立身处世的基本态度。孔子并非不想成名成家，并非不想身居要职，而是希望首先立足于自身的学问、修养、才能的培养，具备足以胜任官职的各方面素质。这种思路是可取的。

【原文】

子曰："参乎，吾道一以贯之。"曾子曰："唯。"子出，门人问曰："何谓也?"曾子曰："夫子之道，忠恕而已矣。"　　　　　——《论语·里仁》

【导读】

忠恕之道是孔子思想的重要内容，待人忠恕，这是仁的基本要求，贯穿于孔子思想的各个方面。在这章中，孔子只说他的道是由一个基本思想一以贯之的，没有具体解释什么是忠恕的问题，在后面的篇章里，就回答了这个问题。

【原文】

子曰："见贤思齐焉，见不贤而内自省也。"　　　　——《论语·里仁》

【导读】

本章谈的是个人道德修养问题。"见贤思齐，见不贤内自省"是修养方法之一。实际上这就是取别人之长补自己之短，同时又以别人的过失为鉴，不重蹈别人的覆辙，这是一种理性主义的态度，在今天仍不失其精辟之见。

【原文】

子游曰："事君数⁽¹⁾，斯⁽²⁾辱矣；朋友数，斯疏矣。"

——《论语·里仁》

【注释】

(1) 数（shuò）：屡次、多次，引申为烦琐的意思。

(2) 斯：就。

【导读】

这是孔子留给今人的忠告：侍君、处友，都要按礼行事，别过分。

【原文】

颜渊、季路侍⁽¹⁾。子曰："盍⁽²⁾各言尔志。"子路曰："愿车马、衣轻裘，与朋友共，敝之而无憾。"颜渊曰："愿无伐⁽³⁾善，无施劳⁽⁴⁾。"子路曰："愿闻子之志。"子曰："老者安之，朋友信之，少者怀之⁽⁵⁾。"

——《论语·公治长》

【注释】

(1) 侍：服侍，站在旁边陪着尊贵者叫侍。

(2) 盍（hé）：何不。

(3) 伐：夸耀。

(4) 施劳：施，表白。劳，功劳。

(5) 少者怀之：让少者得到关怀。

【导读】

在这一章里，孔子及其弟子们自述志向，主要谈的还是个人道德修养及为人处世的态度。孔子重视培养"仁"的道德情操，从各方面严格要求自己和学生。从本段里，可以看出，只有孔子的志向最接近于"仁德"。

【原文】

子曰："知⑴者乐⑵水，仁者乐山；知者动，仁者静；知者乐，仁者寿。"

——《论语·雍也》

【注释】

（1）知（zhì）：同"智"。

（2）乐（yào）：喜好的意思。

【导读】

孔子这里所说的"智者"和"仁者"不是一般人，而是那些有修养的"君子"。他希望人们都能做到"智"和"仁"，只要具备了这些品德，就能适应当时社会的要求。

【原文】

子曰："中庸⑴之为德也，其至矣乎！民鲜久矣。"

——《论语·雍也》

【注释】

（1）中庸：中，谓之无过无不及。庸，平常。

【导读】

中庸是孔子和儒家的重要思想，作为一种道德观念，这是孔子和儒家尤为提倡的。《论语》中提及"中庸"一词，仅此一条。中庸属于道德行为的评价问题，也是一种德行，而且是最高的德行。宋儒说，不偏不倚谓之中，平常谓庸。中庸就是不偏不倚的平常的道理。中庸又被理解为中道，中道就是不偏于对立双方的任何一方，使双方保持均衡状态。中庸又称为"中行"，中行是说，人的气质、作风、德行都不偏于任何一个方面，对立的双方互相牵制，互相补充。中庸是一种折中调和的思想。调和与均衡是事物发展过程中的一种状态，这种状态是相对的、暂时的。孔子揭示了事物发展过程的这一状态，并概括为"中庸"，这在古代认识史上是有贡献的。但在任何情况下都讲中庸，讲调和，就否定了对立面的斗争与转化，这是应当明确指出的。

【原文】

子贡曰："如有博施⑴于民而能济众⑵，何如？可谓仁乎？"子曰："何事于仁？必也圣乎！尧舜⁽³⁾其犹病诸⁽⁴⁾。夫⁽⁵⁾仁者，己欲立而立人，己欲达而达人。能近取譬⁽⁶⁾，可谓仁之方也已。"　　　——《论语·雍也》

【注释】

（1）施（shì）：动词。

（2）众：指众人。

（3）尧舜：传说中上古时代的两位帝王，也是孔子心目中的榜样。儒家认为是"圣人"。

（4）病诸：病，担忧；诸，"之于"的合音。

（5）夫：句首发语词。

（6）能近取譬：能够就自身打比方，即推己及人的意思。

【导读】

"己欲立而立人，己欲达而达人"是实行"仁"的重要原则。"推己及人"就做到了"仁"。在后面的章节里，孔子还说"己所不欲，勿施于人"等。这些都说明了孔子关于"仁"的基本主张。对此，我们在后面还会提到。总之，这是孔子思想的一个重要方面，是社会基本伦理准则，在今天同样具有重要价值。

【原文】

子曰："饭疏食⁽¹⁾饮水，曲肱⁽²⁾而枕之，乐亦在其中矣。不义而富且贵，于我如浮云。"　　　——《论语·述而》

【注释】

（1）饭疏食：饭，这里是"吃"的意思，作动词。疏食即粗粮。

（2）曲肱：肱（gōng），胳膊，由肩至肘的部位。曲肱，即弯着胳膊。

【导读】

孔子极力提倡"安贫乐道"，认为有理想、有志向的君子，不会总是为自己的吃穿住而奔波的，"饭疏食饮水，曲肱而枕之"，对于有理想的人来讲，可以说是乐在其中。同时，他还提出，不符合道的富贵荣华，他是坚决不予接受的，对待这些东西，如天上的浮云一般。这种思想深深影响了古代的知识分子，也为一般老百姓所接受。

【原文】

子以四教：文⁽¹⁾、行⁽²⁾、忠⁽³⁾、信⁽⁴⁾。　　　——《论语·述而》

【注释】

（1）文：文献、古籍等。

（2）行：指德行，也指社会实践方面的内容。

（3）忠：尽己之谓忠，对人尽心竭力的意思。

（4）信：以实之谓信，诚实的意思。

【导读】

本章主要讲孔子教学的内容。当然，这仅是他教学内容的一部分，并不是全部内容。孔子注重学习历代古籍、文献资料，但仅有书本知识还不够，还要重视社会实践活动，所以，从《论语》中，我们可以看到孔子经常带领他的学生周游列国，一方面向各国统治者进行游说，另一方面让学生在实践中增长知识和才干。但书本知识和实践活动仍不够，还要养成忠、信的德行，即对待别人的忠心和与人交往的信实。概括起来讲，就是书本知识，社会实践和道德修养三个方面。

【原文】

子绝四：毋意⁽¹⁾，毋必⁽²⁾，毋固⁽³⁾，毋我⁽⁴⁾。　　——《论语·子罕》

【注释】

（1）意：同"臆"，猜想、猜疑。

（2）必：必定。

（3）固：固执己见。

（4）我：这里指自私之心。

【导读】

"绝四"是孔子的一大特点，这涉及人的道德观念和价值观念。人只有首先做到这几点才可以完善道德，修养高尚的人格。

【原文】

颜渊喟⁽¹⁾然叹曰："仰之弥⁽²⁾高，钻⁽³⁾之弥坚，瞻⁽⁴⁾之在前，忽焉在后。夫子循循然善诱人⁽⁵⁾，博我以文，约我以礼，欲罢不能。即竭吾才，如有所立卓尔⁽⁶⁾。虽欲从之，未由⁽⁷⁾也已。"　　——《论语·子罕》

【注释】

（1）喟（kuì）：叹息的样子。

（2）弥：更加，越发。

（3）钻：钻研。

（4）瞻（zhān）：视、看。

（5）循循然善诱人：循循然，有次序地。诱，劝导，引导。

（6）卓尔：高大、超群的样子。

（7）未由：未，无、没有。由，途径，路径。这里是没有办法的意思。

【导读】

颜渊在本章里极力推崇自己的老师，把孔子的学问与道德说成是高不可攀的。此外，他还谈到孔子对学生的教育方法——"循循善诱"，这成为日后为人师者所遵循的原则之一。

【原文】

子曰："知者不惑，仁者不忧，勇者不惧。"　　　　　——《论语·子罕》

【导读】

在儒家传统道德中，智、仁、勇是三个重要的范畴。《礼记·中庸》中说："知、仁、勇，三者天下之达德也。"孔子希望自己的学生能具备这三德，成为真正的君子。

【原文】

颜渊问仁。子曰："克己复礼⁽¹⁾为仁。一日克己复礼，天下归仁⁽²⁾焉。为仁由己，而由人乎哉？"颜渊曰："请问其目⁽³⁾。"子曰："非礼勿视，非礼勿听，非礼勿言，非礼勿动。"颜渊曰："回虽不敏，请事⁽⁴⁾斯语矣。"

——《论语·颜渊》

【注释】

（1）克己复礼：克己，克制自己。复礼，使自己的言行符合礼的要求。

（2）归仁：归，归顺。仁，即仁道。

（3）目：具体的条目。目和纲相对。

（4）事：从事，照着去做。

【导读】

"克己复礼为仁"，这是孔子关于什么是仁的主要解释。在这里，孔子以礼来规定仁，依礼而行就是仁的根本要求。所以，礼以仁为基础，仁以礼来维护。仁是内在的，礼是外在的，二者紧密结合。本章实际上包括两个方面的内容，一是克己，二是复礼。克己复礼就是通过人们的道德修养自觉地遵守礼的规定。这是孔子思想的核心内容，贯穿于《论语》始终。

【原文】

子贡问友。子曰："忠告而善道之，不可则止，毋自辱焉。"

——《论语·颜渊》

【导读】

朋友之间讲求一个"信"字，对待朋友的错误，要坦诚布公地劝导他，推心置腹地讲明利害关系，但他坚持不听，也就作罢。如果别人不听，你一再劝告，就会自取其辱。这是交友的一项基本准则。

【原文】

子夏为莒父⁽¹⁾宰，问政。子曰："无欲速，无见小利。欲速则不达，见小利则大事不成。" ——《论语·子路》

【注释】

莒（jǔ）父：鲁国的一个城邑，在今山东省莒县境内。

【导读】

"欲速则不达"，贯穿着辩证法的思想，即对立着的事物可以互相转化。孔子要求子夏从政不要急功近利，否则就无法达到目的；不要贪求小利，否则就做不成大事。

【原文】

子曰："君子和⁽¹⁾而不同⁽²⁾，小人同而不和。" ——《论语·子路》

【注释】

(1) 和：不同的东西和谐地配合叫做和。各方面之间彼此不同。

(2) 同：相同的东西相加或与人相混同，叫做同。各方面之间完全相同。

【导读】

"和而不同"是孔子思想体系中的重要组成部分。"君子和而不同，小人同而不和。"君子可以与他周围的人保持和谐融洽的关系，但他对待任何事情都必须经过自己大脑的独立思考，从来不愿人云亦云，盲目附和；但小人则没有自己独立的见解，只求与别人完全一致，而不讲求原则，但他却与别人不能保持融洽友好的关系。这是在为人处世方面。其实，在所有的问题上，往往都能体现出"和而不同"和"同而不和"的区别。"和而不同"显示出孔子思想的深刻哲理和高度智慧。

【原文】

子曰："君子易事⁽¹⁾而难说⁽²⁾也。说之不以道，不说也；及其使人也，器之⁽³⁾。小人难事而易说也。说之虽不以道，说也；及其使人也，求备焉。"

——《论语·子路》

【注释】

(1) 易事：易于与人相处共事。

(2) 难说："说"通"悦"。难以取得他的欢喜。

(3) 器之：量才使用他。

【导读】

这一章中，孔子又提出了君子与小人之间的另一个区别。这一点也是十分重要的。作为君子，他并不对人百般挑剔，而且也不轻易表明自己的喜好，但在选用人才的时候，往往能够量才而用，不会求全责备。但小人就不同了。在现实社会中，君子并不多见，而小人则屡见不鲜。

【原文】

子路问成人[1]。子曰："若臧武仲[2]之知，公绰之不欲，卞庄子[3]之勇，冉求之艺，文之以礼乐，亦可以为成人矣。"曰："今之成人者何必然？见利思义，见危授命，久要不忘平生之言，亦可以为成人矣。"

————《论语·宪问》

【注释】

（1）成人：人格完备的完人。

（2）臧武仲：鲁国大夫，名纥，此人智慧高，知识渊博。

（3）卞庄子：鲁国卞邑大夫，曾经刺虎。

【导读】

本章谈的是人格完善的问题。孔子认为，具备完善人格的人，应当富有智慧、克制、勇敢、多才多艺和礼乐修养。谈到这里，孔子还认为，有完善人格的人，应当做到在见利见危和久居贫困的时候，能够思义、授命、不忘平生之言，这样做就符合义。尤其是本章提出"见利思义"的主张，即遇到有利可图的事情，要考虑是否符合义，不义则不为。这句话对后世产生了极大影响。

【原文】

或曰："以德报怨，何如？"子曰："何以报德？以直报怨，以德报德。"

————《论语·宪问》

【导读】

孔子不同意"以德报怨"的做法，认为应当是"以直报怨"。这是说，不以有旧恶旧怨而改变自己的公平正直，也就是坚持了正直，"以直报怨"对于个人道德修养极为重要。

【原文】

子路问君子。子曰："修己以敬。"曰："如斯而已乎？"曰："修己以安人[1]。"曰："如斯而已乎？"曰："修己以安百姓[2]。修己以安百姓，尧、舜其犹病诸？"

————《论语·宪问》

【注释】

（1）人：对己而言的人。

（2）安百姓：使老百姓安乐。

【导读】

本章里孔子再谈君子的标准问题。他认为，修养自己是君子立身处世和管理政事的关键所在，只有这样做，才可以使老百姓得到安乐，所以孔子的修身，更重要的在于治国平天下。

【原文】

子贡问为仁。子曰："工欲善其事，必先利其器。居是邦也，事其大夫之贤者，友其士之仁者。" ——《论语·卫灵公》

【导读】

"工欲善其事，必先利其器"这句话已为人们所熟知。在本章中，孔子以此作比喻，说明实行仁德的方式，就是要侍奉贤者，结交仁者，这是需要首先做到的。

【原文】

子曰："躬自厚而薄责于人，则远怨矣。" ——《论语·卫灵公》

【导读】

人与人相处难免会有各种矛盾与纠纷。那么，为人处世应该多替别人考虑，从别人的角度看待问题。所以，一旦发生了矛盾，人们应该多作自我批评，而不能一味指责别人的不是。责己严，待人宽，这是保持良好和谐的人际关系所不可缺少的原则。

【原文】

子曰："过而不改，是谓过矣。" ——《论语·卫灵公》

【导读】

"人非圣贤，孰能无过？"但关键不在于过，而在于能否改过，保证今后不再犯同样的错误。也就是说，有了过错并不可怕，可怕的是坚持错误，不加改正。孔子以"过而不改，是谓过矣"的简练语言，向人们道出了这样一个真理，这是对待错误的唯一正确态度。

【原文】

孔子曰："侍于君子有三愆(1)：言未及之而言谓之躁，言及之而不言谓之隐，未见颜色而言谓之瞽(2)。" ——《论语·季氏》

【注释】

（1）愆（qiān）：过失。

（2）瞽（gǔ）：盲人。

【导读】

这一章讲了在社会交往过程中应当注意的问题。与君子交往时要注意说话之道，要知道何时说话何时不说话，说话要注意把握分寸。

【原文】

孔子曰："君子有三戒：少之时，血气未定，戒之在色；及其壮也，血气方刚，戒之在斗；及其老也，血气既衰，戒之在得。"——《论语·季氏》

【导读】

这是孔子对人从少年到老年这一生中需要注意的问题作出的忠告。这对今天的人们还是很有警示作用的。

【原文】

子张问仁于孔子。孔子曰："能行五者于天下为仁矣。"问："请问之。"曰："恭、宽、信、敏、惠。恭则不侮，宽则得众，信则人任焉，敏则有功，惠则足以使人。"

——《论语·阳货》

【导读】

对于不同的弟子的问题，孔子的回答是不一样的，这充分展现出了孔子"因材施教"的教育思想。在这里，孔子提出了君子应该具有的"恭、宽、信、敏、惠"这五种品行。

【原文】

子贡曰："纣[1]之不善，不如是之甚也。是以君子恶居下流[2]，天下之恶皆归焉。"

——《论语·子张》

【注释】

（1）纣：商代最后一个君主，名辛，纣是他的谥号，历来被认为是一个暴君。

（2）下流：地形低洼各处来水汇集的地方。

【导读】

子贡告诫人们：人不要居下流，与坏事沾边，否则会成众矢之的。子贡认为纣王有过，但不像传说中那么严重，那是因为在一个以伦理为本位的社会中，好的事情会附会到德行高尚者的身上，坏的事情会附会到德行低下者的身上。这样，好的越好，以致好到不近人情的地步；而坏的越坏，乃至头顶生疮、脚底流脓，殷纣王就是例子。子贡这段话，并不是为纣王开脱，而是提醒世人，应当要经常自我反省。

【原文】

子贡曰:"君子之过也,如日月之食焉。过也,人皆见之;更也,人皆仰之。"

——《论语·子张》

【导读】

日食月食,太阳月亮好像被黑影遮住了一样,但最终却掩不了太阳月亮的光辉。君子有过错也是同样的道理。有过错时,就像日食月食,暂时有污点,有阴影;一旦承认错误并改正错误,君子原本的人格光辉又焕发了出来,仍然不失君子的风度。

【原文】

孔子曰:"不知命,无以为君子也;不知礼,无以立也;不知言,无以知人也。"

——《论语·尧曰》

【导读】

这一章,孔子再次向君子提出三点要求,即"知命"、"知礼"、"知言",这是君子立身处世需要特别注意的问题。《论语》一书最后一章谈君子人格的内容,表明此书的侧重点就在于塑造具有理想人格的君子,培养治国安邦平天下的志士仁人。

2. 《孟子》选读

孟子(约前372—前289),名轲,字子舆,战国时期邹国(今山东邹城)人,著名的思想家、政治家、教育家,孔子学说的继承者,儒家思想的重要代表人物。儒家思想习惯上被称为"孔孟之道","孔"指的是儒家的"至圣"——孔子,"孟"指的就是儒家的"亚圣"——孟子。

孟子在幼年主要得力于母亲的教诲,《韩诗外传》载有"孟母断织"的故事,《列女传》载有"孟母三迁"和"孟母去齐"的故事。据《史记·孟子荀卿列传》记载,孟子长大后"受业子思(孔子的孙子,据载作过《中庸》)之门人"。由此可见,孟子受到了子思的影响,从而奠定了其对儒家学说的终生信仰。

今天我们所见的《孟子》共有七篇,每篇分为上下两章,约三万五千字。但据《汉书·艺文志》记载,《孟子》共有十一篇,现存的《孟子》七篇属内篇,另有《性善》《辨文》《说孝经》《为政》四篇为外篇。东汉赵岐在为《孟子》作注时,对十一篇进行了鉴别,认为内篇为真,外篇为伪。东汉以后,外篇便相继亡佚了。

与《论语》一样,《孟子》也是以记言为主的语录体散文,人称"拟圣而作"，但它较《论语》又有明显的发展。《论语》的文字简约、含蓄，《孟子》却有许多长篇大论，气势磅礴，逻辑性强，既尖锐机智又从容舒缓，对后世的散文写作产生了深刻的影响。

【原文】

"敢问夫子恶乎长?"⁽¹⁾

曰："我知言，我善养吾浩然⁽²⁾之气。"

"敢问何谓浩然之气?"

曰："难言也。其为气也，至大至刚，以直养而无害，则塞于天地之间。其为气也，配义与道；无是，馁也。是集义所生者，非义袭而取之也。行有不慊⁽³⁾于心，则馁矣。我故曰，告子⁽⁴⁾未尝知义，以其外之也。必有事焉而勿正⁽⁵⁾，心勿忘，勿助长也。无若宋人然：宋人有闵⁽⁶⁾其苗之不长而揠⁽⁷⁾之者，芒芒然⁽⁸⁾归，谓其人⁽⁹⁾曰：'今日病矣！予助苗长矣！'其子趋而往视之，苗则槁矣。天下之不助苗长者寡矣。以为无益而舍之者，不耘⁽¹¹⁾苗者也；助之长者，揠苗者也——非徒无益，而又害之。"

"何谓知言?"

曰："诐辞⁽¹²⁾知其所蔽，淫辞⁽¹³⁾知其所陷，邪辞知其所离，遁辞⁽¹⁴⁾知其所穷。生于其心，害于其政；发于其政，害于其事。圣人复起，必从吾言矣。"

——《孟子·公孙丑上》

【注释】

(1) 这一段系节选公孙丑与孟子的对话，问话者为公孙丑，系孟子弟子。恶（wù）乎长：有何优点呢?

(2) 知言，指对于言论思想的是非、善恶、诚伪、得失，都能精察明辨。浩然，盛大而流动的样子。浩然之气，正大刚直之气。

(3) 慊（qiè）：快，痛快，即所行合义，心安理得之意。

(4) 告子：一说名不详，一说名不害，可能曾受教于墨子。

(5) 正：止。"而勿正"即"而勿止"。

(6) 闵：担心，忧愁。

(7) 揠：拨。

(8) 芒芒然，疲倦的样子。

(9) 其人，指他家里的人

(10) 病，疲倦，劳累。

(11) 耘，除草。

（12）诐（bì）辞：偏颇的言辞。

（13）淫辞：夸张、过分的言辞。

（14）遁辞：躲闪的言辞。

【导读】

在孟子看来，浩然之气是一种人间正气，是仁义的化身和体现，一个人只有居仁由义，才能培养出这种浩然正气。"浩然之气"是义（仁义、正义、道义）长期积聚、充塞于胸而生成的。无义则气馁，有义则气足。因此，必须时刻坚守仁义、正义、道义。仁义在身，正义在胸，道义在肩，就会自然生发出至大至刚的浩然正气。

【原文】

孟子曰："爱人不亲[1]反其仁[2]；治人不治[3]反其智[4]；礼人不答[5]反其敬[6]——行有不得者，皆反求诸己[7]，其身正而天下归之。诗云：'永言配命，自求多福[8]。'" ——《孟子·离娄上》

【注释】

（1）爱人不亲：以仁爱待人却得不到别人的亲近。

（2）反其仁：反思自己是否足够仁爱。反，反思，反省。

（3）治人不治：管理人却管理不好。

（4）反其智：反思自己是否有足够的智慧。

（5）礼人不答：礼待他人却得不到应答。

（6）反其敬：反思自己是否足够恭敬。

（7）反求诸己：反过来追究自己（是否有问题）。

（8）永言配命，自求多福：此句出自《诗经·大雅·文王》。意为永远与天命相合，自己寻求各种幸福。永，永远。言，助词。

【导读】

我们在《公孙丑上》里已听孟子说过："仁者如射：射者正己而后发；发而不中，不怨胜己者，反求诸己而已矣。"意思都是一样的。从个人品质说，是严于律己，宽以待人，凡事多作自我批评。也就是孔子所说的"躬自厚而薄责于人，则远怨矣。"（《论语·卫灵公》）

从治理国家政治说，是正己以正人。"其身正，不令而行；其身不正，虽令不从。"（《论语·子路》）儒家政治，强调从自身做起，从身边事做起，所以，多与个人品质紧紧连在一起。而自我批评则是其手段之一，其相关论述，在《论语》和《孟子》中可以说是不胜枚举。当然，古往今来，真正能够做到的人又的确是太少了，所以仍然有强调的必要。

【原文】

孟子曰："不仁者可与言哉？安其危而利其菑[1]，乐其所以亡者。不仁而可与言，则何亡国败家之有？有孺子歌曰：'沧浪[2]之水清兮，可以濯[3]我缨[4]；沧浪之水浊兮，可以濯我足。'孔子曰：'小子听之！清斯濯缨，浊斯濯足矣。自取之也。'夫人必自侮，然后人侮之；家必自毁，而后人毁之；国必自伐，而后人伐之。《太甲》曰：'天作孽，犹可违；自作孽，不可活。'此之谓也。"

——《孟子·离娄上》

【注释】

(1) 菑：同"灾"。

(2) 沧浪：前人有多种解释。或认为是水名（汉水支流），或认为是地名（湖北均县北），或认为是指水的颜色（青苍色）。各种意思都不影响对原文的理解。

(3) 濯（zhuó）：洗。

(4) 缨：系帽子的丝带。

【导读】

水的用途有贵有贱（"濯缨"与"濯足"），是因为水有清有浊的，人有贵有贱，有尊有卑又何尝不是由自己造成的呢？不仅个人如此，一个家庭，一个国家，都莫不如此。人因为不自尊，他人才敢轻视；家由于不和睦，"第三者"才有插足的缝隙；国家动乱，祸起萧墙之内，敌国才趁机入侵。所有这些，都有太多的例证可以证实。我们今天说"堡垒最容易从内部攻破"，其实也正是这个意思。所以，人应自尊，家应自睦，国应自强。祸福贵贱都由自取。

【原文】

孟子曰："自暴[1]者，不可与有言也；自弃者，不可与有为也。言非[2]礼义，谓之自暴也；吾身不能居仁由义，谓之自弃也。仁，人之安宅也；义，人之正路也。旷安宅而弗居，舍正路而不由，哀哉！"——《孟子·离娄上》

【注释】

(1) 暴：损害，糟蹋。

(2) 非：诋毁。

【导读】

此章中的"自暴自弃"指自己不愿意居仁心，行正义，而且还出言毁礼义的行为。稍加引申，也就是自己不愿意学好人做好事而自卑自贱，自甘落后，甚至自甘堕落，这就是成语"自暴自弃"的意思，只不过我们今天使用这个成语时，多半指那些遭受挫折后不能重新振作的人。

从孟子宣传推广仁义道德的本意来看，他的这一段文字是非常优美而具有吸引力的。我们今天动辄就说寻找"精神家园"，而孟子早已明明白白地告诉你："仁，人之安宅也。"仁，是人类最安适的精神住宅、精神家园，你还到哪里去寻找呢？我们今天动辄就劝人走光明大道，而孟子早已明明白白地告诉你："义，人之正路也。"义，是人类最正确的光明大道，你为什么不去走呢？所以，孟子非常动感情地说："旷安宅而弗居，舍正路而不由，哀哉！"

【原文】

孟子曰："君子有三乐，而王天下不与存焉。父母俱存，兄弟无故[1]，一乐也；仰不愧于天，俯不怍[2]于人，二乐也；得天下英才而教育之，三乐也。君子有三乐，而王天下不与存焉。"

　　　　　　　　　　　　　　　　　　　　——《孟子·尽心上》

【注释】

(1) 故：事故，指灾患病丧。

(2) 怍（zuò）：惭愧。

【导读】

一乐家庭平安，二乐心地坦然，三乐教书育人。朱熹《集注》引林氏的话说："此三乐者，一系于天，一系于人，其可以自致者，惟不愧不怍而已。"也就是说，一乐取决于天意，三乐取决于他人，只有第二种快乐才完全取决于自身。因此，我们努力争取的也在这第二种快乐，因为它是属于"求则得之，舍则失之，是求有益于得也，求在我者"的范围。"俯仰终宇宙，不乐复何如?"（陶渊明诗）当然，作为教书先生，孟子还有"得天下英才而教育之"的快乐。如果我们不是教书先生，那除了一乐家庭平安，二乐俯仰无愧之外，还该三乐什么呢？或者，时代进化了，还有没有四乐、五乐呢？

【原文】

孟子曰："子路，人告之以有过，则喜。禹闻善言则拜。大舜有[1]大焉[2]，善与人同[3]，舍己从人，乐取于人以为善。自耕稼、陶、渔[4]以至为帝，无非取于人者[5]。取诸人以为善，是与人为善[6]者也，故君子莫大乎与人为善。"

　　　　　　　　　　　　　　　　　　　——《孟子·公孙丑上》

【注释】

(1) 有：同"又"。

(2) 大焉：伟大。

（3）善与人同：与人共同做善事。

（4）耕稼、陶、渔：耕种、烧窑、捕鱼。舜耕于历山，陶于河滨，渔于雷泽。

（5）无非取于人者：没有不是取他人的善而自己照着去做的。无非，无不是。

（6）是与人为善：这就是与人一起行善。是，此，这。与：偕同。

【导读】

本章阐述了孟子论涵养操守的一个重要方面——与人为善。需要注意的是，现在我们常说的"与人为善"多指"善意地帮助他人"，而此处孟子所主张的"与人为善"则是"善与人同，舍己从人，乐取于人以为善"，即与他人一起行善。在论证此观点时，孟子列举了子路、夏禹和大舜三人各自不同的处世方式，在对比中揭示"与人为善"是善的最高境界。从闻过则喜到闻善则拜，再到善与人同，虽然程度和境界有所不同，但其实它们的实质或者基础是一样的，这就是，虚心听取别人的意见来完善自身，诚心吸取别人的优点为来改正自身不足，恰如孔子所言："丘也幸，苟有过，人必知之。"如今，要想达到孟子"与人为善"的境界实属不易，但我们对"与人为善"抱有信心，同时努力使自己拥有"闻过则喜"的胸襟和"闻善而拜"的气量。

3.《荀子》选读

荀子（约前313—前238），名况，字卿，战国末期赵国人。著名思想家、文学家、政治家，时人尊称"荀卿"。西汉时因避汉宣帝刘询讳，因"荀"与"孙"二字古音相通，故又称孙卿。曾三次出任齐国稷下学宫的祭酒，后为楚兰陵（位于今山东兰陵县）令。荀子对儒家思想有所发展，在人性问题上，提倡性恶论，主张人性有恶，否认天赋的道德观念，强调后天环境和教育对人的影响。其学说常被后人拿来跟孟子的'性善论'比较，荀子对重新整理儒家典籍也有相当显著的贡献。

【原文】

人之性恶(1)，其善者伪(2)也。

今(3)人之性，生而有好利(4)焉，顺是(5)，故争夺生而辞让亡(6)焉；生而有疾恶焉(7)，顺是，故残贼生(8)而忠信亡焉；生而有耳目之欲(9)，有好声色焉(10)，顺是，故淫乱生而礼义文理(11)亡焉。然则从(12)人之性，顺人之情，必出于争夺，合于犯分乱理(13)，而归于暴(14)。故必将有师法之化、礼义之道(15)，然后出于辞让，合于文理，而归于治(16)。用此观之，然则(17)人之性恶明矣，其善其伪也。

——《荀子·性恶》

【注释】

（1）性恶：本性是恶的。

（2）伪：人为。

（3）今：犹"夫"，发语词。下文有多处此种用法。

（4）好利：喜欢财利。

（5）顺是：依顺这种人性。

（6）辞让亡：谦逊推让消失。

（7）人一生下来就有妒忌憎恨的心理。疾，通"嫉"，嫉妒。

（8）残贼生：残杀陷害就产生。

（9）耳目之欲：耳朵、眼睛的欲望。

（10）有好声色焉：有喜欢音乐、美色的本能。

（11）文理：本意指文章条理，这里引申为法度、规定。

（12）从：通"纵"。

（13）合于犯分乱理：一定会和违犯等级名分、扰乱礼义法度的行为合流。分，名分。

（14）归于暴：趋于暴乱。

（15）所以一定要有师长和法度的教化、礼义的引导。道，通"导"。

（16）治：治理。

（17）然则：连词，表示"既然如此，那么"。

【导读】

本篇阐述了荀子学说的基本观点，即人性恶。荀子认为人性是恶的，而善则是后天人为的。荀子用人的生理、欲望来证明人性本恶，那些谦逊推让及善良的行为都是人们的有意作为。荀子的这些观点是正确的。人一出生就需要有吃的，否则就生存不下去。好利、疾恶、好色……放纵这些本性就会带来不良后果。由于人类私心的膨胀，占有欲的扩张，人类便开始了相互的争斗、残杀。从争夺人类赖以饱腹的食物开始，到争夺财产，再到争夺可以生产财富的土地，人类的私欲失去了限度，变得荒淫而可怕。然而，如果用"师法"和"礼义"抑制人的私欲，规范人的行为，就会消除争斗现象而"归于治"。

【原文】

故枸木必将待檃栝烝矫然后直[1]，钝金必将待砻厉然后利[2]。今人之性恶，必将待师法然后正[3]，得礼义然后治。今人无师法，则偏险[4]而不正；无礼义，则悖乱⁽⁵⁾而不治。古者圣王以人之性恶，以为偏险而不正，悖乱而不治，是以为之起⁽⁶⁾礼义、制法度，以矫饰人之情性而正之⁽⁷⁾，以扰化人之情性而导之也⁽⁸⁾。始皆出于治，合于道者也⁽⁹⁾。今之人，化师法，积文学⁽¹⁰⁾，道礼义者为君子；纵性情，安恣睢⁽¹¹⁾，而违礼义者为小人。用此观之，然则人之性恶明矣，其善者伪也。

——《荀子·性恶》

【注释】

（1）弯曲的木材一定要经过整形器进行熏蒸、矫正，然后才能挺直。枸，通"钩"，弯曲。䥶栝（yǐn kuó），竹木的整形工具。烝，同"蒸"，用蒸气加热，这是为使被矫正的木材柔软以便矫正。

（2）不锋利的金属器具一定要经过磨砺，然后才能锋利。金，金属之器，指有锋刃的武器或工具。砻（lóng），磨。厉，通"砺"，磨。

（3）人的本性是恶的，一定要经过师长传授的礼义法度才能端正。

（4）偏险：偏邪险恶。

（5）悖乱：叛逆作乱。

（6）起：建立。

（7）用来改造人们的性情而使其端正。饰，通"饬"，整治、改造。

（8）用来教化人们的性情而使其有正确导向。

（9）使人们都能得到治理、言行合乎礼义之道。

（10）积文学：积累文献经典方面的知识。

（11）安恣睢：安于恣肆放荡。

【导读】

弯木不整形不能挺直，钝刀不磨不能锋利。同样的道理，人性恶不加以改造、矫正，不能使其由恶变善。在荀子看来，只有师法、礼义才能矫正和约束人性，所以古代的圣人用"起礼义、制法度"来化导人的情性。后来人们约定俗成地建立了许多社会行为规范，用来约束人们的社会行为；再后来又演变出了法律法规，以强制的方式约束和规范人们的社会行为。

【原文】

孟子⁽¹⁾曰："今之学者，其性善⁽²⁾。"

曰：是不然！是不及知人之性⁽³⁾，而不察乎人之性伪之分者也⁽⁴⁾。凡性者，天之就也，不可学，不可事⁽⁵⁾。礼义者，圣人之所生⁽⁶⁾也，人之所学而能，所事而成者也。不可学，不可事⁽⁷⁾，而在人者，谓之性；可学而能，可事而成之在人者，谓之伪。是性伪之分也。今人之性，目可以见，耳可以听；夫可以见之明不离目⁽⁸⁾，可以听之聪不离耳，目明而耳聪，不可学明⁽⁹⁾矣。

——《荀子·性恶》

【注释】

（1）即孟轲。这里的引语，不见于今本《孟子》。

（2）意即坚持学习的人，才能成就其天然的性善。

（3）这是还没有能够了解人的本性。及，达到，够。

（4）而且也不明白人的先天本性和后天人为之间的区别。

（5）大凡本性，是天然造就的，是不可能学到的，是不可能人为造作的。事，人事，做，人为。

（6）生：创建。

（7）不可事：不可能人为造作。

（8）可以用来看清东西的视力离不开眼睛，可以用来听清楚声音的听力离不开耳朵。

（9）明：清楚明白。

【导读】

荀子不同意孟子的"性善"观点，他认为，人的本性是恶的，人的道德观念和礼义规范是善的。人的本性是自我生成的，是"天之就"，既不是学来的，也不是人为的，荀子称之为"性"。而礼义却是人发明的，荀子称之为"伪"。由此，荀子提出了"性伪之分"。这是荀子"性恶论"的一个重要观点。荀子所说的"性"，相当于人的自然属性，"伪"相当于人的社会属性。荀子对此所作的区分是合理的、正确的。

【原文】

今人之性，饥而欲饱，寒而欲暖，劳而欲休，此人之情性⁽¹⁾也。今人饥，见长⁽²⁾而不敢先食者，将有所让⁽³⁾也；劳而不敢求息者，将有所代⁽⁴⁾也。夫子之让乎父，弟之让乎兄；子之代乎父，弟之代乎兄，此二行⁽⁵⁾者，皆反于性而悖于情也⁽⁶⁾。然而孝子之道，礼义之文理也⁽⁷⁾。故顺情性则不辞让矣，辞让则悖于情性矣。用此观之，人之性恶明矣，其善者伪也。

——《荀子·性恶》

【注释】

（1）情性：情感和本性。

（2）长：长辈。

（3）让：谦让。

（4）（看见父兄、兄长劳作）而不敢休息，将要代其劳作。"劳"下承上省"见长"两字。

（5）二行：两种德行。

（6）都是违反本性而背离人情的。

（7）然而却是孝子的孝道、礼义的法度。

（8）所以完全顺着人的自然性情来，就不会有辞让，辞让是违背人的自然性情的。

【导读】

人是上天造化之物，其性是"生之所以然"，饥则欲食，寒则欲衣，劳则欲休。温饱、休息是人最低层次的生理需求和心理需求。这种本能的欲求，即所谓"食色，性也"。但在礼义的约束下，饥饿了见长者在而不敢先食，劳累了见父兄在而不敢休息；有酒食，子让父，弟让兄；有劳作，子代父，弟代兄，这两种德行违犯本性背离人情，然而却是实实在在的孝悌之道、礼义法度。那么孝悌之道、礼义法度是从哪儿来的呢？荀子认为，是圣人制作的，是人为的。

【原文】

见善，修然必以自存也[1]；见不善，愀然[2]必以自省也；善在身，介然必以自好也[3]；不善在身，菑然必以自恶也[4]。故非我而当者[5]，吾师也；是[6]我而当者，吾友也；谄谀我者，吾贼也[7]。故君子隆师而亲友[8]，以致恶其贼[9]；好善无厌，受谏而能诫[10]，虽欲无进，得乎哉[11]？

——《荀子·修身》

【注释】

（1）修然必以自存也：一定要对照检查自己，"见贤思齐"，以具有此善。修然：整饬的样子。

（2）愀（qiǎo）然：忧惧的样子。一定要心怀忧惧，反省自己是否也有此种不善。

（3）介然必以自好也：一定因此而坚定地自好其善。介然，坚正不移，坚定不动摇。

（4）不良的品行在自己身上，一定会像灾害在身似地痛恨自己。菑（zāi）：通"灾"，害。

（5）非：指责。当，恰当。

（6）是，赞同。

（7）阿谀奉承我的人，就是害我的贼人。

（8）隆师而亲友：尊崇教师、亲近朋友。

（9）憎恨那些贼人。

（10）受到劝告就能警惕。

（11）即使不想进步，可能吗？

【导读】

荀子认为，人们对善与不善应采取的态度，是见善必欲自存自有，见不善必反省自己是否也有此种不善；善在身必以自好自乐，不善在身就像灾害在身一样必欲去之。修身要保持一个善良的心态，以善良的心态对待自己，还要建立人与人之间相互亲爱的关系，善意地对待别人。那么，怎样建立和与什么机关报人建立亲近的关系呢？荀子举出了几种人的例子。这就要我们在与别人交往时，必须要有一定的辨别能力，识别什么是"非我而当者"、"是我而当者"、"谄谀我者"。如果隆师亲友、远离坏人、迁善改过、接受劝诫，就一定会不断进步。

【原文】

故君子无爵而贵⁽¹⁾，无禄而富，不言而信⁽²⁾，不怒而威，穷处而荣⁽³⁾，独居而乐，岂不至尊、至富、至重、至严之情举积此⁽⁴⁾哉！故曰：贵名不可以比周⁽⁵⁾争也，不可以夸诞⁽⁶⁾有也，不可以势重胁⁽⁷⁾也，必将诚此然后就也⁽⁸⁾。争之则失，让之则至，遵道则积，夸诞则虚⁽⁹⁾。故君子务修其内而让之于外，务积德于身而处之以遵道⁽¹⁰⁾，如是，则贵名起如日月，天下应之如雷霆。故曰：君子隐而显，微而明，辞让而胜⁽¹¹⁾。

——《荀子·儒效》

【注释】

（1）所以君子没有爵位也尊贵。

（2）不言说也被信任。

（3）处境穷困也荣耀。

（4）举积此哉：都靠持续不断的学习。举，都，皆。积，积累，不间断。此，指学习。

（5）比周：拉帮结派。

（6）夸诞：夸耀吹牛。

（7）以势重胁：靠权势地位来劫持。

（8）一定要真正地在学习上下了功夫，然后才能有成就。

（9）失：丧失（名誉）。至，得到（名誉）。积，积累（名誉）。虚，空，指落个一场空。

（10）所以君子致力于自己内在的思想修养而在外谦虚辞让，致力于自身积累德行而遵行正确的原则去处理一切。

（11）君子即使隐居也显赫，即使卑微也荣耀，即使退让也会胜过别人。

【导读】

做一个什么样的人，关键在于自己。想由卑贱变成高贵，由愚昧变成有智慧，由贫穷变成富裕，当然可以。但不读书，不学习却是不行的。所以，决定权主动权掌握在自己手上。一个人有了知识学问才是真正的富裕。这种精神上的富裕是任何物质上的富裕所代替不了的。然而有很多人认为只要有权势、有地位就能有荣华富贵，就有幸福。因此他们就不择手段的，攫取权势、地位。而不择手段，只会使这些人越来越担惊受怕，越来越恐惧。君子采取的是什么手段呢？他们好学，从而有了智慧，知道遵守一定的社会行为规范的重要性，知道在人际关系中选择最佳行为方式，知道仁爱、诚信在人际关系中的重要作用，因此，他们没有爵位也是尊贵的，没有财产也是富有的，不标榜也是有诚信的，不发怒也是有威严的，虽然处在穷困境地，也是荣耀的，虽然独自居住也是快乐的。

4. 《礼记》选读

《礼记》又名《小戴礼记》、《小戴记》，据传为孔子的七十二弟子及其学生们所作，西汉礼学家戴圣所编，是中国古代一部重要的典章制度选集，共二十卷四十九篇，主要记载了先秦的礼制，体现了先秦儒家的哲学思想（如天道观、宇宙观、人生观）、教育思想（如个人修身、教育制度、教学方法、学校管理）、政治思想（如以教化政、大同社会、礼制与刑律）、美学思想（如物动心感说、礼乐中和说），是研究先秦社会的重要资料，是一部儒家思想的资料汇编。

《礼记》章法谨严，文辞婉转，前后呼应，语言整饬而多变，是"三礼"之一、"五经"之一，"十三经"之一。自东汉郑玄作"注"后，《礼记》地位日升，至唐代时尊为"经"，宋代以后，位居"三礼"之首。《礼记》中记载的古代文化史知识及思想学说，对儒家文化传承、当代文化教育和德性教养，及社会主义和谐社会建设有重要影响。

早在春秋时期，孔子执教的"六经"，包括《诗》《书》《礼》《乐》《易》《春秋》中的《礼》，后来称《仪礼》，主要记载周代的冠、婚、丧、祭诸礼的"礼法"，受体例限制，几乎不涉及仪式背后的"礼义"。而不了解"礼义"，仪式就成了毫无价值的虚礼。所以，七十子后学在习礼的过程中，撰写了大量阐发经义的论文，总称之为"记"，属于《仪礼》的附庸。秦始皇焚书坑儒后，西汉能见到的用先秦古文撰写的"记"依然不少，《汉书·艺文志》所载就有"百三十一篇"。《隋书·经籍志》说，这批文献是河间献王从民间征集所得，并说刘向考校经籍时，又得到《明堂阴阳记》《孔子三朝记》《王史氏记》《乐记》等数十篇，总数增至二百十四篇。由于《记》的礼记版本数量太多，加之精粗不一，到了东汉，社会上出现了两种选辑本，一是戴德的八十五篇本，习称《大戴礼记》；二是他的戴德侄子戴圣的四十九篇本，习称《小戴礼记》。《大戴礼记》流传不广，北周卢辩曾为之作注，但颓势依旧，到唐代已亡佚大半，仅存三十九篇，《隋书》《唐书》《宋书》等史乘的《经籍志》甚至不予著录。《小戴礼记》则由于郑玄为之作了出色的注，而风光无限，畅行于世，故后人径称之为《礼记》。

【原文】

敖⁽¹⁾不可长，欲不可从⁽²⁾，志不可满，乐不可极。

——《礼记·曲礼上》

【注释】

（1）敖：与"傲"同，骄傲之意。

（2）从：与"纵"同，不加约束之意。

【导读】

这段文字讲的是做人的生活态度，意为"交际不可思涨，欲望不可放纵，意志不可自满，享乐不可穷极"。一个人面对各种诱惑和挑战，首先要有自信，要有敢作敢为的勇气。其次也要有自知之明，不可盛气凌人，应当学会谦虚待人。人的欲望要考虑个人的能力范围，不可好高骛远，肆意放纵。既要学会享受生活，又不能过分沉溺。只有拥有一颗谦逊的心和顽强的意志力，在充分考虑自己能力的前提下，奋发图强，才有可能创造出一个美好的人生。

【原文】

贤者狎⁽¹⁾而敬之，畏⁽²⁾而爱之。爱而知其恶，憎而知其善。积而能散，安安而能迁⁽³⁾。临财毋苟得，临难毋苟免。很⁽⁴⁾毋求胜，分毋求多。疑事毋质⁽⁵⁾，直而勿有⁽⁶⁾。　　　　　　——《礼记·曲礼上》

【注释】

（1）狎：与人亲近之意。

（2）畏：敬畏。

（3）安安：前一"安"是动词，满足之意；后一"安"是名词，指感到满足的事物。迁：改变之意。

（4）很：与"狠"同，凶残的样子。

（5）疑事毋质：指有疑问的事情不要臆断。质，意为肯定之意。

（6）直而毋有：正确的时候不要自以为是。直：意为正确。有，意为自以为是。

【导读】

我们对待不同的人和事要有不同的处理方法。对贤者要亲切而尊敬。对所爱的人要知道他的短处，对所憎的人要知道他的长处。善积财而又能布施，安于习惯了的生活而又能适时变迁。总之，社会是一个大家庭，任何人都无法完全脱离，所以能否合理的处理人际关系，对每个人来说是一个不小的挑战。树立起一个正确的为人处世原则，处理好各种人际关系，才能得到周围人们的认可和尊重，取得生活和事业上的成功。

【原文】

天命(1)之谓性，率性(2)之谓道，修道之谓教。

道也者，不可须臾离也，可离非道也。是故君子戒慎乎其所不睹，恐惧乎其所不闻。莫见乎隐，莫显乎微(3)。故君子慎其独也。

——《礼记·中庸》

【注释】

（1）天命：天赋。朱熹解释说："天以阴阳五行化生万物，气以成形，而理亦赋焉，犹命令也。"（《中庸章句》）所以，这里的天命（天赋）实际上就是指的人的自然禀赋，并无神秘色彩。

（2）率性：遵循本性。率：遵循，按照。

（3）莫：在这里是"没有什么更……"的意思。见（xiàn）：显现，明显。乎：于，在这里有比较的意味。

【导读】

这一段文字有两重含义，第一层含义讲"性""道""教"，第二层含义讲"道"是无处不在、无时不有的，任何时候，任何地点，任何条件下都要贯彻"道"。上天把天理赋予人形成品德就是"性"，遵循本性自然发展的原则而行动就是"道"，圣人把"道"加以修明并推广于民众就是"教"。

什么是"性"？儒家认为"性"即是人的仁、义、礼、智、信等道德标准，也就是人性中的高贵方面。

什么是"道"?"道"即要求人按照天命决定的人性,事物运动变化所应遵循的普遍规律,去身体力行,矢志不移的贯彻执行。

什么是"教"?"教"即是教化、教育,通过精神感化的方法实行统治,将"道"宣扬成为社会生活的行为准则。

儒家思想之所以能成为几千年来封建社会的主流思潮,就在于儒家有一套完整的、系统的、适合统治阶级意志需要的伦理教育体系,这是其他法家、道家等诸子百家所不具备的优势。

怎样贯彻"道"呢?就是要发扬"慎独"精神,有德行的人对自己的言行极为检点,在别人的眼睛看不到,耳朵听不到的地方,也要谨慎地对待自己,严格地要求自己,而不是放纵自己。

【原文】

喜怒哀乐之未发,谓之中(1);发而皆中节(2),谓之和。中也者,天下之大本也;和也者,天下之达道也。致(3)中和,天地位焉,万物育焉。

——《礼记·中庸》

【注释】

(1) 中(zhòng):符合。

(2) 节:节度法度。

(3) 致:达到。

【导读】

这一段文字讲什么是"中"、"和"。

什么是"中"呢?过犹不及,不偏不倚,内心处于虚静状态,没有接触外界事物,自身的喜怒哀乐感情未能表露的境界,称之为"中"。

什么是"和"呢?喜怒哀乐已经表露出来,但表露出来的情感符合常理,合乎社会法度而中正和谐,称之为"和"。也就是说,要用理智控制自己的情感,不可使其泛滥。

"中"是一种标准,而"和"即是达到标准,符合标准。

控制自己的欲望,去除外界的诱惑,反求诸身,存养省察,这样才能符合中和之道。

【原文】

君子素其位(1)而行,不愿乎其外。

素富贵,行乎富贵;素贫贱,行乎贫贱;素夷狄(2),行乎夷狄;素患难,行乎患难。君子无入(3)而不自得焉。

在上位，不陵⁽⁴⁾下；在下位，不援⁽⁵⁾上。正己而不求于人，则无怨。上不怨天，下不尤⁽⁶⁾人。故君子居易⁽⁷⁾以俟命⁽⁸⁾，小人行险以侥幸。

子曰："射⁽⁹⁾有似乎君子，失诸正鹄⁽¹⁰⁾，反求诸其身。"

——《礼记·中庸》

【注释】

（1）素其位：安于现在所处的地位。素：平素。现在的意思，这里作动词用。

（2）夷：指东方的部族；狄：指西方的部族。泛指当时的少数民族。

（3）无入：无论处于什么情况下。入，处于。

（4）陵：欺侮。

（5）援：攀援，本指抓着东西往上爬，引申为投靠有势力的人往上爬。

（6）尤：抱怨。

（7）居易：居于平安的地位，也就是安居现状的意思。易：平安。

（8）俟（sì）命：等待天命。

（9）射：指射箭。

（10）正（zhèng）鹄（gǔ）：正、鹄：均指箭靶子；画在布上的叫正，画在皮上的叫鹄。

【导读】

这一章讲君子的做事心态。

哲学使人活得潇洒，伦理学使人活得沉重。苏轼有云"人生识字忧患始"，此话有失偏颇，说明长期的政治挫折和流浪经历给他造成了内心酸苦。

苏轼是对于世事洞若观火然而又能保持高风亮节之人，是传统知识分子中真正实践中庸之道和孔门学说，虽历经磨难依然不改其行为操守的典型代表。君子的适应能力比较强，不管是身处富贵，还是颠沛流离，都能不怨天尤人，而是安分守己地做好自己分内的事情，等待天命赐德。而小人却不是这样，企图冒险侥幸获利，而最终触犯纲纪，身陷囹圄。君子高居上位，不欺凌处于下位的人。君子处在下位，也不去高攀在上位的人，只是端正自己而不苛求他人。正如孔子所说的"射箭的道理好比君子行道，正己而不求人。如果射不中，不怪靶子不正，只怪自己箭术不行"。

【原文】

大学之道⁽¹⁾，在明明德⁽²⁾，在亲民⁽³⁾，在止于至善。

——《礼记·大学》

【注释】

(1) 大学之道：大学的宗旨。"大学"一词在古代有两种含义：一是"博学"的意思；二是相对于小学而言的"大人之学"。古人八岁入小学，学习"洒扫应对进退、礼乐射御书数"等文化基础知识和礼节；十五岁入大学，学习伦理、政治、哲学等"穷理正心，修己治人"的学问。所以，后一种含义其实也和前一种含义有相通的地方，同样有"博学"的意思。"道"的本义是道路，引申为规律、原则等，在中国古代哲学、政治学里，也指宇宙万物的本原、个体，一定的政治观或思想体系等，在不同的上下文环境里有不同的意思。

(2) 明明德：前一个"明"作动词，有使动的意味，即"使彰明"，也就是发扬、弘扬的意思。后一个"明"作形容词，明德也就是光明正大的品德。

(3) 亲民：根据后面的"传"文，"亲"应为"新"，即革新、弃旧图新。亲民，也就是新民，使人弃旧图新、去恶从善。

【导读】

《大学》开宗明义，阐明了《大学》的道理、原理、原则、纲领，含有人生观、世界观、方法论、政治主张、政治体系之意。

"明明德"，其内涵为将人格发挥至极致，有人本思想，张扬自我之个性而内圣外王。"在亲民"，其内涵为革故鼎新，除旧布新，新陈代谢，讲《大学》的革命思想。只有革命才是除旧布新的良药，揭示了新生事物必然要战胜腐朽事物的社会发展的必然规律。"在止于至善"，其内涵为物质与精神的双重进步而尽善尽美。"明明德"、"在亲民"、"在止于至善"是《大学》的"三纲"，"三纲"是古代学者做人做事的标准。只要按照这样要求自己，则可以构建人格和事业的大厦。"明明德"为何要排在"在亲民"、"在止于至善"之前呢？其原因为"明明德"讲个体，"在亲民"讲社会。个体为社会的细胞，没有个体就没有整体。反观古代君王草菅人命，以国家、民族为借口而无端牺牲个体利益，甚至生命，由此可见，儒家学说并非如柏杨先生所说的"酱缸文化"，乃是后世学者以御用文人充当帝王、政客之帮闲，将孔门之学，断章取义，教条使用，为统治阶级张目而已。

【原文】

知止⑴而后有定；定而后能静；静而后能安；安而后能虑；虑而后能得⑵。物有本末，事有终始。知所先后，则近道矣。 ——《礼记·大学》

【注释】

(1) 知止：知道目标所在。

（2）得：收获。

【导读】

这一段文字讲思考与做事的方法。

这一段讲立志的重要性，讲目标的确立对于人生事业成功的必要性，讲达到目标，有所作为需要有宁静而不是浮躁的心态，讲思考应分清本质与现象，做事应有轻重缓急之分，而不是盲目的乱干，而是有计划有组织的来完成学业。人生贵在立志，立志是根本，不能立定志向，则一切都无从谈起，一切都难以吸收。

【原文】

古之欲明明德于天下者，先治其国；欲治其国者，先齐其家[1]；欲齐其家者，先修其身[2]；欲修其身者，先正其心；欲正其心者，先诚其意；欲诚其意者，先致其知[3]；致知在格物[4]。 ——《礼记·大学》

【注释】

（1）齐其家：管理好自己的家庭或家族，使家庭或家族和和美美，蒸蒸日上，兴旺发达。

（2）修其身：修养自身的品性。

（3）致其知：使自己获得知识。

（4）格物：认识、研究万事万物。

【导读】

这一段文字首先讲人生的目标应为修齐治平，欲达到修齐治平这一目标，必须以提高自己的道德学识作为根本。如何来修炼自我人格呢？接着介绍修炼自我人格的方法为正心、诚意、格物、致知。

"天下大事必做于细，天下难事必做于易"，只有尽毕生精力，即物而穷理，推究事物的特征和规律，才能明心见性，而无往不泰。这一段文字讲改造主观世界和客观世界，知识和实践的统一性，做到"知行合一"，无知不行，无行不知。

【原文】

物格而后知至；知至而后意诚；意诚而后心正；心正而后身修；身修而后家齐；家齐而后国治；国治而后天下平。自天子以至于庶人[1]，壹是皆以修身为本[2]。 ——《礼记·大学》

【注释】

（1）庶人：指平民百姓。

（2）壹是：都是。本：根本。

【导读】

这一段文字讲格物的必要性和修身的重要性。

人不同于动物者，人可以思维，可以对每日感官吸收的东西进行分析，通过去粗取精，去伪存真，由此及彼，由表及里的过程，对事物的规律，事物的一般性和特殊性，有一个完整的认识，这个认识过程便是格物。学习新鲜事物，接受先进的思想文化，培养完善的人格和独立思考的精神，这便是修身。格物是修身的根本，修身是事业的根本。

【原文】

其本乱而末(1)治者否矣。其所厚者薄，而其所薄者厚(2)，未之有也(3)！

——《礼记·大学》

【注释】

(1) 末：相对于本而言，指枝末、枝节。

(2) 厚者薄：该重视的不重视。薄者厚：不该重视的却加以重视。

(3) 未之有也：即未有之也。没有这样的道理（事情、做法等）。

【导读】

这一段文字讲做事情要从根本入手，不可本末倒置以致徒劳无功。方向的浪费是最大的浪费，分清事物的本质与末梢，是做事的根本所在。

【原文】

所谓修身在正其心者，身有所忿懥(1)，则不得其正；有所恐惧，则不得其正；有所好乐，则不得其正；有所忧患，则不得其正。

心不在焉，视而不见，听而不闻，食而不知其味。此谓修身在正其心。

——《礼记·大学》

【注释】

(1) 身：程颐认为应为"心"。忿懥（zhì）：愤怒。

【导读】

正心是诚意之后的进修阶梯。

诚意是意念真诚，不自欺欺人。但是，仅仅有诚意还不行。因为，诚意可能被喜怒哀乐惧等情感支配役使，使人成为感情的奴隶而失去控制。所以，在"诚其意"之后，还必须要"正其心"，也就是要以端正的心思（理智）来驾驭感情，进行调节，以保持中正平和的心态，集中精神修养品性。

这里需要注意的是，理与情，正心和诚意不是绝对对立，互不相容的。朱熹说喜怒哀乐惧等都是人心所不可缺少的，但是，一旦我们不能自察，任其左右自己的行动，便会使心思失去端正。所以，正心不是要完全摒弃喜怒哀乐惧等情欲，不是绝对禁欲，而只是说要让理智来克制、驾驭情欲，使心思不被情欲所左右，从而做到情理和谐地修身养性。也就是说，修身在正其心不外乎是要心思端正，不要三心二意，不要为情所牵，"心不在焉，视而不见，听而不闻，食而不知其味"。这几句后来成了成语和名言，用来生动地描绘那种心神不属，思想不集中的状态，是教书先生在课堂上批评学生的常用语言。

【原文】

所谓齐其家在修其身者，人之其所亲爱而辟焉[1]，之其所贱恶而辟焉，之其所畏敬而辟焉，之其所哀矜[2]而辟焉，之其所敖惰[3]而辟焉。故好而知其恶，恶而知其美者，天下鲜矣！故谚有之曰："人莫知其子之恶，莫知其苗之硕[4]。"此谓身不修不可以齐其家。

——《礼记·大学》

【注释】

(1) 之：即"于"，对于。辟：偏颇，偏向。

(2) 哀矜：同情，怜悯。

(3) 敖：骄作。惰：怠慢。

(4) 硕：大，肥壮。

【导读】

这一段文字讲"齐家"的关键在于修身。修养自身的关键是克服感情上的偏私：正己，然后正人。古代宗法观念强，此处之家指家族，不单指家庭。"公生明，廉生威"，治理一个集体，必须克服偏见与偏私。

儒学的进修阶梯由内向外展开，这里是中间过渡的一环。在此之前的格物、致知、诚意、正心都在个体自身进行，在此之后的齐家、治国、平天下开始处理人与人之间的关系，从家庭走向社会，从独善其身转向兼济天下。当然，其程序仍然是由内逐步向外推：首先是与自身密切相关的家庭和家族，然后才依次是国家、天下。在识人问题上，知其长，又要知其短；知其短，又要知其长。人的长处和短处，往往是相辅相成的。经验证明，一个优点很少的人缺点也很少，一个优点很多的人缺点也很多，一个人的长处也正是他的弱点。因此，要一分为二地看问题。

【原文】

所恶于上毋以使下；所恶于下毋以事上；所恶于前毋以先后；所恶于后毋以从前；所恶于右毋以交于左；所恶于左毋以交于右。此之谓絜矩之道。

——《礼记·大学》

【导读】

这一段文字讲君子应该在处理人际关系上起示范作用。

我们不惧怕小人，因为可以认清小人本质而提防他；但是，最怕伪君子，伪君子有双重人格，戴着伪善的面具，做的是朝秦暮楚、两面三刀的事。君子处理人际关系的准则是以诚待人，人与人之间的关系是相互的，讨厌别人这样对待自己，自己就不要这样对待别人。

5. 《周易》选读

《周易》即《易经》，冠居"群经"之首，是我国古代现存最早的一部奇特的专著。相传系周文王姬昌所作，内容包括《经》和《传》两个部分。《经》主要是六十四卦和三百八十四爻，卦和爻各有说明（卦辞、爻辞），作为占卜之用。《周易》没有提出阴阳与太极等概念，讲阴阳与太极的是被道家与阴阳家所影响的《易传》。《传》包含解释卦辞和爻辞的七种文辞共十篇，统称《十翼》，相传为孔子所撰。

春秋时期，官学开始逐渐演变为民间私学。易学前后相因，递变发展，百家之学兴，易学乃随之发生分化。自孔子赞易以后，《周易》被儒门奉为儒门圣典，六经之首。儒门之外，有两支易学与儒门易并列发展：一为旧势力仍存在的筮术易；另一为老子的道家易，易学开始分为三支。

《四库全书总目》将易学历史的源流变迁，分为"两派六宗"。两派，就是数学派和义理学派；六宗，一为占卜宗，二为禨祥宗，三为造化宗，四为老庄宗，五为儒理宗，六为史事宗。《周易》是中国传统思想文化中自然哲学与人文实践的理论根源，是古代汉民族思想、智慧的结晶，被誉为"大道之源"。内容极其丰富，对中国几千年来的政治、经济、文化等各个领域都产生了极其深刻的影响。

【原文】

君子以独立不惧，遁[(1)]世无闷[(2)]。　　　　　　——《大过·象》

雷风，恒；君子以立[(3)]不易方[(4)]。　　　　　　——《恒·象》

君子以言有物而行有恒。　　　　　　　　　——《家人·象》

君子以致命[(5)]遂志[(6)]。　　　　　　　　　　——《困·象》

【注释】

（1）遁：逃离。

（2）闷：苦闷。

（3）立：立身。

（4）易方：改变（追求的）方向。

（5）致命：舍弃生命。

（6）遂志：实现崇高志向。

【导读】

以上四则是谈做人要有自强不息、勇敢无惧的精神自强不息是儒家所倡导的精神物质，也是中国人立身处世所必备的精神品质。说话要言之有据，做事要持之以恒，这才会走向成功。在身处困境时，要有独立不惧的精神，坚定信念，努力奋斗，只有这样，才会在"山重水复疑无路"之时，发现"柳暗花明又一村"。有独立勇敢的精神，就不会因逃离世俗而感到烦恼，反而会在孤独中找到真实的自我，并在充实中拥有精彩的人生。

【原文】

君子敬以直内(1)，义以方外(2)，敬义立而德不孤(3)。

——《坤·文言》

君子以果行育德(4)。 ——《蒙·象》

君子以多识前言往行(5)，以畜(6)其德。 ——《大畜·象》

君子以自昭明德(7)。 ——《晋·象》

【注释】

（1）直内：内心正直。

（2）方外：外表方正。

（3）德不孤：道德广布而不孤立。

（4）果行育德：果断行动，培育道德。

（5）前言往行：前代圣贤的言行。

（6）畜：畜养。

（7）自昭明德：通过自我修养，昭著美德。

【导读】

这四则是讲立身为人要蓄养美德，重视德行。有容德乃大，无欲品自高。中国传统社会是政治伦理型社会，儒家特别讲求道德伦理。正直、果断是优秀的品格，要做一个正直端方、做事果断的人，日常生活中不断积累美好德行，提高自己的境界。德不孤，必有邻。有德之人不会孤独，因为大家都喜欢与有德者相处。不仅要向身边的人学习知识，培养道德，同时也要向前代圣贤学习，见贤思齐，通过不断地自我修养，昭示自己的美好道德，达到一种圆融的境界。

6.《老子》选读

老子，又称老聃、李耳，字伯阳，楚国苦县曲仁里（今河南鹿邑县太清宫镇）人，是我国古代伟大的哲学家和思想家、道家学派创始人。被唐朝帝王追认为始祖，唐高宗亲临鹿邑拜谒，封老子为"太上玄元皇帝"，唐皇武后封为太上老君，而苦县也因老子被帝王先后更名为真源县、卫真县、鹿邑县，并在鹿邑留下许多与老子相关的珍贵文物。老子乃世界文化名人，世界百位历史名人之一，存世有《老子》。其作品的精华是朴素的辩证法，主张无为而治，其学说对中国哲学发展具有深刻影响。在道教中老子被尊为道祖。

老子的思想主张是"无为"，《老子》以"道"解释宇宙万物的演变，"道"为客观自然规律，同时又具有"独立不改，周行而不殆"的永恒意义。《老子》一书中包括大量朴素辩证法观点，如以为一切事物均具有正反两面，"反者道之动"，并能由对立而转化，"正复为奇，善复为妖"，"祸兮福之所倚，福兮祸之所伏"。又以为世间事物均为"有"与"无"之统一，"有无相生"，而"无"为基础，"天下万物生于有，有生于无"。"天之道，损有余而补不足，人之道则不然，损不足以奉有余"；"民之饥，以其上食税之多"；"民之轻死，以其上求生之厚"；"民不畏死，奈何以死惧之？"。老子的学说对中国哲学发展具有深刻影响，其内容主要见《老子》这本书。他的哲学思想和由他创立的道家学派，不但对我国古代思想文化的发展作出了重要贡献，而且对我国 2000 多年来思想文化的发展产生了深远的影响。

《老子》，又名《道德经》，又有一说法为《道德真经》。《道德经》《易经》《论语》被认为是对中国人影响最深远的三部思想巨著。《道德经》分为上下两篇，共81章，前37章为上篇"道经"，第38章以后属下篇"德经"，全书的思想结构为：道是德的"体"，德是道的"用"。全书共五千字左右。

【原文】

道，可道，非常道(1)。名，可名，非常名(2)。无，名天地之始，有，名万物之母。故常无，欲以观其妙；常有，欲以观其徼(3)。此两者同出而异名，同谓之玄(4)，玄之又玄，众妙之门(5)。　　　　——《道德经·第一章》

【注释】

(1) 道，可道，非常道：道，自然规律，自然法则。可道，可以说出的。常道，永恒的自然法则。

(2) 名，可名，非常名：名，名称，称呼。可名，可以称呼的。常名，永恒的称呼。

（3）欲以观其徼：欲，将。徼（jiào）：边也。整句的意思是探求宏观世界的极限。

（4）同谓之玄：玄，深远。

（5）玄之又玄，众妙之门：之，而。又，更。众妙，一切奥秘。门，门径。

【导读】

老子破天荒提出"道"这个概念，作为自己的哲学思想体系的核心。它的涵义博大精深，可从历史的角度来认识，也可从文学的方面去理解，还可从美学原理去探求，更应从哲学体系的辩证法去思维。哲学家们在解释"道"这一范畴时并不完全一致，有的认为它是一种物质性的东西，是构成宇宙万物的元素；有的认为它是一种精神性的东西，同时也是产生宇宙万物的源泉。不过在"道"的解释中，学者们也有大致相同的认识，即认为它是运动变化的，而非僵化静止的；而且宇宙万物包括自然界、人类社会和人的思维等一切运动，都是遵循"道"的规律而发展变化的。总之，在这一章里，老子说"道"产生了天地万物，但它不可以用语言来说明，而是非常深邃奥妙的，并不能轻而易举地加以领会，这需要一个从"无"到"有"的循序渐进的过程。

【原文】

天长地久⁽¹⁾。天地所以能长且久者，以其不自生⁽²⁾，故能长生。是以圣人后其身而身先⁽³⁾，外其身⁽⁴⁾而身存。非以其无私邪⁽⁵⁾，故能成其私。

——《道德经·第七章》

【注释】

（1）天长地久：长、久，均指时间长久。

（2）以其不自生：因为它不为自己生存。以：因为。

（3）身：自身，自己。以下三个"身"字同。先：居先，占据了前位。此是高居人上的意思。

（4）外其身：外，是方位名词作动词用，使动用法，这里是置之度外的意思。

（5）邪（yé）：同"耶"，助词，表示疑问的语气。

【导读】

本章也是由道推论人道，反映了老子以退为进的思想主张。老子认为：天地由于"无私"而长存永在，人间"圣人"由于退身忘私而成就其理想。

老子用朴素辩证法的观点，说明利他（"退其身"、"外其身"）和利己（"身先"、"身存"）是统一的，利他往往能转化为利己，老子想以此说服人们都来利他，这种谦退无私精神，有它积极的意义。

【原文】

上善若水⁽¹⁾。水善利万物而不争，处众人之所恶⁽²⁾，故几于道⁽³⁾。居善地，心善渊⁽⁴⁾，与善仁⁽⁵⁾，言善信，政善治⁽⁶⁾，事善能，动善时⁽⁷⁾。夫唯不争，故无尤⁽⁸⁾。

——《道德经·第八章》

【注释】

(1) 上善若水：上，最的意思。上善即最善。这里老子以水的形象来说明"圣人"是道的体现者，因为圣人的言行有类于水，而水德是近于道的。

(2) 处众人之所恶（wù）：即处于众人所不愿去的地方。

(3) 几于道：即接近于道。几，接近。

(4) 渊：沉静、深沉。

(5) 与善仁：与，指与别人相交相接。善仁，指有修养之人。

(6) 政善治：为政善于治理国家，从而取得治绩。

(7) 动善时：行为动作善于把握有利的时机。

(8) 尤：怨咎、过失、罪过。

【导读】

这一章以自然界的水来喻人、教人。老子首先用水性来比喻有高尚品德者的人格，认为他们的品格像水那样，一是柔，二是停留在卑下的地方，三是滋润万物而不与众人争。最完善的人格也应该具有这种心态与行为，不但做有利于众人的事情而不与众人争，而且还愿意去众人不愿去的卑下的地方，愿意做别人不愿做的事情。他可以忍辱负重，任劳任怨，能尽其所能地贡献自己的力量去帮助别人，而不会与别人争夺功名利禄，这就是老子"善利万物而不争"的著名思想。

【原文】

宠辱⁽¹⁾若惊，贵大患若身⁽²⁾。何谓宠辱若惊？宠为下⁽³⁾，得之若惊，失之若惊，是谓宠辱若惊。何谓贵大患若身？吾所以有大患者，为吾有身，及吾无身，吾有何患⁽⁴⁾？故贵以身为天下，若可寄天下；爱以身为天下，若可托天下⁽⁵⁾。

——《道德经·第十三章》

【注释】

(1) 宠辱：荣宠和侮辱。

(2) 贵大患若身：贵，珍贵、重视。重视大患就像珍贵自己的身体一样。

(3) 宠为下：受到宠爱是光荣的、下等的。

(4) 及吾无身，吾有何患：如果我没有身体，有什么大患可言呢？

（5）故贵以身为天下，若可寄天下；爱以身为天下，若可托天下：此句意
为以贵身的态度去为天下，才可以把天下托付给他；以爱身的态度去为天下，
天下才可以依靠他。

【导读】

这一章讲的是人的尊严问题。老子强调"贵身"的思想，论述了宠辱对人
身的危害。老子认为，一个理想的治者，首要在于"贵身"，不胡作妄为。只
有珍重自身生命的人，才能珍重天下人的生命，也就可使人们放心地把天下的
重责委任于他，让他担当治理天下的任务。在上一章里，老子说到"为腹不为
目"的"圣人"，能够"不以宠辱荣患损易其身"，才可以担负天下重任。此章
接着说"宠辱若惊"。在他看来，得宠者以得宠为殊荣，为了不致失去殊荣，
便在赐宠者面前诚惶诚恐，曲意逢迎。他认为，"宠"和"辱"对于人的尊严
之挫伤，并没有两样，受辱固然损伤了自尊，受宠何尝不损害人自身的人格尊
严呢？得宠者总觉得受宠是一份意外的殊荣，便担心失去，因而人格尊严无形
地受到损害。如果一个人未经受任何"辱"与"宠"，那么他在任何人面前都
可以傲然而立，保持自己完整、独立的人格。

【原文】

企⁽¹⁾者不立，跨⁽²⁾者不行；自见者不明；自是者不彰；自伐者无功；自矜
者不长。其在道也，曰余食赘形⁽³⁾。物或恶之，故有道者不处。

——《道德经·第二十四章》

【注释】

（1）企：一本作"支"，意为举起脚跟，脚尖着地。

（2）跨：跃、越过，阔步而行。

（3）赘形：多余的形体，因饱食而使身上长出多余的肉。

【导读】

在本章里，老子用"企者不立，跨者不行"作比喻，说"自见"、"自我"、"自
矜"的后果都是不好的，不足取的。这些轻浮、急躁的举动都是反自然的，短暂而
不能持久。急躁冒进，自我炫耀，反而达不到自己的目的。本章不仅说明急躁冒
进、自我炫耀的行为不可恃，也喻示着雷厉风行的政举将不被人们所普遍接受。

【原文】

上德不德⁽¹⁾，是以有德；下德不失德⁽²⁾，是以无德⁽³⁾。上德无为而无以
为⁽⁴⁾，下德无为而有以为⁽⁵⁾。上仁为之而无以为。上义为之而有以为。上礼为
之而莫之应，则攘臂而扔之⁽⁶⁾。故失道而后德，失德而后仁，失仁而后义，失

义而后礼。夫礼者，忠信之薄⁽⁷⁾而乱之首⁽⁸⁾。前识者⁽⁹⁾，道之华⁽¹⁰⁾而愚之始。是以大丈夫处其厚⁽¹¹⁾，不居其薄⁽¹²⁾；处其实，不居其华。故去彼取此。

——《道德经·第三十八章》

【注释】

（1）上德不德：不德，不表现为形式上的"德"。此句意为，具备上德的人，因顺其自然，不表现为形式上的德。

（2）下德不失德：下德的人恪守形式上的"德"，不失德即形式上不离开德。

（3）无德：无法体现真正的德。

（4）上德无为而无以为：以，心、故意。无以为，即无心作为。此句意为：上德之人顺应自然而无心作为。

（5）下德无为而有以为：此句与上句相对应，即下德之人顺其自然而有意作为。

（6）攘臂而扔之：攘臂，伸出手臂；扔，意为强力牵引。

（7）薄：不足、衰薄。

（8）首：开始、开端。

（9）前识者：先知先觉者，有先见之明者。

（10）华：虚华。

（11）处其厚：立身敦厚、朴实。

（12）薄：这里的薄指礼之衰薄。

【导读】

这一章是"德经"的开头。有人认为，上篇以"道"开始，所以叫做"道经"；下篇以"德"字开始，所以叫"德经"。本章在"道德经"里比较难于理解。老子认为，"道"的属性表现为"德"，凡是符合于"道"的行为就是有"德"，反之，则是失"德"。"道"与"德"不可分离，但又有区别。因为"德"有上下之分，"上德"完全合乎"道"的精神。"德"是"道"在人世间的体现，"道"是客观规律，而"德"是指人类认识并按客观规律办事。人们把"道"运用于人类社会产生的功能，就是"德"。

【原文】

天下之至柔，驰骋⁽¹⁾天下之至坚。无有入无间⁽²⁾，吾是以知无为之有益。不言之教，无为之益，天下希⁽³⁾及之。　　——《道德经·第四十三章》

【注释】

（1）驰骋：形容马奔跑的样子。

（2）无有入无间：无形的力量能够穿透没有间隙的东西。无有：指不见形象的东西。

（3）希：一本作"稀"，稀少。

【导读】

本章是讲人之尊严的，申述"柔之胜刚，弱之胜强"的"是谓微明"之术。讲了柔弱可以战胜刚强的原理，又讲了"不言"的教诲、"无为"的益处。此意贯穿于老子《道德经》的全书之中。他指出，最柔弱的东西里面，蓄积着人们看不见的巨大力量，使最坚强的东西无法抵挡。"柔弱"发挥出来的作用，在于"无为"。水是最柔的东西，但它却能够穿山透地。所以老子以水来比喻柔能胜刚的道理。

"柔弱"是"道"的基本表现和作用，它实际上已不局限于与"刚强"相对立的狭义，而成为《道德经》概括一切从属的、次要的方面的哲学概念。老子认为，"柔弱"是万物具有生命力的表现，也是真正有力量的象征。如果我们深入一个层次去考虑问题，就会发现老子要突出的是事物转化的必然性。他并非一味要人"守柔"、"不争"，而是认为"天下之至柔，驰骋天下之至坚"，即柔弱可以战胜刚强的。这是深刻的辩证法的智慧。因此，发现了"柔弱"方面的意义是老子的重大贡献。

【原文】

天下有道，却(1)走马以粪(2)。天下无道，戎马(3)生于郊(4)。罪莫大于可欲；祸莫大于不知足；咎莫大于欲得。故知足之足，常足矣(5)。

——《道德经·第四十六章》

【注释】

（1）却：屏去，退回。

（2）走马以粪：粪，耕种，播种。此句意为用战马耕种田地。

（3）戎马：战马。

（4）生于郊：指战马生驹于战地的郊外。

（5）故知足之足，常足矣：知道满足的这种满足，是永远满足的。

【导读】

这一章主要反映了老子的反战思想。在春秋时代，诸侯争霸，兼并和掠夺战争连年不断，给社会生产和人民群众的生活造成了沉重灾难。对此，老子明确表示了自己的主张，他分析了战争的起因，认为是统治者贪欲太强。那么解决问题的办法是要求统治者知足常乐，这种观点可以理解，但他没有明确区分战争的性质，因为当时的战争有的是奴隶主贵族互相兼并政权的战争，也有的是地主阶级崛起后推翻奴隶主统治的战争，还有劳动民众的反抗斗争。因此，在本章里，老子所表述的观点有两个问题，一是引起战争的根源；二是对战争性质没有加以区分。

【原文】

天下皆谓我道大⁽¹⁾，似不肖⁽²⁾。夫唯大，故似不肖。若肖，久矣其细也夫⁽³⁾！我有三宝⁽⁴⁾，持而保之：一曰慈，二曰俭⁽⁵⁾，三曰不敢为天下先。慈故能勇⁽⁶⁾；俭故能广⁽⁷⁾；不敢为天下先，故能成器长⁽⁸⁾。今舍慈且⁽⁹⁾勇，舍俭且广，舍后且先，死矣！夫慈，以战则胜⁽¹⁰⁾，以守则固。天将救之，以慈卫之。

——《道德经·第六十七章》

【注释】

(1) 我道大：道即我，我即道。"我"不是老子用作自称之词。

(2) 似不肖：肖，相似之意。意为不像具体的事物。一说，没有任何东西和我相似。

(3) 若肖，久矣其细也夫：以上这一段，有学者认为是它章错简。

(4) 三宝：三件法宝，或三条原则。

(5) 俭：啬，保守，有而不尽用。

(6) 慈故能勇：仁慈所以能勇武。

(7) 俭故能广：俭啬所以能大方。

(8) 器长：器，指万物。万物的首长。

(9) 且：取。

(10) 以战则胜：一本作"以阵则亡"。

【导读】

这一章是"道"的自述，讲的是"道"的原则在政治、军事方面的具体运用。老子说，"道"的原则有三条（即三宝），这就是："慈"，即爱心加上同情感；"俭"，即含藏培蓄，不奢侈，不肆为；"不敢为天下先"，是"谦让"、"不争"的思想。有"道"的人运用这三条原则，能取得非常好的效果，否则，便会自取灭亡。本章实际是对《德经》第三十八章以来的一个小结。

【原文】

小国寡民⁽¹⁾，使⁽²⁾有什伯之器⁽³⁾而不用；使民重死⁽⁴⁾而不远徙⁽⁵⁾。虽有舟舆⁽⁶⁾，无所乘之；虽有甲兵⁽⁷⁾，无所陈⁽⁸⁾之。使人复结绳⁽⁹⁾而用之，甘其

食，美其服，安其居，乐其俗(10)。邻国相望，鸡犬之声相闻，民至老死，不相往来。

——《道德经·第八十章》

【注释】

(1) 小国寡民：小，使……变小，寡，使……变少。此句意为，使国家变小，使人民稀少。

(2) 使：即使。

(3) 什伯之器：各种各样的器具。什伯，意为极多，多种多样。

(4) 重死：看重死亡，即不轻易冒着生命危险去做事。

(5) 徙：迁移、远走。

(6) 舆：车子。

(7) 甲兵：武器装备。

(8) 陈：陈列。此句引申为布阵打仗。

(9) 结绳：文字产生以前，人们结绳记事。

(10) 甘其食，美其服，安其居，乐其俗：使人民吃得香甜，穿得漂亮，住得安适，过得习惯。

【导读】

这是老子理想中的"国家"的一幅美好蓝图，也是一幅充满田园气息的农村欢乐图。老子用理想的笔墨，着力描绘了"小国寡民"的农村社会生活情景，表达了他的社会政治理想。这个"国家"很小，邻国相望、鸡犬之声相闻，大约相当于现在的一个村庄，没有欺骗和狡诈的恶行，民风淳朴敦厚，生活安定恬淡，人们用结绳的方式记事，不会攻心斗智，也就没有必要冒着生命危险远徙谋生。老子的这种设想，当然是一种幻想，是不可能实现的。

【原文】

信言(1)不美，美言不信。善者(2)不辩(3)，辩者不善。知者不博(4)，博者不知。圣人不积(5)，既以为人己愈有(6)，既以与人己愈多(7)。天之道，利而不害(8)。圣人之道(9)，为而不争。

——《道德经·第八十一章》

【注释】

(1) 信言：真实可信的话。

(2) 善者：言语行为善良的人。

(3) 辩：巧辩、能说会道。

(4) 博：广博、渊博。

(5) 圣人不积：有道的人不自私，没有占有的欲望。

（6）既以为人已愈有：已经把自己的一切用来帮助别人，自己反而更充实。

（7）多：与"少"相对，此处意为"丰富"。

（8）利而不害：使在万物得到好处而不伤害万物。

（9）圣人之道：圣人的行为准则。

【导读】

本章是《道德经》的最后一章，应该是全书正式的结束语。本章采用了格言警句的形式，前三句讲人生的主旨，后两句讲治世的要义。本章的格言，可以作为人类行为的最高准则，例如信实、讷言、专精、利民而不争。人生的最高境界是真、善、美的结合，而以真为核心。本章含有朴素的辩证法思想，是评判人类行为的道德标准。本章一开头提出了三对范畴：信与美；善与辩；知与博，这实际上是真假、美丑、善恶的问题。老子试图说明某些事物的表面现象和其实质往往并不一致。这之中包含有丰富的辩证法思想，是评判人类行为的道德标准。按照这三条原则，以"信言"、"善行"、"真知"来要求自己，做到真、善、美在自身的和谐。按照老子的思想，就是重归于"朴"，回到没有受到伪诈、智巧、争斗等世俗的污染之本性。张松如说："世界上的事物多种多样，社会现象更是十分复杂，如果单单认定'信言'都是不美的，'美言'都是不信的；'知者'都是不博的，'博者'都是不知的，这就片面了。不能说世界上真、善、美的事物永远不能统一，而只能互相排斥。只知其一，不知其二，那就不免始于辩证法而终于形而上学。"对此，我们倒认为，没有必要从字面上苛求老子，否则就会偏离或曲解老子的原意。其实，在日常生活中，人们也往往这么说："忠言逆耳"、"良药苦口"。听到这些话后，大概很少有人去钻牛角尖，反问：难道忠言都是逆耳的吗？难道良药都是苦口的吗？所以，老子的这些警句并不存在绝对化的问题。

7.《墨子》选读

墨子，名翟，鲁国人（一说宋国人，一说鲁阳人，一说滕国人）。生平事迹不详，约生于孔子后，活动于战国之初。一说墨非其姓，因日夜勤劳面目黧黑得号。他出身手工业者，擅机械，晓军事。司马迁在《史记·孟荀列传》里记载墨子曾为宋大夫。

墨子是战国时期著名的思想家、教育家、科学家、军事家、墨家学派创始人。其思想以提倡"兼相爱、交相利"为核心，反对诸侯国之间争城夺池的侵略战争。他认为天下祸乱之源，一是战争，二是篡夺，三是乖忤，四是盗窃，五是欺诈，而总的起因都是出于不相爱。解决社会纷乱的办法就是"兼相爱"。

为了制止不义的战争，他甚至不顾个人安危，千里迢迢地跑到楚国，止楚攻宋。在政治上，墨子主张通过"尚同"、"尚贤"来建立稳固的中央集权统治，在《鲁问篇》中他说："国家昏乱，则语之尚贤、尚同；国家贫，则语之节用、节葬；国家喜音湛湎，则语之非乐、非命；国家淫僻无礼，则语之尊天、事鬼；国家务夺侵凌，则语之兼爱、非攻。"这些主张都很有强烈的针对性与现实性，例如他之所以"非乐"，就因为王公大人"撞巨钟、击鸣鼓、弹琴瑟"、"亏夺民衣食之财"（《非乐》）之故，是对贵族阶层繁文缛节、厚葬久丧、奢侈浪费的严厉批判。墨子在世界观、人生观上也有保守、落后的倾向，他虽反对生死富贵皆由"命"的思想，但他又是一个有神论者，竭力维护"天"和"鬼"的地位；过分强调"节用"，也导致他对所有的艺术形式加以反对，这也是与社会进步的潮流格格不入的。

墨家在先秦时期影响很大，与儒家并称"显学"。在当时的百家争鸣，有"非儒即墨"之称。墨家提出了"兼爱""非攻""尚贤""尚同""天志""明鬼""非命""非乐""节葬""节用"等观点。以兼爱为核心，以节用、尚贤为支点。墨子在战国时期创立了以几何学、物理学、光学为突出成就的一整套科学理论。墨子死后，墨家分为相里氏之墨、相夫氏之墨、邓陵氏之墨三个学派。三派各立门户，招徒授业，代代相传。但秦汉以后，墨家终为统治者所不容，日渐衰微，竟至后继无人。

《墨子》一书非一人一时之作，亦非墨子自撰。它是一部包括墨子及墨家各派学说的著作。由墨子弟子及其后学记录、整理、汇编而成。《汉书·艺文志》著录《墨子》七十一篇，今存五十三篇。其内容驳杂，体例不尽一致。书中《尚贤》《尚同》《节用》《节葬》《非乐》《非命》《天志》《明鬼》《兼爱》《非攻》等 10 篇是墨子的"十诫"，即十种主张，比较完整、集中、系统地保存了墨子的主要思想。《备城门》以下 11 篇，讲机械制造及守城之术。总而言之，作为墨家学派著作的总汇《墨子》，内容相当广泛，涉及哲学、认识论、逻辑学、自然科学等，它在诸子文章中，独具一格，在古代散文史上占有重要地位。

墨子散文的最大特点就是尚实尚质，讲究实用，不重文采，这是与墨家思想崇尚质实，富于现实性与功利性相一致的，与孔子主张"言之不文，行而不远"完全不同的。但由于过分强调质朴实用，"言之不文"也就"行而不远"，这是《墨子》对后代散文影响不大的原因之一。《墨子》散文的另一大特点是讲究逻辑，明辨是非。在《非命上》篇，提出了著名的"三表"说，即"有本之者，有原之者，有用之者"，主张论证问题应有三方面的依据：以古代圣王事迹为本源、以百姓耳闻目见的实际情况作为衡量、观察实践看是否符合国家人民的利益。这是对历史和现实经验的总结，是认识事物、判断是非的标准。这种论证方法前所未有，同时代也罕见，具有历史意义。

【原文】

君子战虽有陈[1]，而勇为本焉；丧虽有礼，而哀为本焉；士虽有学[2]，而行为本焉。是故置本不安者[3]，无务丰末；近者不亲，无务来远；亲戚不附，无务外交；事无终始，无务多业；举物而暗[4]，无务博闻。

——《墨子·修身》

【注释】

(1) 陈：即"阵"。

(2) 士：同"仕"。

(3) 置：同"植"。

(4) 暗：不明白，不懂得。

【原文】

是故先王之治天下也，必察迩来远，君子察迩修身也。修身见毁而反之身者也，此以怨省而行修矣[1]。谮慝之言[2]，无入之耳；批扞之声[3]，无出之口；杀伤人之孩[4]，无存之心。虽有诋讦之民[5]，无所依矣。故君子力事日强，愿欲日逾[6]，设壮日盛[7]。 ——《墨子·修身》

【注释】

(1) 此以：是以。

(2) 谮慝之言：污蔑毁谤的坏话。谮（zèn），诋毁，诽谤。慝（tè），邪恶。

(3) 批扞（hàn）之声：指抨击冒犯别人的话。

(4) 杀伤人之孩：当为"杀伤之刻"。

(5) 诋讦（jié）：诽谤攻击别人。

(6) 逾：通"偷"，即苟且之意。

(7) 设壮：当作"敬庄"，恭敬庄重。

【原文】

君子之道也，贫则见廉，富则见义，生则见爱，死则见哀，四行者不可虚假，反之身者也。藏于心者，无以竭爱；动于身者，无以竭恭；出于口者，无以竭驯[1]。畅之四支[2]，接之肌肤，华发隳颠[3]，而犹勿舍者，其唯圣人乎！

——《墨子·修身》

【注释】

(1) 驯：雅驯，即典雅的意思。

(2) 支：同"肢"。

(3) 华发隳（huī）颠：形容老年人的样子。华发，即花发。隳颠：秃顶的意思。颠：头顶。

【原文】

志不强者智不达；言不信者行不果。据财不能以分人者，不足与友；守道不笃，遍物不博[1]，辩是非不察者，不足与游。本不固者末必几[2]，雄而不修者[3]，其后必惰[4]，原浊者流不清，行不信者名必秏[5]。名不徒生而誉不自长，功成名遂。名誉不可虚假，反之身者也。务言而缓行，虽辩必不听。多力而伐功，虽劳必不图[6]。慧者心辩而不繁说，多力而不伐功，此以名誉扬天下。言无务为多而务为智，无务为文而务为察。故彼智无察[7]，在身而情[8]，反其路者也。善无主于心者不留，行莫辩于身者不立。名不可简而成也，誉不可巧而立也。君子以身戴行者也。思利寻焉，忘名忽焉，可以为士于天下者，未尝有也。

——《墨子·修身》

【注释】

(1) 遍：当为"别"。

(2) 几：危险。

(3) 雄：当为"先"。

(4) 惰：衰败、堕落。

(5) 秏（hào）：同"耗"，败坏的意思。

(6) 图：图谋。这里是认可的意思。

(7) 彼：当作"非"。

(8) 情：当作"惰"，懒怠。

【导读】

不仅先秦儒家讲修身，墨家也讲。本篇主要讨论品行修养与君子人格问题，强调品行是为人治国的根本，"修身"已经不仅是君子的个人修养，更关系到一个国家的治乱兴衰。君子必须以品德修养为重。修身思想是墨家思想体系中的有机组成部分。墨家不但认识到修身是立身行事之本，而且阐述了实践、反省等修养的方法以及环境对于修身的影响作用。墨家的修身观对于中国传统修身思想的发生产生了重要影响，至今仍然可以给我们以有益的启示。

墨家首先指出，君子务本，而这个根本就是修身，君子修身，要抓住主要矛盾的主要方面，这样就会事半功倍，切中要害。墨子认为修身要发自内心，杜绝虚假。他反对为了名而修身，但只要如此修身必可"名誉扬天下"。墨子提出了君子的标准：志强言信、慷慨大方、守道不笃、博学多才、明辨是非。墨家特别强调环境的重要性，他认为，只有君子能做到"譖慝之言，无人之耳，批扞之声，无出之口，杀伤人之孩，无存之心"。这样，君子"力事日强，愿欲日愈，设壮日盛"。

在谈论根本的时候，作者也顺笔讽刺了儒家的"礼"。在作者看来，丧礼中最根本的应该是"哀"而不是"礼"，如果对于死者没有哀思，再多的繁文缛节也没有用。这也可以看出墨子的通达。

第二节 君子务本 本立而道生

《论语》中有一段话"有子曰：'其为人也孝弟，而好犯上者，鲜矣；不好犯上，而好作乱者，未之有也。君子务本，本立而道生。孝弟也者，其为仁之本与！'"孝顺父母、顺从兄长，这就是仁的根本啊！《大学》中有"自天子以至于庶人，壹是皆以修身为本。"学习新鲜事物，接受先进的思想文化，培养完善的人格和独立思考的精神，这便是修身。格物是修身的根本，修身是事业的根本。农圣文化也很好地体现了"君子务本"的精神。贾思勰早在一千四百多年前身体力行，从农业生产的实践中系统地总结了六世纪以前黄河中下游地区劳动人民农牧业生产经验、食品的加工与贮藏、野生植物的利用，以及治荒的方法，详细介绍了季节、气候、和不同土壤与不同农作物的关系，写出了被誉为"中国古代农业百科全书"的《齐民要术》，此书的完成也是他修身的一个硕果。现在，在他的故乡——山东寿光，与其精神一脉相承，形成了"农圣故里·文明寿光"的城市核心文化。2017年，在潍坊科技学院建立了山东省"十三五"高等学校科研创新平台——农圣文化研究中心，组织专门的研究人员对这笔富贵的文化遗产及其对现在的影响进行系统的研究，把"农圣文明"发扬光大。

一、农圣文化的内涵

在齐鲁文化的大家庭中，寿光因其优越的地理环境和发达的农业生产，涌现了一大批贤哲才俊和文化名人，这其中最为世人称道的就是农圣贾思勰。寿光，也因为农圣贾思勰及其"全国蔬菜之乡"而蜚声中外。在很多"贾学"研究者、农史爱好者、农业科学专家学者等的意识里，来寿光就是来看一下中国乃至世界上农业科技界的古代圣人贾思勰的故乡。这是贾思勰《齐民要术》农学文化思想巨大感召力的真实体现，更是国人对中华民族优秀传统文化的敬畏，显示出了在中国这样一个以农业为主的大国，人们对先进的农耕文明的追求与期待，农圣文化历久弥新的文化价值和顽强的生命力。

在第十一届中国（寿光）国际蔬菜科技博览会期间，暨 2010 年 4 月 25—27 日，由"中华农圣文化节"领导小组主办，潍坊科技学院承办，寿光市《齐民要术》研究会协办的首届中华农圣文化国际研讨会于在潍坊科技学院国际会议中心举行，至今已经成功举办九届。寿光本地早已形成了与《齐民要术》相关的系列文化看点，如寿光菜乡文化，齐民思酒文化，农圣街道文化，农圣网络文化等等，已然形成了独具当地特色的一种文化：农圣文化。近些年来根据一些专家与学者的归纳，农圣文化具有三个层面的基本内涵：

一是精神文化层面的，就是以"农圣"贾思勰本人身上所体现出来的思想和精神，以及《齐民要术》里面所蕴含着的农学文化思想为主要内容的这部分。虽然贾思勰具体的身世、经历和业绩缺乏详细的历史记载，但从《齐民要术》的字里行间，我们仍然可以清楚地感受到他的思想光芒，以及通过贾思勰的创作而体现出来的、贾思勰身上的人文精神。当然，这其中也包括贾思勰在《齐民要术》中体现出来的农业哲学思想、农学思想、经营思想等。因为贾思勰是"人以文传"的历史人物，因此，研究释读贾思勰思想和精神的重要载体，也只有他唯一传世的作品《齐民要术》。这部分内容是贾思勰和《齐民要术》所形成的"农圣文化"中仍具有现实意义和强劲生命力的文化精华部分，而精神文化恰恰是文明传承之本，历史发展之源，社会兴旺之基。

二是物质层面的，《齐民要术》里面记载的农、林、牧、渔、副等大农业生产的农业科学知识、技术和劳作工具等都是可以看得见摸得着的，至今还具有重要影响或者参考借鉴意义的部分，这是一笔十分重要的农业文化遗产。

三是社会层面的，即以《齐民要术》里记载的当时或以前社会人们的生活方式、饮食、风俗习惯以及社会传统等等为主要内容的文化。

二、贾思勰"修身"方面的内涵

《齐民要术》虽然是一本关于种植技术的书籍，但我们从其行文内容中可以看出贾思勰自身的"修身"方面的内涵，具体体现在以下几种精神。

（一）忠诚博大的家国情怀

爱国精神是中华民族精神的核心，是中华民族自古有之的传统精神之一，也是我国优秀传统文化中永恒的主题。忠诚博大的家国情怀是《齐民要术》农学文化思想的重要组成元素，是农圣文化的灵魂。

"国犹家，家犹国"，1 500年前的贾思勰也同样具有这种美好情怀和强烈的愿望。在《齐民要术·序》中，贾思勰在强调人们应当勤于耕作时，引用了李悝辅佐魏文侯治理国家，使魏国得以富强，秦孝公任用商鞅变法，使秦国成为战国后期最富强的封建国家的史实，对"李悝为魏文侯作尽地力之教，国以富强；秦孝公用商君，急耕战之赏，倾夺邻国而雄诸侯。"的成功，表现出强烈的赞赏和推崇之意，对当时北魏战乱不断、生产凋敝、百姓生活贫困的社会现实，表现出深深的忧虑之心，对国家富强的美好愿望表现出迫切的心情。在《齐民要术·序》中，我们可以清晰地体会到贾思勰对"民生在勤，勤则不匮"的农本思想的强调，以及"仓廪实""衣食足"的国富民强的愿望表达。

"要在安民，富而教之"是贾思勰创作《齐民要术》的初衷，也是《齐民要术》农学文化思想中爱国精神的一个重要内容。事实告诉我们，老百姓生活安定了才能积极从事农业生产，勤劳才能致富，"仓廪实，知礼节；衣食足，知荣辱。"老百姓的温饱问题解决了，才能考虑其他的教化问题，只有这样，国家才可以强盛，可以说这正是贾思勰有爱国的思想的一个表现。

"历览前贤国与家，成由勤俭败由奢"历史教训沉痛警醒，而北魏时期奢靡浪费的社会风气却又令贾思勰忧心忡忡。北魏统治者对佛教的崇尚，全国范围内广建寺院，皇室、士族、官宦、富商骄奢挥霍，整个社会奢靡之风严重。贾思勰亲见其实，深知其害，发出"家犹国，国犹家，是以家贫则思良妻，国乱则思良相"的呐喊，同时在序中还直抒胸臆，表达出对这种荒淫无度奢靡之风的强烈反对："夫财货之生，既艰难矣，用之又无节……穷窘之来，所由有渐。"他不仅揭露了过去历史上统治者的无能与黑暗，而且也揭露了当朝统治者的奢侈无度、吏治腐败、政令失所。

贾思勰认为当朝统治者和社会大众似乎已经麻木不仁，熟视无睹，引用了《仲长子》"鲍鱼之肆，不自以气为臭；四夷之人，不自以食为异：生习使之然也。居积习之中，见生然之事，夫孰自知非者也？"来强调自己的这一看法和忧虑，正是因为家国情怀的存在，贾思勰才满怀忧虑地对满足于现状，不思进取，眼界狭隘，目光短浅的统治者发出"斯何异蓼中之虫，而不知蓝之甘乎？"的愤慨与反诘。这与生活在辣蓼中的虫子不知道蓝叶的甜味有什么不同呢？焦虑之情，痛心之忧，尽在一言之中。

南北朝时期，民族大融合所带来的影响是空前的。受西汉崇儒思潮的影响，作为一个有着深厚的家学渊源，藏书又异常丰富的封建时代的地方官吏，贾思勰不可避免地受到"君君臣臣父父子子"的儒家思想影响。因此，忠于拓跋氏统治的北魏王朝，也是作为北魏地方官吏的贾思勰首要的官"德"，这无可厚非。但是，因为有着"要在安民，富而教之"的伟大理想，贾思勰对拓跋氏统治后所带来的游牧民族文化，并不是全盘的接受，也不是全盘的否定，而是非常巧妙地把其中先进的、对老百姓的生产生活大有裨益的知识、技术，进行了精心的取舍，并有针对性地载入了《齐民要术》，如《齐民要术》卷八《脯腊第七十五》中介绍的"作五味脯法"所用的食材包括牛、羊、獐、鹿、野猪肉等畜类和野生动物，明显地带有北方游牧民族的生活特点。《羹臛法第七十六》中介绍的羊蹄臛法、胡羹法、羌煮法等多种制作肉羹的方法，所用食材也多是羊、鹿等当时游牧民族生活中常用到的。这样一来大大丰富了汉民族的生活文化，促进了各民族文化的大融合大发展，成为中华民族多民族文化中的一枝奇葩。

贾思勰生活于 1 500 多年前南北朝时期的北朝北魏，北魏政权由北方少数民族鲜卑族拓跋氏建立，南朝则是以汉族为主的宋、齐、梁、陈四朝相承，因此，南北朝时期是中国处于南北政权分裂对峙的时期。北魏受鲜卑族拓跋氏统治的影响，又呈现出民族大融合的特点，一方面表现在北方少数民族政治制度的封建化，另一方面也表现在汉民族受到少数民族生产生活等方面的很大影响，在《齐民要术》中有关少数民族生活、动物养殖技术等的记载就体现了这一点。南北朝时期，多民族文化的融合发展使得中华民族走向了民族发展史上的第一个活跃期。

《齐民要术》农学文化思想中家国情怀的特征，正是这种忠诚于国家、希望国家富强的爱国情感、思想和盼望人民富实，对祖国山河、丰富物产的热爱，以及对多民族文化的尊重、危害国家发展的奢靡风气的反对等行为的统一。

家国情怀因为时代的不同表现出不同的形式、内容和特点，但无论历史怎样发展，时代如何变换，家国情怀作为一种民族的精神支柱和财富，凝聚着各族人民群众的心，汇聚着强大的向心力，推动着国家和历史不断地向前发展。因此，无论古今中外，无论世界上哪一个国家，它都是一个永恒的时代主题。

（二）贾思勰胸怀天下的责任担当精神

一定程度上讲，一部作品的名字就是该部作品的眼睛，是该作品主旨体现的重要元素，也最容易表达作者的创作意图。对《齐民要术》书名的解释，栾调甫、缪启愉、石声汉等众多学者专家大都倾向于：书中的"齐民"指的就是平民百姓，"要术"是指谋生的重要方法，"齐民要术"就是老百姓从事生活资料生产的重要技术知识。这也是研究较早、流传时间较长，已经是社会上普遍认同的一种观点。但，也有人不这么认为，如曾雄生就曾对书名中的"齐民"二字总结了平民说、全民说、农民说、齐地之民说、治理人民说等五种不同的观点，他本人则更倾向于"治理平民"一说。曾雄生认为，书名不仅仅是字面所表达的"农（平）民（生计）的基本技能"，更应理解为"治理人民的重要方略"，前面一种观点的含义不言而喻，后面"治理人民的重要方略"的观点含有：如果人民的生产生活得不到保障，人民生活于水深火热之中，治理就是失败的，就需要实施一定的管理和技术策略，让老百姓安居乐业。实施什么策略？自然是"农（平）民（生计）的基本技能"。

因此，综合各种研究我们可以看出，无论哪一种观点，其中都带有明显的安民、富民、教民的思想寓意在里面。由此推断，贾思勰怀有安民、富民、教民的理想抱负是有根据的，并非空穴来风。

《齐民要术》序言共有 2 700 余字，是全书的灵魂所在，是贾思勰说明他的著书宗旨、基本思想、论说对象、体例结构和资料来源的，也是全书思想价值和精神价值的集中体现和高度概括。我们可以通过贾思勰的自序，体味贾思勰的良苦用心，更可以从中找到贾思勰责任担当精神的根源。

在序的第一段，贾思勰开宗明义，援引《汉书·食货志》里"盖神农为耒耜，以利天下；尧命四子，敬授民时；舜命后稷，食为政首；禹制土田，万国作义；殷周之盛，诗书所述，要在安民，富而教之。"的文字，通过援引历史事实来表明他的心胸和志向，明确表达了他的创作目的就是"要在安民，富而教之"，意思是说，我写作的目的就是为了让百姓安定，让老百姓生活富足，然后让他们受到教化。而教化的作用就是让人明白事理，知道廉耻，自觉拒绝野蛮和庸俗。可以说，这既是贾思勰的创作目的，也是他的理想所在，更是他作为"齐民"（平民）的责任担当。

在序言里，贾思勰还不厌其烦地引经据典，历数神农、尧、舜、禹、李悝、秦孝公、赵过、蔡伦、耿寿昌、桑弘羊、猗顿、陶朱公、王景、皇甫隆、茨充、崔实、黄霸、龚遂等，这些在中国历史上曾经在安民、富民、教民的伟大实践中，为老百姓，为改变生活现状、生产技术、生活理念，甚至是社会制度改革方面，做出过积极贡献的历史人物，字里行间无不流露出作者对他们的无限推崇之情和追慕之心。对比这些圣贤或良吏，可以看出贾思勰大有"苔花如米小，也学牡丹开"（清朝袁枚《苔》诗句）之意。联系北魏当时的社会背景，贾思勰自觉的责任担当意识在这里表达的就更加清楚明白了。

贾思勰生活的时代是南北朝时期的北魏末年，因为政权更迭频繁，国家战火频仍，自然灾害又接连不断，导致社会动荡不安，百姓生活颠沛流离。《齐民要术》"种桑拓第四十五"中有"杜、葛乱后，饥馑荐臻，唯仰以全躯命，数州之内，民死而生者，干椹之力也。"，意思是因为"杜葛之乱"当地经济萧条产生了大饥荒，老百姓凭着晒干后的干椹，救了数州老百姓的命。由此可知，贾思勰是亲身经历过"杜葛之乱"的，也深知战争给百姓带来的不幸和灾难。"杜葛之乱"指的是杜洛周、葛荣于公元 525 年、526 年先后率领民众在河北一带发动的暴动，暴动声势浩大，于公元 528 年以失败告终。

作为一个有良知的知识分子和地方官僚，贾思勰感到自己有责任有担当去改变这一切。面对战争、贫穷、饥饿、落后，贾思勰做过什么样的理性思考和思想斗争，我们无从得知，但在他的序言里，我们从他引用的，如："食为政首"意思是，生产粮食是首要的政事；"一农不耕，民有饥者；一女不织，民有寒者。"意思是，一个农夫不耕田，就会有挨饿的人；一个妇女不织布，就会有受冻的人。"仓廪实，知礼节；衣食足，知荣辱。"意思是，仓库丰实了，人们才知道礼节，衣食充足了，人们才会知道荣辱；"圣人不耻身之贱也，愧道之不行也；不忧命之长短，而忧百姓之穷。"意思是，圣人不以自身受歧视而羞耻，而以自己的主张不被采纳而惭愧；不担忧自己生命的长短，而忧虑老百姓的贫困；"故田者不强，囷仓不盈；将相不强，功烈不成。"意思是，所以耕田人不努力，仓库就不会丰实，将相们不努力，就不会成就功名事业；"民可百年无货，不可一朝有饥，故食为至急。"意思是，老百姓可以百年无财物，不可以一天没食物，所以食物是第一要紧的等等，或者是经典史籍、或者是人物事迹、或者是著名人物的言论观点，都突出地显示出贾思勰强烈的安民、富民、教民思想。

这种责任担当精神为贾思勰著书立说奠定了思想基础，也成为贾思勰"起自耕作，终于醯醢，资生之业，靡不毕书"的著书原因和思想支撑。通过贾思勰引经据典的论述，我们能清楚地看到感受到他那一颗似乎还在怦然跳动的火热之心，以及贾思勰"舍我其谁？"的责任担当的强烈表达。

责任担当精神是中华优秀传统文化的重要内容。"天下兴亡，匹夫有责"，自古至今，人们对国家、对社会、对家庭的责任感才使得中华民族生生不息，中华文明源远流长。

对民族（国家）而言，责任担当就好像是历史使命。如果一个民族（国家）没有了责任担当精神，就会成为一盘散沙，一旦遇到大至世界范围，小到局部区域内的动荡、冲击或外族侵扰时，就极易被瓦解离析，导致灭族灭种。从另一角度讲，一个民族（国家）没有了责任担当精神，民族（国家）的发展就会停止不前，整个民族（国家）的脆弱性就会急剧加大，一个政权的覆灭不可避免。北宋历史上出名的"靖康之耻"，就是宋徽宗、宋钦宗父子两位皇帝没有了对国家的责任担当，重用了蔡京、童贯、高俅等奸臣，从而荒淫无度、治国无方，亡国成奴成了金兵的阶下囚；慈禧当政的清王朝，毫无责任担当自然就置国家百姓于不顾，割地赔款，委曲求全，丧尽中华尊严，失国体失民心，直至义旗四张，改弦易辙，这些沉痛的历史教训不能不让我们警醒。

对家庭而言，责任担当不可或缺。如果一个家庭的成员没有了责任担当精神，就会貌合神离各行其道，必然导致家庭的不和谐，甚至破裂。"家和万事兴"是历来国人的传统共识，"和"的前提是家庭成员人人抱有一种责任和担当精神。对老人有责任担当，老人才能颐养天年，同时还会教育影响子女，对自己对爱人有责任担当，感情才会稳固，子女有责任担当，才会努力学习开创未来，唯有这样才会形成家庭的凝聚力，营造一个和谐美满的幸福家庭。

对事业而言，责任担当同样重要。一个人如果对事业没有了责任担当精神，意志就会消沉，精神就会颓靡，就会做一天和尚撞一天钟，对工作敷衍塞责消极应付，事业的发展壮大就成为空想，甚至导致事业的全面溃败。

对未来（发展）而言，责任担当犹如催化剂。无论个人还是集体，如果没有责任担当精神，其未来就会停滞在空想、妄想阶段，也就没有了梦想和理想。一个没有了梦想和理想的人，生活枯燥无味，人生若行尸走肉，也就没有了精彩的未来。一个人只有负有责任担当精神，才会为了梦想、理想不断开拓前进，向着未来的方向不断奋斗，不断收获成功和希望。富有责任担当精神的人具有高度的理智性，始终对生活充满了信心和希望，不会被生活中一时的困难挫折所困扰，也不会被暂时的失败所击倒，更不会为一时的成功而得意忘形，他会朝着更加幸福美好的生活不断努力，直至最后的胜利。

这些年，习近平总书记在系列重要讲话中多次指出，责任担当是领导干部必备的基本素质，并强调干部就要有担当，有多大担当才能干多大事业。2018年5月25日中共中央办公厅印发了《关于进一步激励广大干部新时代新担当新作为的意见》，大力教育引导干部担当作为、干事创业，要求广大干部要有对党忠诚、为党分忧、为党尽职、为民造福的政治担当，时不我待、只争朝夕、勇立潮头的历史担当，守土有责、守土负责、守土尽责的责任担当，努力作出无愧于时代、无愧于人民、无愧于历史的业绩。

总而言之，无论古今，责任担当精神虽然在内容有着千差万别，但在其意义上是一致的。在社会转型、机遇与考验同在的今天，无论个人还是集体，责任担当精神的现实作用和意义更加突出，而传承发展好农圣文化中的责任担当精神，既是对中华优秀传统文化的传承，也是对农耕文化、农圣文明的继承，对当代大学生自觉肩负起中华民族伟大复兴的中国梦的重大历史责任具有重大意义。

（三）贾思勰崇尚节俭的勤俭朴实精神

勤俭朴实精神是中华民族精神宝库中的重要思想内容，也是一种文明高尚的传统美德。《左传》中有记载说"俭，德之共也；侈，恶之大也。"可见自古至今，人们就提倡勤俭节约，反对奢侈浪费，以勤俭为善行中的大德，以奢侈浪费为诸恶之中的大恶。以崇尚节俭为特色的勤俭朴素精神，是贾思勰通过他的著作《齐民要术》所体现出来的农圣文化的重要组成部分，研究贾思勰的思想精神，提炼《齐民要术》的精神价值，对提升人的综合素质，服务于现代经济社会发展，践行社会主义核心价值观，形成积极健康的社会风气具有重要的推动作用。

序中引用《左传》名句"民生在勤，勤则不匮。"说明民生贵在勤劳，勤劳就不会缺乏衣食用度的道理。《左传》此句历来受到世人的褒赞，被视为修身执事的圭臬，贾思勰引用此句也就非常明确表明了自己勤劳致富的思想主张。

"古语曰：'力能胜贫，谨能胜祸。'盖言勤力可以不贫，谨身可以避祸。故李悝为魏文侯作尽地力之教，国以富强；秦孝公用商君，急耕战之赏，倾夺邻国而雄诸侯。"古语的大意是，勤于劳动就能战胜贫穷，只要谨慎就能避免灾祸。贾思勰对此作出的解释是，勤劳努力就不会贫穷，谨慎行事可以避免祸患。除了这些，贾思勰还进一步援引魏文侯因为接受了李悝的建议，充分利用土地资源，国家得以富强；秦孝公接受了商鞅变法的建议，奖励那些勤于耕种的人，最终称雄于诸侯的史实为论据，进一步申明了勤政可富国强国的道理，为自己的思想主张提供了强有力的事实支撑。古语为纲，李悝的主张、商鞅的变法皆为目，而贾思勰的解释就成了发力所在，其核心都是一个"勤"字。贾思勰此等逻辑严密地表述，无非是申明自己的观点，强化他勤劳的思想主张罢了。

序言中引用了《仲长子》《谯子》反复说明勤惰的不同结果。"天为之时，而我不农，谷亦不可得而取之。青春至焉，时雨降焉，始之耕田，终之簠、簋，惰者釜之，勤者钟之。矧夫不为，而尚乎食也哉？"（《仲长子》）大自然为我们安排了四季天时，而我们如果不勤于劳作，就得不到粮食。春天到了雨也降了，就应该及时播种，从耕种到饭菜上桌，懒惰的人一亩地只能收到六斗四升（釜），勤劳的人一亩地能收到六石四斗（钟）（按《左传·昭公三年》：齐旧四量：豆、区、釜、钟。四升为豆，各自其四，以登于釜，釜十则钟。）如果不是勤劳，还妄想有得吃吗？"朝发而夕异宿，勤则菜盈倾筐。且苟无羽毛，不织不衣；不能茹草饮水，不耕不食。安可以不自力哉？"（《谯子》）早晨一起出发，晚上却会住宿到不同的地方，勤劳的人会收获满筐的蔬菜。人们如果不纺织就没有衣服穿，不务耕就没有粮食吃。怎么可以不下力用功呢？

引用谚语并列举孔子王丹的故事申明勤奋观。禹、汤是上古时期的贤明之君，他们的智慧非同一般。贾思勰在序中引用谚语"智如禹、汤，不如尝更"，说明即使有禹、汤的智慧，也不如勤耕作的观点。樊迟就曾向孔子请教稼穑（稼为种，穑为收，稼穑代指农业生产）之事，孔子说"吾不如老农。"贾思勰凭借孔子的这句话申明了自己的观点"然则圣贤之智，犹有所未达，而况乎凡庸者乎？"连圣人这样的智慧都有不能到达之处，何况平庸的人呢？因此，只有勤奋学习才能达到，这就是平常我们所说的"勤能补拙"。

"每岁时农收后，察其强力收多者，辄历载酒肴，从而劳之，便于田头树下，饮食劝勉之，因留其余肴而去；其惰懒者，独不见劳，各自耻不能致丹，其后无不力田者，聚落以致殷富。"南朝刘宋时期的历史学家范晔编撰的，记载东汉历史的纪传体史书《后汉书》记载，东汉时王丹在每年庄稼收获后，就带着酒肉到那些勤劳而收获多的人那儿，邀请他们到田间树下一块庆祝表示慰劳之意，吃不了的肉没喝完的酒就送给这些勤于劳作的人。而那些懒惰的人以得不到王丹的慰劳为耻辱，以后都变得勤劳了。贾思勰援引王丹的故事进一步表明，勤劳的人应该得尊重和奖励，反之则应受到嗤笑和惩罚的"勤奋"观，以及通过勤劳致富的思想主张。

引用《仲长子》中的话："丛林之下，为仓庾之坻；鱼鳖之堀，为耕稼之场者"茂盛的丛林之地也能使收获的粮食堆高如丘；在鱼鳖生存的洼地也能耕种庄稼。贾思勰认为，勤劳可以改变现状，这都是勤于劳作的结果。至于那些"稼穑不修，桑果不茂，畜产不肥""杝落不完，垣墙不牢，扫除不净"者，贾思勰认为，"鞭之"、"笞之"用鞭子打他抽他们都行，虽然有残酷的嫌疑，但从另外一个角度讲，贾思勰主张以勤督课的迫切之情也流露无遗。"且天子亲耕，皇后亲蚕，况夫田父而怀窳惰乎？"况且皇帝皇后都会以身示范去亲耕亲蚕，种田的老百姓怎么能懒惰呢？由此可见，贾思勰对勤于劳作的主张之坚定，态度之坚决。

贾思勰引用《三国志》史料，强调细节节俭。西晋史学家陈寿所著的《三国志》中记载，皇甫隆任敦煌太守时，除了"教作耧犁"，还发现"妇女作裙，挛缩如羊肠，用布一匹。"于是"隆又禁改之，所省复不赀。"妇女做的裙子折折皱皱，用布非常多，可以节俭，这虽然是件小事，但意义重大。因为在物质生活还比较贫乏的当时，节省下的布匹还可以去做其他的事情，所以善虽小，积之也能成事。通过这样的引用表达，我们可以看出贾思勰的节俭意识可谓细致到了生活中的点滴细节。如果联系当今社会纸醉金迷、铺张浪费的现象，不让我们感到汗颜吗？不使我们对贾思勰的这种节俭精神产生敬佩吗？

贾思勰援引西汉龚遂、黄霸的故事，突出节俭实践。其中有记载，西汉颖川太守黄霸、渤海太守龚遂在当世有"良吏"之誉，黄霸提倡"及务耕桑，节用，殖财"，勤于耕种植桑，节约用度，增加财富。龚遂则是让那些喜欢佩带刀剑的老百姓"使卖剑买牛，卖刀买犊"，让人们卖掉刀剑买牛买犊，因为在龚遂眼里老百姓是把能买牛买犊办正事的钱浪费在了玩乐上，所以反问"何为带牛佩犊？"为什么要把牛或牛犊佩带在身上呢？节省不必要的花费，把资金用在该用的地方，发挥资金应有的积极作用，这也是贾思勰倡导的节俭内容之一。

贾思勰援引西汉召信臣的做法，反对奢靡浪费。南阳太守召信臣稍后于龚遂，曾任零陵、南阳、河南三郡太守。贾思勰认为召信臣是个好官，因为召信臣"好为民兴利，务在富之。"喜欢为老百姓带来利益，目的在于让老百姓富起来。同时他还"禁止嫁娶送终奢靡，务出于俭约。"可以说这是贾思勰的借事说事，更是旗帜鲜明地反对奢靡浪费，提倡勤俭节约思想的具体表达。

贾思勰还援引《尚书》中"稼穑之艰难"，说明"一粥一饭来之不易，半丝半缕物力维艰"的道理，引用《孝经》"谨身节用"劝勉人们要谨慎行事节约用度，引用汉文帝"朕为天下守财矣，安敢妄用哉!"用历史明君的话来警示臣民节约，又引用孔子"居家理，治可移于官"，更进一步地说明，一个家庭的做法虽然小，但是如果普天下的人家把各自相同或相近的做法汇聚在一起，就形成了一个国家的风气。而推行勤俭节约由小家到国家，道理是一样的，都不应该有所偏重和废弃。因此，贾思勰的思想基点绝非仅在一家一户，而是在一国范围内的普天之下，是对整个社会风气的一种全局性思考。

贾思勰生活的时代是一个政局动荡，社会奢靡风气盛行的北魏末期。据《魏书》记载，胡太后专擅政权后骄奢淫逸，当时的皇族权臣高阳王元雍富可敌国，有庞大的房舍、花园和猎场，奴仆 6 000，婢女 500，但他还嫌不够多；河间王元琛家的马槽都是银铸的，门窗镶玉凤金龙，酒器是水晶的、酒壶是玛瑙的，但他还不满足，于是两人竟展开了滑稽的斗富。这种极不正常的社会现象给贾思勰以沉重的打击和深深的忧虑，籍于安民、富民、教民的理想抱负，贾思勰在反思中大声痛陈"夫财货之生，既艰难矣，用之又无节；凡人之性，好懒惰矣，率之又不笃；加以政令失所，水旱为灾，一谷不登，斞腐相继"增加财富本来就不容易，使用起来又不加节制；人的本性是偏于懒惰的，组织引导再不得力；加之政令不当，发生水旱灾害，作物歉收，死去的人接二连三，实在让人痛心疾首。贾思勰认为，"古今同患，所不能止也，嗟乎!"这是自古至今不能根绝的灾难，实在是可悲!

贾思勰还对《管子》中"桀有天下，而用不足；汤有七十二里，而用有余"的原因进行了分析，他认为"盖言用之以节"是因为汤用度有节制的原因。贾思勰把历史当作一面镜子，又联系当时的社会现实，教训是深刻的，道理也更加清楚明白，他所持有的"节俭"观点也得到了进一步的强化。

从贾思勰强烈的痛斥和冷静的反思中，我们也能够更加清晰地看到了他身上所持有的反对奢靡，提倡节俭的可贵精神。

勤俭朴实是一种理智、高尚的人生观，也是中华民族优秀的传统美德之一。勤者勤劳之谓，俭者俭朴、节约之理；而朴实即平实无华不虚夸。在《齐民要术》中，我们可以通过作者对勤劳、节俭的支持、肯定和赞扬，著书的态度和文风等，强烈地感受到贾思勰思想中诸如此类的积极元素。可以说，勤劳节俭、平实无华既是贾思勰的思想主张，也是他的生活准则；既是他的创作宗旨，更是农圣文化中鲜活的精神瑰宝。

在 2013 年 1 月 22 日召开的十八届中央纪委二次全会上，习近平总书记告诫各级领导干部："要坚持勤俭办一切事业，坚决反对讲排场比阔气，坚决抵制享乐主义和奢靡之风。要大力弘扬中华民族勤俭节约的优秀传统，大力宣传节约光荣、浪费可耻的思想观念，努力使厉行节约、反对浪费在全社会蔚然成风。"

在当下这个生活无忧的时代，有些同学鄙视劳动，甚至个别同学崇尚不劳而获，这种想法是要不得的。当今世界文明国家普遍重视"义工服务"，但我们的同学却对打扫校园卫生十分反感，"一屋不扫，何以扫天下"，爱校园应该从打扫校园卫生做起。在大学食堂当中看到这样的现象：剩饭剩菜随意丢弃在餐桌上，吃不完的米饭、馒头随意丢弃在垃圾桶里，这样的情况在高校校园当中十分常见，即便是在食堂的墙上都贴着杜绝浪费的标语等等，很多学生仍然熟视无睹，造成大学生餐桌浪费的现象十分严重。

从目前的情况来看，当代大学生不仅对于粮食上的浪费现象比较严重，在对待公共财物、公共资源方面的浪费现象也是随处可见。比如，很多高校为了给学生提供方便都在图书馆等提供了相关的打字、复印的服务，但许多同学在打印的时候通常都是单面打印，甚至印错了的纸张随处丢弃出、处置等等；校园当中的很多宣传栏都被学生贴满了各种的广告消息，甚至是开水房也被贴满了各种的广告；图书馆当中的座位也被学生用大量的书本进行占据，但是长期占用而无人使用；自习后的教室仍旧灯火通明，使用完的水龙头仍然"细水长流"等等，这种情况更是非常常见。其实，这些现象从根本上来说都是举手之劳而已，但是当代大学生由于缺少公德意识，并没有将勤俭节约作为一种良好的习惯，因此，这种不珍惜公共资源的现象频频发生。

一切浪费的行为应该受到批判，我们应该继承与发扬农圣文化中的这种勤劳朴实的节俭精神，在全校师生中形成厉行勤俭节约、反对铺张浪费的浓厚氛围。

（四）贾思勰居安思危的忧患意识

忧患意识也可以称之为居安思危，是中华民族自古以来就具有的精神传统之一，它源于传统知识分子对祖国、民族命运和前途的深沉关切。它代表了一种高尚人格，体现的是一种社会危机感、责任感和历史使命感。以居安思危、防患未然为特色的忧患意识是农圣文化中的可贵之处，它不仅与贾思勰生活时代的自然条件有关，还与当时的社会风气、社会环境有关。

更为重要的是，忧患意识作为一种优秀思想文化，与贾思勰和《齐民要术》体现出来的其他优秀思想文化一起，构成了《齐民要术》农学文化思想的精神价值体系。贾思勰的思想，或者说《齐民要术》的农学文化思想，我们就可以通过《齐民要术》文本感受到也能读出来。在《齐民要术》序中，贾思勰通过引用前人的论述和直抒胸臆的方式，把自己内心的忧虑和诉求进行了直言不讳地表达，显示出一个有良知的地方官吏的责任和担当。

在《齐民要术》中，贾思勰引用陈思王曹植的话"寒者不贪尺玉而思短褐，饥者不愿千金而美一食。千金、尺玉至贵，而不若一食、短褐之恶"（引自《齐民要术·序》）说明"物时有所急"事物的重要性是由特定的情势所决定的道理。在丰收无灾的年景，人们不会重视一顿饭、一件粗布衣裳的价值，然而一旦遇到天灾人祸，一顿饭、一件粗布衣裳都有可能成为奢求。天有不测风云，人有旦夕祸福，在生产技术不发达，生产力低下的古代社会，这是老百姓首先想到的。当然，即使在科技发达、物质条件优越的今天，人们也应当具有这种思想，这就是平常所说的居安思危、有备无患。也正因为"物时有所急"，所以贾思勰主张时刻抱有这样的忧患意识是有必要的。

贾思勰在《序》中还对当时社会上"用之无节"的奢靡浪费之风，表现出强烈的不满和反对。他认为"凡人之性，好懒惰矣"人的本性喜好慵懒享受，"率之又不笃"组织引导又不得力，"加以政令失所，水旱为灾，一谷不登，胔腐相继"加上政令不当，遇上水灾旱灾，颗粒不收，死去的人就会相继不断。贾思勰认为"穷窘之来，所由有渐"，人们穷困的原因，是从不注意微小的苗头到发展成为大的灾难的渐变过程，贾思勰的这一判断非常符合马克思主义学说从量变到质变的过程。"既饱而后轻食，既暖而后轻衣。或由年谷丰穰，而忽于蓄积；或由布帛优赡，而轻于施与"都是不应该的、是错误的，他强调不应该饭吃饱了就轻视或浪费粮食，穿暖和了就轻视而不是珍视衣物，遇上丰收年景就不注意积蓄，布帛多了就随意地施于或浪费，而应该是时刻注意节俭、积蓄，这种居安思危的忧患意识犹如黄钟大吕，震响于历史的天空，警醒着世人。

早在春秋时期的书籍《左传·襄公十一年》中就有"居安思危，思则有备，有备无患，敢以此规"的经验总结。面对创造了贞观之治的唐太宗李世民，魏征说道："内外治安，臣不以为喜，唯喜陛下居安思危耳。""安而不忘危，存而不忘亡，治而不忘乱。"忧患意识是中华民族宝贵的精神财富，也是我们党夺取革命、建设和改革事业胜利的重要保证。习近平总书记曾经提出"全党同志特别是各级领导干部增强忧患意识，做到居安思危、知危图安"。中华文明能够不间断五千年薪火相传，中华民族能够越过历史的沟沟坎坎、经历一次次生死存亡的考验走到今天，忧患意识功不可没。在危世，忧患意识唤起亡国亡种的危机感，激起奋发图强的精气神，扶大厦于将倾、挽危亡向复兴；在盛世，忧患意识唤起人们在繁荣中保持清醒的头脑，看到存在的问题与风险，防微杜渐，化解矛盾，消除危险，保持盛世欣欣向荣。总结历史可以看出，忧患意识是中华民族的优良传统。

"忧劳可以兴国，逸豫可以亡身"那么当代大学生忧患意识的现状是怎么样的呢？据调查表明，忧患意识并没有占相应比例。当然，这种忧患并不包括只关乎个人就业等利益，而是关乎国家富强、民族振兴的忧患。那艰苦的岁月及革命、建设中的艰辛并没有在当代大学生的心中留下太深的印记。因此，忧患意识的具备十分重要。中华文化源远流长，博大精深是我们一直笃信的。学生时代的我们非常以拥有世界上唯一没有中断的文化而感到自豪和骄傲。曾经以为根深蒂固的传统文化不会有任何威胁，活到当下的文化自然有其不息的生命力，可是如今，韩流、美片的影响，却让我们的文化、价值观有了不好的苗头。直到韩国申请中秋节的行为刺痛了我们的文化之心，我们才深刻认识到忽视可以文化脆弱。保护自己的文化不是盲目的排外，我们理性地分析有别自己的他者可以更清晰地认识自我。如果有一天我们赖以生存的文化没有了，那么我们还能有什么呢？认识到忧患的存在不是杞人忧天，而是在复杂的外部世界中保留一份理性。拥有一份客观，便多了一份沉着；拥有一种思想，便多了一分出路。世界的竞争仍激烈进行着，认识到自身的不足，找到自身的缺点。我们有理由相信：当代大学生真的做到这一切的那一天，将必定离我们国家富强，民族振兴之日不远。

三、《齐民要术》选读

《齐民要术》是中国保存得最完整的古农书巨著，成书于东魏武定二年（544 年）以后，一说为 533 年至 544 年之间。《齐民要术》全书共九十二篇，分成十卷，正文大约七万字，注释四万多字，共十一万多字。全书介绍了农作物、蔬菜和果树的栽培方法，各种经济林木的生产，野生植物的利用，家畜、家禽、鱼、蚕的饲养和疾病的防治，以及农、副、畜产品的加工，酿造和食品加工，以至文具、日用品的生产等等，几乎所有农业生产活动都作了比较详细的论述。另外，书前的"自序"、"杂说"各一篇，其中的"序"广泛摘引圣君贤相、有识之士等注重农业的事例，以及由于注重农业而取得的显著成效。一般认为，杂说部分是后人加进去的。书中收录1 500年前中国农艺、园艺、造林、蚕桑、畜牧、兽医、配种、酿造、烹饪、储备，以及治荒的方法，书中援引古籍近200种，所引《氾胜之书》、《四民月令》等汉晋重要农书现已失传，后人只能从此书了解当时的农业运作。

《齐民要术》系统地总结了秦汉以来我国黄河中下游的农业科学技术知识，其取材布局，为后世的农学著作提供了可以遵循的依据。该书不仅是我国现存最早和最完善的农学专著，也是世界农学史上最早的专著之一，对后世的农业生产有着深远的影响。该著作由耕田、谷物、蔬菜、果树、树木、畜产、酿造、调味、调理、外国物产等各章构成，是中国现存的最早的、最完整的大农业百科全书。

《齐民要术》全书结构严谨，从开荒到耕种；从生产前的准备到生产后的农产品加工、酿造与利用；从种植业、林业到畜禽饲养业、水产养殖业，论述全面，脉络清楚。在学科类目划分上，书中基本依据每个项目在当时农业生产、民众生活中所占的比例和轻重位置来安排顺序。在饲养动物方面，先讲马、牛，接着叙述羊、猪、禽类，多是各按相法、饲养、繁衍、疾病医治等项进行阐说，对水产养殖也安排一定的篇幅作专门解说。叙述的农业技术内容重点突出，主次分明，详略适宜。有的因缺乏素材，只保留名目，申明："种莳之法，盖无闻焉。"元代《农桑辑要》和《王祯农书》，明代的《农政全书》，清代的《授时通考》四部大型农书均取法《齐民要术》，《齐民要术》书中所载的种植、养殖技术原理，许多至今仍有重要的参考借鉴作用。

作者贾思勰，北魏益都（今属山东寿光）人，生平不详，曾任高阳郡太守，是中国古代杰出的农学家。约在北魏永熙二年至东魏武定二年间（533—544），贾思勰著成综合性农书《齐民要术》。

【原文】

盖神农为耒耜⁽¹⁾，以利天下；尧命四子⁽²⁾，敬授民时；舜命后稷⁽³⁾，食为政首；禹制土田⁽⁴⁾，万国作义；殷周之盛，《诗》、《书》所述，要在安民，富而教之。

《管子》曰："一农不耕，民有饥者；一女不织，民有寒者⁽⁵⁾。""仓廪实，知礼节；衣食足，知荣辱。"丈人曰："四体不勤，五谷不分，孰为夫子⁽⁶⁾？"《传》曰："人生在勤，勤则不匮⁽⁷⁾。"古语曰："力能胜贫，谨能胜祸。"盖言勤力可以不贫，谨身可以避祸。故李悝为魏文侯作尽地力之教⁽⁸⁾，国以富强；秦孝公用商君急耕战之赏⁽⁹⁾，倾夺邻国而雄诸侯。 ——《齐民要术·序》

【注释】

（1）神农：传说中创始农业的人。耒耜：原始的翻土农具。

（2）尧：传说中的上古帝王。四位大臣：羲仲、羲叔、和仲、和叔，传说是尧时掌管天象四时、制订历法的官吏。

（3）舜：传说中的上古帝王，尧让位给他。后稷：相传是周的始祖，善于种植粮食，在尧舜时做农官。

（4）禹：相传舜让位给他。他建立起我国历史上第一个父子传位的王朝——夏朝。相传他治好洪水之后，第一件大事就是规划土地田亩和尽力于开挖沟洫通到大川（灌排渠系），作为经理和发展农业生产的基本保证。

（5）见《管子·揆度》，又见《轻重甲》，文字稍异。

（6）这是《论语·微子》篇中荷蓧丈人讥诮孔子的话。

（7）见《佐传，宣公十二年》，"人"作"民"。《要术》作"人"，唐人避李世民讳改。

（8）李悝（kuī）（前455—前395），战国初年的政治家，任魏文侯的相。他帮助魏文侯施行"尽地力之教"，就是地尽其利的政策。办法是鼓励开荒，奖励努力耕作，使粮食大量增产，农业很快得到发展。终于使魏国成为战国初期最强的国家。

（9）商君：即商鞅（约前390—前338），战国时著名政治改革家。秦国国君秦孝公任用他主持变法，厉行法治，极力奖励农耕和英勇作战，招诱邻国农民参加农业生产，并开拓疆土，使秦国成为战国后期最强的国家，最后统一了六国。

【导读】

中国自古是一个农业大国，中华以农耕文明号称于世。农民是我们的主要生产力，而对于农具的研究与生产也是极其先进的，在劳动生产中，生产者用智慧的头脑发明创作了一种又一种劳动工具，更好地推动了劳动生产。

中国人民向来就以勤劳而著称，此开篇就提出了勤力劳动的重要性。因此要想国家富强，每个人须要勤劳才能致富，民富进而国富。自古以来，从上自下都重视农业生产，充分证明民以食为天的重要性。

【原文】

《淮南子》[1]曰："圣人不耻身之贱也，愧道之不行也；不忧命之长短，而忧百姓之穷。是故禹为治水，以身解于阳盱之河[2]；汤由苦旱[3]，以身祷于桑林之祭。""神农憔悴，尧瘦癯，舜黎黑，禹胼胝。由此观之，则圣人之忧劳百姓亦甚矣。故自天子以下，至于庶人，四肢不勤，思虑不用，而事治求赡者，未之闻也。""故田者不强，困仓不盈；将相不强，功烈不成。"

——《齐民要术·序》

【注释】

（1）下面三条引文，均出自《淮南子·修务训》。因系节引，故不用省略号，分条加引号。

（2）阳盱之河：即阳盱河，《淮南子》高诱注"在秦地。"

（3）汤：商朝的开国君王。传说汤时有连续七年的旱灾。

【导读】

这一段承接上一段继续阐述勤劳的重要性。勤勉是领导者应该具有的一种品质。领导者要从老百姓的生活起居着想，带领老百姓勤劳致富。勤政是作为一名父母官必须要做到的，处处以身作则，与老百姓同甘苦，共患难。从这些话可以看出，贾思勰胸怀天下，爱国情感十分浓厚！

第三节　见贤思齐焉

一、"发愤忘食，乐而忘忧"的孔夫子

孔子生鲁昌平乡陬邑。其先宋人也，曰孔防叔。防叔生伯夏，伯夏生叔梁纥。纥与颜氏女野合而生孔子，祷于尼丘得孔子。鲁襄公二十二年而孔子生。生而首上圩顶，故因名曰丘云。字仲尼，姓孔氏。

丘生而叔梁纥死，葬于防山。防山在鲁东，由是孔子疑其父墓处，母讳之也。孔子为儿嬉戏，常陈俎豆，设礼容。孔子母死，乃殡五父之衢，盖其慎也。郰人挽父之母诲孔子父墓，然后往合葬于防焉。

……

孔子年三十五，而季平子与郈昭伯以斗鸡故，得罪鲁昭公，昭公率师击平子，平子与孟氏、叔孙氏三家共攻昭公，昭公师败，奔于齐，齐处昭公干侯。其后顷之，鲁乱。孔子适齐，为高昭子家臣，欲以通乎景公。与齐太师语乐，闻韶音，学之，三月不知肉味，齐人称之。

景公问政孔子，孔子曰："君君，臣臣，父父，子子。"景公曰："善哉！信如君不君，臣不臣，父不父，子不子，虽有粟，吾岂得而食诸！"他日又复

问政于孔子，孔子曰："政在节财。"景公说，将欲以尼溪田封孔子。晏婴进曰："夫儒者滑稽而不可轨法；倨傲自顺，不可以为下；崇丧遂哀，破产厚葬，不可以为俗；游说乞贷，不可以为国。自大贤之息，周室既衰，礼乐缺有间。今孔子盛容饰，繁登降之礼，趋详之节，累世不能殚其学，当年不能究其礼。君欲用之以移齐俗，非所以先细民也。"后景公敬见孔子，不问其礼。异日，景公止孔子曰："奉子以季氏，吾不能。"以季孟之间待之。齐大夫欲害孔子，孔子闻之。景公曰："吾老矣，弗能用也。"孔子遂行，反乎鲁。

……

桓子嬖臣曰仲梁怀，与阳虎有隙。阳虎欲逐怀，公山不狃止之。其秋，怀益骄，阳虎执怀。桓子怒，阳虎因囚桓子，与盟而醳之。阳虎由此益轻季氏。季氏亦僭于公室，陪臣执国政，是以鲁自大夫以下皆僭离于正道。故孔子不仕，退而修诗书礼乐，弟子弥众，至自远方，莫不受业焉。

定公八年，公山不狃不得意于季氏，因阳虎为乱，欲废三桓之适，更立其庶孽阳虎素所善者，遂执季桓子。桓子诈之，得脱。定公九年，阳虎不胜，奔于齐。是时孔子年五十。

公山不狃以费畔季氏，使人召孔子。孔子循道弥久，温温无所试，莫能己用，曰："盖周文武起丰镐而王，今费虽小，傥庶几乎！"欲往。子路不说，止孔子。孔子曰："夫召我者岂徒哉？如用我，其为东周乎！"然亦卒不行。

其后定公以孔子为中都宰，一年，四方皆则之。由中都宰为司空，由司空为大司寇。

……

定公十四年，孔子年五十六，由大司寇行摄相事，有喜色。门人曰："闻君子祸至不惧，福至不喜。"孔子曰："有是言也。不曰'乐其以贵下人'乎？"于是诛鲁大夫乱政者少正卯。与闻国政三月，粥羔豚者弗饰贾；男女行者别于涂；涂不拾遗；四方之客至乎邑者不求有司，皆予之以归。

齐人闻而惧，曰："孔子为政必霸，霸则吾地近焉，我之为先并矣。盍致地焉？"黎鉏曰："请先尝沮之；沮之而不可则致地，庸迟乎！"于是选齐国中女子好者八十人，皆衣文衣而舞康乐，文马三十驷，遗鲁君。陈女乐文马于鲁城南高门外，季桓子微服往观再三，将受，乃语鲁君为周道游，往观终日，怠于政事。子路曰："夫子可以行矣。"孔子曰："鲁今且郊，如致膰乎大夫，则吾犹可以止。"桓子卒受齐女乐，三日不听政；郊，又不致膰俎于大夫。孔子遂行，宿乎屯。而师己送，曰："夫子则非罪。"孔子曰："吾歌可夫？"歌曰：

"彼妇之口,可以出走;彼妇之谒,可以死败。盖优哉游哉,维以卒岁!"师已反,桓子曰:"孔子亦何言?"师己以实告。桓子喟然叹曰:"夫子罪我以群婢故也夫!"

......

孔子学鼓琴师襄子,十日不进。师襄子曰:"可以益矣。"孔子曰:"丘已习其曲矣,未得其数也。"有间,曰:"已习其数,可以益矣。"孔子曰:"丘未得其志也。"有间,曰:"已习其志,可以益矣。"孔子曰:"丘未得其为人也。"有间,(曰)有所穆然深思焉,有所怡然高望而远志焉。曰:"丘得其为人,黯然而黑,几然而长,眼如望羊,如王四国,非文王其谁能为此也!"师襄子辟席再拜,曰:"师盖云文王操也。"

......

孔子之去鲁凡十四岁而反乎鲁。

鲁哀公问政,对曰:"政在选臣。"季康子问政,曰:"举直错诸枉,则枉者直。"康子患盗,孔子曰:"苟子之不欲,虽赏之不窃。"然鲁终不能用孔子,孔子亦不求仕。

孔子之时,周室微而礼乐废,诗书缺。追迹三代之礼,序书传,上纪唐虞之际,下至秦缪,编次其事。曰:"夏礼吾能言之,杞不足征也。殷礼吾能言之,宋不足征也。足,则吾能征之矣。"观殷夏所损益,曰:"后虽百世可知也,以一文一质。周监二代,郁郁乎文哉。吾从周。"故书传、礼记自孔氏。

......

孔子晚而喜易,序彖、系、象、说卦、文言。读易,韦编三绝。曰:"假我数年,若是,我于易则彬彬矣。"

孔子以诗书礼乐教,弟子盖三千焉,身通六艺者七十有二人。如颜浊邹之徒,颇受业者甚众。

......

孔子年七十三,以鲁哀公十六年四月己丑卒。

哀公诔之曰:"旻天不吊,不慭遗一老,俾屏余一人以在位,茕茕余在疚。呜呼哀哉!尼父,毋自律!"子贡曰:"君其不没于鲁乎!夫子之言曰:'礼失则昏,名失则愆。失志为昏,失所为愆。'生不能用,死而诔之,非礼也。称'余一人',非名也。"

......

太史公曰:诗有之:"高山仰止,景行行止。"虽不能至,然心向往之。余读孔氏书，想见其为人。适鲁，观仲尼庙堂车服礼器，诸生以时习礼其家，余祗回留之不能去云。天下君王至于贤人众矣，当时则荣，没则已焉。孔子布衣，传十余世，学者宗之。自天子王侯，中国言六艺者折中于夫子，可谓至圣矣！

二、跟着曾国藩学做人做事

曾国藩（1811 年 11 月 26 日—1872 年 3 月 12 日），汉族，初名子城，字伯涵，号涤生，宗圣曾子七十世孙。中国近代政治家、战略家、理学家、文学家，湘军的创立者和统帅。与李鸿章、左宗棠、张之洞并称晚清四大名臣。官至两江总督、直隶总督、武英殿大学士，封一等毅勇侯，谥曰文正。

曾国藩出生于晚清一个地主家庭，自幼勤奋好学，6 岁入塾读书。8 岁能读四书、诵五经，14 岁能读《周礼》《史记》文选。道光十八年（1838）中进士，入翰林院，为军机大臣穆彰阿门生。累迁内阁学士，礼部侍郎，署兵、工、刑、吏部侍郎。太平天国运动时，曾国藩组建湘军，力挽狂澜，经过多年鏖战后攻灭太平天国。曾国藩一生奉行"为政以耐烦"为第一要义，主张凡事要勤俭廉劳，不可为官自傲。他修身律己，以德求官，礼治为先，以忠谋政，在官场上获得了巨大的成功。曾国藩的崛起，对清王朝的政治、军事、文化、经济等方面都产生了深远的影响。在曾国藩的倡议下，建造了中国第一艘轮船，建立了第一所兵工学堂，印刷翻译了第一批西方书籍，安排了第一批赴美留学生。曾国藩是中国近代化建设的开拓者。

（一）治国安邦之道

"乾嘉盛世"后清王朝的腐败衰落，洞若观火，曾国藩说："国贫不足患，惟民心涣散，则为患甚大。"对于"士大夫习于忧容苟安"，"昌为一种不白不黑、不痛不痒之风"，"痛恨次骨"。他认为，"吏治之坏，由于群幕，求吏才以剔幕弊，诚为探源之论"。基于此，曾国藩提出，"行政之要，首在得人"，危急之时需用德器兼备之人，要倡廉正之风，行礼治之仁政，反对暴政、扰民，对于那些贪赃枉法、渔民肥己的官吏，一定要予以严惩。至于关系国运民生的财政经济，曾国藩认为，理财之道，全在酌盈剂虚，脚踏实地，洁己奉公，"渐求整顿，不在于求取速效"。曾国藩将农业提到国家经济中基础性的战略地位，他认为，"民生以稼事为先，国计以丰年为瑞"。他要求"今日之州县，以重农为第一要务"。受两次鸦片战争的冲击，曾国藩对中西邦交有自己的看法，一方面他十分痛恨西方人侵略中国，认为卧榻之旁，岂容他人鼾睡，并反对借师助剿，以借助外国为深愧；另一方面又不盲目排外，主张向西方学习其先进的科学技术，如他说过购买外洋器物……访募覃思之士，智巧之匠，始而演习，继而试造……可以剿发捻，可以勤远略。

（二）治学论道之经

曾国藩是清末著名理学大师，学术造诣极深。他说："盖真能读书者，良亦贵乎强有力也"，要有"旧雨三年精化碧，孤灯五夜眼常青"的精神。写字或阳刚之美，"着力而取险劲之势"；或阴柔之美，"着力而得自然之味"。文章写作，需在气势上下功夫，"气能挟理以行，而后虽言理而不灰"。要注意详略得当，详人所略，略人所详，而"知位置者先后，剪裁之繁简"，又"为文家第一要也"。为文贵在自辟蹊径，"文章之道，以气象光明俊伟为最难而可贵"。"清韵不匮，声调铿锵，乃文章第一妙境"。

（三）治家之方略

著名历史学家钟书河先生说过，曾国藩教子成功是一个事实，无法抹杀，也无须抹杀。曾国藩认为持家教子主要应注意以下十事：（一）勤理家事，严明家规。（二）尽孝悌，除骄逸。（三）以习劳苦为第一要义。（四）居家之道，不可有余财。（五）联姻"不必定富室名门"。（六）家事忌奢华，尚俭。（七）治家八字：考、宝、早、扫、书、疏、鱼、猪。（八）亲戚交往宜重情轻物。（九）不可厌倦家常琐事。（十）择良师以求教。

曾国藩认为最重要的就是要在家庭成员中人人孝悌的原则。孝容易理解，就是对父母、对长辈的感恩、尊敬与赡养。悌是指兄弟之间和睦友爱，也就是同辈之间的融洽与和谐。在曾国藩家书里，一般都以为他给孩子写的信最多，事实上他写给弟弟的信才是最多的，可见他对兄弟之间关系的重视。曾国藩有段著名的评论，说家庭兴旺的规律是：天下官宦之家，一般只传一代就萧条了，因为大多是纨绔子弟；商贾之家，一般可传三代；耕读之家，也就是以治农与读书为根本的家庭，一般可兴旺五、六代；而孝友之家，就是讲究孝悌的、以和治家的家庭，往往可以绵延十代八代。

曾国藩在"和以治家"的宗旨下还特别强调"勤以持家"。这个勤以持家在曾国藩那有两层意思，一是家庭成员要克勤克俭，一是做家长的要勤以言传身教。曾国藩说的这些，他自己就能一丝不苟地带头去做，而且做得非常好。比如大儿子曾纪泽喜欢西方社会学，曾纪鸿喜欢数学和物理学，曾国藩虽然一窍不通，也能尽自己所能去了解，去努力学一点。这样的父亲，才不愧是一个真正"勤以持家"的父亲。在曾国藩的影响下，曾纪泽总是会亲自教孩子们学英语、数学、音乐，还教他们练书法、写诗文、讲解经史典章，不论再忙，每日总要抽出时间来陪孩子、陪家人，这就是最好的家庭教育。所以，曾国藩子孙、曾孙，甚至玄孙里，有很多科学家、教育家和社会活动家。

（四）人格修炼

曾国藩的人格修炼首先是诚，为人表里一致，一切都可以公之于世。第二个是敬，敬畏，内心不存邪念，持身端庄严肃有威仪。第三个就是静，心、气、神、体都要处于安宁放松的状态。第四个字是谨，不说大话、假话、空话，实实在在，有一是一有二是二。第五个字是恒，生活有规律、饮食有节、起居有常。最高境界是"慎独"，举头三尺有神明。

他每天记日记，对每天言行进行检查、反思，一直贯穿到他的后半生，不断给自己提出更多要求：要勤俭、要谦对、要仁恕、要诚信，知命、惜福等，力图将自己打造成当时的圣贤。许多人都认为人格修炼是空虚的东西，认为修身是虚无缥缈的东西，甚至还是迂腐的，但曾国藩一生的事业，修身才是他事业成功最重要的原因。

曾国藩认为："养生之法约有五事：一曰眠食有恒，二曰惩忿，三曰节欲，四曰每夜临睡前洗脚，五曰每日两饭后各行三千步。"养生之道，"视"、"息"、"眠"、"食"四字最为要紧，养病须知调卫之道。曾国藩总结了修身十二款：主敬（整齐严肃，无时不惧）、静坐（无事时，心在腔子里；应事时，专一不杂）、早起（黎明即起，醒后勿沾恋）、读书不二（一书未点完，断不看他书。东翻西阅，都是徇外为人）、读史（每日圈点十页，虽有事不间断）、谨言（刻刻留心）、养气（气藏丹田，无不可对人言之事）、保身（节欲、节劳、节饮食）、写日记（须端楷，凡日间身过、心过、口过，皆一一记出，终身不间断）、日知所亡（每日记茶余偶谈一则，分德行门、学问门、经济门、艺术门）、月无亡不能（每月作诗文数首，以验积理的多寡，养气之盛否）、作字（早饭后作字。凡笔墨应酬，当作自己功课）、夜不出门（旷功疲神，切戒切戒）。

他认为古人修身有四端可效："慎独则心泰，主敬则身强，求仁则人悦，思诚则神钦"。曾国藩不信医药，不信僧巫，不信地仙，守笃诚，戒机巧，抱道守真，不慕富贵，"人生有穷达，知命而无忧。"曾国藩认为："养生之法约有五事：一曰眠食有恒，二曰惩贫，三曰节欲，四曰每夜临睡前洗脚，五曰每日两饭后各行三千步。"养生之道，"视"、"息"、"眠"、"食"四字最为要紧，养病须知调卫之道。

曾国藩作为"桐城派"的一大家，儒学功底深厚，又悟老庄精神，养成了每天必读经书的习惯，这个很好的习惯滋养了他人生最大的学问，懂得人生最高的境界在于"养心"两字。的确，曾国藩在以学养心方面为古代官吏之大成者，并真正做到了每日养身。

（五）处世交友之道

曾国藩对交友之道颇有见地，他认为交友贵雅量，要"推诚守正，委曲含宏，而无私意猜疑之弊"。"凡事不可占人半点便宜。不可轻取人财"。要集思广益，兼听而不失聪。"观人之法，以有操守而无官气、多条理而少大言为主"。处世方面，曾国藩认为，"处此乱世，愈穷愈好"。身居高官，"总以钱少产薄为妙"。"居官以耐烦为第一要义""德以满而损，福以骄而减矣"。为人须在"淡"字上着意，"不特富贵功名及身家之顺逆，子姓之旺否悉由天定，即学问德行之成立与否，亦大半关乎天事，一概笑而忘之"。"功不必自己出，名不必自己成""功成身退，愈急愈好"。

附注：曾国藩格言十则

（1）盖世人读书，第一要有志，第二要有识，第三要有恒。有志则断不甘为下流；有识则知学问无尽，不敢以一得自足，如河伯之观海，如井蛙之窥天，皆无识者也；有恒财断无不成之事。此三者缺一不可。

（2）可见年无分老少，事无分难易，但行之有恒，自如种树畜养，日见其大而不觉耳。

（3）人之气质，由于天生，本难改变，唯读书则可变化气质。欲求变之法，总须先立坚卓之志。

（4）小人专望人恩，恩过不感。君子不轻受人恩，受则难忘。

（5）人生至愚是恶闻己过；人生至恶是善谈人过。

（6）慎独则心安。自修之道，莫难于养心；养心之难，又在慎独。能慎独，则内省不疚，可以对天地质鬼神。人无一内愧之事，则天君泰然，此心常快足宽平，是人生第一自强之道，第一寻乐之方，守身之先务也。

（7）主敬则身强。内而专静统一，外而整齐严肃，敬之工夫也；出门如见大宾，使民为承大祭，敬之气象也；修己以安百姓，笃恭而天下平，敬之效验也。聪明睿智，皆由此出。庄敬日强，安肆日偷。若人无众寡，事无大小，一一恭敬，不敢懈慢，则身体之强健，又何疑乎？

（8）得意而喜，失意而怒，便被顺逆差遣，何曾作得主。马牛为人穿着鼻孔，要行则行，要止则止，不知世上一切差遣得我者，皆是穿我鼻孔者也。自朝至暮，自少至老，其不为马牛者几何？哀哉！

（9）短不可护，护则终短。长不可矜，矜则不长。尤人不如尤己，如圆不如好方。用晦则天下莫与汝争智，谦则天下莫与汝争强。多言者老氏所戒，欲纳者仲尼所臧。妄动有悔，何如静而勿动？太刚则折，何如柔而勿刚。吾见进而不已者败，未见退而自足者亡。为善则游君子之域，为恶则入小人之乡。吾将书绅带以自警，刻盘盂而思防。岂若长存于座右，庶凤夜之不忘。

（10）天下有三门，繇于情欲，入自禽门；繇于礼义，入自人门；繇于独智，入自圣门。

三、修身齐家治国聚天下——习近平的"诗词"这样熏陶中国

在中共中央、国务院于1月26日举行的2017年春节团拜会上，习近平总书记以北宋著名诗人王安石的《登飞来峰》激励"全党全军全国各族人民要在中国共产党领导下闻鸡起舞，登高望远，撸起袖子加油干"。

"飞来山上千寻塔，闻说鸡鸣见日升。不畏浮云遮望眼，自缘身在最高层。"其实，习近平对中华传统文化的了如指掌以及善于在讲话中将经典诗词古为今用早已被中外所熟知。

2014年9月10日，习近平到北京师范大学考察时就曾明确提出，"我很不希望把古代经典的诗词和散文从课本中去掉，加入一堆什么西方的东西，我觉得'去中国化'是很悲哀的。应该把这些经典嵌在学生的脑子里，成为中华民族的文化基因。"随后他又强调，古诗文经典已融入中华民族的血脉，成了我们的基因。我们现在一说话就蹦出来的那些东西，都是小时候记下的。语文课应该学古诗文经典，把中华民族优秀传统文化不断传承下去。

近来，随着央视一档名为《中国诗词大会》节目的热播，曾经的名言佳句再度回到了人们的视野。重新品读经典，人们对于习近平所引用的古诗词便又

有了更深层次的理解。

2013 年 5 月 4 日是习近平当选中共中央总书记后的第一个"五四"青年节。而青年历来是习近平最为关心的群体之一。在同各界优秀青年代表座谈时，习近平便引用古诗给予青年人鼓励。习近平表示，展望未来，我国青年一代必将大有可为，也必将大有作为。这是"长江后浪推前浪"的历史规律，也是"一代更比一代强"的青春责任。随后他又提醒广大青年"一定要矢志艰苦奋斗"，因为"宝剑锋从磨砺出，梅花香自苦寒来。"

出自《礼记·大学》的经典名句"苟日新，日日新，又日新"也曾被习近平多次引用。他不仅对青年人这样说过，还在 2013 年 12 月 31 日举行的全国政协新年茶话会上指出，中华民族是具有伟大创新精神的民族，以伟大创造能力著称于世，而这一句"是对中华民族创新精神的最好写照"。

习近平既如此要求别人，更如此约束自己。在刚刚当选总书记时他就指出要"夙夜在公"，努力向历史、向人民交一份合格的答卷。这句出自《诗经·召南·采蘩》的诗句便是古人对官吏勤于政事、公而忘私的最好概括。这也体现出习近平日夜为国家谋利益、为人民服务的决心。

不仅对个人，习近平对于家庭、家风同样看重。2016 年 12 月 12 日，习近平在会见第一届全国文明家庭代表时就指出，家风是社会风气的重要组成部分。家风好，就能家道兴盛、和顺美满；家风差，难免殃及子孙、贻害社会，正所谓"积善之家，必有余庆；积不善之家，必有余殃"。这句出自《文言传》的古语表明了积累善行的人家，必有不尽的吉祥；积累恶行的人家，必有不尽的灾殃。

（来源：中国青年网　作者：李拓）

第四节　实践体验设计

项目一：开展"六个一"活动　打造实践育人新模式

——潍坊科技学院六个"一"活动方案及评价办法

（一）实践目的

习惯决定命运，良好的生活学习习惯是成功的关键。潍坊科技学院坚持"严父慈母、严管细导"管理模式，严字当头，爱在其中，注重实际，尊重个性，加强一日常规管理，注重帮助学生养成良好生活、学习习惯，提高学习效率，保障学习时间。为促进学生成长，学院开展了"六个一"活动：人人参加一个社团、一个志愿服务队，参与组织一次活动、一项学校管理，当一次值周班长，有一个看家体育项目。学校根据教育部41号令相关规定开设校园实践服务必修课，纳入学分制管理，倡导"我为同学服务一周、同学为我服务一年"，放手让学生参与学校管理，对后勤服务、宿舍管理、环境卫生、校园绿化、餐饮质量等工作参与管理和评价，凡参与校园服务课学生，从门卫到接待，从某项活动到学校会议，从衣食住行到教学科研，学生能参与进来的，各处室院系都予以欢迎，并负责对参与学生进行指导、记录、考核、评价。

（二）实践方案

1. 人人参加一个社团

为切实满足学生们的现实需要，充分发挥好学生社团在学生特长发展和个性培育方面的作用，努力适应不同层次学生的需求，加强组织社团建设，推动学生社团健康有序的运行发展。

2. 人人参与一个志愿服务队

将义工服务、志愿者活动作为学生成长成才重要一课，积极拓展志愿服务范围和领域，创新志愿服务的形式和内容，打造具有学校特色的志愿服务品牌。努力营造"人人参与一个志愿服务队"的氛围，在学院内逐步形成了一个总队即潍坊科技学院青年志愿者服务总队和多个系队相互支持、相互配合的格局，为广大学子投身于志愿服务提供平台。

3. 参与组织一次活动

实行"学生事学生做"的做事方法，将活动交给学生，举办真正受同学欢迎，被同学喜爱的活动。每一名同学要参与一次活动的组织，小到班级，大到院系、学校，在参与活动组织中培养团队观念、组织能力、奉献精神，树立"为人民服务"、"学雷锋做好事"的人生价值追求。学生组织策划举办诸如"五四"晚会、运动会、迎新生、迎新晚会、军民联欢晚会、少数民族交流会、防艾知识竞赛等活动。

4. 一项学校管理

学生参与学校管理是建立在民主基础之上，通过制度创新健全学校民主制度。通过校长座谈会、参与各个院系学生会组织、学生与职能部门面对面、学生权益部门和权益信箱等形式参与学校管理中来，实现学生自我管理、自我服务、自我教育、自我监督。实施值周班长、值周主席、值周团长制度，这样可以锻炼学生才干，增强学生责任感。

5. 当一次值周班长

倡导"我为同学服务一周、同学为我服务一年"，放手让学生参与学校管理，对后勤服务、宿舍管理、环境卫生、校园绿化、餐饮质量等工作参与管理和评价，凡参与校园服务课学生，从门卫到接待，从某项活动到学校会议，从衣食住行到教学科研，学生能参与进来的，各处室院系都予以欢迎，并负责对参与学生进行指导、记录、考核、评价。

6. 人人有一个看家体育项目

营造良好的学校体育氛围，通过体育课、体育俱乐部、体育赛事等活动，指导学生掌握科学锻炼身体的方法，倡导人人参与一个体育活动项目，并且用机制保障学生实现每天锻炼一小时，实现健康成长。

（三）实践考核

1. 人人参加一个社团

社团考核采取以事实为依据，公开、公平为原则，在社团管理、社团活动开展情况、活动成效及总结展示等方面由社团联合会进行考核。对社团的考核具体分为 5 个方面，分别是对社团成员、社团活动、材料类、宣传、考核程序的管理。

2. 人人参与一个志愿服务

主要以量化制与学分制等方式实施。根据参加志愿活动时长而进行不同层次的量化考核，获得志愿服务证书的人员根据证书的情况可以进行不同程度上的学分申请从而抵消选修课程，服务时长超过 200 个小时可以推荐为"潍坊市优秀志愿者"候选人。

3. 参与组织一次活动

（1）对于由院系内部组织的活动，各院系老师自行评价。

（2）对于各组织内部进行的活动，由组织内学生干部及各组织老师评价。

（3）对于面向各校级组织参与举办的活动，由学生处及团委老师进行评价。

（4）对于面向全校同学的活动，由活动涉及院系和指导老师进行评价。

4. 一项学校管理

充分调动各个院系同学的主动性、积极性、创新性，保持学生联合会同学良好形象，培养德智体等方面全面发展的高素质、高能力人才，制定潍坊科技学院学生联合会干部考核条例。根据《学生干部考核条例》核算考核成绩，院系学生分会考核成绩＝各院系学工通讯成绩＋项目化管理成绩（特殊时间、事情适用）。

5. 当一次值周班长

院系满意率计算办法，各校园服务岗责任单位根据每个劳动实践（校园服务）课学生的出勤情况、表现情况、任务完成情况和院系领导（含班主任）对劳动实践课的重视程度，对劳动实践（校园服务）课学生给出相应的分数和等级。对劳动实践（校园服务）课在 85 分以上的人数占劳动实践（校园服务）课学生总数的百分比（即满意率）确定本周院系工作落实考核。总满意率在 30％的加 3 分，20％（含）以上的加 2 分，10％（含）以上的加 1 分，5％（含）以上的加 0.5 分，量化在工作落实中；不足 5％的在系部工作落实中扣 2 分。

6. 人人有一个看家体育项目

明确体育考核要求，突出过程管理，从学生出勤、活动表现、健康知识、体质健康、学习态度等方面对各院系进行评价，加强体育理论知识考核，促进学生的全面发展。

项目二："三下乡"实践活动

——潍坊科技学院"沂心熠梦支教队"
赴临沂费县"大学生支教"暑假

（一）实践目的

为深入学习宣传贯彻党的十九大会议精神，学习宣传贯彻习近平总书记五四重要讲话精神，组织引导广大青年学生在深入社会、了解国情、接受锻炼的过程中培育和践行社会主义核心价值观，牢固树立跟党走中国特色社会主义道路、为实现中国梦努力奋斗的理想信念，进一步激发广大青年学生成才报国的责任感和积极性，加强大学生思想道德修养，培养大学生创新精神和实践能力，推广素质拓展，使"三下乡"活动成为我院素质教育的试验田。为进一步贯彻和实施团中央有关大学生"三下乡"的批示精神，进一步落实暑期社会实践活动的精神，践行志愿者精神，积极服务于社会，发挥大学生在当代社会的先进性作用，潍坊科技学院青年志愿者总队联合外语与旅游学院特主办此次暑期"三下乡"社会实践活动。

深入贫困山区，在支教过程中身体力行，为当地孩子带去外面世界的精彩，激发他们求知和走出大山的愿望，促进学生德、智、体、劳等全面发展，把素质教育真正落实到实处。把不仅通过教学传授给学生知识更要丰富学生的课余文化生活，开阔学生的视野，树立科学发展观，为构建和谐社会做力所能及之事。并且通过此次活动，使志愿者本身增长农村生活经验，体味农村生活艰辛，培养吃苦耐劳精神，在艰苦的环境中锤炼自我。

（二）实践方案

1. 前期准备

（1）队内选出各板块负责人，做好具体分工，工作由各个负责人安排执行。

（2）负责人准备好活动计划书。

（3）召开队内会议，对准备工作及下乡活动过程中的问题进行讨论，尤其是要强调课件准备、安全问题和队内团结问题。

（4）物资准备：①集体物资：统一服装、队旗、办公物品、后勤用品、药品，小礼品、相机、晚会所用物品等。②队员个人物资准备：被褥、洗漱用品、学生证、身份证、手机、衣物、防蚊虫、防晒霜，一定额度的现金……

（5）支教协调人安排课程，提前定好课程表。队员利用课余时间搜集资料，准备课件，在7月7日将下乡活动课件准备情况汇报给负责人仲航。具体情况由支教队全体协调。课件内容切合教学目的，形式活泼，健康向上。

（6）能力储备。各位队员尽量提高自己的各方面能力，为讲解和校外宣传做准备。

2. 活动过程

（1）8月1日，全体队员到达目的地，由项目负责人负责分工，开始招生，并强调注意事项。

（2）到达当天安排全队的吃住问题，后勤负责人安排后勤值日表以及每天的作息时间表。

（3）与当地村委会及校领导见面，对此次活动的目的及意义进行阐述，通过询问请教对当地及学校情况进一步了解，并取得支持与帮助。

（4）支教协调人根据学校具体情况确定课程表，队员开始核查后期课件。

（5）医疗知识讲座，对一些基本知识进行讲解，并在此期间为村民做一些简单的体检。

（6）前几天课程，全体到课堂听课，并在课下提出意见，进行交流。

（7）队员利用空余时间进村家访，家访主题自定，了解当地的环境情况，了解村民的健康卫生意见，并适时宣传一些健康知识，并对当地各方面情况了解，以便更好地提供服务。

（8）组织队员及学生利用课余时间排练节目为文艺汇演作准备，每个队员都要想好自己的一些即兴演出节目、可以用于调节气氛和最后的演出，注意在自己的班级里发掘有特长的学生。

（9）运动会和知识竞赛或演讲比赛：根据学校情况，开展一次具有趣味性的运动会，文学大赛则以诗词成语、演讲比赛为主，举办一次以风筝为主题的活动。

（10）纪录片的准备和拍摄，由负责该组的成员负责。

（11）每天写一篇新闻报道；新闻主题提前拟定。

（12）每晚进行总结会议安排，会议内容包括：当天活动总结，第二工作安排，当天开销明细科目。

（13）会后是自由交流阶段，对当天出现的一些个人问题进行交流解决。

（14）各项集体开销由负责人负责，作好纪录，做到节俭适度、公开透明。

（15）征集当地学生的手工艺品、绘画等（最好具有当地民族特色），以备返校后的成果展示。

（16）学生安全机制：实施提前准备好的一些校园、课堂规制，到校学生进行登记，填写必要信息，如联系方式，家庭地址等。

（17）队员安全机制：队员私自外出，要两人以上结伴出行，外出时必须与队长或同伴讲清去向及时间；保持手机开机。

（18）举办文化汇演。

（19）妥善做好与学生分别的工作，确保不出意外情况。

3. 活动风险预测及注意事项（8月4日以后）

（1）志愿者因故不能上课，支教协调人负责协调，并保证课程质量。

（2）学生在课堂上的突发事件如打架等，由队长或该课任课教员询问调查并给予妥善解决。

（3）队员与队员发生冲突，由队长与队员共同协商解决。

（4）课件丢失。事先备份，即一份书面材料，一份电子档案。

（5）支教人员以身作则，言传身教，树立良好的教师形象；严肃行为，注意衣着，以切实行动维护一名当代大学生志愿者的良好形象。

（6）语言、语气不得挖苦、体罚学生。

（7）提前进教室，准时下课；不无故缺课。

（8）严格遵守纪律，注意安全，队员若要私自外出，两人以上结伴出行，外出时必须与队长或安全负责人讲清去向及时间。

（9）服从集体，增强集体责任感，时刻以团队为核心，对于集体作出的决定，必须无条件服从。

（10）从自身做起，坚持节俭。

（三）实践总结

这次暑期实践锻炼了同学们的团结协作精神，大家一起吃苦耐劳，埋头苦干，不仅收获了快乐，而且在实践中真正的成长，暑期实践更教会了同学们什么是爱与责任。平时同学们基本处在学校安逸舒适的环境中，并没有真正体会到当一名教师的不易，更不知道到偏僻的农村支教是种什么样的感觉。虽然在实践过程中也曾遇到过许多的困难，但大家并未轻言放弃，而是努力找方法去克服。所以，通过这次暑期实践，同学们不断地提升了自己的处理事情的能力。一切认识都来自于实践，暑期实践的意义就是要同学们摆脱书本上的局限，真正的参加到现实生活中来。通过与孩子们七天的相处，让大家知道了教师对于孩子们的影响是十分巨大的。教学相长，所以，这就更要求我们大家在生活与学习中要不断完善，充实自我。

第二章 博 学 篇

第一节 博学而笃志 切问而近思

一、"博学"对大学生成长成才的意义

"凡事预则立，不预则废"。人生之旅从选定方向开始。没有方向的帆迷失在随波逐流中，无法达到理想的彼岸，没有方向的人生不过是在得过且过，最终虚度光阴，一事无成。作为一名大学生，从踏入校门的那一刻起，就应该明确自己的人生方向，树立自己的人生目标，为大学生涯做好规划，为人生做好规划。只有这样，才能让自己在大学期间无悔青春，学有所得，从而为走向社会，赢得美好的未来奠定坚实的基础。

《大学·经文章》中说："知止而后有定，定而后能静，静而后能安，安而后能虑，虑而后能得。"对于大一新生来说，这段话有着重要的借鉴意义。大一新生首先要明确"止于何方"，确定正确的职业理想。正确的职业理想一旦确立，就应立足现实，瞄准目标，埋头书山，泛舟学海，刻苦磨炼，坚定志向，锐意进取，即所谓的"笃志"。墨子云："志不强者智不达、言不信者行不果"。王守仁说："志不立，如无舵之舟，无衔之马，漂荡奔逸，终亦何所底乎！"可见大学生"笃志"的重要性。方向明确，计划周详，心思就不会浮躁，就不会在大学期间不知所措，随大众。就能坐得住冷板凳，静心求学，而不会在兼职、学生会活动、恋爱等事情中彷徨不知所措。哪怕是踏入大学校门后，发现理想和现实之间存在某种落差，也能"既来之，则安之"。因为内心的既定目标指引着你一步一个脚印脚踏实地向前迈进，你会对自己的每一个阶段进行详尽的规划及周密的思考，最终会有所收获。"物有本末，事有终始。知所先后，则近道矣。"每样东西都有根本有枝末，每件事情都有开始有终结。明白了这本末始终的道理，就接近事物发展的规律了。对于大学生来说，其根本任务就是学习，广博自己的学问，做博学型人才。

非学无以成才。"博学"作为潍坊科技学院校训的核心内容，着眼于学校的长远发展，教师的终身发展，学生的全面发展，倡导师生员工勤勉努力，博采众长，追求广博学识，提高人才培养质量。

"要交给学生一碗水，教师自己要有一桶水"，教师博学多识，学生才能佩服。"博学"作为校训的核心内容，要求教师立足本业，旁涉其他，博古通今，涵盖中外，掌握专业前沿知识，这样才能真正传道、授业、解惑。

学习是学生的使命，"博学"作为校训的核心内容，要求学生以学为己任，广泛学习，终身学习，既加强人文知识的学习，又要掌握前沿的科学知识，加强实践锻炼，在博学中砥砺自己，提高适应社会创新发展的能力，成为学识渊博的有用之才。

二、"博学"的思想溯源与经典选读

(一)"博学"的思想溯源

"博学"一词，最早出自《论语·子张》。子夏曰："博学而笃志，切问而近思。"杨伯峻《论语译注》释义为：子夏说："广泛学习，坚定自己的志向；恳切发问，多考虑当前的问题，仁德就在这其中了。"博学，意为要广泛地猎取，以达到知识渊博、学识丰富、学问广博精透的境界。

博学思想在几千年的历史文明演变中，集众多思想家的智慧逐渐走向成熟。春秋战国时期，百家争鸣，诸子百家多为博学之士，各家都有自己的博学思想观，各个流派之间也有相互的辩论与交流，以达到知识和能力互补的结果，但诸子多是对博学思想进行了亲身的实践，却很少有人对博学思想进行思考总结。

先秦诸子各家中，孔子在其求知人生及教育活动中对博学思想有着较为系统的探索，这些思想虽然零散地表现在《大学》《中庸》《论语》等书中，但进行总结归纳，却有一种内在的逻辑理路，有着整体的系统性。

孔子其人就是一个学识渊博、厚积薄发的学者，《墨子·公孟篇》记载孔子"博于诗书，察于礼乐，详于万物。"《论语》达巷党人评价孔子："大哉孔子！博学无所成名。"可见，当时人们已经普遍认同孔子的博学多才。孔子通晓历史，精于六艺，广见多识，对历代礼制也很有研究。他说："殷因于夏礼，所损益可知也；周因于殷礼，所损益可知也。其或继周者，虽百世，可知也。"孔子之所以通过对历史的研究来预知未来的发展变化，正是其在博学的基础之上经过综合分析得来的。

孔子博学，强调直接感知外界事物的经验。孔子的祖先本来是宋国的贵族，后因避宫廷祸乱而迁居鲁国。孔子的父亲是一名武士，虽跻身于贵族之列，但地位很低。孔子三岁时，父亲便死去了，他跟着母亲过着贫困的生活。孔子年轻时做过"委吏"（管理仓库）、"乘田"（掌管牛羊畜牧）一类的小官。《论语·子罕》篇记载：太宰问于子贡曰："夫子圣者与？何其多能也？"子贡曰："固天纵之将圣，又多能也。"子闻之，曰："太宰知我乎？吾少也贱，故多能鄙事。君子多乎哉，不多也。"孔子多才多艺，一部分源于其少时做过很多粗俗鄙陋的事情，在实践中学，才成就了博学多能的孔子。

孔子虚心求教，择善而从。孔子说："三人行，必有我师焉；择其善者而从之，其不善者而改之。"（《论语·述而》）子贡问曰："孔文子何以谓之文也？"子曰："敏而好学，不耻下问，是以谓之文也。"（《论语·公冶长》）孔子在教学中，也注意吸取学生的长处，他赞扬他的学生卜商说："起予者商也，始可与言诗已矣。"（《论语·八佾》）孔子提倡向一切有知识的人学习。可见，孔子认为：要达到博学的境界，一定要广泛地学习，虚心求教，不耻下问。

孔子博学，特别注重学习古代文化典籍等书本知识。孔子说："君子博学于文，约之以礼，亦可以弗畔矣乎。"（《论语·雍也》）"子以四教：文、行、忠、信。"（《论语·述而》）这里所说的"文"。指的就是文化典籍。当然，孔子主张学习的"文"，它所包含的内容是很广泛的。《论语》记载："子曰'兴于诗，立于礼，成于乐'。"（《论语·泰伯》）"不学诗，无以言……不学礼，无以立。"（《论语·季氏》）"子曰：'小子何莫学夫诗？诗可以兴，可以观，可以群，可以怨。'"（《论语·阳货》）"子谓伯鱼曰：'人而不为《周南》《召南》，其犹正墙面而立与？'"（《论语·阳货》）可见，《诗》《书》《礼》《乐》等文化典籍都是孔门私学的主要内容。孔子主张学习古代文化典籍，主张读书，这正是人们认识世界的一个重要途径，获取间接知识的一个重要手段。读书就是要广摄知识，多方求异，触类旁通，最后才能达到"取众家所长"的目的。

孔子博学，更注重"学""思"结合。子曰："学而不思则罔，思而不学则殆。"（《论语·为政》）孔子关于"学"和"思"的理论合乎认知规律，学习的过程就是获取信息的过程，而思考则是在信息获得后进行加工改造的过程，我们在平时的见闻及思考中得到的信息往往是最凌乱的、杂乱无章的、无关联性的，因而必须通过整理、分析、综合、概括、归纳，对这些信息进行再加工，从而通过对信息的处理和再处理获得新的感悟，收获新的知识，升华我们的观念。

孔子的博学思想的发展，经历了两千多年，但大体归纳起来，其发展经历了三个最主要的阶段并向第四个阶段迈进，这即是秦汉阶段、宋明阶段、近代阶段、最后过渡到现代社会，得到进一步的发展。

秦汉阶段是孔子博学思想得到全面发展的第一个阶段，此阶段孔子的博学思想获得了系统性的发展与理论上的总结。

荀子的博学思想。荀子对孔子"学""思"结合的博学思想理解的更加透彻，他在《劝学》中简洁明了地提出了"吾尝终日而思矣，不如须臾之所学也"，强调了在学习过程中"学"的分量，强化了对"学"的要求。荀子提出了一系列"为学"的忠告，在荀子看来。"学"能让人借助前人的文化与道德成果而提升自己，少走弯路。荀子认为学习要讲求循序渐进，同样也要积累，"积土成山，风雨兴焉；积水成渊，蛟龙生焉。"就说明了这个道理。

《大学》中的博学思想。"大学之道，在明明德，在亲民，在止于至善。""大学"一词在古代有两种含义：一是"博学"的意思，二是相对于小学而言的"大人之学"。朱熹《大学章句序》中说："人生八岁，则自王公以下，至于庶人之子弟，皆入小学，而教之以洒扫、应对、进退之节，礼乐、射御、书数之文。""及其十有五年，则自天子之元子、众子，以至公、卿、大夫、元士之适子，与凡民之俊秀，皆入大学，而教之以穷理、正心、修己、治人之道。"在我国古代，自八岁开始，上至王公下至平民的子弟入小学，学习"洒扫、应对、进退"等礼节和"六艺"等文化基础知识；等到十五岁的时候进入大学，学习纲常、伦理、社会等探究真理、提高修养、治理国家的学问。因此，古代的大学，本身就有博学的意思。《大学》博学之道首先在于把美好的品德发扬光大，这是做大学问的基础，更是做人的首要标尺。正所谓的"格物、致知、诚意、正心、修身、齐家、治国、平天下"。

《中庸》的博学思想。在《中庸》中，明确提出学习的五个步骤，学习的积累要讲究渐进和顺序原则。《中庸·问政章》说"博学之，审问之，慎思之，明辨之，笃行之"要广博地学习，要对学问详细地询问，要慎重地思考，要明白地辨别，要切实地力行。这说的是为学的几个层次，或者说是几个递进的阶段。"博学之"意谓为学首先要广泛地猎取，培养充沛而旺盛的好奇心。好奇心丧失了，为学的欲望随之而消亡，博学遂为不可能之事。"博"还意味着博大和宽容。唯有博大和宽容，才能兼容并包，使为学具有世界眼光和开放胸襟，真正做到"海纳百川、有容乃大"，进而"泛爱众，而亲仁"。因此博学乃能成为为学的第一阶段。

《中庸》认为要达到博学之境界,还要有勤奋的精神和坚强的意志。"有弗学,学之弗能,弗措也;有弗问,问之弗知,弗措也;有弗思,思之弗得,弗措也;有弗辨,辨之弗明,弗措也;有弗行,行之弗笃,弗措也。人一能之,己百之;人十能之,己千之。果能此道矣,虽愚必明,虽柔必强。"(《中庸·问政章》)不学则已,既然要学,不学到通达晓畅绝不能终止;不去求教则已,既然求教,不到彻底明白绝不能终止;不去思考则已,既然思考了,不想出一番道理绝不能终止;不去辨别则已,既然辨别了,不到分辨明白绝不能终止;不去做则已,既然做了,不确实做到圆满绝不能终止。别人学一次就会,我要学一百次;别人学十次就会,我要学一千次。果真能够实行这种方法,即使是愚笨的人也一定会聪明起来,即使是脆弱的人也一定会坚强起来。

《中庸》充分阐释了孔子提倡的学者要多见、多闻、多思、多问,最后实现由博返约的思想。《中庸》主要的观点是"博""约"相结合和由"博学"到"笃行"的学习方法,来源于孔子"博学于文,约之以礼"。一方面,孔子提倡学习者要拓宽学习范围,广泛涉猎多学科、多领域的知识,广采博学,博采众长,构建广大的知识体系;另一方面,孔子又要求学习主体就自己感兴趣的专业领域深钻细研,精益求精。学习了理论知识还不够,还要亲身践行,在实践去认识事物,感受事物的宏观变化,才能真正了解事物的发展规律。

汉代是中国儒学发展史上的里程碑,自汉以后,儒学成为中国历史上的正统主流文化,博学思想也提到了提升。

董仲舒在教学理念上倡导"独尊儒术"的宗旨,以儒家经典"六艺"——《诗》《书》《礼》《易》《乐》《春秋》作为施教基本内容。在教学中,董仲舒十分重视广泛学习的重大意义,他认为即使是在位者、人主、君子也要学习,"君子不学,不成其德"(《汉书·董仲舒传》)。董仲舒提倡"强勉学问",要"不知则问","不能则学",要"闻见博"从而达到"知易明",认为学习是一个"合而通之,缘而求之"的获知增智的过程,学习者的学习就是综合思考,上下贯通的过程。学习者在广泛涉猎的基础上融会贯通,就可以全面领悟学习内容的实质。

司马迁上承其父传自杨何的《易》学,又从孔安国学习古文,从董仲舒研习《公羊春秋》,又参与太初改历的工作,其《史记》显示出通人宽广的胸襟与恢弘的气势。西汉后期,刘向父子广搜文献,校雠群籍,辨章学术,考镜源流,表现出通人之学的博大气象。东汉时期,随着拘泥繁琐的博士之学走向衰落，融汇群经而贯通各家的通人之学受到推崇。班彪被称为"通儒上才"，班固则"博贯载籍，九流百家之言，无不穷究"。其编撰《汉书》，"探撰前记，缀集所闻"。王充"好博览而不守章句"，"遂博通众流百家之言"。他称："通人胸中怀百家之言，不通者空腹，无一牒之诵。"王充认为，传统儒家代表都将学习客体范围缩小为经学，使学习客体单一化，学习的内容典籍化，他从更加现实的意义上要求人们去探讨学习天文、气象、地理、生物、医学等方面的知识，力求博览古今，融通百家。

魏晋南北朝时期，后魏的贾思勰，可以说是博学的具体代表。其代表作《齐民要术》是中国现存最早最完整保存下来的古代农学名著，也是世界农学史上最早最具有价值的名著之一。《齐民要术》记载了南北朝时期民众从事生活资料生产的重要的技术知识，内容庞杂，规模巨大，几乎囊括了古代农家经营活动的所有事项，可称为当时农业方面的百科全书。

贾思勰的博学，正是受此前博学思想的深刻影响。像"不耻下问""择善而从""博学笃志，切问近思""学思结合""知行合一"等，在《齐民要术》撰写中都得到体现。其严谨治学的精神，是对博学思想的践行。没有贾思勰的博学多能，就不可能有《齐民要术》的问世。在《齐民要术》的撰写过程中，贾思勰博览古代农业典籍，有选择地摘录古人有关农业政策和农业生产的文献；着意采收农业谚语；采访群众经验，向富有经验的老农和内行请教，吸收当时广大群众的宝贵经验；为了验证各方面的经验是否正确，行遍千山万水，亲自调研实践，确保书中农业生产生活技术经验的正确性。"今采捃经传，爰及歌谣，询之老成，验之行事；起自农耕，终于醯醢，资生之业，靡不毕书，号曰《齐民要术》。凡九十二篇，束为十卷。"（《齐民要术·序言》）。

孔子博学思想得到全面发展的第二个阶段，就是宋明理学。朱熹是有宋代博学思想的集大成者。他认为学习的过程是一个不断充实和积累的过程，只有不断地广泛涉猎，才能从一个高度上升到更高的领域。张载吸收了先秦儒学治学观中注重广采博学、广泛涉猎的思想，他说："惟博学然后有可得，以参较琢磨。学博则转密察，钻之弥坚，于实处转笃实，转诚转信，故只是要博学。学愈博则义愈精微。"（《张载集》）从以上二人观点可以透析，只有博学，才能获取多方面的知识与信息，进而对所学内容有深刻的体会，从而正确地进行比较、琢磨，这样，学愈博，理解的越透彻，钻研的愈深入，则愈能把握事物的本质特征，使义理更精微，学问更笃实。

明代的博学思想以"全能大儒"王阳明为代表，他的著述《大学问》充分阐明了博学思想。在朱熹"格物"与"致知"的理念基础上，王阳明对其做了更加充分的阐发。他认为求知的过程，认识的发展过程要做到"知行合一"，要在理论的基础上充分实践，然后在实践的过程中提高认识，同时认识到，个人对事物的追求是无穷尽的，人的认识也是千差万别的，因此人的学习认知过程要有目标和方法。

清代杨慎、陈耀文、王世贞、胡应麟、陈第等学者，用自己一生的学术生命，继承了学术传统中的博学思想，将学术视野扩大到了广阔的学术领域中来，创造了丰富的学术成果。

随着各种思潮的推进，近代学者立足国情，对西方的外来文明剔除糟粕，汲取精华，用他山之石，以攻己之玉。博学思想更富有现代气息和时代精神。以胡适、陈寅恪为代表。

胡适先生说"读书固然可以扩充知识；但知识越充分，读书的能力也越大。"（《不朽》）随着知识的不断深入，学习者的知识面不断扩展，能够更好地理解高深学问，学习能力逐步增强，学习动力逐渐提高。

我国近现代最著名的教育家和改革家之一、被誉为清华"永远的校长"的梅贻琦先生，在结合中国传统儒学大家教育思想和欧美近代"通识"教育思想的基础上，形成了内涵丰富的大学教育理念。其中，"通才教育"堪称核心。而"通才教育"的根本在于博学。梅贻琦认为只有实施通识教育，才能实现大学教育的"明明德"与"新民"之效。针对当时教育"通专并重"或"偏重专科"出现的问题，梅贻琦在《大学一解》文中指出："窃以为大学期内，通专虽应兼顾，而重心所寄，应在通而不在专，换言之，即须一反目前重视专科之倾向，方足以语于新民之效。"在《工业化的前途与人才的问题》一文中，梅贻琦指出："大学教育毕竟与其他程度的学校教育不同，它的最大目的原在培植通才；文、理、法、工、农等等学院所要培植的是这几个方面的通才，甚至于两个方面以上的综合的通才。"

（二）"博学"对现代大学生的启示

纵观博学思想发展历程，我们对博学的理解做下述分析：

"博学"可以修身养性，提高个人的修养。"博学"思想的本质就是要求学习者努力学习，兼容各个学科、各个领域的思想，能够很好地融合和贯通各个学科的知识和技能，然后达到升华的程度，从而对个人的修养产生积极的效应。

"博学"思想可以帮助阅读者多读书，读好书。博学的思想，其本质是帮助学习者不断地去学习，不断突破"最近发展区"，学会积极地看待事情，学会不断拓展自己的能力，从而获得更加广阔的学习机会和工作机会。博学思想能够指导我们多方面猎取新的知识，不断提高自己的能力，积极面对生活中和学习中的缺陷，能够客观理智地看待问题。古今成大事业、大学问者，必是好学、博学之人。

大学生在校期间如何做到博学多才，从而在激烈的人才市场竞争中脱颖而出？可以从以下几个方面入手：

1. 准确定位，广博学习，打好坚实的知识基础

定位就是人或事归于适当的位置并做出某种评价和设计，是根据客观实际，在思想上、认识上确定自己的地位、身份、发展目标与努力方向的过程。

大学生准确定位，对其学习和发展意义重大。大学阶段是一个人世界观、人生观、价值观形成的关键时期，也是学习各种知识、掌握各种技能的重要阶段。大学生在学习、发展过程中，会遇到许多困惑、矛盾、压力和挫折，还可能面临许多不公、打击、失落和痛苦，尤其是刚从紧张的高中阶段进入大学，学习环境、学习要求和学习方式都发生了变化，一部分学生表现出明显的环境不适应、学习不适应、文化不适应和心理不适应。没有学习压力，更没有学习动力，学习目标不够明确，长此下去，只会让美好的大学时光白白逝去。

大学生首先要做的是要正确认识社会、认识自己，准确定位。必须认识到：大学生的学习具有较强的职业方向性，大学生选择的学习内容就应是毕业后从事的职业应具备的专业基础知识、基本技能以及处理各种问题的方法。大学里专业课程的设置、教学活动的开展都是围绕培养目标而组织的，大学生应根据培养目标，把主要的时间和精力放到本专业的学习和研究上，学会利用课余时间博览群书，博采众家之长，多积累有价值的知识，尤其是那些基础性的、有规律的且迁移价值较大的知识，建立合理的知识结构，并通过各种专业知识和非专业但有用的知识的学习，不断地丰富和完善已有的知识结构。

2. 培养兴趣，树立理想，认真规划职业生涯

"兴趣出勤奋，勤奋出天才"，一个人被兴趣驱动时，是处在一种积极主动的状态，不但目标明确，而且情感舒畅，创造性强；遇到困难时，能激发人的决心和意志，对增长知识、培养才能，起着重要的推动作用。大学生在学习和活动中不仅要培养自己的兴趣，更要逐渐培养自己的职业兴趣，即探究某种职业或从事某种职业活动所表现出来的个性倾向。职业兴趣可以挖掘一个人的潜能，开发其智力，对大学生的发展、就业都非常重要。

理想是成就事业的强大动力。职业理想是个人对未来职业的向往和追求，是成就事业、实现自我价值的精神支柱和动力源泉。大学阶段早日确立正确的职业理想是十分必要的，它将帮助大学生做好大学阶段学业的学习和就业的准备，对以后择业、创业的成功有重要的指导作用。大学生确立自己的职业理想，要以社会需要为首要前提，以为社会做贡献为目的，通过社会职业活动实现自身价值。同时，还要考虑到自身的知识水平、能力特长、兴趣爱好、性格气质等，要客观地分析自己的优劣长短，从自身实际出发，选择既符合社会需求，又能充分发挥个人优势和才干，能为社会做出贡献的职业理想。

职业生涯设计是根据社会经济发展需要即就业环境和本人实际情况，制定未来职业发展规划，是对个人职业前途的瞻望。设计一个成功的职业生涯规划，包括分析自身条件，确立职业目标，规划发展阶段，制定实施措施等内容。大学生从入学之日起就要开始构建自己的职业意识，制定一个方向正确、目标明确、符合实际、内容翔实、措施具体的职业生涯规划，如一年级的学生要了解自己，根据自身特点初步设计自己的发展方向；二年级的学生应着重培养自己的各方面能力；三年级的学生要不断地进行职业探索，修正自己的发展方向；四年级的学生要了解就业政策、就业信息，初步确定自己的职业等。这有利于大学生早日进入职业角色，通过多角度了解社会、了解职业，按照社会发展需要来确定、调整自己的职业理想，使自己适应社会、融入社会，推动社会发展。

3. 虚心求教，学会学习，掌握学习和发展的主动权

"切问"就是对未曾理解的问题恳切地向别人求教，这是每个大学生都应具备的学习品质。能恳切地发问说明大学生在学习过程中经过了反复的阅读和深入的思考才会发现问题。问得越恳切，领会得就越深刻，理解得就越透彻。

陶行知先生特别重视和强调"问"。他写诗道："发明千千万，起点是一问。禽兽不如人，过在不会问。智者问得巧，愚者问得笨。人力胜天工，只在每事问。"善于质疑，善于学习是大学生学习的本质。

非学无以广才，非学无以卓识，非学无以立德，非学无以范行。而学习的成效最终取决于学习的努力程度和学习方法。大学生从入校第一天起，应把自己的职业理想和社会需要结合起来，用社会需要引发学习动机，推动大学生专心致志，锲而不舍地努力学习，掌握科学的学习方法，加强学习的计划性，注重理论与实践的结合，学以致用。学会做人，学会学习，学会创造，学会发展。在某些课程的学习上，提倡对知识的追求，对智慧的启迪，反对把学习当做苦差事，反对过多的、单纯的死记硬背；提倡以掌握事物本质和规律的理解记忆为主，掌握学习的主动权。面对各种丰富的信息和充满无限选择性的世界，大学生必须是自身生活、自主学习和自主发展的主体，必须增强主体的独立性、主动性和创造性，学会按照自己的意愿和目的主动地去筛选信息、主动地寻求指导和帮助，主动地发展自己，超越自己。

4. 学思结合，着眼发展，为成功就业早做准备

"学而不思则罔，思而不学则殆"。大学生的学习一定要和思考结合起来，因为"学起于思，思源于疑"，独立思考，必然生疑，疑则生问，问则求解。在解问除疑的过程中，大学生不仅增长了知识，而且培养了独立发现问题、分析问题、解决问题的能力。在大学生的学习过程中，针对具体的学科知识要思考：问题是怎样引出来的？运用了哪些已有的基础知识？概念是怎样定义的？它在什么条件下才能运用？围绕发展目标就要思考：为什么要学习这些知识？它对自己确立的目标起什么作用？还有哪些知识需要学习？需要培养哪些能力和心理品质？哪些事可以做或必须做，哪些事情不能做，等等。多考虑当前的问题，就是"近思"。对大学生来说，许多知识和本领不怕学不到，就怕想不到。大学生在日常学习中经常表现出来的是盲目性和浮躁性，盲目是缺乏明确的目标，浮躁是对目标的实现不能持之以恒，这都是缺乏深刻思考的缘故。大学生正处在就业准备的关键时期，这就要求大学生必须在日常的学习中不断思考自己的职业目标与社会需求的关系，正确分析自己所学专业在职场中的情况，把握就业形势，了解就业知识，做好就业的心理准备，适时调整职业目标，调整心态，避免不必要的恐惧感和自卑心理，增强自信心，积极主动地适应社会的需要。

（三）"博学"经典文选释读

1.《论语》选读

【原文】

子曰⁽¹⁾："学⁽²⁾而时习⁽³⁾之，不亦说⁽⁴⁾乎？有朋⁽⁵⁾自远方来，不亦乐⁽⁶⁾乎？人不知⁽⁷⁾而不愠⁽⁸⁾，不亦君子⁽⁹⁾乎？"　　　　　——《论语·学而》

【注释】

（1）子：中国古代对有地位、有学问的男子的尊称，有时也泛称男子。《论语》书中"子曰"的子，都是指孔子。

（2）学：孔子在这里所讲的"学"，主要是指学习西周的礼、乐、诗、书等传统文化典籍。

（3）时习：在周秦时代，"时"字用作副词，意为"在一定的时候"或者"在适当的时候"。但朱熹在《论语集注》一书中把"时"解释为"时常"。"习"：指演习礼、乐；复习诗、书。也含有温习、实习、练习的意思。

（4）说（yuè）：同悦，愉快、高兴的意思。

（5）有朋：一本作"友朋"。旧注说，"同门曰朋"，即同在一位老师门下学习的叫朋，也就是志同道合的人。

（6）乐：与"说"有所区别。旧注说，悦在内心，乐则见于外。

（7）人不知：此句不完整，没有说出人不知道什么。缺少宾语。一般而言，"知"是了解的意思。人不知，是说别人不了解自己。

（8）愠（yùn）：恼怒，怨恨。

（9）君子：《论语》中的君子，有时指有德者，有时指有位者。此处指孔子理想中具有高尚人格的人。

【导读】

宋代著名学者朱熹对本章内容评价极高，说它是"入道之门，积德之基"。本章这三句话是人们非常熟悉的。历来的解释都是：学了以后，又时常温习和练习，不也高兴吗。三句话，一句一个意思，前后句子也没有什么连贯性。但也有人认为这样解释不符合原义，指出这里的"学"不是指学习，而是指学说或主张；"时"不能解为时常，而是时代或社会的意思，"习"不是温习，而是使用，引申为采用。而且，这三句话不是孤立的，而是前后相互连贯的。这三句的意思是：自己的学说，要是被社会采用了，那就太高兴了；退一步说，要是没有被社会所采用，可是很多朋友赞同我的学说，纷纷到我这里来讨论问题，我也感到快乐；再退一步说，即使社会不采用，人们也不理解我，我也不怨恨，这样做，不也就是君子吗？（见《齐鲁学刊》1986年第6期）这种解释可以自圆其说，而且也有一定的道理，供读者在理解本章内容时参考。

【原文】

子曰："吾与回(1)言，终日不违(2)，如愚。退而省其私(3)，亦足以发，回也不愚。"

——《论语·为政》

【注释】

（1）回：姓颜名回，字子渊，生于公元前521年，比孔子小30岁，鲁国人，孔子的得意门生。

（2）不违：不提相反的意见和问题。

（3）退而省其私：考察颜回私下里与其他学生讨论学问的言行。

【导读】

这一章讲孔子的教育思想和方法。孔子不满意那种"终日不违"，从来不提相反意见和问题的学生，希望学生在接受教育的时候，要开动脑筋，思考问题，对老师所讲的问题有所发挥。孔子认为不思考问题、不提不同意见的人，是蠢人。

【原文】

子曰："温故而知新[1]，可以为师矣。"　　　　——《论语·为政》

【注释】

（1）温故而知新：故，已经过去的。新，刚刚学到的知识。

【导读】

"温故而知新"是孔子对我国教育学的重大贡献之一，他认为，不断温习所学过的知识，从而可以获得新知识。这一学习方法不仅在封建时代有其价值，在今天也有不可否认的适应性。人们的新知识、新学问往往都是在过去所学知识的基础上发展而来的。因此，温故而知新是一个十分可行的学习方法。

【原文】

子曰："学而不思则罔[1]，思而不学则殆[2]。"　　　——《论语·为政》

【注释】

（1）罔：迷惑、糊涂。

（2）殆：疑惑、危险。

【导读】

孔子认为，在学习的过程中，学和思不能偏废。他指出了学而不思的局限，也道出了思而不学的弊端，主张学与思相结合。只有将学与思结合，才可以使自己成为有道德、有学识的人。学思结合的思想在今天的教学活动中仍然有着重要意义。

【原文】

子曰："由[1]，诲女[2]知之乎？知之为知之，不知为不知，是知也。"

　　　　　　　　　　　　　　　　　　　　　　　　——《论语·为政》

【注释】

（1）由：姓仲名由，字子路。生于公元前542年，孔子的学生，长期追随孔子。

（2）女：同"汝"，你。

【导读】

本章里孔子说出了一个深刻的道理："知之为知之，不知为不知，是知也。"对于文化知识和其他社会知识，人们应当虚心学习、刻苦学习，尽可能多地加以掌握。但人的知识再丰富，总有不懂的问题。那么，就应当有实事求是的态度。只有这样，才能学到更多的知识。

【原文】

子曰："夏礼吾能言之，杞(1)不足徵(2)也；殷礼吾能言之，宋(3)不足徵也。文献(4)不足故也。足，则吾能徵之矣。"　　　　　　　　——《论语·八佾》

【注释】

（1）杞：春秋时国名，是夏禹的后裔，在今河南杞县一带。

（2）徵：证明。

（3）宋：春秋时国名，是商汤的后裔，在今河南商丘一带。

（4）文献：文，指历史典籍；献，指贤人。

【导读】

这一段话表明两个问题。孔子对夏商周代的礼仪制度等非常熟悉，他希望人们都能恪守礼的规范，可惜当时僭越礼的人实在太多了。其次，他认为对夏商周之礼的说明，要靠足够的历史典籍贤人来证明，也反映了他对知识的求实态度。

【原文】

子谓子贡曰："女与回也孰愈(1)？"对曰："赐也何敢望回？回也闻一以知十(2)，赐也闻一以知二(3)。"子曰："弗如也。吾与(4)女弗如也。"

——《论语·公冶长》

【注释】

（1）愈：胜过、超过。

（2）十：指数的全体，旧注云："一，数之数；十，数之终。"

（3）二：旧注云："二者，一之对也。"

（4）与：赞同、同意。

【导读】

颜回是孔子最得意的学生之一。他勤于学习，而且肯独立思考，能做到闻一知十，推知全体，融会贯通。所以，孔子对他大加赞扬，而且，希望其他弟子都能像颜回那样，刻苦学习，举一反三，由此及彼，在学业上尽可能地事半功倍。

【原文】

子贡问曰：“孔文子⁽¹⁾何以谓之文也？”子曰：“敏⁽²⁾而好学，不耻下问，是以谓之文也。”

————《论语·公冶长》

【注释】

(1) 孔文子：卫国大夫孔圉（yǔ），“文”是谥号，“子”是尊称。

(2) 敏：敏捷、勤勉。

【导读】

本章里，孔子在回答子贡提问时讲到“不耻下问”的问题。这是孔子治学一贯应用的方法。“敏而好学”，就是勤敏而兴趣浓厚地发愤学习。“不耻下问”，就是不仅听老师、长辈的教导，向老师、长辈求教，而且还求教于一些看来不如自己知识多的人，而不以这样作为可耻。孔子“不耻下问”的表现：一是就近学习自己的学生，即边教边学，这在《论语》中有多处记载。二是学于百姓，在他看来，百姓中可以学的东西很多，这同样可从《论语》中找到许多根据。他提倡的“不耻下问”的学习态度对后世文人学士产生了深远影响。

【原文】

子曰：“十室之邑，必有忠信如丘者焉，不如丘之好学也。”

————《论语·公冶长》

【导读】

孔子是一个十分坦率直爽的人，他认为自己的忠信并不是最突出的，因为在只有 10 户人家的小村子里，就有像他那样讲求忠信的人。但他坦言自己非常好学，表明他承认自己的德性和才能都是学来的，并不是“生而知之”。

【原文】

哀公问：“弟子孰为好学？”孔子对曰：“有颜回者好学，不迁怒⁽¹⁾，不贰过⁽²⁾，不幸短命死矣⁽³⁾。今也则亡⁽⁴⁾，未闻好学者也。”

————《论语·雍也》

【注释】

(1) 不迁怒：不把对一个人的怒气发泄到别人身上。

(2) 不贰过：“贰”是重复、一再的意思。这是说不犯同样的错误。

(3) 短命死矣：颜回死时年仅 41 岁。

(4) 亡：同“无”。

【导读】

这里，孔子极力称赞他的得意学生颜回，认为他好学上进，自颜回死后，已经没有如此好学的人了。在孔子对颜回的评价中，特别谈到不迁怒、不贰过这两点，也从中可以看出孔子教育学生，重在培养他们的道德情操。

【原文】

子曰："知之者不如好之者，好之者不如乐之者。"

——《论语·雍也》

【导读】

孔子在这里没有具体指懂得什么，看来是泛指，包括学问、技艺等。有句话说：兴趣是最好的导师，大概说的就是这个意思。

【原文】

子曰："中人以上，可以语上也；中人以下，不可以语上也。"

——《论语·雍也》

【导读】

孔子向来认为，人的智力从出生就有聪明和愚笨的差别，即上智、下愚与中人。既然人有这么多的差距，那么，孔子在教学过程中，就提出"因材施教"的原则，这是他教育思想的一个重要内容，即根据学生智力水平的高低来决定教学内容和教学方式，这对我国教育学的形成和发展做出了积极贡献。

【原文】

子曰："君子博学于文，约⁽¹⁾之以礼，亦可以弗畔⁽²⁾矣夫⁽³⁾。"

——《论语·雍也》

【注释】

（1）约：一种解释为约束；一种解释为简要。

（2）畔：同"叛"。

（3）矣夫：语气词，表示较强烈的感叹。

【导读】

本章清楚地说明了孔子的教育目的。他当然不主张离经叛道，那么怎么做呢？他认为应当广泛学习古代典籍，而且要用"礼"来约束自己。说到底，他是要培养懂得"礼"的君子。

【原文】

子曰："德之不修，学之不讲，闻义不能徙⁽¹⁾，不善不能改，是吾忧也。"

——《论语·述而》

【注释】

(1) 徙（xǐ）：迁移。此处指靠近、做到。

【导读】

春秋末年，天下大乱。孔子慨叹世人不能自见其过而自责，对此，他万分忧虑。他把道德修养、读书学习和知错即改三个方面相提并论，在他看来，三者之间也有内在联系，因为进行道德修养和学习各种知识，最重要的就是能够及时改正自己的过失或"不善"，只有这样，修养才可以完善，知识才可以丰富。

【原文】

子曰："不愤[(1)]不启，不悱[(2)]不发。举一隅[(3)]不以三隅反，则不复也。"

——《论语·述而》

【注释】

(1) 愤：苦思冥想而仍然领会不了的样子。

(2) 悱（fěi）：想说又不能明确说出来的样子。

(3) 隅（yú）：角落。

【导读】

这一章孔子继续谈他的教育方法。在这里，他提出了"启发式"教学的思想。从教学方法而言，他反对"填鸭式"、"满堂灌"的做法。要求学生能够"举一反三"，在学生充分进行独立思考的基础上，再对他们进行启发、开导，这是符合教学基本规律的，而且具有深远的影响，在今天教学过程中仍可以加以借鉴。

【原文】

子曰："加[(1)]我数年，五十以学易[(2)]，可以无大过矣。"

——《论语·述而》

【注释】

(1) 加：通"假"，给予的意思。

(2) 易：指《周易》，古代占卜用的一部书。

【导读】

孔子自己说过，"五十而知天命"，可见他把学《周易》和"知天命"联系在一起。他主张认真研究《周易》，是为了使自己的言行符合"天命"。《史记·孔子世家》中说，孔子"读《周易》，韦编三绝"。他非常喜欢读《周易》，曾把穿竹简的皮条翻断了很多次。这表明了孔子活到老、学到老的刻苦钻研精神，这是值得后人学习。

【原文】

叶公⁽¹⁾问孔子于子路，子路不对。子曰："女奚不曰，其为人也，发愤忘食，乐以忘忧，不知老之将至云尔⁽²⁾。" ——《论语·述而》

【注释】

（1）叶（shè）公：姓沈名诸梁，楚国大夫，封地在叶城（今河南叶县南），所以叫叶公。

（2）云尔：云，代词，如此的意思；尔，同耳，而已，罢了。

【导读】

"发愤忘食，乐以忘忧"，连自己老了都没觉察到。孔子从读书学习和各种活动中体味到无穷乐趣，是典型的现实主义者和乐观主义者，他不为身旁的小事而烦恼，表现出积极向上的精神面貌。

【原文】

子曰："我非生而知之者，好古，敏以求之者也。"

——《论语·述而》

【导读】

在孔子的观念当中，"上智"就是"生而知之者"，但他却否认自己是生而知之者。他之所以成为学识渊博的人，在于他爱好古代的典章制度和文献图书，而且勤奋刻苦，思维敏捷。这是他总结自己学习与修养的主要特点。他这么说，是为了鼓励他的学生发愤努力，成为有用之才。

【原文】

子曰："三人行，必有我师焉。择其善者而从之，其不善者而改之。"

——《论语·述而》

【导读】

"三人行，必有我师焉"受到后世知识分子的极力赞赏。孔子虚心向别人学习的精神十分可贵，但更可贵的是，他不仅要以善者为师，而且以不善者为师，这其中包含了深刻的哲理。他的这段话，对于指导我们处世待人、修身养性、增长知识，都不无裨益。

【原文】

子曰："盖有不知而作之者，我无是也。多闻，择其善者而从之，多见而识之，知之次也。"

——《论语·述而》

【导读】

本章中，孔子提出对自己所不知的东西，应该多闻、多见，努力学习，反对那种本来什么都不懂，却在那里凭空创造的做法。这是他对自己的要求，同时也要求他的学生这样去做。

【原文】

子曰："若圣与仁，则吾岂敢！抑⁽¹⁾为之⁽²⁾不厌，诲人不倦，则可谓云尔已矣。"公西华曰："正唯弟子不能学也。"　　——《论语·述而》

【注释】

(1) 抑：表示转折的语气词，"只不过是"的意思。

(2) 为之：指圣与仁。

(3) 云尔：这样说。

【导读】

孔子认为"圣"与"仁"，自己还不敢当，但朝这个方向努力，会不厌其烦地去做，而同时，他也会不知疲倦地教诲别人。这是他的由衷之言。仁与不仁，其基础在于好学不好学，而学又不能停留在口头上，重在能行。所以学而不厌，为之不厌，是相互关联、基本一致的。

【原文】

曾子曰："以能问于不能，以多问于寡；有若无，实若虚；犯而不校⁽¹⁾——昔者吾友⁽²⁾尝从事于斯矣。"　　——《论语·泰伯》

【注释】

(1) 校（jiào）：同"较"，计较。

(2) 吾友：我的朋友。旧注一般都认为这里指颜渊。

【导读】

曾子在这里所说的话，完全秉承了孔子的思想学说。首先，"问于不能"、"问于寡"等都表明在学习上的谦逊态度。没有知识、没有才能的人并不是一钱不值的，在他们身上总有值得学习的地方。所以，在学习上，既要向有知识、有才能的人学习，又要向知识少、才能少的人学习。其次，曾子还提出"有若无"、"实若虚"的说法，希望人们始终保持谦虚不自满的态度。最后，曾子说"犯而不校"，表现出一种宽阔的胸怀和忍让精神，这也是值得学习的。

【原文】

子曰："兴⁽¹⁾于诗，立于礼，成于乐。"　　——《论语·泰伯》

【注释】

(1) 兴：开始。

【导读】

本章中孔子提出了他从事教育的三方面内容：诗、礼、乐，而且指出了这三者的不同作用。他要求学生不仅要讲求个人的修养，而且要有全面、广泛的知识和技能。

【原文】

子曰："三年学，不至于谷⁽¹⁾，不易得也。"　　　——《论语·泰伯》

【注释】

(1) 谷：古代以谷作为官吏的俸禄，这里用"谷"字代表做官。不至于谷，即做不了官。

【导读】

孔子办教育的主要目的，是培养能做官、能治国安邦的人才，古时一般学习三年为一个阶段，此后便可做官。对本章另有一种解释，认为"学了三年还达不到善的人，是很少的"。读者可以根据自己的理解来阅读本章。

【原文】

子曰："学如不及，犹恐失之。"　　　——《论语·泰伯》

【导读】

本章讲的是学习态度的问题。孔子自己对学习知识的要求十分强烈，他同时也这样要求他的学生。"学如不及，犹恐失之"，其实就是"学而不厌"一句最好的注释。

【原文】

达巷党人⁽¹⁾曰："大哉孔子！博学而无所成名⁽²⁾。"子闻之，谓门弟子曰："吾何执？执御乎？执射乎？吾执御矣。"　　　——《论语·子罕》

【注释】

(1) 达巷党人：古代五百家为一党，达巷是党名。这是说达巷党这个地方的人。

(2) 博学而无所成名：学问渊博，因而不能以某一方面的专长来称道他。

【导读】

对于本章里"博学而无所成名一句"的解释还有一种，即"学问广博，可惜没有一技之长以成名。"持此说的人认为，孔子表面上伟大，但实际算不上博学多识，他什么都懂，什么都不精。对此说，我们觉得似乎有求全责备之嫌了。

【原文】

太宰⁽¹⁾问于子贡曰："夫子圣者与？何其多能也？"子贡曰："固天纵⁽²⁾之

将圣，又多能也。"子闻之，曰："太宰知我乎？吾少也贱，故多能鄙事⁽³⁾。君子多乎哉？不多也。"　　　　　　　　　　　——《论语·子罕篇》

【注释】

(1) 太宰：官名，掌握国君宫廷事务。有人认为太宰是吴国的太宰伯，但不确认。

(2) 纵：让，使，不加限量。

(3) 鄙事：卑贱的事情。

【导读】

作为孔子的学生，子贡认为自己的老师是天才，是上天赋予他多才多艺的。但孔子这里否认了这一点。他说自己少年低贱，要谋生，就要多掌握一些技艺，这表明，当时孔子并不承认自己是圣人。

【原文】

牢⁽¹⁾曰："子云，'吾不试⁽²⁾，故艺'。"　　　　　　——《论语·子罕》

【注释】

(1) 牢：郑玄说此人系孔子的学生，但在《史记·仲尼弟子列传》中未见此人。

(2) 试：用，被任用。

【导读】

这一章与上一章的内容相关联，同样用来说明孔子"我非生而知之"的思想。孔子不认为自己是"圣人"，也不承认自己是"天才"，他说由于自己年轻时没有去做官，生活比较清贫，所以掌握了这许多的谋生技艺，才多才多艺。

【原文】

子曰："譬如为山，未成一篑⁽¹⁾，止，吾止也；譬如平地，虽覆一篑，进，吾往也。"　　　　　　　　　　　　　　　——《论语·子罕》

【注释】

(1) 篑（kuì）：土筐。

【导读】

孔子在这里用堆山填坑这一比喻，说明功亏一篑和持之以恒的深刻道理，他鼓励自己和学生们在追求学问和道德上，都应该坚持不懈，自觉自愿。这对于立志有所作为的人来说，是十分重要的，也是对人的道德品质的塑造。

【原文】

子谓颜渊曰："惜乎！吾见其进也，未见其止也！"

——《论语·子罕》

【导读】

孔子的学生颜渊是一个十分勤奋刻苦的人，他在生活方面几乎没有什么要求，而是一心用在学问和道德修养方面。但他却不幸死了。对于他的死，孔子自然十分悲痛。他经常以颜渊为榜样要求其他学生。

【原文】

子曰："苗而不秀[1]者有矣夫；秀而不实者有矣夫！"

——《论语·子罕》

【注释】

(1) 秀：稻、麦等庄稼吐穗扬花叫秀。

【导读】

本章中孔子以庄稼的生长、开花到结果来比喻一个人从求学到做官的过程。有的人很有前途，但不能坚持始终，最终达不到目的。在这里，孔子还是希望他的学生既能勤奋学习，最终又能出仕做官。

【原文】

子曰："后生可畏，焉知来者之不如今也？四十、五十而无闻焉，斯亦不足畏也已。"

——《论语·子罕》

【导读】

这就是说"青出于蓝而胜于蓝"，"长江后浪推前浪，一代更比一代强"。社会在发展，人类在前进，后代一定会超过前人，这种今胜于昔的观念是正确的。

【原文】

子曰："三军[1]可夺帅也，匹夫[2]不可夺志也。"　——《论语·子罕》

【注释】

(1) 三军：一军为 12 500 人，三军包括大国所有的军队。此处为虚数，言其多。

(2) 匹夫：平民百姓，主要指男子。

【导读】

"理想"这个词，在孔子时代称为"志"，就是人的志向、志气。"匹夫不可夺志"，反映出孔子对"志"的高度重视，甚至将它与三军之帅相比。对于任何人来讲，都有自己的独立人格，任何人都无权侵犯。作为个人，他应维护自己的尊严，不受威胁利诱，始终保持自己的"志向"。这就是中国人"人格"观念的形成及确定。

【原文】

子曰："可与共学，未可与适道⁽¹⁾；可与适道，未可与立⁽²⁾；可与立，未可与权⁽³⁾。" ——《论语·子罕》

【注释】

(1) 适道：适，往。这里是有志于道，追求道的意思。

(2) 立：坚持道而不变。

(3) 权：秤锤。这里引申为权衡轻重。

【原文】

子曰："诵《诗》三百，授之以政，不达⁽¹⁾；使于四方，不能专对⁽²⁾。虽多，亦奚以⁽³⁾为?" ——《论语·子路》

【注释】

(1) 达：通达。这里是会运用的意思。

(2) 专对：独立对答。

(3) 以：用。

【导读】

诗，也是孔子教授学生的主要内容之一。他教学生诵诗，不单纯是为了诵诗，而为了把诗的思想运用到指导政治活动之中。儒家不主张死记硬背，当书呆子，而是要学以致用，把学到的思想应用到社会实践中去。

【原文】

子曰："君子道者三，我无能焉：仁者不忧，知者不惑，勇者不惧。"子贡曰："夫子自道也。" ——《论语·宪问》

【导读】

作为君子，孔子认为其必需的品格有许多，这里他强调指出了其中的三个方面：仁、智、勇。仁者不忧虑，是因为仁者乐天知命，内省不疚，所以才能无忧无虑；智慧者不迷惑，是因为智慧者明于事理，洞达因果，所以才能够不迷惑；勇毅者不畏惧，是因为勇毅者折冲御侮，一往直前，所以才能够不畏不惧。"仁"、"智"、"勇"是孔子所推崇的善的道德品质，这些都不是轻易就能做到的。孔子这么说，一则自勉，二则勉人。

【原文】

子曰:"吾尝终日不食,终夜不寝,以思,无益,不如学也。"

——《论语·卫灵公》

【导读】

这一章讲的是学与思的关系问题。在前面的一些章节中,孔子已经提到"学而不思则罔,思而不学则殆"的认识,这里又进一步加以发挥和深入阐述。思是理性活动,其作用有两方面,一方面是发觉言行不符合或者违背了道德,就要改正过来;另一方面是检查自己的言行符合道德标准,就要坚持下去。但学和思不可以偏废,只学不思不行,只思不学也是十分危险的。总之,思与学相结合才能使自己成为有德行、有学问的人。这是孔子教育思想的组成部分。

【原文】

陈亢[1]问于伯鱼曰:"子亦有异闻[2]乎?"对曰:"未也。尝独立,鲤趋而过庭。曰:'学《诗》乎?'对曰:'未也'。'不学《诗》,无以言。'鲤退而学诗。他日又独立,鲤趋而过庭。曰:'学礼乎?'对曰:'未也'。'不学礼,无以立。'鲤退而学礼。闻斯二者。"陈亢退而喜曰:"问一得三。闻《诗》,闻礼,又闻君子之远[3]其子也。"

——《论语·季氏》

【注释】

(1) 陈亢(gāng):即陈子禽。

(2) 异闻:这里指不同于对其他学生所讲的内容。

(3) 远(yuàn):不亲近,不偏爱。

【原文】

子曰:"小子何莫学夫诗。诗,可以兴[1],可以观[2],可以群[3],可以怨[4]。迩[5]之事父,远之事君;多识于鸟兽草木之名。"

——《论语·阳货》

【注释】

(1) 兴:激发感情的意思。一说是诗的比兴。

(2) 观:观察了解天地万物与人间万象。

(3) 群:合群。

(4) 怨:讽谏上级,怨而不怒。

(5) 迩(ěr):近。

【原文】

子曰:"道听而涂说,德之弃也。"

——《论语·阳货》

【导读】

道听途说是一种背离道德准则的行为，而这种行为自古以来就是存在的。在现实生活中，有些人不仅是道听途说，而且四处打听别人的隐私，然后到处传说，以此作为生活的乐趣，实乃卑鄙小人也。

【原文】

子夏曰："日知其所亡，月无忘其所能，可谓好学也已矣。"

——《论语·子张》

【导读】

这一章讲的是孔子教育思想的一个组成部分。孔子并不笼统反对博学强记，因为人类知识中的很多内容都需要认真记忆，不断巩固，并且在原有知识的基础上再接受新的知识。这一点，对我们今天的教育也有某种借鉴作用。

【原文】

子夏曰："仕而优⁽¹⁾则学，学而优则仕。"　　——《论语·子张》

【注释】

(1) 优：有余力。

【导读】

子夏的这段话集中概括了孔子的教育方针和办学目的。做官之余，还有精力和时间，那他就可以去学习礼乐等治国安邦的知识；学习之余，还有精力和时间，他就可以去做官从政。

【原文】

卫公孙朝⁽¹⁾问于子贡曰："仲尼⁽²⁾焉学?"子贡曰："文武之道，未坠于地，在人。贤者识其大者，不贤者识其小者，莫不有文武之道焉。夫子焉不学? 而亦何常师之有?"

——《论语·子张》

【注释】

(1) 卫公孙朝：卫国的大夫公孙朝。

(2) 仲尼：孔子的字。

【导读】

这一章又讲到孔子之学何处而来的问题。子贡说，孔子承袭了周文王、周武王之道，并没有固定的老师给他传授。这实际是说，孔子肩负着上承尧舜禹汤文武周公之道，并把它发扬光大的责任，这不需要什么人传授给孔子。表明了孔子"不耻下问""学无常师"的学习过程。

2.《孟子》选读

【原文】

孟子曰："君子深造之以道[1]，欲其自得之也。自得之则居之安。居之安则资[2]之深。资之深则取之左右逢其原[3]，故君子欲其自得之也。"

——《孟子·离娄下》

【注释】

(1) 深造：朱熹《集注》云："深造之者，进而不已之意。"谓不断前进，以达到精深的境地。赵岐注："造，致也。言君子学问之法，欲深致极竟之，以知道意。"

(2) 资：朱熹《集注》云："犹藉也。"积蓄之意。

(3) 原：同"源"。

【导读】

孟子认为，君子应该用正确的方法来获得高深的造诣，这就需要通过自觉地学习来获得；自觉地学习而有所收获，这样知识掌握的就牢固；知识掌握得越牢固，钻研的学问就会越深入透彻；学问研究的越深入透彻，使用起来就越得心应手、左右逢源。好的学习方法和技巧有助于我们牢固掌握所学知识，从而融会贯通，灵活应用，进而学有所得，学以致用。

【原文】

孟子曰："博学而详说[1]之，将以反说约[2]也。"

——《孟子·离娄下》

【注释】

(1) 详说：朱熹训作"详说其理"，赵注则训为"悉其微言而说之"。

(2) 说约：朱熹训作"说到至约之地"，赵注谓"以约说其意，意不尽知则不能要言之也。"

【导读】

博与约，是学习的两种不同的境界或阶段。博学是为了加深理解，返约则是在理解的基础上抓住学问的要点。博是为了以后的约，只有达到约的境界，博才能发挥真正的作用，否则博只是无系统无章法的大杂烩而已。孟子认为，仅仅做到"博学"与"详说"是不够的，真正善于读书的人，应该是既能博学多闻又能融会贯通，既能详细解说又能回归简约。只有将复杂的知识与学问，抽丝剥茧，抓住其简明精要之处，才能达到由博返约的境界。

我国著名数学家华罗庚的读书法叫做"厚薄法"，他主张，读书的第一步是"由薄到厚",将每一个概念与定理都追根溯源,详尽分析;第二步则是"由厚到薄",在第一步的基础上,融会贯通,归纳本质。这可说是孟子"由博返约"读书法的现代版。

【原文】

孟子曰:"颂其诗,读其书,不知其人,可乎?是以论其世也。是尚友也。"
　　　　　　　　　　　　　　　　　　　　　——《孟子·万章下》

【导读】

孟子所谓的与古人结交,实际上就是学习古人优秀的东西为己所用。此章引起后人注意的,是其中提出的"知人论世"的主张。也就是把具体的人放在当时的社会环境中去观察、理解,这一点成为后世文学批评很重要的方法。像顾城著名的短诗《一代人》:"黑夜给了我黑色的眼睛,我却用它来寻找光明。"如果我们不了解顾城经历了"文革"极"左"时期,以及这一经历给他造成的伤害,那我们是无法深刻理解诗中的"黑夜"与"黑色的眼睛"的,更无法震撼于一颗受伤的心灵仍在黑夜中倔强地寻找光明的执著。

【原文】

孟子曰:"尽信《书》,则不如无《书》。"　　　——《孟子·尽心下》

【导读】

孟子之所以不尽信《书》,是以他对《尚书·武成》篇的理解为依据的。他说,他对记载武王伐纣经过的《武成》篇,所取的不过两三策罢了。因为,"仁人无敌于天下"(《孟子·尽心下》),以周武王那样的至仁之人讨伐商纣王那样的至不仁之人,怎么会激战到血流漂杵那种惨烈程度呢?后来,"尽信《书》,则不如无《书》"中的"书",不再特指《尚书》一书,而是泛指所有的书籍,成为现在常说的"尽信书,则不如无书",意指读书要有怀疑精神,不能盲目迷信书本。古人说,学贵有疑,小疑则小进,大疑则大进。只有怀疑,才能促进学问的发展与进步。

【原文】

孟子谓戴不胜[1]曰:"子欲子之王善与?我明告子。有楚大夫于此,欲其子之齐语也,则使齐人傅诸[2]?使楚人傅诸?"

曰:"使齐人傅之。"

曰:"一齐人傅之,众楚人咻[3]之,虽日挞而求其齐也,不可得矣。引而置之庄岳[4]之间数年,虽日挞而求其楚,亦不可得矣。子谓薛居州[5]善士也,使之居于王所[6]。在于王所者长幼卑尊皆薛居州也,王谁与为不善?在王所者长幼卑尊皆非薛居州也，王谁与为善？一薛居州，独⁽⁷⁾如宋王何?"

——《孟子·滕文公下》

【注释】

（1）戴不胜：赵岐注云："宋臣。"赵佑四书温故录以为即戴盈之，无确据。

（2）诸："之乎"合音

（3）咻：音休（xiū），赵岐注云："欢也。"焦循正义云："欢即今之喧哗字也。"

（4）庄岳：顾炎武日知录云：庄是街名，岳是里名。

（5）薛居州：人名。

（6）所：处所，地方

（7）独：王引之经传释词云："独犹将也"，一作单独解。

【导读】

拥有一个良好的学习环境，对卓有成效的学习至关重要。良好的学习环境需要一个安静整洁的场所，如果学习环境过于嘈杂凌乱，一个人就很难静下心来投入到学习中去。要学习一门语言，一定要尽量为自己创造一个良好的语言环境。有条件的话，最好到这个国家去生活学习一段时间，耳濡目染，潜移默化之间，我们就能较好地熟悉并且掌握这门语言。但现实生活中，我们不可能每个人都有机会到国外学习相关国家的语言。那么在国内，我们可以尽量为自己创造一个利于我们学习的外国语言的环境，可以组建英语角，或者借助网络的力量，采用人机对话的方式，锻炼我们的听力和对话能力。在闲暇时间，我们还可以听一些外文歌曲，反复观看一些外语影视作品，这对于外语学习来说，也是一个不错的方法和途径。

【原文】

孟子曰："无或⁽¹⁾乎王之不智也。虽有天下易生⁽²⁾之物也，一日暴⁽³⁾之，十日寒之，未有能生者也。吾见亦罕⁽⁴⁾矣，吾退而寒之者至矣，吾如有萌焉何⁽⁵⁾哉！今⁽⁶⁾夫弈⁽⁷⁾之为数⁽⁸⁾，小数也。不专心致志，则不得也。弈秋，通⁽⁹⁾国之善弈者也。使⁽¹⁰⁾弈秋诲⁽¹¹⁾二人弈，其一人专心致志，惟弈秋之为听。一人虽听之，一心以为有鸿鹄⁽¹²⁾将至，思援⁽¹³⁾弓缴⁽¹⁴⁾而射之，虽与之俱⁽¹⁵⁾学，弗若⁽¹⁶⁾之矣。为是⁽¹⁷⁾其智弗若与？曰：非然⁽¹⁸⁾也。"

——《孟子·告子上》

【注释】

（1）无或：不值得奇怪。或：同"惑"，奇怪。

（2）易生：容易生长。

（3）暴（pù）：同"曝"，晒。

（4）罕：少。

（5）如……何：对……怎么样。

（6）今：现在。

（7）弈：围棋。

（8）数：技术，技巧。

（9）通：整个，全部。

（10）使：假使。

（11）诲：教导。

（12）鸿鹄（hú）：天鹅。

（13）援：拿起。

（14）缴（zhuó）：系在箭上的绳，代箭。朱熹《集注》云："以绳系矢而射也。"

（15）俱：一起。

（16）若：比得上。

（17）是：这。

（18）然：这样

【导读】

即使是天下最容易生长、生命力最顽强的生物，如果把它放在太阳底下晒一天，却又接连让它冷冻上十天，在这样的状态下，是不可能有生物能够生长、生存下去的。学习，就要避免这种情况的发生。弈秋同时教两个人下围棋，甲专心致志，认真聆听弈秋的教导；乙虽然也在听讲，但心里却在想着如果大雁飞过来了，如何用弓箭去射中它。甲在认真听讲之后，每天勤加练习，棋艺突飞猛进。而乙三天打鱼，两天晒网，最终棋艺平平。毛主席说过："贵有恒，何必三更眠五更起；最无益，只怕一日曝十日寒。"学习要专心致志，不能一曝十寒。同学二人，同是师出名门，可技艺却大相径庭，原因何在？并非智力的差异，而是用心不专一，功夫不到家。可见，专心致志方能成功。

3.《荀子》选读

【原文】

吾尝终日而思矣，不如须臾之所学也；吾尝跂（1）而望矣，不如登高之博见也。登高而招，臂非加长也，而见者远；顺风而呼，声非加疾（2）也，而闻者彰⁽³⁾。假舆马者⁽⁴⁾，非利足也，而致千里；假舟楫者，非能水也，而绝⁽⁵⁾江河。君子生非异也，善假于物也。

【注释】

(1) 跂（qì）：踮起脚。

(2) 疾：这里指声音洪大。

(3) 彰：清楚。

(4) 假：凭借，借用。舆马：车马。

(5) 绝：渡过。

【导读】

《劝学》是荀子的代表作品，也是《荀子》一书开宗明义的第一篇。

荀子的文章，和其他先秦诸子的哲理散文一样，也是独具风格的。它既不像《老子》那样，用正反相成、矛盾统一的辩证法思想贯穿始终；也不像《墨子》那样，用严密、周详的形式逻辑进行推理；既不像《庄子》那样，海阔天空、神思飞越，富有浪漫主义色彩；也不像《孟子》那样，语言犀利、气势磅礴，具有雄辩家的特点。荀子是在老老实实地讲述道理。他的文章朴实浑厚、详尽严谨，句式比较整齐，而且擅长用多样化的比喻阐明深刻道理。这一切构成了荀子文章的特色。

冥思苦想不如学习有益。在列举了"登高而招""顺风而呼""假舆马""假舟楫"等几个生活中十分常见而又极有说服力的比喻后，有力地小结道："君子生（性）非异也，善假于物也。"在这里，荀子从他的"性恶论"观点出发，指出君子的天性也是恶的，其所以不同于众人，就在于他善于向良师益友学习嘉言懿行，以改变自己的不良天性。这个"物"字就从"舟楫""舆马"之类，变成了学习的内容，文字也就逐渐深化了。

【原文】

南方有鸟焉，名曰蒙鸠⁽¹⁾，以羽为巢，而编之以发⁽²⁾，系之苇苕⁽³⁾。风至苕折，卵破子死。巢非不完也，所系者然也。西方有木焉，名曰射干⁽⁴⁾，茎长四寸，生于高山之上，而临百仞⁽⁵⁾之渊；木茎非能长也，所立者然也。蓬⁽⁶⁾生麻中，不扶而直。白沙在涅⁽⁷⁾，与之俱黑。兰槐⁽⁸⁾之根是为芷，其渐之滫⁽⁹⁾，君子不近，庶人不服，其质非不美也，所渐者然也。故君子居必择乡，游必就士⁽¹⁰⁾，所以防邪僻而近中正也⁽¹¹⁾。

【注释】

(1) 蒙鸠：即鹪鹩，体型很小。将自己的巢建在芦苇上。

（2）编之以发：用自己的羽毛编织而成。

（3）苇、苕（tiáo）：皆植物名，属芦茅之类。

（4）射干：一种草，可入药。

（5）仞：古代八尺为一仞。

（6）蓬：一种草，秋天干枯后，随风飘飞，故又称飞蓬。

（7）涅：黑泥，黑色染料。

（8）兰槐：香草名。即白芷。

（9）其渐之滫（xiǔ）：如果浸泡在臭水中。渐，浸泡，浸渍。滫，淘米水，指臭水。

（10）游：指外出交往。就：接近。士：有知识、有地位的人。

（11）中正：恰当正确的东西。

【导读】

巧妙地运用大量比喻进行论述，这是《劝学》另一个十分突出的特点。这种手法在修辞上叫做"博喻"，荀子作品中的博喻都是用来说明事理。

本段落中用蒙鸠、射干、飞蓬、白沙、白芷渐之滫为例，来说明环境的重要性。环境能够造就人，也能够毁灭人，一个好的环境能够使人上进，一个恶劣的环境同样也能够会使人毁灭；达尔文所说"物竞天择，适者生存"说的是同一个道理。人要有志、有毅力则能够冲破恶劣环境的重重羁绊的樊笼而成涅槃凤凰。

【原文】

积土成山，风雨兴焉；积水成渊，蛟龙生焉；积善成德，而神明⁽¹⁾自得，圣心备焉。故不积跬步⁽²⁾，无以致千里；不积小流，无以成江海。骐骥⁽³⁾一跃，不能十步；驽马十驾⁽⁴⁾，功在不舍。锲⁽⁵⁾而舍之，朽木不折；锲而不舍，金石可镂。螾⁽⁶⁾无爪牙之利，筋骨之强，上食埃土，下饮黄泉，用心一也。蟹六跪而二螯⁽⁷⁾，非蛇鳝⁽⁸⁾之穴无可寄托者，用心躁也。是故无冥冥⁽⁹⁾之志者无昭昭之明，无惛惛之事者无赫赫之功。行衢道⁽¹⁰⁾者不至，事两君者不容。目不能两视而明，耳不能两听而聪。螣蛇无足而飞⁽¹¹⁾，鼫鼠五技而穷⁽¹²⁾。《诗》曰："尸鸠在桑，其子七兮。淑人君子，其仪一兮。其仪一兮，心如结兮⁽¹³⁾"。故君子结于一也。

【注释】

（1）神明：指无所不达有如神明般的境界。荀子论学，认为成圣在于积善，积善达到的最高境界就是神明之境。

（2）跬（kuǐ）步：半步，相当于今之一步。

（3）骐骥：骏马。

（4）驾：马行一日，夜则休驾，故以一日为一驾。十驾，十日之程也。

（5）锲：和下文的"镂"都是刻的意思。木谓之锲，金谓之镂。

（6）螾（yǐn）：蚯蚓。

（7）跪：足。螯：蟹头上的二爪，形似钳子。

（8）鳝：同"鳝"。

（9）冥冥：指专一、精诚之貌。

（10）衢道：歧路。

（11）螣（téng）蛇：古代传说中一种能穿云驾雾的蛇。

（12）鼫（shí）鼠：一种危害农作物的老鼠。五技：谓能飞不能过屋，能缘不能穷木，能游不能渡谷，能穴不能掩身，能走不能先人。

（13）"尸鸠"六句：此处引诗出自《诗经·曹风·尸鸠》。传说尸鸠养育幼子早上从上而下，傍晚从下而上，平均如一。用尸鸠起兴，表示君子执义当如尸鸠待七子如一，如一则用心坚固。尸鸠，布谷鸟。淑人，善人。结，凝结不变。

【导读】

"积土成山，风雨兴焉"和"积水成渊，蛟龙生焉"是比喻，"积善成德，而神明自得，圣心备焉"才是正意。对一个人来说，"积善"要达到了"成德"的境界，才能改变气质，具备圣人的思想感情。紧承这一论断，展现在我们眼前的是四组比喻，它们阐述了前后相承的两层意思。前面三组论述了"积"字的重要性："不积跬步，无以至千里；不积小流，无以成江海"，从正面说明，不"积"就将一事无成；"骐骥"与"驽马"、"朽木"与"金石"这两组对比的比喻，则着重表明，"积"与"不积"必将产生两种不同的结果。前一组对比，偏重主观条件的分析，后一组对比，偏重客观情况的分析。三组比喻的结合使用，把道理讲得十分清楚。后面部分的另一组，以"蚯蚓"和"螃蟹"的对比为喻，指出"用心专一"是"积"的关键，将论述进一步引向深入。至此，有关"积"字的基本内容已经谈清楚，于是作者紧扣"用心专一"进行小结。

4. 《礼记·学记》选读

【原文】

发虑宪(1)，求善良，足以谀闻(2)，不足以动众。就贤体远，足以动众，未足以化民。君子如欲化民成俗，其必由学乎！

【注释】

（1）宪：法。

（2）謏：（xiǎo），音义皆同"小"。闻：声誉，名声。

【导读】

《学记》是世界上最早的一篇专门论述教育和教学问题的论著。它是中国古代一部典章制度专著《礼记》（《小戴礼记》）中的一篇，写作于战国晚期。相传为西汉戴圣编撰。据郭沫若考证，作者为孟子的学生乐正克。全文虽然只有1 229个字，却对我国先秦时期的教育思想和教育实践经验做了高度的概括和总结，对中国古代教育史的发展产生过深远影响，至今仍有重要的参考价值。《学记》文字言简意赅，喻辞生动，从教育的作用与目的、教育制度与学校管理、教育原则与方法以至师生关系等方面，做了比较系统而精辟的概括和理论上的阐述。

《学记》一开篇就用格言式的优美语言论述了教育的作用与目的。自古以来，凡是有作为的统治者要想治理好自己的国家，仅仅依靠发布政令、求贤就士等手段是不可能达到目的的，统治者要想让百姓遵守社会秩序，形成良风美俗，必须发展社会教化，采用社会教育的手段，提高全体国民的文化素养和道德自觉才能实现天下大治的目的。

【原文】

玉不琢，不成器；人不学，不知道。是故古之王者，建国君民，教学为先。

【导读】

人虽具有天生的善性，但是不接受教育，不经过努力学习，就无法懂得道理，更不能遵守"王者"的法令。这就像一块美玉一样，质地虽美，但不经过仔细地雕琢，就不能成为美器，古代的帝王深谙此理，他们在建设国家，统治人民的过程中，始终高度重视并优先发展教育。

【原文】

古之教者，家有塾⁽¹⁾，党⁽²⁾有庠，术⁽³⁾有序，国有学。比年⁽⁴⁾入学，中年考校。一年视离经辨志，三年视敬业乐群，五年视博习亲师，七年视论学取友，谓之小成。九年知类通达，强立而不反，谓之大成。夫然后足以化民易俗，近者说服而远者怀之，此大学之道也。《记》曰："蛾子时术之⁽⁵⁾。"其此之谓乎！

【注释】

(1) 塾：与下文中的"庠""序""学"皆古代学校名。据《周礼》，百里之内，二十五家为闾，同在一巷，巷首有门，门边有塾，谓民在家之时，朝夕出入，常受教于塾。

(2) 党：据《周礼》，五百家为党，党属于乡。

(3) 术：（suì）是"遂"字之误，据《周礼》，一万二千五百家为遂，遂在远郊。

(4) 比（bǐ）年：每一年。

(5) 蚁（yǐ）子时术之：蚁，蚂蚁。术，是"衔"字之误。意思是蚂蚁不停的衔土，最终垒成了土丘。

【导读】

关于学校教育制度，《学记》的作者首先以托古改制的方式，规划了教育体系。家、党、术、国是从地方到中央的行政区划。在不同的地方行政机构中建立不同等级的学校，在中央建立国立大学和小学以形成纵横交错的教育网络，塾、庠、序、学就是设在家、党、术、国的学校。这一提议对中国封建社会教育体制的形成影响极大，汉代以后，逐渐形成了中央官学和地方官学并立的教育体制。其次提出了确立学年编制的设想。《学记》的作者主要谈到了大学的修业年限和时间安排。他把大学的教育划分为"小成"和"大成"两个阶段。"小成"阶段学习年限为 7 年，"大成"阶段为 2 年，这是古代学校教育中确立年级制的萌芽。

【原文】

大学始教，皮弁祭菜[1]，示敬道也。《宵雅》肄三[2]，官其始也[3]。入学鼓箧[4]，孙[5]其业也。夏、楚[6]二物，收其威也。未卜禘[7]不视学[8]，游其志[9]也。时观而弗语，存其心也。幼者听而弗问，学不躐[10]等也。此七者，教之大伦也。《记》曰："凡学，官先事，士先志。"其此之谓乎！

【注释】

(1) 皮弁祭菜：皮弁（biàn），即皮弁服，一种礼服名。祭菜，谓行素菜礼祭先圣、先师。

(2)《宵雅》肄三：宵，通"小"。肄（yì），习。学习《小雅》中的三篇诗歌。郑注说是《鹿鸣》《四牡》《皇皇者华》三篇。

(3) 官其始：劝诱初学学生立志任官事上。郑注认为，安排学生学习《小雅》这三篇诗歌，都属于君臣宴乐、犒劳辛苦的内容，可以劝诱学生为事上的意愿。

（4）鼓箧：一种入学仪式。开学时，学官击鼓以召集学生，到齐后，打开书箱，发给书籍。

（5）孙（xùn）：通"逊"，敬顺。

（6）夏、楚：两种教鞭，夏是用榎木制作的，榎木是槚树的一种，又叫山槚，或曰山楸；楚是用荆条制作的。

（7）禘（dì）：古代一种祭祀。

（8）视学：考校评判优劣。

（9）游其志：优游学者之志，不欲急切其成。

（10）躐（liè）：超越。

【导读】

《学记》首先特别重视大学的入学教育和对学生日常行为的管理。《学记》把入学教育作为大学教育的开始，要求在开学这一天，天子率领文武百官亲临学宫，参加开学典礼，用新鲜的蔬菜、水果等祭祀先圣先师，以表示尊师重道之意。

开学典礼结束后，新生入学后首先学习的内容是《诗经·小雅》中的三首诗，是为了告诉学生，大学教育是培养政府官员的，上了大学就是"官其始也"，就等于踏上了仕途的第一步，就要思考今后如何才能做一名忠于君王、勤政爱民的好官。入学教育结束之后，日常的教学工作也必须严格进行。上课的时候，学生只有听到鼓声才能打开书箧，把书取出来，目的是培养学生对待学业的严肃认真的态度。教师上课之前应准备好惩罚学生的教鞭（即"夏楚"），目的是严肃课堂纪律，使学生不敢因懈怠而荒废了学业。

天子委派的政府官员或天子本人不到夏季大祭完毕，不要到学校里来视察和考核学生的学业成绩，以使学生有更充裕的时间按自己的志趣从容地学习。教师在教学过程中，要经常考察学生的学习状况，及时发现问题，进行正确引导，但不要指手画脚说得太多，为的是能给学生独立思考的余地，让学生充分体会学习的乐趣，培养强烈的求知欲和自学能力。年幼的学生要注意多听少问，依循由浅及深的学习顺序，做到"学不躐等"，这是大学进行日常教育教学管理的基本规程和具体行为指南，明确、具体、具有很强的可行性。其中规定的天子视学制度被继承下来，成为中国封建教育制度的优良传统。

【原文】

大学之法，禁于未发之谓"豫"[1]，当其可之谓"时"，不陵节[2]而施之谓

"孙"[3]，相观而善之谓"摩"。此四者，教之所由兴也。

发然后禁，则扞格[4]而不胜；时过然后学，则勤苦而难成；杂施而不孙，则坏乱而不修；独学而无友，则孤陋而寡闻；燕[5]朋逆其师；燕辟[6]废其学。此六者，教之所由废也。

【注释】

(1) 豫：预备，预防。

(2) 陵节：超越阶段。

(3) 孙（xùn），通"逊"，顺也。

(4) 扞（hàn）格：抵触。

(5) 燕：轻慢。

(6) 燕辟：燕游邪僻。

【导读】

"预"就是预防为主的原则。《学记》提倡"禁于未发"，即当学生的坏思想、坏毛病还没有形成的时候，就把它消灭在萌芽状态之中。实践证明改造旧的要比塑造新的艰难得多，正如《学记》所言，"发然后禁，则扞格而不胜"，所以无论是文化知识的教学，还是道德品质的养成，都应坚持塑造为主，改造为辅的原则，这确实是经验之谈。

"时"，就是"当其可"，是及时施教的原则。《学记》要求教学必须把握住恰当的时机，及时施教。具体包括二层含义：一是青少年要适时入学，在最佳的学习年龄入学读书，莫失良机；二是指教师在教学过程中要把握住施教的关键时机，激发学生的求知欲，当学生对知识有强烈渴求的时候，给予及时点化。否则，错过了学习的最佳年龄，错过了形成某种心理品质的关键期，"勤苦而难成"。

"孙"就是"不凌节而施"，即循序渐进的原则。《学记》强调"学不躐等"，其主要意思包括：①必须考虑学生认识活动的顺序，即考虑学生的接受能力安排教学内容，设计教学方法；②遵循科学知识内部的逻辑系统进行教学，否则"杂施而不孙，则坏乱而不修"。

"摩"就是"相观而善"的原则。《学记》强调师友之间的切磋琢磨，互相取长补短，在集体的研讨、争鸣、竞争中借助集体的力量共同进步。否则，如果一个人孤独地学习，脱离集体环境拒绝学友的帮助而闭门造车，必然造成"孤陋而寡闻"的窘态。但是，择友又必须要慎重，如果与不三不四的人结交，不仅不能达到"相观而善"的目的，反而还会违背师长的教诲，甚至荒废了学业。

【原文】

学者有四失，教者必知之。人之学也，或失则多，或失则寡，或失则易，或失则止。此四者，心之莫同也。知其心，然后能救其失也。教也者，长善而救其失者也。

【导读】

《学记》对中国教育史，也是对世界教育史的最大贡献还在于它首次提出了长善救失的教学原则，学生有着四个方面的缺点或失误，或贪多嚼不烂；或知识面太窄，片面专精；或避重就轻；或浅尝辄止，畏难而退。这四种缺点是由于学生学习时的心理状态不同所造成的，即"心之莫同也"。作为教师，必须了解学生的学习心理，了解不同学生之间的心理差异，做扬长避短，补偏救弊的工作，促进学生的正常发展。

5. 《说苑·建本》选读

刘向：西汉经学家、目录学家、文学家。本名更生，字子政。沛（今江苏沛县东）人。皇族楚元王刘交四世孙。博学多才，著述颇多。校阅群书，撰成《别录》，为我国目录学之首。所撰《说苑》《新序》辑录先秦至汉初故事、轶事、传说和寓言。《说苑》又名《新苑》，古代杂史小说集。成书于鸿嘉四年（公元前17年）。

《说苑》记载了春秋战国至汉代的逸闻轶事，以诸子言行为主，每类之前列总说，后加按语。《建本》为《说苑》第三章，所谓"建本"，即建立根基、奠定基础的意思。

【原文】

子思曰：学所以益才也；砺[1]所以致刃也。吾尝幽处而深思，不若学之速；吾尝跂[2]而望，不若登高之博见[3]。故顺风而呼，声不加疾[4]而闻者众；登丘而招，臂不加长而见者远。故鱼乘[5]于水，鸟乘于风，草木乘于时。

【注释】

(1) 砺：磨砺。

(2) 跂：踮起脚。

(3) 博见：见得多，看得远。

(4) 疾：强大。

(5) 乘于：凭借着。

【导读】

本段话是孔子的嫡孙子思关于治学的论述。这段阐述与《荀子·劝学》中的内容基本一致："吾尝终日而思矣，不如须臾之所学也；吾尝跂而望矣，不如登高之博见也。登高而招，臂非加长也，而见者远；顺风而呼，声非加疾也，而闻者彰。"本领不是天生的，是要通过学习和实践来获得的。俗话说，"宝剑锋从磨砺出，梅花香自苦寒来"，不经过一番战天斗地的坚持，不经过一番风雨兼程的磨砺，一个人很难具备渊博的学识，更遑论把知识学深学透，更何谈学以致用、知行合一。

【原文】

晋平公⁽¹⁾问于师旷⁽²⁾曰："吾年七十，欲学，恐已暮⁽³⁾矣。"师旷曰："何不炳烛⁽⁴⁾乎？"平公曰："安有为人臣而戏其君乎？"师旷曰："盲臣⁽⁵⁾安敢戏其君乎？臣闻之，少而好学，如日出之阳；壮而好学，如日中之光；老而好学，如炳烛之明。炳烛之明，孰与昧行⁽⁶⁾乎？"平公曰："善哉⁽⁷⁾！"

【注释】

（1）晋平公：姬姓，名彪，晋悼公之子，春秋时期晋国国君，公元前557年—公元前532年在位。晋平公即位之初，与楚国发生湛阪之战，获得胜利。公元前552年，同宋、卫等国结盟，再度恢复晋国的霸业。在位后期由于大兴土木、不务政事，致使大权旁落至六卿。

（2）师旷：字子野，今河北省南和县迓祜村人（《庄子·骈拇》陆德明释文），春秋时著名乐师、道家。为晋大夫，亦称晋野，博学多才，尤精音乐，善弹琴，辨音力极强。以"师旷之聪"闻名于后世。

（3）暮：原指太阳落山的时候，一天之中的傍晚。文中指七十岁再学习已经晚了。

（4）炳烛：点燃烛火以照明。炳：点燃。

（5）盲臣：师旷生而无目，故自称盲臣、瞑臣。

（6）昧行：摸着黑行走。昧：暗，不明。

（7）善哉：说得好啊。

【导读】

这是《说苑》中的一个故事。师旷用"日出"、"日中"、"炳烛"来说明学习的重要性和人生学习的三个阶段，鼓励人们要活到老、学到老。北齐文学家颜之推在《颜氏家训》中引用了师旷的这个比喻："幼而学者，如日出之光；老而学者，如秉烛夜行，犹贤乎瞑目而无见者也。"老年人读书学习"如秉烛夜行"，不学就会"瞑目而无见"。可见，老而好学还是很有意义的。

习近平同志把读书视为自己的一种生活方式，认为读书能有"三让"——

让人保持思想活力，让人得到智慧启发，让人滋养浩然之气。在习近平同志看来，年轻的时候记忆力好、接受力强，应当抓紧读书。他自己就是在年轻时通读马列著作，广泛涉猎各种书籍，插队下农村的 7 年里，打下了一生的知识根基。因此他在许多场合都勉励年轻人，要不负光阴、抓紧时间、好好学习。中年的时候，精力旺盛、视野开阔，应该努力拓展读书的广度和深度，打牢一生的学问基础。年老的时候，时间充裕、阅历丰富，要有锲而不舍常读常新的态度、百读不厌的劲头，在读书世界里感悟人生、乐以忘忧。

6. 《诫子书》⁽¹⁾**选读**

诸葛亮（181—234），字孔明、号卧龙（也作伏龙），汉族，徐州琅琊阳都（今山东临沂市沂南县）人，三国时期蜀汉丞相、杰出的政治家、军事家、散文家、书法家。早年避乱于荆州，隐居陇亩，时称"卧龙"。刘备三顾茅庐，他提出联合孙权抗击曹操统一全国的建议。此后成为刘备的主要谋士。刘备称帝后，任为丞相。刘禅继位，被封为武乡侯，领益州牧，主持朝政。后期志在北伐，频年出征，与曹魏交战，最后因病卒于五丈原，死后追谥忠武侯，东晋政权特追封他为武兴王。有《诸葛亮集》。其散文代表作有《出师表》、《诫子书》等。

【原文】

夫君子之行⁽²⁾，静以修身⁽³⁾，俭以养德⁽⁴⁾。非澹泊无以明志⁽⁵⁾，非宁静无以致远⁽⁶⁾。夫学须静也，才须学也⁽⁷⁾，非学无以广才⁽⁸⁾，非志无以成学⁽⁹⁾。慆慢则不能励精⁽¹⁰⁾，险躁则不能冶性⁽¹¹⁾。年与时驰⁽¹²⁾，意与日去⁽¹³⁾，遂成枯落⁽¹⁴⁾，多不接世⁽¹⁵⁾，悲守穷庐⁽¹⁶⁾，将复何及⁽¹⁷⁾！

【注释】

(1) 诫：警告，劝人警惕。

(2) 夫（fú）：段首或句首发语词，引出下文的议论，无实在的意义。君子：品德高尚的人。行：指操守、品德、品行。

(3) 修身：提高自身修养。

(4) 养德：培养品德。

(5) 澹（dàn）泊：也写作"淡泊"，清静而不贪图功名利禄。内心恬淡，不慕名利。清心寡欲。明志：表明自己崇高的志向。

(6) 宁静：这里指安静，集中精神，不分散精力。致远：实现远大目标。

(7) 才：才干。

(8) 广才：增长才干。

（9）成：达成，成就。

（10）惰（tāo）慢：漫不经心。慢：懈怠，懒惰。励精：尽心，专心，奋勉，振奋。

（11）险躁：冒险急躁，狭隘浮躁，与上文"宁静"相对而言。冶性：陶冶性情。

（12）与：跟随。驰：疾行，这里是增长的意思。

（13）日：时间。去：消逝，逝去。

（14）遂：于是，就。枯落：枯枝和落叶，此指像枯叶一样飘零，形容人韶华逝去。

（15）多不接世：意思是对社会没有任何贡献。接世，接触社会，承担事务，对社会有益。

（16）穷庐：破房子。

（17）将复何及：又怎么来得及。

【导读】

诸葛亮的《诫子书》可谓是一篇充满智慧之语的家训，是古代家训中的名作。文章阐述修身养性、治学做人的深刻道理，读来发人深省。

《诫子书》概括了做人治学的经验，着重围绕一个"静"字加以论述，同时把失败归结为一个"躁"字，对比鲜明。诸葛亮教育儿子，要"澹泊"自守，"宁静"自处，鼓励儿子勤学励志，从澹泊和宁静的自身修养上狠下功夫。切忌心浮气躁，举止荒唐。在书信的后半部分，他则以慈父的口吻谆谆教导儿子：少壮不努力，老大徒伤悲。慈父教诲儿子，字字句句是心中真话，是他人生的总结，因而格外令人珍惜。

文章短小精悍，言简意赅，文字清新雅致，不事雕琢，说理平易近人，短短几十字，传递出的讯息，比起长篇大论，诫子效果好得多。

7.《颜氏家训·勉学》[1]选读

颜之推（531—约591）：字介，汉族，原籍琅琊临沂（今山东省临沂市），生于建康（今江苏省南京市）的一个士族官僚之家。中国古代文学家，教育家，生活年代在南北朝至隋朝期间。传世著作有《颜氏家训》《还冤志》等。

【原文】

有学艺者，触地而安[2]。自荒乱以来，诸见俘虏。虽百世小人[3]，知读《论语》、《孝经》者，尚为人师；虽千载冠冕[4]，不晓书记者，莫不耕田养马。

以此观之，安可不自勉⑸耶？若能常保数百卷书，千载终不为小人也。

夫明《六经》之指⑹，涉百家之书，纵不能增益德行，敦厉风俗，犹为一艺得以自资⑺。父兄不可常依，乡国不可常保，一旦流离，无人庇荫，当自求诸身耳。谚曰："积财千万，不如薄伎⑻在身。"伎之易习而可贵者，无过读书也。世人不问愚智，皆欲识人之多，见事之广，而不肯读书，是犹求饱而赖营馔，欲暖而惰裁衣也。夫读书之人，自羲、农⑼已来，宇宙之下，凡识几人，凡见几事，生民之成败好恶，固不足论，天地所不能藏，鬼神所不能隐也。

【注释】

(1)《颜氏家训》是我国北齐文学家颜之推的传世代表作，是我国历史上第一部内容丰富，体系宏大的家训，也是一部学术著作。成为了我国封建时代家教的集大成之作，被誉为"家教规范"。全书共 20 篇。其中《勉学篇》，由于"勉"与"劝"在古汉语中同义，故亦被人称为《劝学篇》。

(2)学艺：学问和手艺。触地而安：走到哪里都可以站稳脚跟。

(3)百世：世世代代。小人：指平民百姓

(4)冠冕：仕宦之家。

(5)自勉：努力学习。

(6)六经：依《礼记·经解》所列，为《诗》《书》《乐》《易》《礼》《春秋》。指：通"旨，"旨意。

(7)书：著述。敦厉风俗：劝勉世风习俗。增益德行：增强道德修养。艺：技艺，才能。自资：自我充实无人庇荫。

(8)伎：通"技"，技艺。

(9)羲农：伏羲、神农，均为传说中的旧时帝王，与女娲并称"三皇"。

【导读】

《勉学》为《颜氏家训》第八篇的篇名，是全书中非常重要的一章，以其极为丰富的内容，语重心长地讲述了"人生在世，会当有业"的道理。节选部分告诉人们："一技之长，始于读书"，颜之推认为："父兄不可常依，乡国不可常保，一旦流离，无人庇荫"，唯"有学术者触地而安"，告诉人们知识便是财富，便是立身之本。一个人要在社会上立足，只有把书读好，是最靠得住的。其"知读晓书""触地而安"的观念，不失为今人读书治学的明鉴。

8.《师说》选读

韩愈（768 年—824 年），字退之，河南河阳（今河南省孟州市）人。自称"郡望昌黎"，世称"韩昌黎"、"昌黎先生"。唐代杰出的文学家、思想家、哲学家、政治家。韩愈是唐代古文运动的倡导者，被后人尊为"唐宋八大家"之首，与柳宗元并称"韩柳"，有"文章巨公"和"百代文宗"之名。后人将其与柳宗元、欧阳修和苏轼合称"千古文章四大家"。他提出的"文道合一"、"气盛言宜"、"务去陈言"、"文从字顺"等散文的写作理论，对后人很有指导意义。著有《韩昌黎集》等。

【原文】

古之学者⁽¹⁾必有师。师者，所以传道受业解惑也⁽²⁾。人非生而知之者⁽³⁾，孰能无惑？惑而不从师，其为惑也⁽⁴⁾，终不解矣。生乎吾前⁽⁵⁾，其闻⁽⁶⁾道也固先乎吾，吾从而师之⁽⁷⁾；生乎吾后，其闻道也亦先乎吾，吾从而师之。吾师道也⁽⁸⁾，夫庸知其年之先后生于吾乎⁽⁹⁾？是故⁽¹⁰⁾无贵无贱，无⁽¹¹⁾长无少，道之所存，师之所存也⁽¹²⁾。

嗟乎！师道⁽¹³⁾之不传也久矣！欲人之无惑也难矣！古之圣人，其出人⁽¹⁴⁾也远矣，犹且⁽¹⁵⁾从师而问焉；今之众人⁽¹⁶⁾，其下⁽¹⁷⁾圣人也亦远矣，而耻⁽¹⁸⁾学于师。是故圣益圣，愚益愚⁽¹⁹⁾。圣人之所以为圣，愚人之所以为愚，其皆出于此乎？爱其子，择师而教之；于其身也⁽²⁰⁾，则耻师焉，惑矣⁽²¹⁾。彼童子之师⁽²²⁾，授之书而习其句读者⁽²³⁾，非吾所谓传其道解其惑者也。句读之不知⁽²⁴⁾，惑之不解，或师焉，或不焉⁽²⁵⁾，小学而大遗⁽²⁶⁾，吾未见其明也。巫医⁽²⁷⁾乐师百工⁽²⁸⁾之人，不耻相师⁽²⁹⁾。士大夫之族⁽³⁰⁾，曰师曰弟子云者⁽³¹⁾，则群聚而笑之。问之，则曰："彼与彼年相若也⁽³²⁾，道相似也。位卑则足羞，官盛则近谀⁽³³⁾。"呜呼！师道之不复⁽³⁴⁾可知矣。巫医乐师百工之人，君子⁽³⁵⁾不齿⁽³⁶⁾，今其智乃⁽³⁷⁾反不能及，其可怪也欤⁽³⁸⁾！

圣人无常师⁽³⁹⁾。孔子师郯子⁽⁴⁰⁾、苌弘⁽⁴¹⁾、师襄⁽⁴²⁾、老聃⁽⁴³⁾。郯子之徒⁽⁴⁴⁾，其贤不及孔子。孔子曰：三人行，则必有我师。是故弟子不必⁽⁴⁵⁾不如师，师不必贤于弟子，闻道有先后，术业有专攻⁽⁴⁶⁾，如是而已。

李氏子蟠⁽⁴⁷⁾，年十七，好古文，六艺经传皆通习之⁽⁴⁸⁾，不拘于时⁽⁴⁹⁾，学于余。余嘉其能行古道⁽⁵⁰⁾，作师说以贻⁽⁵¹⁾之。

【注释】

(1) 学者：求学的人。

(2) 所以：用来……的。道：指儒家之道。受：通"授"，传授。业，泛指古代经、史、诸子之学及古文写作。惑：疑难问题。

(3) 之：指知识和道理。《论语·季氏》："生而知之者，上也；学而知之者，次也；困而学之，又其次之；困而不学，民斯为下矣。"知：懂得。

（4）其为惑也：他所存在的疑惑。

（5）生乎吾前：即生乎吾前者。

（6）闻：听见，引申为知道，懂得。

（7）从而师之：师，意动用法，以……为师。从师，跟从老师学习。

（8）吾师道也：我（是向他）学习道理。师，用做动词。

（9）夫庸知其年之先后生于吾乎：哪里去考虑他的年龄比我大还是小呢？庸，发语词，难道。知，了解、知道。之，取独。

（10）是故：因此，所以。

（11）无：无论、不分。

（12）道之所存，师之所存也：意思说哪里有道存在，哪里就有我的老师存在。

（13）师道：从师的传统。即上文所说的"古之学者必有师"。

（14）出人：超出于众人之上。

（15）犹且：尚且。

（16）众人：普通人，一般人。

（17）下：不如，名词作动词。

（18）耻学于师：以向老师学习为耻。耻，以……为耻

（19）是故圣益圣，愚益愚：因此圣人更加圣明，愚人更加愚昧。益，更加、越发。

（20）于其身：对于他自己。

（21）惑矣：（真是）糊涂啊！

（22）彼童子之师：那些教小孩子的（启蒙）老师。

（23）授之书而习其句读（dòu）：之，指童子。习，使……学习。其，指书。句读，也叫句逗，古人指文辞休止和停顿处。文辞意尽处为句，语意未尽而需停顿处为读（逗）。古代书籍上没有标点，老师教学童读书时要进行句读（逗）的教学。

（24）句读之不知：不知断句逗。与下文"惑之不解"结构相同。

（25）或师焉，或不焉：有的（指"句读之不知"这样的小事）从师，有的（指"惑之不解"这样的大事）不从师。不，通"否"。

（26）小学而大遗：学了小的（指"句读之不知"）却丢了大的（指"惑之不解"）。遗，丢弃，放弃。

（27）巫医：古时巫、医不分，指以看病和降神祈祷为职业的人。

（28）百工：各种手艺。

（29）相师：拜别人为师。

（30）族：类。

（31）曰师曰弟子云者：说起老师、弟子的时候。

（32）年相若：年岁相近。

（33）位卑则足羞，官盛则近谀：以地位低的人为师就感到羞耻，以高官为师就近乎谄媚。足，可，够得上。盛，高大。谀，谄媚。

（34）复：恢复。

（35）君子：即上文的"士大夫之族"。

（36）不齿：不屑与之同列，即看不起。或作"鄙之"。

（37）乃：竟，竟然。

（38）其可怪也欤：难道值得奇怪吗。其，难道，表反问。欤，语气词，表感叹。

（39）圣人无常师：圣人没有固定的老师。常，固定的。

（40）郯（tán）子：春秋时郯国（今山东省郯城县境）的国君，相传孔子曾向他请教官职。

（41）苌（cháng）弘：东周敬王时候的大夫，相传孔子曾向他请教古乐。

（42）师襄：春秋时鲁国的乐官，名襄，相传孔子曾向他学琴。

（43）老聃（dān）：即老子，姓李名耳，春秋时楚国人，思想家，道家学派创始人。相传孔子曾向他学习周礼。聃是老子的字。

（44）之徒：这类。

（45）不必：不一定。

（46）术业有专攻：在业务上各有自己的专门研究。攻，学习、研究。

（47）李蟠：韩愈的弟子，唐德宗贞元十九年（803 年）进士。

（48）六艺经传皆通习之：六艺的经文和传文都普遍的学习了。六艺，指六经，即《诗》《书》《礼》《乐》《易》《春秋》六部儒家经典。经，两汉及其以前的散文。传，古称解释经文的著作为传。通，普遍。

（49）时：时俗，指当时士大夫中耻于从师的不良风气。于：被。

（50）嘉：赞许，嘉奖。

（51）贻：赠送，赠予。

【导读】

魏晋以来师道沦丧，士林之中以相师为耻渐成风习。至唐代中叶，此风愈演愈烈，"为人师者皆笑之"，甚至"不闻有师，有辄哗笑之，以为狂人"。针对士林如此情态，韩愈"奋不顾流俗"，置"群怪聚骂"于度外，做《师说》，"抗颜为师"，以光复西汉"师道"为己任，这种敢冒天下之大不韪的勇气，即使在千载以下的今天，也不能不令人钦佩。

韩愈"毅然为人师"，炫怪群目，士林哗然，遂得"狂名"。然有识之士，却响应不绝。韩愈《答崔立之书》曰："近有李翱、张籍者，从予学文。"李翱是古文大家，张籍是著名诗人，他们能北面师韩，说明韩愈所倡导的"师道"，如空谷传音，回响甚大。

9. 《朱子文集》选读

朱熹（1130—1200）：南宋哲学家、教育家。字元晦，一字仲晦，号晦庵，别称紫阳，徽州婺源（今属江西省）人，生于福建尤溪。19 岁成进士，曾在福建、江西、湖南任地方官 15 年。宁宗时入朝为经筵讲官 40 日。此外，一生都在私人讲学中。他修复白鹿洞书院、岳麓书院，老年居建阳（今属福建），创沧州精舍，弟子自远而至者豆饭藜羹与之共。朱熹广注典籍，对经学、史学、文学、乐律以至自然科学都有不同程度的贡献。在哲学上发展了程颢、程颐关于理气关系的学说，集理学之大成，建立了一个完整的唯心主义的理学体系，世称程朱学派，对后世影响很大。其博览和精密分析的学风对后世学者很有影响。著作有《四书章句集注》《周易本义》《诗集注》《楚辞集注》，以及后人编纂的《晦庵先生朱文公文集》、《朱子语类》等多种。

【原文】

大抵观书先须熟读，使其言皆若出于吾之口。继以精思，使其意皆若出于吾之心，然后可以有得尔。至于文义有疑，众说纷错[1]，则亦虚心静虑，勿遽[2]取舍于其间。先使一说自为一说，而随其意之所之[3]，以验其通塞[4]，则其尤无义理者，不待观于他说而先自屈矣[5]。复以众说互相诘难[6]，而求其理之所安[7]，以考其是非，则似是而非者，亦将夺于公论[8]而无以立[9]矣。大率[10]徐行却立[11]，处静观动，如攻坚木，先其易者而后其节目[12]；如解乱绳，有所不通则姑[13]置而徐理之。此观书之法也。

凡读书，须整顿几案[14]，令洁净端正，将书册齐整顿放，正[15]身体，对书册，详[16]缓看字，仔细分明读之。须要读得字字响亮，不可误一字，不可少一字，不可多一字，不可倒一字，不可牵强暗记[17]。只要多诵[18]遍数，自然上口，久远不忘。古人云，"读书千遍，其义自见[19]。"谓读得熟，则不待解说，自晓其义也。余尝谓，读书有三到，谓心到，眼到，口到。心不在此，则眼不看仔细，心眼既不专一，却只漫浪[20]诵读，决不能记，记亦不能久也。三到之中，心到最急[21]。心既到矣[22]，眼口岂[23]不到乎[24]？（朱熹《训学斋规》）

【注释】

（1）纷错：纷繁错杂。

（2）遽（jù）：仓促。

（3）之所之：到所要去的地方。即顺着文章的思路去想。

（4）通塞：畅通和堵塞。

（5）自屈：自动屈服。

（6）诘难：追问，责难。

（7）安：稳妥。

（8）夺于公论：被公认的见解所更改。夺，更改，修正。

（9）无以立：不能成立。

（10）大率：大多。

（11）徐行却立：徐行，慢慢走。却立，退立。

（12）节目：木头节子，节骨眼，这里指关键之处。

（13）姑：姑且，暂且。

（14）几案：书桌。

（15）正：使......端正。

（16）详：仔细。

（17）牵强暗记：勉强硬记，指文章没有读熟，就一句一句地在心里硬记。

（18）诵：读。

（19）见（xiàn）：同"现"，显现。

（20）漫浪：随随便便，漫不经心。

（21）急：要紧，急迫。

（22）矣：相当于"了"。

（23）岂：难道。

（24）乎：吗，语气词。

【导读】

朱熹也提到一种读书方法——"三到"读书法。指的就是心到、眼到和口到。这一见解无论是在当时抑或是现在都有着重要的启示和借鉴作用。

读书三到里面，心到是重中之重。倘若心思没有在书本上，那么眼睛便不会仔细去看，嘴巴更不会认真去朗读。文章过目而忘，无法深解其中的意义。即便当时能记住，过后也会忘却。

朱熹读书的经验总结为二十四个字，即后人所称的"二十四字朱子读书法"，内容是：循序渐进、熟读精思、虚心涵泳、切己体察、着紧用力、居敬持志。这二十四字对后世提供了一个很好的读书方法，只要照着朱子的这几条方法严格要求自己，就能很快地掌握书中的知识。

循序渐进是朱熹特别强调的一条，是说读书应该有一定的前后次序，不能颠倒；由简单到复杂，从基础开始由浅入深，不能马马虎虎，囫囵吞枣，急于求成。要根据自身的情况，符合自己的认知规律，逐字逐句反复研究。只有扎扎实实地掌握了书中的基础知识，才会对书中的内容有自己独特的见解。

熟读精思，即读书不仅要通读，还要熟练，熟练之后还要会思考，达到眼、脑、心的结合，才会领略书中的要旨，即"读书百遍，其义自见"。

虚心涵泳，即读书要仔细揣摩书中所表达的意思，遇到不懂的问题，不要人云亦云，认真思考后，再得出结论，接着对这些问题和答案认真钻研，反复咀嚼。

切己体察强调读书时要心领神会，懂得联系自己和联系实际从而将书本里面的理论与实践相结合，并且付诸实践。

着紧用力，指的是读书不可松松垮垮，不能三天打鱼两天晒网、庸庸散散，要刻苦用功，丝毫不能松懈，要有紧迫感，应当抓紧一切可利用的时间，保持精神抖擞的状态。

居敬持志，即对读书这件事一定要诚心诚意地去做，态度端正，坚守原则。还要有远大的读书目标，持之以恒的朝着这个目标前行，不断学习新知识。

【原文】

为学(1)之道，莫先于穷理(2)；穷理之要(3)，必在于读书；读书之法，莫贵于循序而致精(4)；而致精之本，则又在于居敬(5)而持志(6)。

——朱熹《性理精义·行宫便殿奏札二》

【注释】

(1) 为学：求学，做学问。道：这里指求学的法则。

(2) 莫：没有什么。穷理：穷究道理。

(3) 要：要领，关键。

(4) 贵：珍贵，重要。循序：遵循次序。致精：达到精通的程度。

（5）居敬：怀有敬重之心。

（6）持志：坚持志向，不动摇，不止步。

【导读】

追求至高至上的天理是程朱理学的修养目标，要达到这个目标，一方面要内省，明志养性，保持良好的精神状态；另一方面也要外求，认真学习。他说："天下之物，莫不有理，而其精蕴则已具于圣贤之书，故必由是以求之。"万物之理的精华都体现在儒家经典中，所以学习的首要内容是儒家经典。读圣贤之书的关键则是要体认天理。读书学习必须循序渐进。学习是一个逐渐积累的过程，根基越扎实，建树大厦的保险系数就越大，今后就越有可能大有作为。假如违反学习本身的规律，幻想走捷径，跳跃式地学习，就不可能达到"致精"的境界。因此，"循序"和"致精"有着直接的因果关系。朱熹揭示了二者的关系，抓住了问题的关键，为人们的实践提供了理论依据，因而使该名句具有很强的生命力。

10. 《送东阳⁽¹⁾马生序⁽²⁾》选读

宋濂（1310 年 11 月 4 日—1381 年 6 月 20 日），初名寿，字景濂，号潜溪，别号龙门子、玄真遁叟等，汉族。祖籍金华潜溪（今浙江义乌），后迁居金华浦江（今浙江浦江）。明初著名政治家、文学家、史学家、思想家。与高启、刘基并称为"明初诗文三大家"，又与章溢、刘基、叶琛并称为"浙东四先生"。被明太祖朱元璋誉为"开国文臣之首"，学者称其为太史公、宋龙门。

【原文】

余幼时即嗜学[3]。家贫，无从致[4]书以观，每假借[5]于藏书之家，手自笔录，计日以还。天大寒，砚冰坚，手指不可屈伸，弗之怠[6]。录毕，走[7]送之，不敢稍逾约[8]。以是人多以书假余，余因得遍观群书。既加冠[9]，益慕圣贤之道[10]，又患无硕师、名人与游[11]，尝趋[12]百里外，从乡之先达执经叩问[13]。先达德隆望尊，门人弟子填其室，未尝稍降辞色[14]。余立侍左右，援疑质理[15]，俯身倾耳以请；或遇其叱咄[16]，色愈恭，礼愈至，不敢出一言以复；俟其忻悦[17]，则又请焉。故余虽愚，卒获有所闻[18]。

当余之从师也，负箧曳屣[19]，行深山巨谷中，穷冬[20]烈风，大雪深数尺，足肤皲裂[21]而不知。至舍，四支僵劲[22]不能动，媵人持汤沃灌[23]，以衾拥覆[24]，久而乃和。寓逆旅[25]，主人日再食[26]，无鲜肥滋味之享。同舍生皆被绮绣[27]，戴朱缨宝饰之帽[28]，腰白玉之环[29]，左佩刀，右备容臭[30]，烨然[31]若神人；余则缊袍敝衣[32]处其间，略无慕艳意。以中有足乐者，不知口体之奉不若人也。盖余之勤且艰若此。

今虽耄老⁽³³⁾，未有所成，犹幸预君子⁽³⁴⁾之列，而承天子之宠光，缀⁽³⁵⁾公卿之后，日侍坐备顾问，四海亦谬称⁽³⁶⁾其氏名，况才之过于余者乎？

今诸生学于太学⁽³⁷⁾，县官日有廪稍之供⁽³⁸⁾，父母岁有裘葛之遗⁽³⁹⁾，无冻馁之患矣；坐大厦之下而诵《诗》《书》，无奔走之劳矣；有司业、博士⁽⁴⁰⁾为之师，未有问而不告，求而不得者也；凡所宜有之书，皆集于此，不必若余之手录，假诸人而后见也。其业有不精，德有不成者，非天质之卑⁽⁴¹⁾，则心不若余之专耳，岂他人之过哉！

东阳马生君则，在太学已二年，流辈⁽⁴²⁾甚称其贤。余朝京师⁽⁴³⁾，生以乡人子谒余⁽⁴⁴⁾，撰长书以为贽⁽⁴⁵⁾，辞甚畅达，与之论辩，言和而色夷⁽⁴⁶⁾。自谓少时用心于学甚劳，是可谓善学者矣！其将归见⁽⁴⁷⁾其亲也，余故道为学之难以告之。谓余勉乡人以学者⁽⁴⁸⁾，余之志也；诋我夸际遇之盛⁽⁴⁹⁾，而骄乡人者，岂知余者哉！

【注释】

(1) 东阳：今浙江东阳县，当时与潜溪同属金华府。

(2) 马生：姓马的太学生，即文中的马君则。

(3) 余：我。嗜（shì 是）学：爱好读书。

(4) 致：得到。

(5) 假借：借。

(6) 弗之怠：即"弗怠之"，不懈怠，不放松读书。弗，不。之，指代抄书。

(7) 走：跑，这里意为"赶快"。

(8) 逾约：超过约定的期限。

(9) 既：已经，到了。加冠：古代男子到二十岁时，举行加冠（束发戴帽）仪式，表示已成年。

(10) 圣贤之道：指孔孟儒家的道统。宋濂是一个主张仁义道德的理学家，所以十分推崇它。

(11) 硕（shuò 朔）师：学问渊博的老师。游：交游。

(12) 尝：曾。趋：奔赴。

(13) 乡之先达：当地在道德学问上有名望的前辈。这里指浦江的柳贯、义乌的黄溍等古文家。执经叩问：携带经书去请教。

(14) 稍降辞色：把言辞放委婉些，把脸色放温和些。辞色，言辞和脸色。

（15）援疑质理：提出疑难，询问道理。

（16）叱（chì 赤）咄（duō 夺）：训斥，呵责。

（17）俟（sì 四）：等待。忻（xīn 新）：同"欣"。

（18）卒：终于。

（19）箧（qiè 窃）：箱子。曳（yè 夜）屣（xǐ 喜）：拖着鞋子。

（20）穷冬：隆冬。

（21）皲（jūn 军）裂：皮肤因寒冷干燥而开裂。

（22）僵劲：僵硬。

（23）媵人：陪嫁的女子。这里指女仆。持汤沃灌：指拿热水喝或拿热水浸洗。汤：热水。沃灌：浇水洗。

（24）衾（qīn 钦）：被子。

（25）逆旅：旅店。

（26）日再食：每日两餐。

（27）被（pī 披）绮绣：穿着华丽的绸缎衣服。被，同"披"。绮，有花纹的丝织品。

（28）朱缨宝饰：红穗子上穿有珠子等装饰品。

（29）腰白玉之环：腰间悬着白玉环。

（30）容臭：香袋子。臭（xiù）：气味，这里指香气。

（31）烨（yè 页）然：光彩照人的样子。

（32）缊（yùn）袍：粗麻絮制作的袍子。敝衣：破衣。

（33）耄（mào 帽）老：年老。八九十岁的人称耄。宋濂此时已六十九岁。

（34）幸预：有幸参与。君子指有道德学问的读书人。

（35）缀：这里意为"跟随"。

（36）谬称：不恰当地赞许。这是作者的谦词。

（37）诸生：指太学生。太学：明代中央政府设立的教育士人的学校，称作太学或国子监。

（38）县官：这里指朝廷。廪（lǐn 凛）稍：当时政府免费供给的俸粮称"廪"或"稍"。

（39）裘（qiú 球）：皮衣。葛：夏布衣服。遗（wèi 位）：赠，这里指接济。

（40）司业、博士：分别为太学的次长官和教授。

（41）非天质之卑：如果不是由于天资太低下。

（42）流辈：同辈。

（43）朝：旧时臣下朝见君主。宋濂写此文时，正值他从家乡到京城应天（南京）见朱元璋。

（44）以乡人子：以同乡之子的身份。谒（yè 夜）：拜见。

（45）撰（zhuàn 赚）：同"撰"，写。长书：长信。贽（zhì 至）：古时初次拜见时所赠的礼物。

（46）夷：平易。

（47）归见：回家探望。

（48）"谓余"二句：认为我是在勉励同乡人努力学习，这是说到了我的本意。

（49）诋：毁谤。际遇之盛：遭遇的得意，指得到皇帝的赏识重用。骄乡人：对同乡骄傲。

【导读】

明洪武十一年（1378），宋濂告老还乡的第二年，应诏从家乡浦江（浙江省浦江县）到应天（今江苏南京）去朝见，同乡晚辈马君则前来拜访，宋濂写了这篇序，介绍自己的学习经历和学习态度，勉励他人勤奋学习。

作者在这篇赠言里，叙述个人早年虚心求教和勤苦学习的经历，勉励青年人珍惜良好的读书环境，专心治学。文中生动而具体地描述了自己借书求师之难，饥寒奔走之苦，并与太学生优越的条件加以对比，有力地说明学业能否有所成就，主要在于主观努力，不在天资的高下和条件的优劣。作者的这种认识在今天仍有借鉴意义。文章层次分明，描摹细致，情意恳切，词畅理达。

11.《潍县署中寄舍弟墨第一书⁽¹⁾》选读

郑燮（1693 年 11 月 22 日—1765 年 1 月 22 日），字克柔，号理庵，又号板桥，人称板桥先生。江苏兴化人。清朝书法家、文学家。

郑板桥的一生可以分为"读书、教书"、卖画扬州、"中举人、进士"及宦游、作吏山东和再次卖画扬州五个阶段。

郑板桥应科举为康熙秀才，雍正十年举人，乾隆元年（1736）丙辰科二甲进士。官山东范县、潍县县令，有政声"以岁饥为民请赈，忤大吏，遂乞病归。"做官前后，均居扬州，以书画营生。工诗、词，善书、画。诗词不屑作熟语。画擅花卉木石，尤长兰竹。书亦有别致，隶、楷参半，自称"六分半书"。间亦以画法行之。著有《板桥全集》，手书刻之。为"扬州八怪"之一，其诗、书、画世称"三绝"。郑燮一生画竹最多，次则兰、石，但也画松画菊，是清代比较有代表性的文人画家，代表画作为《兰竹图》。

【原文】

读书以[2]过目成诵为能，最是不济事[3]。

眼中了了[4]，心下匆匆，方寸[5]无多，往来应接不暇[6]，如看场中美色，一眼即[7]过，与[8]我何与[9]也？千古过目成诵，孰[10]有如[11]孔子者乎？读《易》至韦编三绝[12]，不知翻阅过几千百遍来，微言精义[13]，愈[14]探[15]愈出[16]，愈研[17]愈入[18]，愈往[19]而不知其所穷[20]。虽[21]生知安[22]行之圣，不废困勉下学[23]之功[24]也。东坡读书不用两遍，然其在翰林[25]读《阿房宫赋》[26]至四鼓[27]，老吏苦[28]之，坡洒然不倦。岂[29]以[30]一过[31]即记，遂了[32]其事乎！惟虞世南、张睢阳、张方平，平生书不再[33]读，迄[34]无佳文。

且[35]过辄[36]成诵，又有无所不诵之陋[37]。即[38]如《史记》[39]百三十篇中，以[40]《项羽本纪》为[41]最，而《项羽本纪》中，又以巨鹿之战、鸿门之宴、垓下之会[42]为最。反覆诵观[43]，可欣可泣[44]，在此数段耳[45]。若一部《史记》，篇篇都读，字字都记，岂非没分晓[46]的钝汉[47]！更有小说家言，各种传奇[48]恶曲，及[49]打油诗词[50]，亦[51]复[52]寓目[53]不忘，如破烂厨柜，臭油坏酱悉[54]贮[55]其中，其龌龊[56]亦耐不得[57]。

【注释】

(1) 选自《板桥家书》。舍弟，谦称自己的弟弟。潍县，今属山东省潍坊市。潍县署中寄舍弟第一书，郑燮在官署中给自己的弟弟的第一封家书。

(2) 以……为：把……作为。

(3) 济事：能成事，中用。济，对事情有益。

(4) 了了：明白。

(5) 方寸：指人的内心。

(6) 不暇：没有空闲，指应付不过来。

(7) 即：立刻。

(8) 与：和。

(9) 与：相关。

(10) 孰：谁。

(11) 如：比得上。

(12) 韦编三绝：相传孔子晚年很爱读《周易》，翻来覆去地读，使穿连《周易》竹简的皮条断了好几次。韦，皮革。

（13）微言精义：精微的语言，深刻的道理。

（14）愈：越。

（15）探：探讨，探寻。

（16）出：显露，明白。

（17）研：钻研。

（18）入：深入。

（19）往：前行。

（20）穷：穷尽。

（21）虽：即使。

（22）生知安行：生，出生。知，懂得。安，从容不迫。行，实行。即"生而知之"（不用学习而懂得道理）、"安而行之"（发于本愿从容不迫地实行）。这是古人以为圣人方能具有的资质。

（23）困勉下学：刻苦勤奋地学习人情事理的基本常识。

（24）功：努力。

（25）翰林：皇帝的文学侍从官。这里指翰林院，翰林学士供职之所。

（26）《阿房宫赋》：唐朝杜牧的文章。

（27）四鼓：四更，凌晨1—3时。

（28）苦：以……为苦，对……感到辛苦。

（29）岂：难道。

（30）以：因为。

（31）过：过目。

（32）了：结束，完结。

（33）再：第二次。

（34）迄：始终，一直。

（35）且：况且。

（36）辄：就。

（37）陋：弊端。

（38）即：就。

（39）《史记》：我国第一部纪传体通史，西汉朝司马迁撰。

（40）以：认为。

（41）为：是。

（42）会：包围。

（43）观：观赏。

（44）可欣可泣：值得欣喜值得悲泣。

（45）耳：罢了。

（46）没分晓：不懂道理。

（47）钝：迟钝，愚笨。

（48）传奇：这里指明清两代盛行的戏曲。

（49）及：以及。

（50）打油诗词：内容和词句通俗诙谐、不拘平仄韵律的旧体诗词，相传为唐朝张打油所创，因而得名。

（51）亦：也。

（52）复：又。

（53）寓目：观看，过目。

（54）悉：都。

（55）贮：贮藏。

（56）龌龊（wòchuò）：不干净，这里有品位低俗的意思。

（57）不得：不能够。

【导读】

读书先要选定书目，书目选定之后，如何读呢？郑板桥的观点是：宜细不宜粗。他最不屑于那些所谓"过目成诵"者。这是极有道理的，因为人在读书中，如果过分追求过目成诵，往往会导致浮躁，追快而不求慢，贪多而不求精，重表而不求里，喜粗而不求细。其结果，必然要忽视作品的微言精义，忽略作品的内在之美。

12.《黄生借书说(1)》选读

袁枚（1716—1798），清代诗人、文学家，诗论家。字子才，号简斋，晚年自号苍山居士、随园主人，钱塘（今浙江杭州）人。袁枚是乾隆、嘉庆时期代表诗人之一，与赵翼、蒋士铨合称为"乾隆三大家"。著作有《小仓山房文集》；《随园诗话》16卷及《补遗》10卷；《新齐谐》24卷及《续新齐谐》10卷；随园食单1卷；散文代表作《祭妹文》，哀婉真挚，流传久远，古文论者将其与唐代韩愈的《祭十二郎文》并提。

【原文】

黄生(2)允修借书。随园主人授(3)以书，而告之曰：

书非借不能读也。子(4)不闻藏书者乎？七略、四库(5)，天子之书，然天子读书者有几？汗牛塞屋⁽⁶⁾，富贵家之书，然富贵人读书者有几？其他祖父积⁽⁷⁾，子孙弃者⁽⁸⁾无论⁽⁹⁾焉。非独书为然⁽¹⁰⁾，天下物皆然。非夫人⁽¹¹⁾之物而强⁽¹²⁾假焉，必虑人逼取，而惴惴⁽¹³⁾焉摩玩⁽¹⁴⁾之不已，曰："今日存，明日去，吾不得而见之矣。"若业⁽¹⁵⁾为吾所有，必高束⁽¹⁶⁾焉，庋⁽¹⁷⁾藏焉，曰"姑⁽¹⁸⁾俟⁽¹⁹⁾异日⁽²⁰⁾观"云尔⁽²¹⁾。

余幼好书，家贫难致⁽²²⁾。有张氏藏书甚富。往借，不与⁽²³⁾，归而形诸梦⁽²⁴⁾。其切⁽²⁵⁾如是⁽²⁶⁾。故有所览辄省记⁽²⁷⁾。通籍⁽²⁸⁾后，俸⁽²⁹⁾去书来，落落⁽³⁰⁾大满，素蟫⁽³¹⁾灰丝⁽³²⁾时蒙卷轴⁽³³⁾。然后叹借者之用心专，而少时⁽³⁴⁾之岁月⁽³⁵⁾为可惜也！

今黄生贫类⁽³⁶⁾予，其借书亦类予；惟予之公⁽³⁷⁾书与张氏之吝书⁽³⁸⁾若不相类。然则予固不幸而遇张乎，生固幸而遇予乎？知幸与不幸，则其读书也必专，而其归书⁽³⁹⁾也必速。

为一说⁽⁴⁰⁾，使与书俱。

【注释】

（1）选自《小仓山房文集》。

（2）生：古时对读书人的通称。

（3）授：交给，交付。

（4）子：对人的尊称，相当于现代汉语的"您"。

（5）七略四库，天子之书：七略四库是天子的书。西汉末学者刘向整理校订内府藏书。刘向的儿子刘歆（xīn）继续做这个工作，写成《七略》，是我国最早的图书目录分类著作，分为辑略、六艺略、诸子略、诗赋略、兵书略、术数略、方技略七部。唐朝，京师长安和东都洛阳的藏书，有经、史、子、集四库。这里七略四库都指内府藏书。

（6）汗牛塞屋，富贵家之书：那汗牛塞屋的是富贵人家的藏书。这里说富贵人家藏书很多，搬运起来就累得牛马流汗，放置在家里就塞满屋子。汗，动词，使……流汗。

（7）祖父：祖父和父亲。"祖父"相对"子孙"说。

（8）弃者：丢弃的情况。

（9）无论：不用说，不必说。

（10）然：这样。

（11）夫（fú）人：那人。指向别人借书的人。

（12）强（qiǎng）：勉强。

（13）惴惴（zhuì）：忧惧的样子。

（14）摩玩：摩挲玩弄，抚弄。

（15）业：业已、已经。

（16）高束：捆扎起来放在高处。束，捆，扎。

（17）庋（guǐ）：放置、保存。

（18）姑：姑且，且。

（19）俟（sì）：等待。

（20）异日：另外的。

（21）尔：语气词，罢了。

（22）难致：难以得到。

（23）与：给。

（24）形诸梦：形之于梦。在梦中现出那种情形。形，动词，现出。诸，等于"之于"。

（25）切：迫切。

（26）如是：这样。

（27）故有所览辄省（xǐng）记：（因为迫切地要读书，又得不到书。）所以看过的就记在心里。省，记。

（28）通籍：出仕，做官。做了官，名字就不属于"民籍"，取得了官的身份，所以说"通籍"。这是封建士大夫的常用语。籍，民籍。通，动词，表示从民籍到仕宦的提升。

（29）俸：俸禄，官吏的薪水。

（30）落落：堆积的样子。

（31）素蟫（yín）：指书里蠹虫。

（32）灰丝：指虫丝。

（33）卷（juàn）轴：书册。古代还没有线装书的时期，书的形式是横幅长卷，有轴以便卷起来。后世沿用"卷轴"称书册。

（34）少时：年轻时。

（35）岁月：指时间。

（36）类：似、像。

（37）公：动词，同别人共用。

（38）吝：吝啬。

（39）归：还。

（40）为一说，使与书俱：作一篇说，让（它）同书一起（交给黄生）。

【导读】

文章一开始就提出了"书非借不能读"的观点，出人意料，引人深思，随后围绕着这个中心，逐层展开阐述。先以帝王、富贵人家全都藏书丰富，却没有几个读书人，以及祖父辈尽心藏书而子孙辈随意毁弃书这三种常见的事实，来做初步证明；再运用类比推理，以人们对于借来的东西和属于自己的东西所采取的不同态度，来说明这个论断是具有普遍意义的。作者从那常见的现象中推究出其原因——"虑人逼取"，这种外来的压力，会化为鞭策自己的动力，有力地证明了"书非借不能读"的观点。接着，作者又拿自己年少时借书之难、读书用心之专和做官后有了大量的书籍却不再读书等切身经历，从正反两个方面做进一步的论证。最后，在上述分析说明的基础上，紧扣"借书"一事，指出黄生有幸而遇肯"公书"的人，勉励他应该珍惜机会，勤奋学习。

需要注意的是，本文的中心论点虽然是"书非借不能读"，但很明显，仅从字面上来看，这个论点带有很大的片面性。"说"本身不同于规范、正统的论说文，本文作者袁枚又是一位才子气颇重、任性适情的人。因此，我们更宜于把本文视为作者在有感而发的情况下率性而为的一篇带有游戏性质的小文，其中包含有对逝去的青年光阴的怀念、对如今自己的自嘲，而主旨则在鼓励、教育黄生，应该化弊为利，努力为自己创造学习条件，发奋求学。我们现在的读书条件比起黄生来又不知要幸运多少倍，我们更应"知幸与不幸"，珍惜现在这大好的学习条件和自己的青春年华，刻苦攻读，使自己成为社会主义建设的有用人才。如果学有不成，非他人之过，自己应该多反省，知警惕。

13. 《人间词话》选读

王国维（1877年12月3日—1927年6月2日），初名国桢，字静安，亦字伯隅，初号礼堂，晚号观堂，又号永观，谥忠悫。汉族，浙江省海宁人。

王国维是中国近、现代相交时期一位享有国际声誉的著名学者。其早年追求新学，接受资产阶级改良主义思想的影响，把西方哲学、美学思想与中国古典哲学、美学相融合，形成了独特的美学思想体系，继而攻词曲戏剧，后又治史学、古文字学、考古学。郭沫若称他为新史学的开山，不止如此，他平生学无专师，自辟户牖，成就卓越，贡献突出，在教育、哲学、文学、戏曲、美学、史学、古文学等方面均有造诣和创新，为中华民族文化宝库留下了广博精深的学术遗产。主要作品有《人间词话》《曲录》《观堂集林》等。

【原文】

古今之成大事业、大学问者，必经过三种之境界："昨夜西风凋碧树。独上高楼，望尽天涯路。"此第一境也。"衣带渐宽终不悔，为伊消得人憔悴。"此第二境也。"众里寻他千百度，回头蓦见，那人正在灯火阑珊处。"此第三境也。此等语皆非大词人不能道。然遽以此意解释诸词，恐为晏、欧诸公所不许也。

【导读】

《人间词话》是近代著名学者王国维的文学批评著作。他的"人生三境界"说，是对历史上成功者的经验总结。

第一种境界："昨夜西风凋碧树。独上高楼，望尽天涯路。"这词句出自晏殊的《蝶恋花》，原意是说，"我"上高楼眺望所见的更为萧飒的秋景，西风黄叶，山阔水长，案书何达？在王国维此句中解成，做学问成大事业者，首先要有执著的追求，登高望远，瞰察路径，明确目标与方向，了解事物的概貌。

第二种境界："衣带渐宽终不悔，为伊消得人憔悴。"这引用的是北宋柳永《蝶恋花》最后两句词，原词是表现作者对爱的艰辛和爱的无悔。若把"伊"字理解为词人所追求的理想和毕生从事的事业，亦无不可。王国维则别具匠心，以此两句来比喻成大事业、大学问者，不是轻而易举，随便可得的，必须坚定不移，经过一番辛勤劳动，废寝忘食，孜孜以求，直至人瘦带宽也不后悔。

第三种境界："众里寻他千百度，回头蓦见（原词作蓦然回首），灯火阑珊处。"是引用南宋辛弃疾《青玉案》词中的最后四句。梁启超称此词"自怜幽独，伤心人别有怀抱"。这是借词喻事，与文学赏析已无交涉。王国维已先自表明，"吾人可以无劳纠葛"。他以此词最后的四句为"境界"之第三，即最终最高境界。这虽不是辛弃疾的原意，但也可以引出悠悠的远意，做学问、成大事业者，要达到第三境界，必须有专注的精神，反复追寻、研究，下足功夫，自然会豁然贯通，有所发现，有所发明，就能够从必然王国进入自由王国。

今人常用这"三重境界"来解析爱情离合、仕途升迁、财运得失等等。洞悉人生，爱情也罢，仕途也罢，财运也罢，所有成功的个案无非都是经历着三个过程：有了目标，欲追求之；追求的过程中有所羁绊，坚持不放弃；成败关键一刻，挺过来了，喜获丰收。而所有失败的个案大都是败在第二个环节上了。

凡人都可以从容地做到第二境界，但要想逾越它却不是那么简单。成功人士果敢坚忍，不屈不挠，造就了他们不同于凡人的成功。他们逾越的不仅仅是人生的境界，更是他们自我的极限。成功后回望来路的人，才会明白另解这三重境界的话：看山是山，看水是水；看山不是山，看水不是水；看山还是山，看水还是水。

第二节　博观而约取　厚积而薄发

"博观而约取，厚积而薄发"出自宋代诗人苏轼的《杂说送张琥》。意思是：只有广见博识，才能择其精要者而取之；只有积累丰厚，才能得心应手为我所用。积之于厚，发之于薄。这"薄"是从"厚"中提炼出来的最精粹、最美妙的一层。本句话强调了做学问要勤于积累和精于应用。

《齐民要术》的撰写，正是贾思勰"博观而约取，厚积而薄发"的成果。《齐民要术·序》云："今采捃经传，爰及歌谣，询之老成，验之行事，起自耕农，终于醯、醢，资生之业，靡不毕书，号曰《齐民要术》。凡九十二篇，分为十卷。"《齐民要术》十一万多字，内容涉及农、林、牧、渔、酿造、饮食等各个方面，还蕴涵着丰富的经贸、哲学思想，具有重要的史学价值，是我国现存最早的百科全书式的农书，也是世界上现存最早并对世界农业科学史产生了重要影响的珍贵典籍。《齐民要术》正是贾思勰阅读古代文献，采收民间谚语歌谣，咨询经验丰富的群众并亲身验证完成的。这是"博观而约取，厚积而薄发"博学思想的具体体现。

作为一个"人以文传"的历史人物，虽然史书中对农圣贾思勰生平经历记载较少，但翻阅其传世作品《齐民要术》，我们可以在字里行间看到一个博学多能，严肃认真，文采颇佳的"文人"形象。贾思勰身上具有的一种典型的精神特质，就是一丝不苟、学而不厌为特色的严谨治学精神。博学的核心是严谨治学。严谨治学是科学精神的体现。科学精神的主要表现是人的求真、求实、求是，不迷信，不偏执，不故步自封，不裹足不前，一丝不苟，精益求精，勇于创新，努力发现真理并坚持真理，愿意为真理而献身。2016 年 5 月 17 日，习近平在哲学社会科学工作座谈会上发表重要讲话：要大力弘扬优良学风，推动形成崇尚精品、严谨治学、注重诚信、讲求责任的优良学风，营造风清气正、互学互鉴、积极向上的学术生态。严谨治学精神与校风、学风建设有着密切关联，而对贾思勰严谨治学精神的研究，是基于文化层次考量贾思勰和《齐民要术》的一个重要课题，也是完善"贾学"研究体系，挖掘农圣文化精华的重要举措，也是大学生学习农圣贾思勰严谨治学精神的一个重要途径。

一、"读万卷书"是贾思勰严谨治学的基础

"书籍是人类进步的阶梯"（高尔基语），读书学习是让人类摆脱愚昧，开启智慧的重要途径。书籍也是记录人类发展历史，传承文化之脉的重要工具。而读书，是治学的起步与开端。

（一）贾思勰身上具有典型的古代知识分子特点

贾思勰在《齐民要术》卷三《杂说第三十》中，详细记载了《染潢及治书法》即染黄纸和保存书的方法、《雌黄治书法》即用雌黄涂改书籍的方法、《上犊车篷辇及糊屏风，书帙令不生虫法》即用牛车车篷纸糊屏风和浆制书皮不生虫的方法，对如何写书，如何修改书，如何正确使用书，书毁裂后如何补书，以及如何防治书生虫，如何进行晾书，如何谨慎藏书等各种古代文人的治学活动都作了详尽阐述。

我们知道，东汉末年的蔡伦发明了造纸术，而一个新生事物的产生在技术要求和制作成本方面要求是比较高的，因此蔡伦的造纸术在很大程度上并没有得到普及，极有可能还是小范围的使用。作为一个地方基层官吏的贾思勰，他所处的北魏时期所谓的书籍还是以竹、木等制成的简为主，纸质书籍是一般人家难以拥有的，自然也是珍贵的。但通过《齐民要术》中的这些记载，我们可以知道贾思勰家的藏书是非常可观的，并且贾思勰对藏书也非常仔细在行。因为只有读书的人才会如此的钟爱和熟悉这些制书、藏书的事，才有可能对这些技术细节写得如此细致而又切中要害。贾思勰把这些内容单独列为一章，进行了详细介绍，也正好验证了他的治学之严谨。

（二）贾思勰是勤奋的求知者和博学多识的文人

读书是读书人的本分，也是学习的必须。阅读《齐民要术》原著我们不难发现，里面关于贾思勰博览群书的资料比比皆是，证据确凿有力。据近代学者考证，《齐民要术》里引用的古代书籍，如果把各家不同注本的同一本书都分别计算，共引用了 164 种；如果各家不同的注本归入同一本书不重复计算，共引用了 157 种。研究这些引用的书籍又可以发现，这些书籍涉及经、史、子、

集等中国传统知识领域的各大门类，就其中可以确定书籍本源的情况看：经部30 种、史部 65 种、子部 41 种、集部 19 种，无书名可考的还有数十种之多。

同时，贾思勰引用非常尊重原著原作，没有进行肆意的篡改，这就使得这些引用极大限度地保持了原书风貌。我们知道，贾思勰所处的时代书籍还是以简牍为主，雕版印刷术那是隋唐以后的事。在书籍以手抄传承为主的时代，贾思勰能从浩如烟海的古代典籍中撷取如此广泛的经典，已经是非常不容易的了，更让人肃然起敬的是，《齐民要术》中对古代典籍的引用，做到了恰如其分，使引文有力地充实了作品、丰富了作品、支撑了作品，这不仅说明了贾思勰阅读的广泛，还进一步证明了他治学的严谨。很多散佚的古代著作，如《氾胜之书》《四民月令》以及南方的一些植物学等方面的知识等，正是因为《齐民要术》的引用，才保留了原书中的部分内容，让我们得以窥其一斑。仅从这一点说，也能充分说明贾思勰严谨治学的重大意义。

另一方面，从《齐民要术》涉及的内容看，正如贾思勰所言"起自农耕，终于酰醢，资生之业，靡不毕书"，包括了现在大农业范围之内的农、林、牧、副、渔等各个领域，对精制食盐（造花盐印盐法）、淀粉糖化（作糵法煮白饧法）、煮胶、提取红蓝花色素、植物性染料用灰汁媒染、利用豆类种子中的"皂素"除污、护肤品的制作（作香泽法）、烹调等的记载，既科学又特别具体，全书涉及内容之广，记载之详尽，可谓包罗万象，字字珠玑。如果不是作过详细的考察，如果没有认真的学习、总结和提炼，是很难写出如此具体可操作的知识经验和做法的，由此可见，贾思勰有着可贵的严谨治学精神。

二、勤奋学习是贾思勰严谨治学的根本途径

知识是在不断创新、积淀、升华中发展的，勤奋学习方能有所成就，一个不读书不学习的人是永远不会进步的。学会学习，在学习中实践，在实践中学习向来是我国传统治学中备受推崇，并且是广泛应用着的科学的治学方法和途径。

（一）广泛学习，学以致用

贾思勰是生活于中国封建社会的一个知识分子，他身上无疑也具有古代知识分子的特质，但他又不同于传统知识分子的"两耳不闻窗外事，一心只读圣贤书"，他除了注重书本知识的学习之外，还极为重视向生活、向劳动人民学

习。贾思勰这种虚心学习、善于学习、积极学习的精神，在《齐民要术》里也很容易找到相关的印证文字。

贾思勰在《齐民要术》自序里坦诚地说明自己创作素材的来源途径是"采捃经传，爰及歌谣，询之老成，验以行事"，意思就是有选择地摘取了古代经典中的相关记载，援引了生活中流行的谚语和民歌，请教咨询了有经验的专家（农民），自己还亲自做过实践验证。据专家考证，除了对古代典籍的大量引用外，《齐民要术》中援引的古代农谚民歌就达 30 多条（首），这些农谚民歌简短实用，通俗易懂，是劳动人民在农业生产实践中总结出来的宝贵经验，是劳动人民智慧的结晶。

如卷二《黍穄第四》引用了农谚"穄青喉，黍折头"。意思是，穄这种作物，在穗基部和秆相接的地方还没有完全褪色以前收割；黍这一作物，在穗子完全成熟到弯下头来收割。把我们现在用很长很累赘的句子才能说明白的事，老百姓只用短短 6 个字就表达得一清二楚了。再如卷二《大小麦第十瞿麦附》引用了民歌"高田种小麦，稴穇（音 liàn shān 禾穗不饱实的意思）不成穗。男儿在他乡，焉得不憔悴？"意思是说，在高处的田地里种小麦，麦穗长得不饱实，就像男儿远游他乡，因为思念家乡而憔悴不堪的样子，把种在高田里的小麦生长不良的事实表现得既生动又形象，既符合老百姓的表达习惯，容易为老百姓所接受，又把事情交代得清楚明白，实为经典。

援引经典就需要阅读经典，并且是广泛细心地阅读，甚至做笔记，做考证，记在心里，坚持不懈才能学有所成就，这是古人的治学之道；谚语和民歌是普通老百姓观察、总结的日常生活规律和生产生活中的实践经验，是民间的，是"下里巴人"，在古代社会唯上唯书的情况下，是很难入经入典的，但它受众之广沿袭之久却是显而易见的，这说明了谚语和民歌的价值所在。因此，要想正确地使用谚语和民歌，坐在屋里子读死书是不行的，还必须要行走四方，进行类似现在的采风活动，从而进行广泛地搜集，并对搜集到的农谚和民歌作认真地研究取舍，然后再有针对性地加以引用、阐发；请教专家也需要走出家门来到田间地头，才能寻访到那些有经验的农业生产高手，问题是咨询一个两个还不行还不够，还得是咨询若干人，到若干地方，经过这样的甄别、求证、对比，再结合自己的思考和实践，才能做到有的放矢，述而不偏，言而不废。这样的要求和标准是现实的需要，也是治学的根本，对封建社会大多数"一心只读圣贤书""学而优则仕"的读书人来说做到这些很不容易，要付出很多的艰辛。而贾思勰却做到了，这不能不说明贾思勰对学习的重视和勤奋，也是很值得我们学习的。

另外，在《齐民要术》卷一《种谷第三》贾思勰辑录了粟的 97 个品种，据专家考证，这其中有 11 个品种是转自于前人的记载，而 86 个品种却是贾思勰在"询之老成"、或者亲自观察、总结、研究的基础上自己搜集来后补充进去的。同时，贾思勰还对北魏当时对粟的不同品种的命名方法"多以人姓字为名目"，"亦有观形立名，亦有会义为称"，以及根据味美味恶、是否易春、早熟晚熟等作了总结记录，如"朱谷、高居黄、刘猪獬、道愍黄、聒谷黄、雀懊黄、续命黄、百日粮，有起妇黄、辱稻粮、奴子黄、鱳支谷、焦金黄、鹤履苍——一名麦争场：此十四种，早熟，耐旱，熟早免虫。聒谷黄、辱稻粮二种，味美……此二十四种，穗皆有毛，耐风，免雀暴……一种易春……此三十八种中……二种味美……三种味恶……二种易春……此十种晚熟，耐水；有虫灾则尽矣。"等等，不但详实而且具体，具有非常高的史料价值和应用价值。对这些记录，贾思勰作注说只是"聊复载之云耳"，现在的农业技术专家却认为，贾思勰所归纳的作物品种名称和命名原则，具有很高的科学水准和参考价值，为今后的作物命名提供了鲜活的借鉴。

从以上方面看，贾思勰的读书做学问绝不是闭门造车故弄玄虚，更不是读死书或做文字游戏，他的做法实际上已经完全超越了传统文人的治学常规，拿到今天都是值得学习和重视的。

（二）实地考察，研究总结

读万卷书，行万里路。这是古人对治学的一种最高标准和要求，而贾思勰完全做到了这一点。通过《齐民要术》记载的文字，我们可以推测作者大概的行经之地，从而可以进一步体会作者的严谨治学精神。除了作者的生长和归田所在地齐郡益都（今山东寿光）以及其任太守所在地高阳郡外，《齐民要术》卷三《种蒜第十九》记有："今并州无大蒜，朝歌取种"，"并州豌豆，度井陉已东，山东谷子，人壶关、上党，苗而无实"，"皆余所亲见，非信传疑"等文字，表明贾思亲历之地已涉及并州（今山西太原一带）、朝歌（今河南汤阴附近）、壶关（今山西壶关）、上党（今山西长治）、井陉（今河北井陉）等许多地方。

除了这些，我们从其他卷篇也可找到贾思勰足迹所到之处的一些线索，如北魏前期的首都代（大同及其附近）、济州（山东茌平及其附近）、西安、广饶（当时齐郡所辖区域）、西兖州（山东定陶及其附近）、渔阳（河北密云一带）、陕西境的茂陵等地。可以说，贾思勰的行踪基本遍及了北魏拓跋氏所辖的江淮以北疆域。在古代自然环境恶劣，物质条件匮乏，交通不便，又加之社会不安定的情况下，要想做到这些其难度是可想而知的，但贾思勰却都做到了。如此广泛的行经和考察学习，现实生活中丰富的资源和知识，都成为贾思勰创作《齐民要术》的最好素材。如果没有严谨勤奋的治学精神，没有认真和吃苦的毅力是完全不可能的。

三、著书一丝不苟是贾思勰严谨治学的基本态度

学有所思所得者便记录之，学有所见所成者便著书立说，这是历来中国学者的治学之道，也是文化传承创新的基本规律。贾思勰在广泛阅读、访问、实地考察、躬耕实践的基础上，已准备了所有写作的基础材料，走到了著书立说的治学之巅

（一）体例规范，科学严谨

贾思勰写作《齐民要术》"每事指斥，不尚浮辞"，全书1～6卷讲的是种植业和养殖业，是主要的；7～9卷讲的是农副产品加工的副业生产和保藏，是次要的；第10卷讲的是南方植物资源，因为"种莳之法，盖无闻焉"，又因"非中国所殖者"，所以"存其名目而已"。可以看出，全书是从先解决吃的问题，满足人的生存的基本需要落笔，然后再到蔬菜、果木等种植，畜类、鱼类的养殖，再到家庭事业的经营等等，来不断丰富人们的生活和提高生活质量进行结构安排，完全是人们在现实生活中的基本程序和环节，体现了贾思勰在创作中由主到次、由重到轻的构思理念，这样的安排，无疑是经过了贾思勰深思熟虑的梳理后形成的体系。

而且，贾思勰行文基本是按照解题、正文、引文的体例进行的，结构安排有条不紊，主次处理各有所重，叙述详略得当，简单明了。解题部分在每篇之首，一般用小字注释的形式出现，大多是先征引前人文献，然后再加上作者的按语，其内容又论及作物名称的辨误正名、历史记载、品种及地方名产，兼及形态性状等。正文部分是每篇的主体和精髓，也是作者对调查访问和观察实践所得第一手资料的总结。

对于篇目中没有写进去的知识内容，作者又另立"杂说"一章进行了补录，全书体例更加完整，内容也更加全面具体，治学严谨如此，在古代学者中

是鲜有的，也难怪后世学者特别是农学领域，如影响较大的元代的王祯、明朝的徐光启等，都无一例外地遵循了贾思勰的著书体例，足以可见贾思严谨治学作风对后世影响之大。

（二）引经据典，别出心裁

在古代中国，注（解释古书原文意义）、疏（解释前人注文的意义）、传（解释经文的著作）、纬（指中国汉代以神学迷信附会儒家经义的书）、训诂（对古书字句作的解释）等学问，是传统知识分子治学的基本功和基本途径，在注疏中不断掺杂进自己的见解、嵌入新的思想，形成新的理论观点，成为中国传统文化得以不断传承发展的重要模式。贾思勰创作《齐民要术》也沿袭了这一传统，他自己的说法就是"采捃经传"，从书中可以看到作者大量引用了先秦、两汉魏晋以及同时代的经典文献资料。

就篇幅而言，全书共 118 000，正文 7 万多字，仅注释性的文字就达 4 万多字，正文中引用的文献内容差不多占到全书的一半。贾思勰在征引古文献资料时，采取了严肃、认真、负责的态度，绝不任意删改剪裁，一般都较好地保持了原书的模样，因而给其他经书之类的校勘也提供了很好的考证资料。清代重要学派一"乾嘉学派"的朴学家们就曾利用《齐民要术》中的引文来考订其他文献，又有不少新的发现。贾思勰如此详细征引前人的著述，又在字里行间加入自己的注释、见解，而且作者发表个人见解的注释往往观点新颖，独有建树，对后世影响极大，反映出的正是古人治学的一贯方式，也更可见贾思勰治学严谨的精神。

四、《齐民要术》严谨治学的精神价值

严谨治学是自古至今中外概莫能外的、做学问者共有的一种精神特质，尤其在古代社会经济条件贫乏、学习工具简陋、学习资源有限、学习途径单一的情况下，严谨治学作为一种传承文化、涵养思想、塑造精神的重要方法和途径，就显得尤为重要。我国历史上的北魏孝文帝以后时期，政治上腐败黑暗，社会动荡不安，战乱频仍，经济凋敝，农业生产受到极大的破坏，百姓生活穷困潦倒。在这样的时代背景下，作为一个守土有责的地方官吏，贾思勰有着切身的体会，感受到了问题的严重性，并对此抱有深深的忧虑。

同时，作为一个有正义、有良知、有理想的古代"知识分子"，贾思勰又

以中国文人一贯的传统方式，把自己的理想抱负付诸于治学著书，从他所著的《齐民要术》便可清晰地感受到贾思勰执著坚定的态度，而这种态度就是中国文人一直推崇的严谨治学精神。严谨治学精神作为农圣文化的重要组成部分，从《齐民要术》所传达出来的信息看，主要体现在贾思勰的博览群书、全书严密科学的体系架构、一丝不苟的注评，以及注重学习提高的人文自觉等方面。

我国自古就有"书中自有千钟粟，书中自有黄金屋，书中自有颜如玉"的劝勉格言，剔除功利主义的思想，其中的要义不外是说读书的重要性，劝勉人们通过读书治学求得发展，跳进"龙门"，实现"修身、齐家、治国、平天下"的理想抱负。在文化以快餐式、碎片化形式传播的现代信息社会，虽然传统的学习方式受到严重的冲击，人们的学习有不断偏离正轨、知识学习有着被严重功利化的危险，但读书学习仍然是不可缺少的，而一丝不苟、学而不厌的严谨治学精神也更显得尤为重要。

从国家、民族和事业等大的方面讲，如果没有读书求学、严谨治学的精神，社会风气就容易流于浮躁，发展就缺少坚实的基础和持续的内动力。2014年李克强总理首次提出"全民阅读"概念，2015年"全民阅读"发展为"倡导全民阅读，建设书香型社会"，并于2016年继续对其深化，提出"倡导全民阅读，构建公共文化服务体系"。"全民阅读"连续三年在政府工作报告中被提到，由此可见，阅读不仅对于个人来说，而且对于整个民族、整个国家都有极其深远的意义。阅读可以反映出一个社会的文化，可以折射出一个时代的精神信仰，关系到一个民族的进步和国家的兴旺。

阅读的主要表现形式是读书。通过读不同类型的书籍，大学生可以开阔视野，丰富人生阅历，可以提升修养。习近平总书记在接受俄罗斯电视台专访时曾谈到："读书已成了我的一种生活方式。读书可以让人保持思想活力，让人得到智慧启发，让人滋养浩然之气。读书，可以养浩然之气，塑造高尚人格。"

对于广大知识青年尤其是在校大学生来说，思想观念尚不成熟，正处于学习、积累知识，历练人生的关键阶段，而阅读可以为大学生提供和创造条件，为大学生获取知识、塑造行为、指导大学生价值观念的形成开辟道路。在物质生活日益丰富的今天，不少大学生却逐渐远离书籍，或者不读书，或者只读娱乐消遣、考试应用类书籍，或者以网络阅读完全替代纸版阅读，这在很大程度上影响了大学生价值观的塑造。为倡导大学生自主学习，鼓励大学生多读书、读好书，提升自身文化素质和思想意识，加强大学生对中华民族优秀传统文化的学习、继承和发展，进一步推动大学生素质教育和价值观的形成，潍坊科技学院在 2017—2018 学年工作会议上提出了"4030"读书计划，建议本科生四年读 40 本书，专科生三年读 30 本书，教师指导制订读书计划，深入阅读并定期提交读书心得，教师评阅，学院每学期第十周对各院系读书情况从计划、数量、质量等内容进行中期检查，学期末学校教务处组织评委进行评比打分，将得分情况纳入院系教学管理量化。将优秀读书心得装订成册，每学年对读书优秀院系部进行表彰。学院高度重视读书对当代大学生价值观的影响，极力为大学生的生活、学习创造一个充满书香气的校园环境。

从一个人自身求学获取知识的角度讲，读书治学也是提高和完善自身素养的重要途径。一个人不读书，其素养就很难提高，其才学就有很大局限。一个素养不高，学识不深的人，他说的话、做的事一定是苍白而缺乏影响力的，他的发展也不会左右逢源一路坦途。

五、农学思想和《齐民要术》研究会与农圣文化研讨会

寿光市位于山东半岛中北部，渤海莱州湾南畔，总面积 2 072 平方公里，辖 14 处镇街道，1 处生态经济园区，975 个行政村，人口 110 万，是"中国蔬菜之乡"和"中国海盐之都"。先后荣获"全国文明城市""国家生态园林城市""国家农产品质量安全市"等国家级荣誉称号，是江北地区唯一拥有"中国人居环境奖""联合国人居环境奖"两项殊荣的县级市，是中央确定的改革开放 30 周年全国 18 个重大典型之一。寿光历史源远流长，人杰地灵。寿光于公元前 148 年置县，境内现已发现北辛、大汶口、龙山、双王城盐业遗址群等古文化遗迹 150 多处，是夏代斟灌国、西周纪国的建都地。寿光人才辈出，史有"三圣"：农圣贾思勰著有世界上第一部农学巨著《齐民要术》，文圣仓颉在此创造了象形文字，盐圣夙沙氏开创了"煮海为盐"的先河。

文化的魅力在于不断地吸纳、融合，不断地推陈出新，早在 20 世纪 50 年代，以研究贾思勰《齐民要术》为主要内容的学术活动，在日本就已经形成了一门专门的学问——"贾学"。在中国，在农圣贾思勰的家乡——山东省寿光市，以学术研究身份亮相国际学术舞台是 21 世纪初的事，最典型的代表就是寿光"农学思想和《齐民要术》研究会"的成立及"中华农圣文化国际研讨会"的召开，标志着"贾学"研究进入了一个全新的历史时期，也是《齐民要术》农学文化思想创新发展的另一个重要里程碑。

2001 年 9 月，潍坊科技职业学院（潍坊科技学院前身）成立之初，学院

就紧密契合寿光蔬菜产业经济发展需要，设立"蔬菜花卉系"，相继开设了园艺技术（蔬菜）等多个涉农专业，标志着学院秉承农圣"要在安民，富而教之"的千年梦想，向农圣文化传承创新迈出了坚实的第一步。2004 年 4 月，学院成立"贾思勰农学思想研究所"，广邀国内专家，组织系列学术活动，取得丰富研究成果，标志着学院以贾思勰农学思想和《齐民要术》为主要内容的专业学术研究进入新阶段。2005 年 10 月，在寿光市委市政府关心支持下，在时任寿光市人大常委会副主任王焕新、三元朱村党支部书记王乐义等领导积极推动下，寿光市《齐民要术》研究会正式成立。标志着农圣文化传承创新进入高校与协会互补，学术研究、科研实践二位一体的新阶段。2011 年 12 月，寿光市齐民要术研究会成功换届，刘效武当选第二届会长，带领全体会员正风气、扬正气、扎扎实实干工作，聚精会神搞研究，贾效孔（已故）、王冠三、孙仲春、朱振华、胡国庆等老一批专家积极响应、热心支持，出版《贾思勰与齐民要术研究论集》，为之前一段时期的农圣文化研究作了一次重要梳理和总结。同年 4 月，第 12 届中国（寿光）国际蔬菜科技博览会期间，学院蔬菜花卉系更名为"贾思勰农学院"，标志着以农圣文化为特色的农学学科体系建设不断完善，应用性科研和社科研究得到不断强化。并在全校开展了以农圣文化为特色的优秀传统文化（国学）教育。2015 年 10 月，山东省农业历史学会2015 年学术年会在学院召开，会议增补学院为副理事长单位，标志着农圣文化研究平台得到有效提升，传承创新实践和社会服务不断深入，农圣文化研究进入了重要发展期。2016 年 4 月，学院进一步融合贾思勰农学思想研究所和寿光市《齐民要术》研究会力量，全面启动农圣文化研究中心创建工作。6月，经寿光市齐民要术研究会推荐，学院当选为国家一级学会中国农业历史学会常务理事单位。2017 年 3 月，农圣文化研究中心获批"十三五"山东高校人文社会科学研究基地。学院和寿光市齐民要术研究会凝心聚力，抢抓机遇，积极工作，继续向国家一级学会中国农业历史学会申报"农学思想与《齐民要术》研究会"；6 月，中国农史学会审议并同意学院设立"中国农业历史学会《齐民要术》研究工作组"，标志着农圣文化研究平台建设得到更好拓展和提升；7 月，学院与寿光市齐民要术研究会联合编撰的大型农圣文化研究成果《中华农圣贾思勰与〈齐民要术〉研究丛书》出版，《丛书》受到国家出版基金资助，入选"十三五"国家重点图书出版规划项目，获第四届潍坊市"风筝都文化奖"，代表了寿光在农圣文化研究方面的最新成果。2018 年 6 月，中国农业历史学会正式批复，同意学院成立"农学思想与《齐民要术》研究会"，这是寿光从事农圣文化研究近 20 年积累和努力的结果，也标志着农圣文化研究进入了全国联动、科学规范和高层次、深度发展的全新阶段。

"繁霜尽是心头血，洒向千峰秋叶丹"，农学思想与《齐民要术》研究会获批国家二级学会，是寿光市《齐民要术》研究会学术研究层次上的提升，是实现农圣文化得到学术界认可、能在全国学术界占有一席之地目标的重大突破，更是"文化寿光"名市建设的重要发展成果，凝聚着寿光市委市政府的决策智慧和关心支持，凝聚着寿光市《齐民要术》研究会两任会长和全体会员的心血，凝聚着全市人民对农圣文化更高层次传承创新发展的美好愿望，更是我校在山东高校人文社会科学研究基地——农圣文化研究中心的基础上，落实以农圣文化为特色的优秀传统文化育人举措，助推乡村振兴国家战略，契合山东省新旧动能转换，服务寿光"文化名市"建设的实际行动。

中华农圣文化国际研讨会是一个世界性的现代农业高端学术论坛，是中国（寿光）国际蔬菜科技博览会的重要组成部分，又是中华农圣文化节的重要内容之一。研讨会旨在弘扬传统农业文化，传播现代农学思想，发展现代农业科技，促进农业国际交流与合作，推动现代农业的发展与进步。2010 年 4 月25—27 日，由中华农圣文化节领导小组主办，潍坊科技学院承办，寿光市《齐民要术》研究会协办的首届中华农圣文化国际研讨会于在潍坊科技学院国际会议中心隆重举行。之后每年在中国（寿光）国际蔬菜科技博览会（4 月20—5 月 30 日）期间举行。会议吸引了美国、德国、澳大利亚、阿根廷、荷兰、以色列、印度、美国、日本等国家地区和国内的农学专家学者积极与会，围绕《齐民要术》农学文化思想和现代农业发展展开热烈的研讨。研讨会组织方根据时代特点和农业发展趋势，确定不同的研讨主题，向世界各地的专家学者、行业领域威权代表提前发出邀请。

中华农圣文化国际研讨会的常驻地点设在潍坊科技学院，每年 4 月份，来自全球各地的专家、学者云集潍坊科技学院国际会议中心，围绕农圣文化和现代农业发展展开热烈讨论。会议期间，与会专家学者和行业代表还被邀请到中国（寿光）国际蔬菜科技博览会、中国寿光蔬菜博物馆和建有农圣文化公园的弥河生态农业观光园进行参观考察，让他们置身农圣文化大观园，领略和品味农圣文化在中国、在寿光传承创新发展的最新成果。每次会议结之后，都会形成重要的学术研究成果——中华农圣文化国际研讨会论文集。如《贾思勰农学思想研讨会论文集》《〈齐民要术〉与现代农业高层论坛论文集》（《中国农史》2016 年增刊）《中国现代农业技术和经济研究——首届中华农圣文化国际研讨会论文集》(中国农业科学技术出版社，2010 年 4 月)《全球视角下的当代农业问题研究——第二届中华农圣文化国际研讨会论文集》(中国农业科学技术出版社，2011 年 3 月)《世界农业文明传承与现代农业科技创新——第三届中华农圣文化国际研讨会论文集》(中国农业科学技术出版社，2012 年 4 月)《弘扬世界农业文明　发展现代绿色农业——第四届中华农圣文化国际研讨会论文集》(中国农业科学技术出版社，2013 年 4 月)等。丰硕的学术理论成果，体现了当今世界农业的前沿思想和领先技术，也体现了与会专家学者的严谨学风、渊博学识和睿智思想，在国际学术领域产生了广泛的影响。

中华农圣文化国际研讨会的举办，为中外专家学者搭建了一个交流合作的国际舞台，对农圣文化的传播和创新发展，对宣传中国文化，树立中国形象，表达中国声音，提升中国的学术水平，增进国际交流与合作，发挥了至关重要的作用。

六、《齐民要术·序》选读

【原文】

神农、仓颉[1]，圣人者也；其于事也，有所不能矣。故赵过[2]始为牛耕，实胜耒耜[3]之利；蔡伦[4]立意造纸，岂方缣、牍之烦？且耿寿昌[5]之常平仓，桑弘羊[6]之均输法，益国利民，不朽之术也。谚曰'智如禹汤，不如尝更'。是以樊迟请学稼[7]，孔子答曰"吾不如老农"[8]。然则圣贤之智，犹有所未达，而况于凡庸者乎？

【注释】

(1) 仓颉：相传是黄帝时的史官，汉字的创造者。

(2) 赵过：汉武帝时任"搜粟都尉"(中央高级农官)，曾总结前人经验创制三脚楼和"代田法"，促进了当时的农业生产。但牛耕不是从赵过开始的，至迟在春秋时已经知道牛耕。

(3) 耒耜(lěi sì)：古代耕地用的农具，即原始的犁。也作为农具的统称。

(4) 蔡伦(？—121)：东汉和帝、安帝时宦官。他总结西汉以来造纸经验，改进造纸方法，使造纸技术前进一大步。

(5) 耿寿昌：西汉宣帝时中央农官。他建议在西北边郡建置"常平仓"，谷贱时以高价收进，谷贵时以低价卖出，以调节和平抑粮价，为后世"义仓"、"社仓"、"惠民仓"等的滥觞。

(6) 桑弘羊（前152—前80）：汉武帝时中央高级农官。他创立的"均输法"：一种利用物价的差异进行异地运输来调节和平抑物价的措施，借以防止商人投机倒把，而增加政府收入。

(7) 樊迟（前515—?）：孔子学生，一名须。他不专心读书，要学种庄稼种菜，孔子感叹道道："小人哉！樊须也。"

(8) 樊迟的故事和孔子的话，见《论语·子路》。孔子原意是说老农之事为细事，非治国治人之学问，非我所宜从事者，贾氏引之，则谓不如老农之能治农事，反其意而用之也。

【导读】

要有知行合一经验，才能指导农业教化农民。神农、仓颉这样的大圣人也有局限性，也有做不到的事。"智如禹汤，不如尝更"，即使有夏禹、商汤的智慧，也不如从实践中获得的知识和经验。知行合一的经验，对于农业指导尤为重要，做过农业，才能指导农业，不懂农业就不适合教化农民。

樊迟，孔子弟子，他向老师请教稼穑之事，或谓农业之事，孔子没有解答弟子的提问，而是以"吾不如老农"回应，孔子坦诚地承认自己不懂农业，关于农业的知识，自己还不如一个有经验的农民。孔夫子没有以老师自居没有以大学问家自居，不懂就不懂，不懂不装懂，避免贻害百姓。

【原文】

今采捃经传，爰及歌谣，询之老成，验之行事；起自农耕，终于醯醢，资生之业，靡不毕书，号曰《齐民要术》。凡九十二篇，束为十卷[1]。卷首皆有目录[2]，于文虽烦，寻览差易。其有五谷、果蓏非中国所殖者，存其名目而已；种莳之法，盖无闻焉。舍本逐末，贤哲所非，日富岁贫，饥寒之渐，故商贾之事，阙而不录。花草之流，可以悦目，徒有春花，而无秋实，匹诸浮伪，盖不足存。

鄙意晓示家童，未敢闻之有识，故丁宁周至，言提其耳，每事指斥，不尚浮辞。览者无或嗤焉。

【注释】

(1) "束"，日本金泽文库抄北宋本（简称金抄）如字，他本作"分"。"束"谓卷束。那时写书卷束成圆轴，以一轴为一卷，还没有分页装订成册。

(2) 按，原书每卷卷首均有目录，今书前已做目录，故各卷前之目录均予删削，以免重复。

【导读】

这最后一段落实到写书，表明写书的基本原则和态度：第一取材准则：①

尊重历史发展，选录有关农业文献，阐明农业发展的历史继承性，作为当前的精神激励和生产上的借鉴；②尊重现实，吸收民间从实践中形成的富有生命力的谚语；③向富有经验的老农和内行请教，群众经验是最可宝贵的技术源泉；④亲自去做，通过亲身实践加以验证和提高。第二写作范围：从农耕、畜牧到农产品加工利用以至菜肴、糕点等，都写在里面。另外，采录了有食用价值的不是"中国"（后魏疆域）的南方植物。第三摒弃对象：丢掉农业根本去追求空头买卖赚钱的事，好看不管用的花花草草，一概不录。第四写作态度：不以辞藻炫耀自己，力求朴素无华，切切实实交代清楚该怎样做和说明问题，做到如说家常，使人人易懂，不厌其详，说透道理。

第三节 腹有诗书气自华

一、和董传⁽¹⁾留别

北宋·苏轼

麤缯大布裹生涯⁽²⁾，腹有诗书气自华⁽³⁾。

厌伴老儒烹瓠叶⁽⁴⁾，强随举子踏槐花⁽⁵⁾。

囊空不办寻春马⁽⁶⁾，眼乱行看择婿车⁽⁷⁾。

得意犹堪夸世俗⁽⁸⁾，诏黄新湿字如鸦⁽⁹⁾。

【注释】

（1）董传：字至和，洛阳（今属河南）人。曾在凤翔与苏轼交游。宋神宗熙宁二年（1069）卒。

（2）麤（cū）缯：粗制的丝织品。麤：同"粗"。大布：古指麻制粗布。裹：经历。生涯：人生的境遇过程。

（3）腹有：胸有，比喻学业有成。诗书：原指《诗经》和《尚书》。此泛指书籍。气：表于外的精神气色。华：丰盈而实美。

（4）老儒：旧谓年老的学人。瓠叶：《诗经·小雅》的篇名。共四章。根据诗序：瓠叶，大夫刺幽王也。或以为燕饮之诗。首章二句为：幡幡瓠叶，采之亨之。

（5）举子：指被推荐参加考试的读书人。踏槐花：唐代有"槐花黄，举子忙"俗语，槐花落时，也就是举子应试的时间了，后因称参加科举考试为"踏

槐花"。

（6）囊空不办：囊空：口袋里空空的，比喻没有钱。寻春马：引用孟郊《登科后》诗："昔日龌龊不足夸，今朝放荡思无涯。春风得意马蹄疾，一日看尽长安花。"

（7）择婿车：此指官贾家之千金美女所座之马车，游街以示择佳婿。唐代进士放榜，例于曲江亭设宴。其日，公卿家倾城纵观，高车宝马，于此选取佳婿。

（8）得意：即"春风得意"，意谓黄榜得中。世俗：社会上流传的风俗习惯。

（9）诏黄：即诏书，诏书用黄纸书写，故称。字如鸦：诏书写的黑字。

二、观书有感

南宋　朱熹
半亩方塘一鉴开⁽¹⁾，天光云影共徘徊⁽²⁾。
问渠那得清如许⁽³⁾？为有源头活水来⁽⁴⁾。

【注释】

（1）方塘：又称半亩塘，在福建尤溪城南郑义斋馆舍（后为南溪书院）内。鉴：镜。古人以铜为镜，包以镜袱，用时打开。

（2）这句是说天的光和云的影子反映在塘水之中，不停地变动，犹如人在徘徊。

（3）渠：他，指方塘。那（nǎ）得：怎么会。那：通"哪"，怎么的意思。清如许：这样清澈。

（4）源头活水：源头活水比喻知识是不断更新和发展的，从而不断积累，只有在人生的学习中不断学习运用探索，才能使自己永葆先进和活力，就像水源头一样。

三、北大校长送给学子的 10 句话

北大校长王恩哥上任时，曾向学生说过十句话，看似简单，却被学生引为"新的校训"。王恩哥曾任北京大学校长。中共党员，理学博士，教授，中国科学院院士，第三世界科学院院士，美国物理学会会士（APS Fellow），英国物

理学会会士。

第一句话：结交"两个朋友"，一个是图书馆，一个是运动场。到运动场锻炼身体，强健体魄。到图书馆博览群书，不断的"充电""蓄电""放电"。

第二句话：培养"两种功夫"，一个是本分，一个是本事。做人靠本分，做事靠本事。靠"两本"起家靠得住。

第三句话：乐于吃"两样东西"，一个是吃亏，一个是吃苦。做人不怕吃亏，做事不怕吃苦。吃亏是福，吃苦是福。

第四句话：具备"两种力量"，一种是思想的力量，一种是利剑的力量。思想的力量往往战胜利剑的力量。拿破仑的名言："一个人的思想走多远，他就有可能走多远。"

第五句话：追求"两个一致"，一个是兴趣与事业一致，一个是爱情与婚姻一致。兴趣与事业一致，就能使你的潜力最大限度地得以发挥。恩格斯说，婚姻要以爱情为基础。没有爱情的婚姻是不道德的婚姻。也不会是牢固的婚姻。

第六句话：插上"两个翅膀"，一个叫理想，一个叫毅力。如果一个人有了这"两个翅膀"，他就能飞得高，飞得远。

第七句话：构建"两个支柱"，一个是科学，一个是人文。

第八句话：配备两个"保健医生"，一个叫运动，一个叫乐观。运动使你生理健康，乐观使你心理健康。日行万步路，夜读十页书。

第九句话：记住"两个秘诀"，健康的秘诀在早上，成功的秘诀在晚上。爱因斯坦说过：人的差异产生于业余时间。业余时间能成就一个人，也能毁灭一个人。

第十句话：追求"两个极致"，一个是把自身的潜力发挥到极致，一个是把自己的寿命健康延长到极致。（文字资料来源于南方日报微博）

四、习近平：读书可以开启智慧　滋养浩然之气

习近平主席素有"书迷"之称

从德国哲学家雅斯贝尔斯到希腊诗人埃斯库罗斯，从海明威到大仲马，从巴赫到贝多芬，从屈原到陆游，从老庄到孔孟……习近平文艺工作座谈会上一万两千余字的讲话稿中，至少提到了 136 人。从诗经、楚辞到汉赋、唐诗、宋词、元曲及明清小说，从"五四"时期新文化运动、新中国成立到改革开放的

今天，习近平对浩如烟海的文艺精品皆可信手拈来。那么，习近平是如何通过读书塑造正确的人生观、价值观呢？

读书修身　从政以德

检索媒体报道不难发现，习近平爱读书至少可追溯到 1969 年。那年他不到 16 岁，在黄土高坡上，开始知青生涯，读书不辍。

2013 年"五四"青年节，习近平同各界优秀青年代表座谈时提到，"我到农村插队后，给自己定了一个座右铭，先从修身开始。一物不知，深以为耻，便求知若渴。上山放羊，我揣着书，把羊圈在山坡上，就开始看书。锄地到田头，开始休息一会儿时，我就拿出新华字典记一个字的多种含义，一点一滴积累。"

"那个年代，我想方设法寻找莎士比亚的作品，读了《仲夏夜之梦》《威尼斯商人》《第十二夜》《罗密欧与朱丽叶》《哈姆雷特》《奥赛罗》《李尔王》《麦克白》等剧本。莎士比亚笔下跌宕起伏的情节、栩栩如生的人物、如泣如诉的情感，都深深吸引着我。"2015 年 10 月，习近平在伦敦金融城市长晚宴演讲时谈起插队生活，"年轻的我，在当年陕北贫瘠的黄土地上，不断思考着'生存还是毁灭'的问题，最后我立下为祖国、为人民奉献自己的信念。"

翻阅《之江新语》，我们发现其中关于"读书"主题的就有四五篇。他提出，"我们国家历来讲究读书修身、从政以德。古人讲，'修其心、治其身，而后可以为政于天下'，'为政以德，譬如北辰，居其所而众星拱之'，'读书即是立德'，说的都是这个道理。传统文化中，读书、修身、立德，不仅是立身之本，更是从政之基。按照今天的说法，就是要不断加强党员领导干部的思想道德修养和党性修养，常修为政之德、常思贪欲之害、常怀律己之心，自觉做到为政以德、为政以廉、为政以民。"

习近平还曾在多个场合谈及领导干部读书的重要性。2014 年 5 月，习近平在上海考察时要求，领导干部"少一点应酬，多用一些时间静心读书、静心思考"。

以书识友　学以致用

1983 年，习近平从中央军委办公厅秘书岗位上转业，来到河北正定县任职县委副书记，在这里他结识了知己贾大山。他后来在《忆大山》一文中提到，那时候的贾大山虽然只是一个业余作者，但其小说《取经》已摘取了新时期全国优秀短篇小说奖的桂冠，正是一颗在中国文坛冉冉升起的新星。

未到正定之前习近平就曾读过几篇大山的小说，常常被他那诙谐幽默的语言、富有哲理的辨析、真实优美的描述和精巧独特的构思所折服。到正定后，习近平第一个登门拜访的对象就是贾大山。作为一名作家，贾大山有着洞察社会人生的深邃目光和独特视角。在将贾大山引为知己的同时，习近平也把他作为及时了解社情民意的窗口和渠道，作为行政与为人的参谋和榜样。

2014 年，习近平在文艺座谈会上讲到，"我年轻时读了不少文学作品，涉猎了当时能找到的各种书籍，不仅其中许多精彩章节、隽永文字至今记忆犹新，而且从中悟出了不少生活真谛。文艺也是不同国家和民族相互了解和沟通的最好方式。"

熟读世界名著的习近平用自己对于经典著作的体会来寻求各国之间的共识。2015 年 9 月，习近平在华盛顿州当地政府和美国友好团体联合欢迎宴会上演讲时表示："我青年时代就读过《联邦党人文集》、托马斯·潘恩的《常识》等著作，也喜欢了解华盛顿、林肯、罗斯福等美国政治家的生平和思想，我还读过梭罗、惠特曼、马克·吐温、杰克·伦敦等人的作品。海明威《老人与海》对狂风和暴雨、巨浪和小船、老人和鲨鱼的描写给我留下了深刻印象。我第一次去古巴，专程去了海明威当年写《老人与海》的栈桥边。第二次去古巴，我去了海明威经常去的酒吧，点了海明威爱喝的朗姆酒配薄荷叶加冰块。我想体验一下当年海明威写下那些故事时的精神世界和实地氛围。我认为，对不同的文化和文明，我们需要去深入了解。"

这一长串深刻影响了近代思想的名字的背后，透视出习近平对美国文化的理解与尊重，自然拉近了中国人民同美国人民心理上的距离。在国外的数次演讲中，他同样广泛谈到了各国的优秀著作，以读书的深刻体会拉近彼此之间的距离，寻找到各国与中国契合的脉搏，为世界和平和发展谋取福祉。

党的十八大后，担任中共中央总书记、国家主席、中央军委主席的习近平开始了治国理政的繁忙工作，在日理万机之余，他从未中断的就是读书。

2014 年 10 月，在文艺座谈会上，习近平多次回忆自己年轻时的阅读史，他在陕北农村插队时"带了沉甸甸一箱书"、"边吃饭边看砖头一样厚的书"，还到处借书看，听说 30 里地外的下乡知青带了一套《浮士德》，就走了 30 里山路去借回来看。

2015 年春节前夕，习近平重回当年延安插队村庄，指着曾经住过的窑洞说道，"我那时爱看书，晚上点着煤油灯，一看就是半宿，第二天早起，吐出来的痰都是黑的。"

正是凭着这种勤奋好学、坚韧不拔的劲头，青年习近平圆了他的大学梦。

在报考大学时，习近平三个志愿填的都是清华大学。1975年，习近平如愿进入清华大学化工系基本有机合成专业，度过了四年大学生活。

2014年2月，习近平在索契接受俄罗斯电视台采访时说："对我来说，问题在于我个人的时间都去哪儿了？当然是都被工作占去了。现在，我经常能做到的是读书，读书已成了我的一种生活方式。读书可以让人保持思想活力，让人得到智慧启发，让人滋养浩然之气。"

从2013年12月31日至今，习近平以国家主席身份连续三年发表了新年贺词，在聆听习主席令人振奋的贺词的同时，我们也看到了他的办公室和他身后偌大的书架。据媒体梳理，书架上图书大致分为：古典文学、现当代文学、辞典、历史、国际政治、科学素养等类。大致有《诗经》《唐宋八大家散文鉴赏大全集》《宋词选》《鲁迅全集》《老舍全集》《外国小说鉴赏辞典》《李比希文选》《21世纪资本论》《抗日战争》《世界秩序》等。从这门类齐全的书架中，我们可以看到，习近平汲取着古今中外的文化智慧，并把它浓缩为治国理政的远见卓识。

读书这个爱好，伴随着习近平从梁家河村的窑洞到清华大学的课堂，从正定到福建，从浙江到中央，一路追寻过来，读书已经成为他的一种生活方式，存在于他工作、生活的每一个片段，日积月累，逐渐积淀成为治国理政的大智慧。来源：央视网（文/李丹）

第四节　实践体验设计

项目一：我校图书馆"芸台购"系统

为满足广大师生对专业图书的需求，提高馆藏纸本专业图书的质量，增加各类专业书籍的馆藏量，潍坊科技学院图书馆"芸台购"平台正式上线，师生们在专业书籍选择方面可真正做到"我的图书我作主"。

"芸台购"是浙江省新华书店集团打造的线上购书，线下还书，读者购书，图书馆买单的全新购书系统。该平台优选百万种精品纸质图书和电子图书，师生通过潍坊科技学院图书馆微信公众号、"芸台购"微信小程序、芸台购公众号、芸台购网站、芸台购APP即可使用，操作简单易学。

师生可在线购买自己喜欢的专业书籍，下单后图书将以快递方式邮寄至读者手中，阅读完毕将图书归还图书馆，图书馆再由专人进行分类、编目、加工、上架，供更多师生借阅，丰富师生借阅选择。

"芸台购"使用规则：

1. 凡持有潍坊科技学院有效正式一卡通的读者均可享受图书荐购和借阅服务。凭本人一卡通每次可最多借阅图书3册。

2. 读者可通过以下6种方式进入"芸台购"平台借购图书：

（1）潍坊科技学院微信公众号——底部菜单"校园服务"——"芸台购"

（2）潍坊科技学院图书馆微信公众号（潍坊科技学院图书馆）底部菜单"芸台购"；

（3）微信小程序"芸台购"；

（4）芸台购微信公众号；

（5）芸台购网站（http：//yuntaigo.com）；

（6）芸悦读 APP。

3. 新用户须先在芸台购平台通过手机号自行注册账号，之后绑定成员馆（潍坊科技学院图书馆），填写认证账号（工号/学号、18级为一卡通卡号）和认证密码（身份证号或身份证后六位）。

4. 读者在系统内选择符合本规定的未入馆藏或已入馆藏但复本数未达到3册的图书，填写收货地址（地址限山东省内），购书金额满75元免邮费，未满75元，需付邮费5元。

5. 借阅图书单册价格上限150元。工具书、辞典、多卷书、大型文献不在此次借阅服务范围内，该类文献可直接向图书馆采访部推荐购买（荐购方式："芸台购"荐购平台、图书馆 OPAC 荐购平台）。

6. 读者所选图书须是近3年出版的教学科研用书，符合学校学科专业需求和图书馆入藏要求，下列文献类型不列入借阅范围：文学类、光盘、期刊、考试用书、教材教辅、标准、折纸、卡片、少儿、生活类、书法类、歌曲集、乐谱、挂图、口袋书、立体书、线装书、无脊书、活页、画册、地图、小于32开本、原版进口图书等。

7. 借阅天数为30天（自确认收货时计算，物流签收10天后未确认收货者，系统自动确认），且不能续借。

8. 还书地点：潍坊科技学院图书馆二楼大厅西侧服务台。

9. 图书一经借阅成功，读者应遵守图书馆借阅规定，逾期未还，不可再次借阅；逾期未还达3次（册）者，取消本服务的借阅权限；如出现图书破损、丢失、超期等情况，按图书馆相关规定处理。

项目二：潍坊科技学院关于开展 2018—2019 学年 "4030" 读书计划的实施方案

为进一步深化校园文化建设，促进全校学生文化素养的提升，根据 2017 年潍坊科技学院工作会议上提出的 "4030" 读书计划的要求，倡导大学生自主学习，鼓励大学生多读书、读好书，加强大学生对中华民族优秀传统文化的学习、继承和发展，打造 "书香校园"，经教务处研究决定，2018—2019 学年在全校范围内继续开展 "4030" 读书活动，为使本次活动得以有效开展，特制定以下方案：

（一）指导思想

坚持以邓小平理论、"三个代表" 重要思想、科学发展观和习近平总书记新时代中国特色社会主义思想为指导，遵循 "读书、立志、成才" 的指导思想，以书育人，以书启智，以书养德，营造 "人人爱阅读，处处飘书香" 的学习氛围，提升学生人文素养，提升班级、学校文化品位，丰富教育发展内涵。此次活动的开展为全面打造 "以质量著称的应用型特色名校，努力建设家长满意、师生幸福、社会尊重的大学" 的校园文化提供强有力支撑和思想保障。

（二）活动对象及要求

大学部全体学生。

本科生四年读 40 本书（本专业书籍除外），每学期至少 5 本；专科生三年读 30 本书（本专业书籍除外），每学期至少 5 本。

（三）读书计划内容

大学生读书计划分为：读书计划制定（选择书目）、深入阅读、提交读书笔记、举行 "读好书　诵经典" 大赛、举办 "4030" 读书知识竞赛。

1. 读书计划制定（选择书目）：指导教师指导学生制定读书计划，并根据自身兴趣选择书目（可参考五大学部推荐书目），所阅读书目应符合社会主义主流价值观、积极向上的各类图书。

2. 深入阅读：每个院系可建立一个 "读书会" 社团，由喜爱读书的学生组成，该社团成员认真阅读书籍，定期举办社团活动，分享阅读经验、交流读书心得。

3. 提交读书笔记：各院系自己制定读书计划安排，提交读书笔记。

4. "读好书 诵经典"大赛：各二级学院根据学校读书计划内容，制定本院系活动方案，在班级评比、院系内部评阅（评比）基础上，每个院系推荐1～2组参加学校的"读好书 诵经典"大赛（形式可多种多样，适合舞台表演即可）。

5. "4030"读书知识竞赛：各二级学院根据学校读书计划内容，制定本院系活动方案，在班级评比、院系内部评阅（评比）基础上，每个院系推荐3～5人参加学校"4030"读书知识竞赛。

（四）读书计划时间安排

2018.9 制定方案，宣传发动。五大学部推荐读书书目。

2018.10 各二级院系成立读书角，组建"读书会"社团，并将活动情况汇报。将读书活动与班级文化建设的考评结合，对各班的读书活动开展情况进行适时地评价。

2018.11 中期检查。各二级学院汇总学生读书笔记、读后感等的撰写情况，并且进行评价。各二级学院自行开展各种读书比赛活动，教务处组织检查，进行评比打分，将得分情况纳入院系教学管理量化。教务处与语言文字办公室联合举办"读好书 诵经典"大赛活动。

2018.12 教务处牵头，举办"4030"读书大赛活动，评选"潍坊科技学院'最爱读书的人'"，评选出一、二、三等奖若干名，并且评选出"最爱读书优秀院系"，给予一定的物质奖励并颁发证书。对各院系优秀读书笔记、读后感整理展览，并选取优秀读书心得在学校主办的校报上发表。

2019.1 各二级学院将各种读书材料装订成册交教务处。

第三章 求索篇

第一节 吾将上下而求索

一、"求索"是中华民族精神的传承

求，则追其源，孔子说："我非生而知之者"，是"敏而求之者"；索，则探其本。《周易·系辞》写道："探赜索隐，钩深致远"。求索者，求立身之道，索立身之法，追求、探索者也。求索是一种态度，一种积极的人生态度，一种不断追求卓越、追求完美的态度。

从历史和现实看，求索精神是在人类经济发展和文化进步的过程中盛开的花朵，中华民族求索攻坚的精神代代相传。从荒蛮蒙昧的远古时代到现代文明社会，一部部创业史诗是一代一代求索精神的生动写照。古往今来，各个历史时期的杰出人物求索创新，为后人留下了一个个光辉典范。早在春秋战国时期，伟大的民族诗人屈原，就发出了"路漫漫其修远兮，吾将上下而求索"的呼声。古代的扁鹊、蔡伦、张衡、祖冲之、李时珍、徐霞客；现代的李四光、高士其、华罗庚等，他们中有的人创造了世界上第一台地动仪，领先世界1 700多年；有的人求到了圆周率小数点后7位数，领先于世界1 100多年；有的人为确立中国第四纪冰川说而跋山涉水，吃尽辛苦考察了大半个中国；有的人为解除人民痛苦，挽救人民的生命而潜心研究细菌，甚至不惜自己吞食细菌来体验种种反应。中国的近代革命史，实质也是一部求索攻坚与创新的历史。面对千疮百孔，满目疮痍的旧中国，面对强大的反动势力，革命前辈苦苦探索救国救民之路，前仆后继，浴血奋战。现代伟大文学家鲁迅先生，在他的五四新文学奠基之作的《彷徨》中，即以屈原"上下求索"的诗句为书的题词，借屈原的话来表达自己为革命而奋斗的思想和毫不妥协的韧性战斗精神。

"求索"精神与中华民族精神的关系，是共性与个性的关系。"求索"精神作为个性，既为作为共性的中华民族精神所统摄，又因其丰富性和具体性，成

为中华民族精神在现代的具体体现。

作为潍坊科技学院校训的一部分，"求索"意为科学求真，师生的教学过程应是探索真理的过程。教师从事的是创造性工作，教师富有创新精神，才能培养出创新人才。学生面对的是未来的事业，学生富有创新精神，才敢为天下先。为师者，不断求索才能让事业有不竭之动力。为生者，不断求索方能创人生之辉煌，方能让壮志有不竭之源泉。求索，是一个无止境的动态过程，没有穷尽，永不终止。朝着新方向、新目标不懈地追求、不断地超越，这是一种自强不息的奋进精神，一种勇往直前的攀登意志。我们所追求的，正是这样一种人文精神的引领。

二、传统文化视角下"求索"的内涵与经典选读

（一）传统文化视角下"求索"的内涵

从词源出处来看，"求索"成为固定词组，源至于屈原在诗词《离骚》，"路漫漫其修远兮，吾将上下而求索"一句。经过几千年的发展，屈原的求索之志已然成为我们的民族精神，其形成，跟楚地的多种文化传统有着联系。

楚国的先祖叫做熊绎，熊绎的曾祖父鬻熊辅佐成王灭商有功，成王将五十里的蛮荒之地划分给了熊绎，封他为子爵，楚由此而来。经过熊绎以及他的后代的不懈努力，楚国成为了大国。春秋时，甚至一度成为霸主，发生楚王发兵洛阳、问鼎中原这样的故事，战国时则成为七雄之一。楚国由弱变强，楚人在曲折的奋斗中负重前行，成为诸侯畏惧的泱泱大国，全凭一股执著坚韧的劲头。屈原就出生在这样一个国度，他的身上带着楚人特有的气息。"路漫漫其修远兮，吾将上下而求索"，屈原以诗的形式，表达出楚民族执著坚韧的进取精神。

受道家文化影响，探索治乱。楚地是道家的发祥地，老子是道家的始祖，老子本身就是楚国人。《老子》从探讨宇宙万物起源出发，提出了"道"的概念，自然界中事物所运行的规律叫做天道，而社会中事物运行的规律叫做"人道"。老子主张"人道"要合于"天道"，所以主张顺其自然，无为而治。而屈原的另一篇很重要的作品《天问》，就是借鉴了《老子》的结构，先是天地形成的天道，接下来是尧舜禹圣人之道，再是夏商周三代"人道"，最终回归到现实，这就反映了屈原对治乱问题进行的探索，也说明屈原是一个深刻的思想家。

　　受儒家文化影响，以身殉道。春秋战国时期，士阶层崛起。屈原身上始终带着士人知识分子的气质。根据清代学者王芬的概括，"士"人格有几大特征：其一是深沉的"忧患意识"。屈原身上，肩负着沉重的时代使命感和社会责任感，因而产生出深沉的忧患意识。我们用《诗经》做个对比来说明这件事。《诗经》比《离骚》早一点，当时分封制开始实行，宗主国为了了解下面的民情，就派大量的采诗官去民间采风，所以《国风》里的诗要么是赞美，要么是怨刺，他们大多数仅仅停留在批判这个层面。但是，屈原呢？屈原在清醒而深刻的认识社会现实以后，他做的工作是开始寻找解决之道。所以，他的求索，是实践意义上的，这是超越了群体的个体的思索和追问。马克思在《论费尔巴哈的提纲》中有一段名言："哲学家从来都是以各种不同的方式解释世界，但真正的关键是改变它"。所以，屈原做的工作就是改变。他是一个痛苦的实践者。思索本身就是痛苦的，没有答案的思索更是痛苦，有良药而无法治病的痛苦更是极致。他知道楚国的问题在哪里，他知道只有楚君能够解决这个问题。可是楚国昏庸，所以，他别无他法。"别无他法"这四个字和"无力回天"一样，葬送了屈原所有的希望。我们生之为人，信念和希望在照亮我们前行的路，可是，屈原的希望之灯，灭了。所以，他选择了自沉。其二，志笃忠贞，謇直不挠。屈原上下求索而不得，纵身一跃入汨罗。他是带着清醒的独醒意识走向死亡的。他在跃江前，写下了他的绝命词《怀沙》："变黑为白，倒上为下"这是他的遭遇，所以他效仿彭咸，投水而亡。这也印证了《离骚》的最后一句话：吾将从彭咸之所居！彭咸是殷商时的耿介之贤臣，因为谏商君不听，最终投水而亡。而屈原清醒地选择了这条路，所以，我们今天，谈论屈原的生，也谈论他的死。他"遗世独立"的文人气节影响了后代的很多文人。其三，高瞻远瞩，特立独行。屈原在投江前回答渔父时说道"举世皆浊我独清，众人皆醉我独醒"。这种独醒意识就是鲜明的儒家情怀。儒家文化的特征之一就是追求道统。孟子说：天下有道，以道殉身；天下无道，以身殉道。这个道从大的方面说是尧舜圣人之道，从小的方面说在战国时代，就说士人知识分子"以道自任"的传统已经确立。屈原亲自践行了以身殉道的儒家之法。

　　在多种文化背景因素下形成的求索精神，其内涵也较为复杂。就屈原本身而言，其求索精神主要体现在三个方面：求索"美政"变法，举贤授能；求索天道真谛，质疑"天命"；求索"美人"立身，君子垂范；而就整个求索精神而言，在不同的历史时期形成了不同的民族品格。屈原的求索精神是一种蓬勃向上的生命力，它代表着勇于进取、开拓创新、奋发有为。

（二）传统文化视角中"求索"经典文选释读

1. 《楚辞》选读

《楚辞》是浪漫主义文学源头。"楚辞"之名首见于《史记·酷吏列传》，可见在汉代前期已有这一名称。其本义是泛指楚地的歌辞，以后才成为专称，指以战国时楚国屈原的创作为代表的新诗体。西汉末年，刘向将屈原、宋玉的作品以及汉代淮南小山、东方朔、王褒、刘向等人承袭模仿屈原、宋玉的作品汇编成集，计十六篇，定名为《楚辞》，是为总集之祖。后王逸增入己作《九思》，成十七篇。

《楚辞》运用楚地（今湖南、湖北一带）的方言声韵，叙写楚地的山川人物、历史风情，具有浓厚的地域文化色彩，如宋人黄伯思所说，"皆书楚语，作楚声，纪楚地，名楚物"（《东观余论》）。全书以屈原作品为主，其余各篇也都承袭屈赋的形式，感情奔放，想象奇特。与《诗经》古朴的四言体诗相比，楚辞的句式较活泼，句中有时使用楚国方言，在节奏和韵律上独具特色，更适合表现丰富复杂的思想感情。

《楚辞》部分作品因效仿楚辞的体例，有时也被称为"楚辞体"或"骚体"。"骚"，因其中的作品《离骚》而得名，故"后人或谓之骚"，与因十五《国风》而称为"风"的《诗经》相对，分别为中国现实主义与浪漫主义的鼻祖。后人也常以"风骚"代指诗歌，或以"骚人"称呼诗人。

【原文】

帝高阳[1]之苗裔兮，朕[2]皇考曰伯庸。摄提[3]贞于孟陬兮，惟[4]庚寅吾以降。皇[5]览揆余初度兮，肇[6]锡余以嘉名：名余曰正则[7]兮，字[8]余曰灵均。纷吾既有此内美[9]兮，又重之以修能[10]。扈江离与辟[11]芷兮，纫[12]秋兰以为佩。汩[13]余若将不及兮，恐年岁之不吾与[14]。朝搴[15]阰之木兰兮，夕揽洲之宿莽[16]。日月[17]忽其不淹兮，春与秋其代序[18]。惟[19]草木之零落兮，恐美人[20]之迟暮。不抚壮而弃秽兮，何不改此度？乘骐骥以驰骋兮，来吾道夫先路！

——《楚辞·离骚》

【注释】

（1）高阳：古帝颛顼（zhuān xū）的号。传说颛顼为高阳部落首领，因以为号。

（2）朕：我。先秦之人无论上下尊卑，皆可称朕，至秦始皇始定为帝王的专用第一人称代词。

（3）摄提：摄提格的简称，是古代"星岁纪年法"的一个名称。古人把天宫分为十二等份，分别名之曰子、丑、寅、卯、辰、巳、午、未、申、酉、戌、亥，是为十二宫，以太岁运行的所在来纪年。当太岁运行到寅宫那一年，称"摄提格"，也就是寅年。

（4）惟：句首语词。庚寅：古人以干支纪日，指正月里的一个寅日。

（5）皇：指皇考。览：观察，端相。揆：估量、测度。初度：初生之时。

（6）肇：借为"兆"，古人取名字要通过卜兆。

（7）则：法。屈原名平，字原，正则隐括"平"字义。

（8）字：用作动词，即起个表字。

（9）内美：指先天具有的高贵品质。

（10）修能：杰出的才能，这里指后天修养的德能。

（11）辟：同"僻"，幽僻的地方。

（12）纫：连缀、编织。

（13）汩：水流迅速的样子，比喻时间过得很快。

（14）与：等待。"不吾与"，即"不与吾"，是否定句宾语提前句式。

（15）搴（qiān）：楚方言，拔取。

（16）宿莽：楚方言，香草名，经冬不死。朝、夕是互文，言自修不息。

（17）日月：指时光。

（18）代序：代谢，即更替轮换的意思，古"谢"与"序"通。

（19）惟：思。

（20）美人：作者自喻。

【导读】

宋代著名史学家、词人宋祁说："《离骚》为辞赋之祖，后人为之，如至方不能加矩，至圆不能过规。"这就是说，《离骚》不仅开辟了一个广阔的文学领域，而且是中国诗赋方面永远不可企及的典范。

《离骚》作于楚怀王二十四、五年（前305、前304）屈原被放汉北后的两三年中。汉北其地即汉水在郢都以东折而东流一段的北面，现今天门、应城、京山、云梦县地，即汉北云梦。怀王十六年屈原因草拟宪令、主张变法和主张联齐抗秦，被内外反对力量合伙陷害，而去左徒之职。后来楚国接连在丹阳、蓝田大败于秦，才将屈原招回朝廷，任命其出使齐国。至怀王二十四年秦楚合婚，二十五年秦楚盟于黄棘，秦归还楚国上庸之地，屈原被放汉北。

汉北其地西北距楚故都鄢郢（今宜城）不远。《离骚》当是屈原到鄢郢拜谒了先王之庙及公卿祠堂后所写。诗开头追述楚之远祖及屈氏太祖，末尾言"临睨旧乡"而不忍离去，中间又写到灵氛占卜、巫咸降神等情节，都和这个特定的创作环境有关。

《离骚》是一首充满激情的政治抒情诗，是一首现实主义与浪漫主义相结合的艺术杰作。诗中的一些片断情节反映着当时的历史事实（如"初既与余成言兮。后悔遁而有他……伤灵脩之数化"即指怀王在政治外交上和对屈原态度上的几次反复）。但表现上完全采用了浪漫主义的方法：不仅运用了神话、传说材料，也大量运用了比兴手法，以花草、禽鸟寄托情意，"以情为里，以物为表，抑郁沉怨"（刘师培《论文杂记》）。而诗人采用的比喻象征中对喻体的调遣，又基于传统文化的底蕴，因而总给人以言有尽而意无穷之感。

本部分，诗人从自己的家世和出生写起，回顾了自己有生以来的努力、追求、奋斗以及所遭受的失败，满腔悲愤地表述了矢志不渝的精神和九死未悔的态度。

【原文】

跪敷衽[(1)]以陈辞兮，耿吾既得此中正[(2)]。驷玉虬以乘鹥兮，溘埃风[(3)]余上征。朝发轫[(4)]于苍梧兮，余至乎县圃[(5)]。欲少留此灵琐兮，日忽忽其将暮。吾令羲和[(6)]弭节兮，望崦嵫[(7)]而勿迫。路曼曼[(8)]其修远兮，吾将上下而求索。饮余马于咸池[(9)]兮，总余辔乎扶桑[(10)]。折若木[(11)]以拂日兮，聊逍遥以相羊。前望舒[(12)]使先驱兮，后飞廉使奔属[(13)]。鸾皇为余先戒[(14)]兮，雷师告余以未具。吾令凤鸟飞腾兮，继之以日夜。飘风[(15)]屯其相离兮，帅[(16)]云霓而来御。纷总总其离合兮，斑[(17)]陆离其上下。吾令帝阍开关兮，倚阊阖[(18)]而望予。时暧暧其将罢兮，结幽兰而延伫[(19)]。世溷浊而不分兮，好蔽美而嫉妒。

——《楚辞·离骚》

【注释】

（1）衽：衣襟。

（2）中正：不偏邪之正道。

（3）埃风：卷着尘埃的大风。

（4）发轫：出发。轫：刹住车轮的横木。

（5）县圃：神话中山名，在昆仑山顶。县：古"悬"字。

（6）羲和：神话中人名，太阳的驾车人。

（7）崦嵫：神话中山名，日落之处。

（8）曼曼：同"漫漫"，遥远绵长的样子。

（9）咸池：神话中池名，太阳洗沐的地方。

（10）扶桑：神话中树名，在汤谷上。

（11）若木：神话中树名，在昆仑山西极，太阳所入之处。

（12）望舒：神话中月神的驾车人。

（13）奔属：奔跑跟随。

（14）先戒：先行警戒。

（15）飘风：旋风。

（16）帅：率领。

（17）斑：斑斓。

（18）阊阖：天门，楚人称门为阊阖。

（19）延伫：久立。

【导读】

屈原痛感自己的治国之道不能为楚王所接受，他只好悲愤地走开了，去寻求那理想中的人生之道。他在此诗中运用了浪漫主义手法，作了一番抒情的描述：早晨从苍梧启程了，晚上到达了悬圃。一天的奔波，该是多么的疲劳啊！本想在宫门之外少休息一会，但是不能啊！时间紧迫，天已快黑了。我请求羲和，不要再驱车前进了，崦嵫已在眼前，不要靠近它吧！摆在我们面前的路程是那样的长，那样的远，我已经立志，要百折不挠的去寻找那理想中的人生之道。

"路漫漫其修远兮，吾将上下而求索"对于在屈原《离骚》中的这句诗，已经成为很多人用以自励的千古名句。流行解释为："在追寻真理方面，前方的道路还很漫长，但我将百折不挠，不遗余力地去追求和探索"；现在一般引申为：不失时机地去寻求正确方法以解决面临问题。

【原文】

屈原既[1]放，游于江潭，行吟泽畔，颜色[2]憔悴，形容枯槁。渔父见而问之曰："子非三闾[3]大夫与？何故至于斯？"屈原曰："举世皆浊我独清，众人皆醉我独醒，是以见放[4]。"

渔父曰："圣人不凝滞于物，而能与世推移。世人皆浊，何不淈[5]其泥而扬其波？众人皆醉，何不餔[6]其糟[7]而歠[8]其醨[9]？何故深思高举[10]，自令放为？"

屈原曰："吾闻之，新沐[11]者必弹冠，新浴[12]者必振衣；安能以身之察察[13]，受物之汶汶[14]者乎？宁赴湘流，葬于江鱼之腹中。安能以皓皓之白，而蒙世俗之尘埃乎？"

渔父莞尔⁽¹⁵⁾而笑，鼓枻⁽¹⁶⁾而去，乃歌曰："沧浪⁽¹⁷⁾之水清兮，可以濯⁽¹⁸⁾吾缨；沧浪之水浊兮，可以濯吾足。"遂去，不复与言。

——《楚辞·渔父》

【注释】

（1）既：已经，引申为"（在）……之后"。

（2）颜色：脸色。形容：形体容貌。

（3）三闾（lǘ）大夫：掌管楚国王族屈、景、昭三姓事务的官。屈原曾任此职。

（4）是以见放，是：这。以：因为。见：被。

（5）淈（gǔ）：搅浑。

（6）餔：吃。

（7）糟：酒糟。

（8）歠（chuò）：饮。

（9）醨（lí）：薄酒。

（10）高举：高出世俗的行为。在文中与"深思"都是渔父对屈原的批评，有贬义，故译为（在行为上）自命清高。举，举动。

（11）沐：洗头。

（12）浴：洗身，洗澡。

（13）察察：皎洁的样子。

（14）汶汶：污浊。皓皓：洁白的或高洁的样子。

（15）莞尔：微笑的样子。

（16）鼓枻：摇摆着船桨。鼓：拍打。枻：船桨。

（17）沧浪：水名，汉水的支流，在湖北境内。或谓沧浪为水清澈的样子。"沧浪之水清兮"四句：这首《沧浪歌》也见于《孟子·离娄上》，二"吾"字皆作"我"字。

（18）濯：洗。缨：系帽的带子，在颌下打结。

【导读】

《渔父》出自《楚辞》，东汉文学家王逸认为："《渔父》者，屈原之所作也"，是屈原在被流放后，政治上被迫害，个人人生遇到了一种困顿，处在困恶之境下创作出来的作品。茅盾《楚辞与中国神话》和郭沫若《屈原研究》皆认为此非屈原作品，而是屈原的学生宋玉或战国时期楚国的人而作。蔡靖泉《楚文学史》亦引以上观点。主张各异，但说服力似还不充分。也有人力主

《渔父》《卜居》为屈原之作，如朱熹、洪兴祖、王夫之等。

文章以屈原开头，以渔父结尾，中间两个自然段则是两人的对答。渔父是一位避世隐身、钓鱼江滨的隐士，他劝屈原与世俗同流，不必独醒高举，而诗人则强调"宁赴湘流，葬于江鱼腹中"，也要保持自己清白的节操，这种精神与《离骚》中"虽体解吾犹未变"的精神是一致的。其中"不凝滞于物，而能与世推移"的思想对后世道家道教影响极大。不少研究者认为《渔父》这篇作品是歌颂屈原的。但从全文的描写，尤其是从这一结尾中，似乎很难看出作者有专门褒美屈原、贬抑渔父的意思。《渔父》的价值在于相当准确地写出了屈原的思想性格，而与此同时，还成功地塑造了一位高蹈遁世的隐者形象。后世众多诗赋词曲作品中吟啸烟霞的渔钓隐者形象，从文学上溯源，都不能不使我们联想到楚辞中的这篇《渔父》。如果一定要辨清此文对屈原与渔父的感情倾向孰轻孰重，倒不妨认为他比较倾向于作为隐者典型的渔父。

2.《论语》选读

【原文】

子曰："吾十有(1)五而志于学，三十而立(2)，四十而不惑(3)，五十而知天命(4)，六十而耳顺(5)，七十而从心所欲不逾矩(6)。"   ——《论语·为政》

【注释】

(1) 有：同"又"。

(2) 立：站得住的意思。

(3) 不惑：掌握了知识，不被外界事物所迷惑。

(4) 天命：指不能为人力所支配的事情。

(5) 耳顺：对此有多种解释。一般而言，指对那些于己不利的意见也能正确对待。

(6) 从心所欲不逾矩：从：遵从的意思；逾：越过；矩：规矩。

【导读】

在本章里，孔子自述了他学习和修养的过程。这一过程，是一个随着年龄的增长，思想境界逐步提高的过程。就思想境界来讲，整个过程分为三个阶段：十五岁到四十岁是学习领会的阶段；五十岁、六十岁是安心立命的阶段，也就是不受环境左右的阶段；七十岁是主观意识和做人的规则融合为一的阶段，在这个阶段中，道德修养达到了最高的境界。孔子的道德修养过程，有合理因素：第一，他看到了人的道德修养不是一朝一夕的事，不能一下子完成，不能搞突击，要经过长时间的学习和锻炼，要有一个循序渐进的过程。第二，道德的最高境界是思想和言行的融合，自觉地遵守道德规范，而不是勉强去做。这两点对任何人，都是适用的。

【原文】

子曰：“吾与回[(1)]言，终日不违[(2)]，如愚。退而省其私[(3)]，亦足以发，回也不愚。”

——《论语·为政》

【注释】

（1）回：姓颜名回，字子渊，生于公元前 521 年，比孔子小 30 岁，鲁国人，孔子的得意门生。

（2）不违：不提相反的意见和问题。

（3）退而省其私：考察颜回私下里与其他学生讨论学问的言行。

【导读】

这一章讲孔子的教育思想和方法。他不满意那种“终日不违”，从来不提相反意见和问题的学生，希望学生在接受教育的时候，要开动脑筋，思考问题，对老师所讲的问题应当有所发挥。所以，他认为不思考问题、不提不同意见的人，是蠢人。

【原文】

子曰：“贤哉！回也，一箪[(1)]食，一瓢饮，在陋巷[(2)]，人不堪其忧，回也不改其乐[(3)]。贤哉！回也。”

——《论语》

【注释】

（1）箪（dān）：古代盛饭用的竹器。

（2）巷：此处指颜回的住处。

（3）乐：乐于学。

【导读】

本章中，孔子又一次称赞颜回，对他作了高度评价。这里讲颜回“不改其乐”，这也就是贫贱不能移的精神，这里包含了一个具有普遍意义的道理，即人总是要有一点精神的，为了自己的理想，就要不断追求，即使生活清苦困顿也自得其乐。

【原文】

子曰：“加[(1)]我数年，五十以学易[(2)]，可以无大过矣。”

——《论语·述而》

【注释】

（1）加：通“假”，给予的意思。

（2）易：指《周易》，古代占卜用的一部书。

【导读】

孔子自己说过，"五十而知天命"，可见他把学《周易》和"知天命"联系在一起。他主张认真研究《周易》，是为了使自己的言行符合"天命"。《史记·孔子世家》中说，孔子"读《周易》，韦编三绝"。他非常喜欢读《周易》，曾把穿竹简的皮条翻断了很多次。这表明了孔子活到老、学到老的刻苦钻研精神，这是值得后人学习。

【原文】

子曰："我非生而知之者，好古，敏以求之者也。"

——《论语·述而》

【导读】

在孔子的观念当中，"上智"就是"生而知之者"，但他却否认自己是生而知之者。他之所以成为学识渊博的人，在于他爱好古代的典章制度和文献图书，而且勤奋刻苦，思维敏捷。这是他总结自己学习与修养的主要特点。他这么说，是为了鼓励他的学生发愤努力，成为有用之才。

【原文】

子曰："盖有不知而作之者，我无是也。多闻，择其善者而从之，多见而识之，知之次也。"

——《论语·述而》

【导读】

本章中，孔子提出对自己所不知的东西，应该多闻、多见，努力学习，反对那种本来什么都不懂，却在那里凭空创造的做法。这是他对自己的要求，同时也要求他的学生这样去做。

【原文】

子曰："若圣与仁，则吾岂敢！抑[1]为之[2]不厌，诲人不倦，则可谓云尔[3]已矣。"公西华曰："正唯弟子不能学也。"　　——《论语·述而》

【注释】

（1）抑：表示转折的语气词，"只不过是"的意思。

（2）为之：指圣与仁。

（3）云尔：这样说。

【导读】

孔子说"圣"与"仁"，他自己还不敢当，但朝这个方向努力，他会不厌其烦地去做，而同时，他也会不知疲倦地教诲别人。这是他的由衷之言。仁与不仁，其基础在于好学不好学，而学又不能停留在口头上，重在能行。所以学而不厌，为之不厌，是相互关联、基本一致的。

【原文】

曾子曰："士不可以不弘毅⁽¹⁾，任重而道远。仁以为己任，不亦重乎？死而后已，不亦远乎？"   ——《论语·泰伯》

【注释】

（1）弘毅：弘，广大。毅，强毅。

【原文】

子曰："学如不及，犹恐失之。"   ——《论语·泰伯》

【导读】

本章讲的是学习态度的问题。孔子自己对学习知识的要求十分强烈，他同时也这样要求他的学生。"学如不及，犹恐失之"，其实就是"学而不厌"一句最好的解释。

【原文】

子曰："譬如为山，未成一篑⁽¹⁾，止，吾止也；譬如平地，虽覆一篑，进，吾往也。"   ——《论语·子罕》

【注释】

（1）篑（kuì）：土筐。

【导读】

孔子在这里用堆山填坑这一比喻，说明功亏一篑和持之以恒的深刻道理，他鼓励自己和学生们在追求学问和道德上，都应该坚持不懈，自觉自愿。这对于立志有所作为的人来说，是十分重要的，也是对人的道德品质的塑造。

【原文】

子谓颜渊曰："惜乎！吾见其进也，未见其止也！"

——《论语·子罕》

【导读】

孔子的学生颜渊是一个十分勤奋刻苦的人，他在生活方面几乎没有什么要求，而是一心用在学问和道德修养方面。但他却不幸死了。对于他的死，孔子自然十分悲痛。他经常以颜渊为榜样要求其他学生。

【原文】

子曰："苗而不秀⁽¹⁾者有矣夫；秀而不实者有矣夫！"

——《论语·子罕》

【注释】

（1）秀：稻、麦等庄稼吐穗扬花叫秀。

【导读】

本章中孔子以庄稼的生长、开花到结果来比喻一个人从求学到做官的过程。有的人很有前途，但不能坚持始终，最终达不到目的。在这里，孔子还是希望他的学生既能勤奋学习，最终又能出仕做官。

【原文】

子曰："后生可畏，焉知来者之不如今也？四十、五十而无闻焉，斯亦不足畏也已。"

——《论语·子罕》

【导读】

这就是说"青出于蓝而胜于蓝"，"长江后浪推前浪，一代更比一代强"。社会在发展，人类在前进，后代一定会超过前人，这种今胜于昔的观念是正确的，说明孔子的思想并不完全是顽固守旧的。

3. 《孟子》选读

【原文】

景春(1)曰："公孙衍、张仪(2)岂不诚大丈夫哉？一怒而诸侯惧，安居而天下熄(3)。"

孟子曰："是焉得为大丈夫乎？子未学礼乎(4)？丈夫之冠也(5)，父命之(6)；女子之嫁也，母命之，往送之门，戒之曰：'往之女家(7)，必敬必戒(8)，无违夫子(9)！'以顺为正者，妾妇之道也(10)。居天下之广居(11)，立天下之正位，行天下之大道(12)。得志(13)，与民由之，不得志，独行其道(14)。富贵不能淫(15)，贫贱不能移(16)，威武不能屈(17)，此之谓大丈夫。"

——《孟子·滕文公下》

【注释】

（1）景春：人名，纵横家的信徒。

（2）公孙衍、张仪：公孙衍，人名，即魏国人犀首，著名的说客。张仪，魏国人，战国时期著名的政治家、外交家和谋略家。与苏秦同为纵横家的主要代表。致力于游以路横去服从秦国，与苏秦"合纵"相对。

（3）惧：害怕。安居：安静。熄：平息，指战火熄灭，天下太平。

（4）未学：没有学。

（5）丈夫之冠：男子举行加冠礼的时候。冠：古代男子到成年则举行加冠礼，叫做冠。古人20岁既为加冠。

（6）父命之：父亲给予训导；父亲开导他。

（7）往：去，到。女（rǔ）：通"汝"，你。嫁：出嫁。

（8）必：一定。敬：恭敬。戒：留神，当心，谨慎

（9）违：违背。夫子：旧时称自己的丈夫。

（10）以：把。顺：顺从。为：作为。正：正理，及基本原则。道：方法。

（11）居天下之广居：第一个"居"，居住。第二个"居"居所，住宅。

（12）立：站，站立。正：正大。大道：光明的大道。

（13）得：实现。志：志向。

（14）独行其道：独：独自。行：这里是固守；坚持的意思。道：原则，行为准则。

（15）富贵不能淫：富贵：旧指有钱财、有地位；淫：使……扰乱。指金钱和地位不能使之扰乱心意。

（16）贫贱不能移：移：使……改变，动摇．贫穷卑贱不能使之改变。形容意志坚定。

（17）威武不能屈：威武：威胁暴力。屈：使……屈服。不屈从于威势的震慑之下，形容不畏强暴。

【导读】

景春认为公孙衍、张仪能够左右诸侯，挑起国与国之间的战争，"一怒而诸侯惧，安居而天下熄，"是了不得的男子汉大丈夫。孟子则认为公孙衍、张仪之流靠摇唇鼓舌、曲意顺从诸侯的意思往上爬，没有仁义道德的原则，因此，不过是小人、女人，奉行的是"委妇之道"，哪里谈得上是大丈夫呢？

孟子的说法含蓄而幽默，只是通过言"礼"来说明女子嫁时母亲的嘱咐，由此得出"以顺为正者，妾妇之道也。"这里值得我们注意的是，古人认为，妻道如臣道。臣对于君，当然也应该顺从，但顺从的原则是以正义为标准，如果君行不义，臣就应该劝谏。妻子对丈夫也是这样，妻子固然应当顺从丈夫，但是，夫君有过，妻也就当劝说补正。应该是"和而不同"。只有太监小老婆婢女之流，才是不问是非，以一味顺从为原则，实际上，也就是没有了任何原则。"妾妇之道"还不能一般性地理解为妇人之道，而实实在在就是"小老婆之道"。

孟子的挖苦是深刻而尖锐的，对公孙衍、张仪之流可以说是深恶痛绝了。遗憾的是，虽然孟子对这种"以顺为正"的妾妇之道已如此痛恨，但两千多年来，这样的"妾妇"却一直生生不已，层出不穷。时至今日，一夫一妻已受法

律保护，"妾妇"难存，但"妾妇说"却未必不存，甚或还在大行其道。

孟子的办法是针锋相对地提出真正的大丈夫之道。这就是他那流传千古的名言："富贵不能淫，贫贱不能移，威武不能屈。"怎样做到？那就得"居天下之广居，立天下之正位，行天下之大道。"就还是回到儒学所一贯倡导的仁义礼智上去了。这样做了以后，再抱以"得志与民由之，不得志独行其道"的立身处世态度，也就是孔子所谓"用之则行，舍之则藏，"（《论语述而》）或孟子在另外的地方所说的"穷则独善其身，达则兼济天下。"（《尽心上》）那就能够成为真正的堂堂正正的大丈夫了。

孟子关于"大丈夫"的这段名言，句句闪耀着思想和人格力量的光辉，在历史上曾鼓励了不少志士仁人，成为他们不畏强暴，坚持正义的座右铭。

【原文】

舜(1)发(2)于畎亩(3)之中，傅说(4)举(5)于版筑(6)之间，胶鬲(7)举于鱼盐(8)之中，管夷吾(9)举于士(10)，孙叔敖(11)举于海(12)，百里奚(13)举于市(14)。

故天将降大任于斯人也，必先苦其心志，劳其筋骨，饿其体肤，空乏其身，行拂乱其所为，所以动心忍性，曾益(15)其所不能(16)。

人恒(17)过(18)，然后能改；困于心(19)，衡于虑(20)，而后作(21)；征于色(22)，发于声(23)，而后喻(24)。入(25)则无法家(26)拂士(27)，出(28)则无敌国(29)外患(30)者，国恒(31)亡(32)。

然后知生于忧患(33)而死于安乐(34)也。　　　　　——《孟子·告子下》

【注释】

(1) 舜：姚姓，名重华。唐尧时耕于历山（在今山东济南东南，一说在今山西永济东南），"父顽，母嚚，弟傲，能和以孝"，尧帝使其人山林川泽，遇暴风雷雨，舜行不迷，于是传以天子之位。国名虞，史称虞舜。事迹见于《尚书·尧典》及《史记·五帝本纪》等。

(2) 发：起，指任用。

(3) 畎亩：田亩，此处意为耕田。畎，田间水渠。

(4) 傅说：殷商时为胥靡（一种刑徒），筑于傅险（又作傅岩，在今山西平陆东）。商王武丁欲兴殷，梦得圣人，名曰说，视群臣皆非，使人求于野，得傅说。见武丁，武丁曰："是也。"与之语，果圣人，举以为相，殷国大治。遂以傅险为姓，名为傅说。事迹见于《史记·殷本纪》等。

(5) 举：被选拔。

(6) 版筑：筑墙的时候在两块夹板中间放土，用杵捣土，使它坚实。筑，捣土用的杵。

（7）胶鬲：商纣王大臣，与微子、箕子、王子比干同称贤人。

（8）鱼盐：此处意为在海边捕鱼晒盐。《史记》称燕在渤碣之间，有鱼盐之饶；齐带山海，多鱼盐。

（9）管夷吾：管仲，颍上（今河南许昌）人，家贫困。辅佐齐国公子纠，公子纠未能即位，公子小白即位，是为齐桓公。齐桓公知其贤，释其囚，用以为相，尊称之为仲父。《史记·管晏列传》："管仲既用，任政于齐，齐桓公以霸。九合诸侯，一匡天下，管仲之谋也。"

（10）士：狱官。

（11）孙叔敖：蒍姓，名敖，字孙叔，一字艾猎。春秋时为楚国令尹（宰相）。本为"期思之鄙人"，期思在今河南固始，偏僻之地称为鄙。

（12）海：海滨。

（13）百里奚：又作百里傒。本为虞国大夫。晋国灭虞国，百里奚与虞国国君一起被俘至晋国。晋国嫁女于秦，百里奚被当作媵臣陪嫁到秦国。百里奚逃往楚国，行至宛（今河南南阳），为楚国边界之鄙人所执。秦穆公闻其贤，欲重赎之，恐楚人不与，乃使人谓楚曰："吾媵臣百里奚在焉，请以五羖羊皮赎之。"楚人于是与之。时百里奚年已七十余，至秦，秦穆公亲释其囚，与语国事三日，大悦。授以国政，号称"五羖大夫"。史称秦穆公用百里奚、蹇叔、由余为政，"开地千里，遂霸西戎"，成为"春秋五霸"之一。事迹见于《史记·秦本纪》。

（14）市：市井。

（15）曾益：增加。曾，通"增"。

（16）能：才干。

（17）恒：常常，总是。

（18）过：过错，过失。

（19）困于心：心中有困苦。

（20）衡于虑：思虑堵塞。衡，通"横"，梗塞，指不顺。

（21）作：奋起，指有所作为。

（22）征于色：面色上有征验，意为面容憔悴。征，征验，征兆。色，颜面，面色。赵岐《孟子注》："若屈原憔悴，渔父见而怪之。"《史记·屈原贾谊列传》："屈原至于江滨，被发行吟泽畔，颜色憔悴，形容枯槁。渔父见而问之曰：'子非三闾大夫与？何故而至此？'屈原曰：'举世混浊我独清，众人皆醉我独醒，是以见放。'"

（23）发于声：言语上有抒发，意为言语愤激。赵岐《孟子注》："若甯戚商歌，桓公异之。"甯戚，春秋时卫国人。家贫，为人挽车。至齐，喂牛于车下，齐桓公夜出迎客，甯戚见之，疾击其牛角而商歌。歌曰："南山矸，白石烂，生不逢尧与舜禅。短布单衣适至骭，从昏饭牛薄夜半，长夜漫漫何时旦。"齐桓公召与语，悦之，以为大夫。

（24）而后喻：然后人们才了解他。喻，知晓，明白。

（25）入：名词活用作状语，在国内。

（26）法家：有法度的世臣。

（27）拂士：辅佐君主的贤士。拂，通"弼"，辅佐。

（28）出：名词活用作状语，在国外。

（29）敌国：实力相当、足以抗衡的国家。

（30）外患：来自国外的祸患。

（31）恒：常常。

（32）亡：灭亡。

（33）生于忧患：忧患使人生存发展。

（34）死于安乐：享受安乐使人萎靡死亡。

【导读】

吃得苦中苦，方为人上人。孟子所举的例证是舜帝、傅说、胶鬲、管仲、孙叔敖、百里奚六人。所谓"天将降大任于斯人也，必先苦其心志……"成为《孟子》最著名的篇章之一，后人常引以为座右铭，激励无数志士仁人在逆境中奋起。其思想基础是一种至高无上的英雄观念和浓厚的生命悲剧意识，一种崇高的献身精神。是对生命痛苦的认同以及对艰苦奋斗而获致胜利的精神的弘扬。借用悲剧哲学家尼采的话来说，是要求我们"去同时面对人类最大的痛苦和最高的希望。"因为，痛苦与希望本来就同在。

说到生于忧患死于安乐，太史公说得好：昔西伯拘羑里，演《周易》；孔子厄陈、蔡，作《春秋》；屈原放逐，著《离骚》；左丘失明，厥有《国语》；孙子膑脚，而论兵法；不韦迁蜀，世传《吕览》；韩非囚秦，《说难》、《孤愤》；《诗》三百篇，大抵贤圣发愤之所为作也。（《史记太史公　自序》）之所以如此，正是因为他们身处逆境的忧患之中，心气郁结，奋发而起，置之死地而后生的缘故。

至于死于安乐者，历代昏庸之君，荒淫逸乐而身死国亡，其例更是不胜枚举。

所以，对人的一生来说，逆境和忧患不一定是坏事。生命说到底是一种体验。因此，对逆境和忧患的体验倒往往是人生的一笔宝贵财富。当你回首往事的时候，可以自豪而欣慰地说："一切都经历过了，一切都过来了！"这样的人生，是不是比那些一帆风顺，没有经过什么磨难，没有什么特别体验的人生要丰富得多，因而也有价值得多呢？

4.《荀子》选读

【原文】

君子[(1)]曰：学不可以已[(2)]。

青，取之于蓝[(3)]，而青于蓝[(4)]；冰，水为之，而寒于水。木直中绳[(5)]，輮[(6)]以为轮，其曲中规[(7)]。虽有槁暴[(8)]，不复挺[(9)]者，輮使之然也。故木受绳[(10)]则直，金[(11)]就砺[(12)]则利，君子博学而日参省乎己[(13)]，则知明而行无过矣。

故不登高山，不知天之高也；不临深溪，不知地之厚也；不闻先王之遗言[(14)]，不知学问之大也。干、越、夷、貉之子，生而同声，长而异俗，教使之然也。诗曰："嗟尔君子，无恒安息。靖共尔位，好是正直。神之听之，介尔景福。"神莫大于化道，福莫长于无祸。　　　　　　——《荀子·劝学》

【注释】

（1）君子：指有学问有修养的人。

（2）学不可以已：学习不能停止；"可以"是古今异义，可：可以；以：用来

（3）青，取之于蓝：靛青，从蓝草中取得。青，靛青，一种染料。蓝，蓼蓝。蓼（liǎo）蓝：一年生草本植物，茎红紫色，叶子长椭圆形，干时暗蓝色。花淡红色，穗状花序，结瘦果，黑褐色。叶子含蓝汁，可以做蓝色染料。于：从

（4）青于蓝：比蓼蓝（更）深。于：比。

（5）中绳：（木材）合乎拉直的墨线。绳：墨线。

（6）輮以为轮/輮使之然：輮：通"煣"，使……煣，煣：古代用火烤使木条弯曲的一种工艺。以为：把……当作。然：这样。

（7）规：圆规，画圆的工具。

（8）虽有槁暴：即使又晒干了。有，通"又"。槁，枯。暴，同"曝"，晒干。槁暴，枯干。

（9）挺：直。

（10）受绳：用墨线量过。

（11）金：指金属制的刀剑等。

（12）就砺：拿到磨刀石上去磨。砺，磨刀石。就，动词，接近，靠近。

（13）日参省乎己：每天对照反省自己。参，一译检验，检查；二译同"叁"，多次。省，省察。乎，介词，于。博学：广泛地学习。日：每天。知（zhì）：通"智"，智慧。明：明达。行无过：行为没有过错。

（14）遗言：犹古训。

【导读】

开篇"君子曰：学不可以已。"这不但是《劝学》篇的第一句，也是整个《荀子》著作的第一句。荀子认为人的本性是"恶"的，必须用礼义来矫正，所以他特别重视学习。"性恶论"是荀子社会政治思想的出发点，他在著作中首先提出学习不可以停止，就是想抓住关键，解决根本问题。因为他十分重视这个问题，所以他把自己的见解，通过"君子"之口提出来，以示郑重，语言简劲，命意深广，因而很自然地引出了下文的滔滔阐述。以"青，取之于蓝，而青于蓝；冰，水为之，而寒于水"，来比喻任何人通过发愤学习，都能进步，今日之我可以胜过昨日之我，学生也可以超过老师。这两个比喻，使学习的人受到很大的启发和鼓舞。不过，要能"青于蓝""寒于水"，绝不是"今日学，明日辍"所能办到的，必须不断地学，也就是说："学不可以已"。接着，文章进一步设喻，从根本上阐明道理："木直中绳，𫐓以为轮，其曲中规。虽有槁暴，不复挺者，𫐓使之然也。"对学习者更大的鼓励。在强调了学习的重要作用后，文章以设喻引出论断："故木受绳则直，金就砺则利，君子博学而日参省乎己，则知明而行无过矣。"木材经过墨线量过就会取直，金属制成的刀剑之类拿到磨刀石上去磨就会锋利，这就好比君子广泛学习，而且每天检查省察自己，就会知识通达，行为没有过错。

【原文】

天不为人之恶寒也辍冬⁽¹⁾，地不为人之恶辽远也辍广；君子，不为小人之匈匈也辍行⁽²⁾。天有常道矣，地有常数矣，君子有常体矣⁽³⁾。君子道其常，而小人计其功。《诗》曰⁽⁴⁾："礼义之不愆⁽⁵⁾，何恤人之言兮！"此之谓也。

——《荀子·天论》

【注释】

（1）辍：废止。

（2）《集解》"小人"下无"之"字，据宋浙本补。訩訩：通"讻讻"，形容争辩喧闹的声音。

（3）体：体统，规矩。

（4）引诗不见于今本《诗经》，是佚诗。可参见第二十二篇。

（5）《集解》无"礼义之不愆"，据《文选》卷四十五《答客难》引文补。愆：过失，过错。

【导读】

战国时期在中国思想史上是一个群星璀璨的时代，诸子的思想犹如划破夜空的闪电一样耀眼夺目，但那个时代社会上一般人的思想与精英们所达到的高度尚有不小的差距，社会上的迷信思想还很严重。我们从近年颇受关注的睡虎地秦简《日书》中就可以窥见当时人们多如牛毛的禁忌和繁杂的避邪驱鬼法术。作为战国时期一位杰出的思想家，荀子对于祈神求鬼以致福的禨祥之事和迷信习俗进行了深入的批判。他所著的《天论》就是最具这种思想光芒的篇章。

《天论》的主旨是揭示自然界的运动变化有其客观规律，和人事没有什么关系。其主要思想是，社会是清明富足还是动荡飘摇，也全是人事的结果，和自然界也没有什么关系。荀子的这种思想，有力地否定了当时的各种迷信，强调了人力的作用，放到战国时期看，具有很强的进步意义。

【原文】

夫骥一日而千里，驽马十驾，则亦及之矣。将以穷无穷，逐无极与？其折骨绝筋终身不可以相及也。将有所止之，则千里虽远，亦或迟或速或先或后，胡为乎其不可以相及也！不识步道者将以穷无穷，逐无极与？意亦有所止之与[1]？夫"坚白"、"同异"、"有厚无厚"之察[2]，非不察也，然而君子不辩，止之也。倚魁之行[3]非不难也，然而君子不行，止之也。故学曰：迟，彼止而待我，我行而就之，则亦或迟或速或先或后，胡为乎其不可以同至也！故蹞步而不休[4]，跛鳖千里；累土而不辍，丘山崇成[5]。厌其源[6]，开其渎，江河可竭。一进一退，一左一右，六骥不致。彼人之才性之相县也[7]，岂若跛鳖之与六骥足哉！然而跛鳖致之，六骥不致，是无它故焉，或为之或不为尔！道虽迩不行不至，事虽小不为不成。其为人也多暇日者[8]，其出人不远矣[9]。

——《荀子·修身》

【注释】

（1）意：同"抑"，选择连词，还是。

（2）坚白：指石头的坚硬和白色两种属性。它是战国时争论的一个重要命题。以名家公孙龙为代表的"离坚白"论者认为"坚"和"白"两种属性是各自独立，互相分离的，因为眼睛看到"白"而看不出"坚"，手摸到"坚"而不能感知"白"。后期墨家则主张"坚白相盈"，认为"坚"和"白"不能离开具体的石头而独立存在。同异：是战国时名家惠施的论题。他认为事物的同异是相对的。具体的事物之间有"小同"、"小异"；而从宇宙万物的总体来看，万物又莫不"毕同"、"毕异"。有厚无厚：也是惠施提出的哲学命题。他说："无厚不可积也，其大千里。"

（3）倚魁：奇怪。

（4）蹞步：同跬步，见前注。

（5）崇：通"终"。

（6）厌：同"压"，堵塞。

（7）县：同"悬"。

（8）多暇日：指懒惰而不做事。

（9）人：《集解》作"入"，据《删定荀子》改。

【导读】

上面这段话出自《荀子·修身篇》。荀子认为，修身不是一件容易的事，无论士、君子，还是圣人，要达到完满的道德境界，必须永不停歇地努力。他用这样的比喻加以阐释："道虽迩，不行不至；事虽小，不为不成。"路程即使很近，但不走就不能到达；事情即使很小，但不做就不能成功。

在《劝学篇》中，荀子为了阐述学习不能停止的道理，还打了这样的比方："不登高山，不知天之高也；不临深溪，不知地之厚也。""不积跬步，无以至千里；不积小流，无以成江海。"看来，修身与学习，同此一理，都必须坚持不懈。

在亚太经合组织工商领导人峰会的主旨演讲中，习近平主席借"道虽迩，不行不至；事虽小，不为不成。"来起兴，指出"任何蓝图都不会自动变为现实"，亚太各成员只有携手并肩、共同努力，才能实现既定目标。

5.《礼记》选读

【原文】

子曰："素隐行怪(1)，后世有述焉(2)，吾弗为之矣。君子遵道而行，半途而废，吾弗能已矣(3)。君子依乎中庸，遁世不见知而不悔(4)，唯圣者能之。"

——《礼记·中庸》

【注释】

（1）素：据《汉书》，应为"索"。隐：隐僻。怪：怪异。

（2）述：记述。

（3）已：止，停止。

（4）见知：被知。见，被。

【导读】

钻牛角尖，行为怪诞，这些出风头、走极端欺世盗名的搞法根本不合中庸之道的规范，自然是圣人所不齿的。找到正确的道路，走到一半又停止了下来，这也是圣人所不欣赏的。唯有正道直行，一条大路走到底，这才是圣人所赞赏并身体力行的。所以，"路漫漫其修远兮，吾将上下而求索。"（屈原）这是圣人所赞赏的精神。"鞠躬尽瘁，死而后已。"（诸葛亮）这也是圣人所赞赏的精神。以上几章从各个方面引述孔子的言论反复申说第一章所提出的"中和"（中庸）这一概念，弘扬中庸之道，是全篇的第一大部分。

【原文】

诚者，天之道也；诚之者，人之道。诚者，不勉而中，不思而得，从容中道，圣人也。诚之者，择善而固执之者也：博学之，审问之，慎思之，明辨之，笃行之。有弗学，学之弗能弗措[1]也；有弗问，问之弗知弗措也；有弗思，思之弗得弗措也；有弗辨，辨之弗明弗措也；有弗行，行之弗笃弗措也。人一能之，己百之；人十能之，己千之。果能此道矣，虽愚必明，虽柔必强。

——《礼记·中庸》

【注释】

（1）弗措：不罢休。弗：不。措：停止，罢休。

【导读】

如何做到真诚的问题，"择善固执"是纲，选定美好的目标而执著追求。"博学、审问、慎思、明辨、笃行"是目，是追求的手段。立于"弗措"的精神，"人一能之，己百之；人十能之，己千之"的态度，则都是执著的体现。"弗措"的精神，也就是《荀子·劝学》里的名言"锲而舍之，朽木不折；锲而不舍，金石可镂"的精神；"人一能之，己百之；人十能之，己千之"的态度，也就是俗语所说的"笨鸟先飞"的态度，是龟兔赛跑的寓言里那获胜的乌龟的态度。其实，无论是纲还是目，也无论是精神还是态度，都绝不仅仅适用于对真诚的追求，举凡学习、工作，生活的方方面面，抓住这样的纲，张开这样的目，坚持这样的精神与态度，有什么样的困难不能克服，有什么样的成功不能取得呢?

【原文】

汤之《盘铭》⁽¹⁾曰:"苟日新⁽²⁾,日日新,又日新。"《康诰》曰:"作新民⁽³⁾。"《诗》曰:"周虽旧邦,其命维新。"⁽⁴⁾是故君子无所不用其极。⁽⁵⁾

——《礼记·大学》

【注释】

(1) 汤:即成汤,商朝的开国君主。盘铭:刻在器皿上用来警戒自己的箴言。这里的器皿是指商汤的洗澡盆。

(2) 苟:如果。新:这里的本义是指洗澡除去身体上的污垢,使身体焕然一新,引申义则是指精神上的弃旧图新。

(3) 作:振作,激励。新民:即"经"里面说的"亲民",实应为"新民"。意思是使民新,也就是使人弃旧图新,去恶从善。

(4) "《诗》曰"句:这里的《诗》指《诗经·大雅·文王》。周:周朝。旧邦:旧国。其命:指周朝所禀受的天命。维:语助词,无意义。

(5) 是故君子无所不用其极:所以品德高尚的人无处不追求完善。是故,所以。君子,有时候指贵族,有时指品德高尚的人,根据上下文不同的语言环境而有不同的意思。

【导读】

如果说"在明明德"还是相对静态地要求弘扬人性中光明正大的品德的话,那么,"苟日新,日日新,又日新"就是从动态的角度来强调不断革新,加强思想革命化的问题了。"苟日新,日日新,又日新"被刻在商汤王的洗澡盆上,本来是说洗澡的问题:假如今天把一身的污垢洗干净了,以后便要天天把污垢洗干净,这样一天一天地下去,每人都要坚持。引申出来,精神上的洗礼,品德上的修炼,思想上的改造又何尝不是这样呢?这使人想到基督教的每日忏悔。精神上的洗澡就是《庄子·知北游》所说的"澡雪而精神",《礼记·儒行》所说的"澡身而浴德"。"苟日新,日日新,又日新"展示的是一种革新的姿态,驱动人们弃旧图新。所以,不仅可以像商汤王一样把它刻在洗澡盆上,而且也可以把它刻在床头、案头,使它成为座右铭。

曾国藩在而立之年,取名"涤生",出自《了凡四训》中"昨日种种,譬如昨日死。今后种种,譬如今日生",意为涤除旧污,获得新生。

有志于获得新生者,需每日检点自己的言行,接受新的知识,以推陈出新。因为人的成长是没有止境的,是一个不断吐故纳新的动态过程。骄傲自满以图一劳永逸无异于故步自封，自毁前程。

【原文】

《诗》云："邦畿千里，惟民所止[(1)]。"《诗》云："缗蛮黄鸟，止于丘隅[(2)]。"子曰："于止，知其所止，可以人而不如鸟乎!"《诗》云："穆穆文王，於缉熙敬止[(3)]!"为人君，止于仁；为人臣，止于敬；为人子，止于孝；为人父，止于慈；与国人交，止于信。《诗》云："瞻彼淇澳，绿竹猗猗。有斐君子，如切如磋，如琢如磨。瑟兮僴兮，赫兮喧兮。有斐君子，终不可喧[(4)]兮!"如切如磋者，道学也[(5)]；如琢如磨者，自修也；瑟兮僴兮者，恂栗也[(6)]；赫兮喧兮者，威仪也；有斐君子，终不可喧兮者，道盛德至善，民之不能忘也。《诗》云："於戏! 前王不忘[(7)]。"君子贤其贤而亲其亲，小人乐其乐而利其利，此以没世不忘也。

——《礼记·大学》

【注释】

(1) 邦畿千里，惟民所止：引自《诗经·商颂·玄鸟》。邦畿，都城及其周围的地区。止，有至、到、停止、居住、栖息等多种含义，随上下文而有所区别。在这句里是居住的意思。

(2) 缗蛮黄鸟，止于丘隅：引自《诗经·小雅·绵蛮》。缗蛮，即绵蛮，鸟叫声。隅，角落。止：栖息。

(3) "穆穆"句：引自《诗经·大雅·文王》。穆穆，仪表美好端庄的样子。於（wū），叹词。缉，继续。熙，光明。止，语助词，无意义。

(4) "《诗》云"句：这几句诗引自《诗经·卫风·淇澳》。淇，指淇水，在今河南北部。澳水边。斐，文采。瑟兮僴兮，庄重而胸襟开阔的样子。赫兮喧兮，显耀盛大的样子。喧，《诗经》原文作"谖"，遗忘。

(5) 道：说、言的意思。

(6) 恂栗：恐惧，戒惧。

(7) 於戏! 前王不忘：引自《诗经·周颂·烈文》。於戏，叹词。前王，指周文王、周武王。

【导读】

这一段发挥"在止于至善"的经义。首先在于"知其所止"，即知道应该停在什么地方，其次才谈得上"止于至善"的问题。俗语说："人往高处走，水往低处流。"鸟儿尚且知道找一个栖息的林子，人怎么可以不知道自己应该落脚的地方呢？所以，"邦畿千里，惟民所止"。要达到"至善"的境界，不同身份的人有不同的努力方向，而殊途同归，最后要实现的，就是通过"如切如磋，如琢如磨"而达到"盛德至善，民之不能忘也!"成为流芳百世的具有完善人格的人。"知其所止"，也就是知道自己应该"止"的地方，找准自己的位置，这一点，说起来容易做起来难。天地悠悠，过客匆匆，多少人随波逐流，终其一生而不知其所止。尤其是在当今社会，生活的诱惑太多，可供的机会太多，更给人们带来了选择的困惑。古人有"万般皆下品，唯有读书高"。读书人心态平衡，或许还"知其所止"，知道自己该干什么。可是，进入市场经济时代后，所谓"下海"的机会与诱惑重重地叩击着人们的心扉，读书人被推到了生活的十字路口：何去何从？所止何处？不少人不知道自己该干什么。"这山看着那山高"，工作上不安心，生活上不满足。其实，《大学》本身说得好："为人君，止于仁；为人臣，止于敬；为人子，止于孝；为人父，止于慈；与国人交，止于信。"不同身份的人有不同的"所止"，关键在于寻找最适合的自身条件，最能扬长避短的位置和角色——"知其所止"，这才是最重要的。

6.《老子》选读

【原文】

曲则全，枉⁽¹⁾则直，洼则盈，敝⁽²⁾则新，少则得，多则惑。是以圣人抱一⁽³⁾为天下式⁽⁴⁾。不自见⁽⁵⁾，故明⁽⁶⁾；不自是，故彰；不自伐⁽⁷⁾，故有功；不自矜，故长。夫唯不争，故天下莫能与之争。古之所谓"曲则全"者，岂虚言哉？诚全而归之。
　　　　　　　　　　　　　　　　　　　　　　——《老子》

【注释】

(1) 枉：屈、弯曲。

(2) 敝：凋敝。

(3) 抱一：抱，守。一，道。此意为守道。

(4) 式：法式，范式。

(5) 见：同"现"。

(6) 明：彰明。

(7) 伐：夸。

【导读】

这一章，老子从生活经验的角度，进一步深化了第二章所阐释的辩证法思想。第二章重点讲的是矛盾的转化。本章一开头，老子就用了六句古代成语，讲述事物由正面向反面变化所包含的辩证法思想，即委曲和保全、弓屈和伸直、不满和盈溢、陈旧和新生、缺少和获得、贪多和迷惑。老子用辩证法思想作用观察和处理社会生活的原则，最后得出的结论是"不争"。

7.《庄子》选读

【原文】

吾生也有涯[1]，而知也无涯[2]。以有涯随无涯[3]，殆已[4]；已而为知者[5]，殆而已矣！为善无近名[6]，为恶无近刑。缘督以为经[7]，可以保身，可以全生[8]，可以养亲[9]，可以尽年[10]。　　　　——《庄子·养生主》

【注释】

（1）涯：边际，极限。

（2）知：知识，才智。

（3）随：追随，索求。

（4）殆：危险，这里指疲惫不堪，神伤体乏。

（5）已：此，如此；这里指上句所说的用有限的生命索求无尽的知识的情况。

（6）近：接近，这里含有追求、贪图的意思。

（7）缘：顺着，遵循。督：中，正道。中医有奇经八脉之说，所谓督脉即身背之中脉，具有总督诸阳经之作用；"缘督"就是顺从自然之中道的含意。经：常。

（8）生：通作"性"，"全生"意思是保全天性。

（9）养亲：从字面上讲，上下文意不能衔接，旧说称不为父母留下忧患，亦觉牵强。姑备参考。

（10）尽年：终享天年，不使夭折。

【导读】

本段出自《庄子·养生主》。这是一篇谈养生之道的文章。"养生主"意思就是养生的要领。庄子认为，养生之道重在顺应自然，忘却情感，不为外物所滞。庄子主张的是"至知、无知"，既知识不能简单地说"越多越好"或"越少越好"，而是要区别清楚。顺道知识越多越好，悖道知识越少越好。所以，求知既是知识增加的过程，也是鉴别所得知识是否合道，并剔除悖道知识的过程。这里的"道"，可以理解成真理。

【原文】

故夫三皇五帝之礼义法度[1]，不矜于同而矜于治[2]。故譬三皇五帝之礼义法度，其犹柤梨桔柚邪[3]！其味相反而皆可于口[4]。故礼义法度者，应时而变者也。今取猿狙而衣以周公之服[5]，彼也屹啮挽裂[6]，尽去而后慊[7]。观古今之异，犹猿狙之异乎周公也。故西施病心而矉其里[8]，其里之丑人见之而美之，归亦捧心而矉其里⁽⁹⁾，其里之富人见之，坚闭门而不出，贫人见之，挈其妻子而去走⁽¹⁰⁾。彼知矉美而不知矉之所以美。惜乎，而夫子其穷哉！

——《庄子·天运》

【注释】

(1) 三皇五帝：说法多种，较通行的一种是三皇为伏羲氏、神农氏和黄帝。五帝为少昊、颛顼、高辛、尧、舜。

(2) 矜：崇尚、钦敬之意。

(3) 柤：通楂，即山楂，其味酸。

(4) 可于口：可口，合于不同人口味。

(5) 猿狙：不同种类的猴子。

(6) 龁啮：用牙齿咬。挽裂：用手撕碎。

(7) 慊：满足。

(8) 西施：春秋时期的美女。病心：俗称心口痛，实则胃病也，矉：同颦，皱眉痛苦的样子。里：邻里。

(9) 捧心：双手抚按胸口。

(10) 挈：提携、带领

【导读】

本段出自《庄子·天运》。《天运》宗旨在阐述天道是不断运动变化的，其变化是自然进行，没有谁在主宰。而人世之帝王必须与之相顺应。本篇虽以《天运》名篇，而所论却多为帝道、圣道等人间之事，批判仁义、有为造成的祸患，宣传无为而治。

本段讲礼义法度应随着时代不断变化，孔子不懂得这个道理，取先王之陈迹在当代推行，这如同推舟于陆地，是根本行不通的。

8. 《韩非子》选读

韩非（约前280—前233），战国时期韩国都城新郑（今河南省郑州市新郑市）人，杰出的思想家、哲学家和散文家。韩王之子，荀子学生，李斯同门师兄。韩非子创立的法家学说，为中国第一个统一专制的中央集权制国家的诞生提供了理论依据。

韩非深爱自己的祖国，但他并不被韩王所重视，而秦王却为了得到韩非而出兵攻打韩国。韩非入秦后陈书秦王弱秦保韩之策，终不能为秦王所用。韩非因弹劾上卿姚贾，而招致姚贾报复，遂入狱。后李斯入狱毒之。韩非人虽死，但是其法家思想却被秦王嬴政所重用，奉《韩非子》为秦国治国经要。帮助秦国富国强兵，最终统一六国。韩非的思想深邃而又超前，对后世影响深远。

韩非将商鞅的"法"，申不害的"术"和慎到的"势"集于一身，是法家思想的集大成者；韩非将老子的辩证法、朴素唯物主义与法融为一体。著有《韩非子》，共五十五篇，十万余字。在先秦诸子散文中独树一帜，呈现韩非极为重视唯物主义与效益主义思想，积极倡导君主专制主义理论，目的是为专制君主提供富国强兵的思想。

《史记》载：秦王见《孤愤》《五蠹》之书，曰："嗟乎，寡人得见此人与之游，死不得恨矣！"可知当时秦王的重视。

《韩非子》是法家学派的代表著作，二十卷，韩非撰。全书由五十五篇独立的论文集辑而成，大都出自韩非之手，除个别文章外，篇名均表示该文主旨。其学说的核心是以君主专制为基础的法、术、势结合思想，秉持进化论的历史观，主张极端的功利主义，认为人与人之间只有利害而没有仁爱，强调以法治国，以利用人，对秦汉以后中国封建社会制度的建立产生了重大影响。该书在先秦诸子中具有独特的风格，思想犀利，文字峭刻，逻辑严密，善用寓言，其寓言经整理之后又辑为各种寓言集，如《内外储说》《说林》《喻老》《十过》等即是。

【原文】

古者文王处丰镐⁽¹⁾之间，地方百里⁽²⁾，行仁义而怀西戎⁽³⁾，遂王天下。徐偃王⁽⁴⁾处汉东⁽⁵⁾，地方五百里，行仁义，割地而朝⁽⁶⁾者三十有六国，荆文王⁽⁷⁾恐其害己也，举兵伐徐，遂灭之。故文王行仁义而王天下，偃王行仁义而丧其国，是仁义用于古⁽⁸⁾而不用于今也。故曰世异则事异。当舜之时，有苗⁽⁹⁾不服，禹将伐之，舜曰："不可。上德不厚而行武⁽¹⁰⁾，非道也。"乃修教⁽¹¹⁾三年，执干戚舞⁽¹²⁾，有苗乃服。共工⁽¹³⁾之战，铁短者及乎敌⁽¹⁴⁾，铠甲不坚者伤乎体，是干戚用于古不用于今也。故曰事异则备变。上古竞于道德⁽¹⁵⁾，中世逐于智谋，当今争于气力。齐将攻鲁，鲁使子贡⁽¹⁶⁾说之。齐人曰："子言非不辩⁽¹⁷⁾也，吾所欲者土地也，非斯言所谓⁽¹⁸⁾也。"遂举兵伐鲁，去门十里以为界⁽¹⁹⁾。故偃王仁义而徐亡，子贡辩智而鲁削⁽²⁰⁾，以是言之，夫仁义辩智非所以持国⁽²¹⁾也。去偃王之仁，息子贡之智，循⁽²²⁾徐鲁之力，使敌万乘⁽²³⁾，则齐荆之欲不得行于二国矣。

——《韩非子·五蠹》

【注释】

（1）丰镐：二地名，皆在今陕西省西安市附近。

（2）地方百里：占有之区域，方圆百里。

（3）怀西戎：安抚西方各民族，使之归顺。怀，感化，安慰。

（4）徐偃王：西周穆王时徐国国君，据今安徽省泗县一带。

（5）汉东：汉水之东。

（6）割地而朝：割地予徐而朝见徐偃王。

（7）荆文王：楚文王。荆，楚之别称。楚文王在春秋时，与徐偃王不同时，有人认为"荆文王"的"文"是衍文。究竟是哪一个楚王，不可考。

（8）用于古：适用于古代，古代可行。

（9）有苗：舜时一部落，亦称三苗。有，助词，无义。

（10）上德不厚而行武：在上位者德行微薄，而使用武力。上，指帝王。

（11）修教：修整教化，推行教化。

（12）执干戚舞：手持干戚而舞。干，盾；戚，斧；皆兵器。执之舞，化武器为舞具也。

（13）共工：传说为上古主百工事的官，其后人以官为姓，世居江淮间。战争之史实不详。

（14）铁短者及乎敌：短武器亦能及敌人之身。极言战争激烈。铁，锸一类兵器。

（15）竞于道德：争以道德相高。下文"逐""争"义同。

（16）子贡：姓端木，名赐，字子贡，孔子弟子，以善外交辞令著名。

（17）辩：言辞巧妙。

（18）非斯言所谓：与你所说并非一回事。

（19）去门十里以为界：以距鲁都城门十里处为国界。言所侵甚多。

（20）削：土地减少（被侵占）。

（21）非所以持国：不是可以用来管理国家的。

（22）循：依照。

（23）使敌万乘：用来抵挡大国（的侵略）。使，用。万乘，一万辆兵车，指大国。乘，四匹马驾一辆兵车。

【导读】

《五蠹》是体现韩非政治思想的重要篇章。主要内容是根据他对古今社会不断变迁的看法，论述法治应当适应时代的要求，并提出实际的权势比空头的仁义更有效，反对政治上顽固守旧的态度。从韩非的角度看来，治理国家首先要与时俱进，根据实际情况制定严格的奖励与惩罚措施，之后拒绝纵横家的荒谬言论，以修明内政为主要努力方向；再次应该摒弃品行与名声，完全依照法律评判一个人的所作所为，并给予他相应的社会地位；最后要严厉的责罚那些投机取巧、扰乱社会风气的人，形成国家的良好风气。

以上节选部分，表现了韩非子的一个很重要的思想"与时俱进"。时代在发展，人们的生活、心理、社会风俗等诸多方面也在发生着改变。古时候文王施行仁政使得古戎屈服，徐偃王实行仁义的统治却被楚国灭亡；舜派人手拿盾牌和大斧对着苗人跳舞使得苗人降服，对共工氏跳舞却会惨遭失败。由此可见，不同情况下实施同样的政策，结果却大相径庭。先人的做法在当时取得了卓越的成效，但是未必适用于当今的社会。统治者应该根据不同时代的特点与要求，制定不同的政治政策，来使天下得到治理。

9.《史记》选读

《史记》是西汉史学家司马迁撰写的纪传体史书，是中国历史上第一部纪传体通史，记载了上至上古传说中的黄帝时代，下至汉武帝太初四年间共3 000多年的历史。太初元年（前104年），司马迁开始了《太史公书》即后来被称为《史记》的史书创作。前后经历了14年，才得以完成。《史记》全书包括十二本纪（记历代帝王政绩）、三十世家（记诸侯国和汉代诸侯、勋贵兴亡）、七十列传（记重要人物的言行事迹，主要叙人臣，其中最后一篇为自序）、十表（大事年表）、八书（记各种典章制度，记礼、乐、音律、历法、天文、封禅、水利、财用），共一百三十篇，五十二万六千五百余字。《史记》被列为"二十四史"之首，与后来的《汉书》《后汉书》《三国志》合称"前四史"，对后世史学和文学的发展都产生了深远影响。其首创的纪传体编史方法为后来历代"正史"所传承。《史记》还被认为是一部优秀的文学著作，在中国文学史上有重要地位，刘向等人认为此书"善序事理，辩而不华，质而不俚"。

【原文】

屈原者，名平，楚之同姓也(1)。为楚怀王左徒(2)。博闻强志，明于治乱，娴于辞令。入则与王图议国事，以出号令；出则接遇宾客，应对诸侯。王甚任之。

上官大夫与之同列，争宠而心害其能(3)。怀王使屈原造为宪令(4)，屈平属草稿未定(5)。上官大夫见而欲夺之，屈平不与，因谗之曰："王使屈平为令，众莫不知。每一令出，平伐其功，曰以为'非我莫能为也'。"王怒而疏屈平。

屈平疾王听之不聪也，谗谄之蔽明也，邪曲之害公也，方正之不容也，故忧愁幽思而作《离骚》(6)。"离骚"者，犹离忧也。夫天者，人之始也；父母者，人之本也。人穷则反本，故劳苦倦极，未尝不呼天也；疾痛惨怛，未尝不呼父母也⁽⁷⁾。屈平正道直行，竭忠尽智，以事其君，谗人间之，可谓穷矣。信而见疑，忠而被谤，能无怨乎？屈平之作《离骚》，盖自怨生也⁽⁸⁾。《国风》好色而不淫，《小雅》怨诽而不乱。若《离骚》者，可谓兼之矣。上称帝喾，下道齐桓，中述汤、武，以刺世事⁽⁹⁾。明道德之广崇，治乱之条贯，靡不毕见⁽¹⁰⁾。其文约，其辞微，其志洁，其行廉。其称文小而其指极大，举类迩而见义远⁽¹¹⁾。其志洁，故其称物芳⁽¹²⁾；其行廉，故死而不容。自疏濯淖污泥之中，蝉蜕于浊秽，以浮游尘埃之外，不获世之滋垢，皭然泥而不滓者也⁽¹³⁾。推此志也，虽与日月争光可也。

屈原既绌⁽¹⁴⁾。其后秦欲伐齐，齐与楚从亲，惠王患之⁽¹⁵⁾。乃令张仪佯去秦，厚币委质事楚⁽¹⁶⁾，曰："秦甚憎齐，齐与楚从亲，楚诚能绝齐，秦愿献商、於之地六百里⁽¹⁷⁾。"楚怀王贪而信张仪，遂绝齐，使使如秦受地。张仪诈之曰："仪与王约六里，不闻六百里。"楚使怒去，归告怀王。怀王怒，大兴师伐秦。秦发兵击之，大破楚师于丹、浙，斩首八万，虏楚将屈匄，遂取楚之汉中地⁽¹⁸⁾。怀王乃悉发国中兵，以深入击秦，战于蓝田⁽¹⁹⁾。魏闻之，袭楚至邓⁽²⁰⁾。楚兵惧，自秦归。而齐竟怒，不救楚，楚大困。明年⁽²¹⁾，秦割汉中地与楚以和。楚王曰："不愿得地，愿得张仪而甘心焉。"张仪闻，乃曰："以一仪而当汉中地，臣请往如楚。"如楚，又因厚币用事者臣靳尚⁽²²⁾，而设诡辩于怀王之宠姬郑袖。怀王竟听郑袖，复释去张仪。是时屈原既疏，不复在位，使于齐，顾反⁽²³⁾，谏怀王曰："何不杀张仪？"怀王悔，追张仪，不及。

其后，诸侯共击楚，大破之，杀其将唐眜⁽²⁴⁾。时秦昭王与楚婚⁽²⁵⁾，欲与怀王会。怀王欲行，屈平曰："秦，虎狼之国，不可信，不如毋行。"怀王稚子子兰劝王行："奈何绝秦欢！"怀王卒行。入武关⁽²⁶⁾，秦伏兵绝其后，因留怀王，以求割地。怀王怒，不听。亡走赵，赵不内⁽²⁷⁾。复之秦，竟死于秦而归葬。

长子顷襄王立，以其弟子兰为令尹⁽²⁸⁾。楚人既咎子兰以劝怀王入秦而不反也。屈平既嫉之，虽放流⁽²⁹⁾，眷顾楚国，系心怀王，不忘欲反。冀幸君之一悟，俗之一改也。其存君兴国，而欲反复之，一篇之中，三致志焉。然终无可奈何，故不可以反。卒以此见怀王之终不悟也。

人君无愚智贤不肖，莫不欲求忠以自为，举贤以自佐。然亡国破家相随属，而圣君治国累世而不见者⁽³⁰⁾，其所谓忠者不忠，而所谓贤者不贤也。怀王以不知忠臣之分，故内惑于郑袖，外欺于张仪，疏屈平而信上官大夫、令尹子兰，兵挫地削，亡其六郡，身客死于秦，为天下笑，此不知人之祸也。《易》曰："井渫不食，为我心恻，可以汲。王明，并受其福[31]。"王之不明，岂足福哉！令尹子兰闻之，大怒。卒使上官大夫短屈原于顷襄王。顷襄王怒而迁之。屈原至于江滨，被[32]发行吟泽畔，颜色憔悴，形容枯槁。渔父见而问之曰："子非三闾大夫欤[33]？何故而至此？"屈原曰："举世皆浊而我独清，众人皆醉而我独醒，是以见放。"渔父曰："夫圣人者，不凝滞于物，而能与世推移。举世皆浊，何不随其流而扬其波？众人皆醉，何不哺其糟而啜其醨[34]？何故怀瑾握瑜，而自令见放为[35]？"屈原曰："吾闻之，新沐者必弹冠，新浴者必振衣。人又谁能以身之察察，受物之汶汶者乎[36]？宁赴常流而葬乎江鱼腹中耳。又安能以皓皓之白，而蒙世之温蠖乎[37]？"乃作《怀沙》之赋[38]。于是怀石，遂自投汨罗以死[39]。

屈原既死之后，楚有宋玉、唐勒、景差之徒者，皆好辞而以赋见称[40]。然皆祖屈原之从容辞令，终莫敢直谏。其后楚日以削，数十年竟为秦所灭[41]。自屈原沉汨罗后百有馀年，汉有贾生，为长沙王太傅[42]。过湘水，投书以吊屈原[43]。

太史公曰[44]："余读《离骚》《天问》《招魂》《哀郢》，悲其志[45]。适长沙，过屈原所自沉渊，未尝不垂涕，想见其为人。及见贾生吊之，又怪屈原以彼其材游诸侯，何国不容，而自令若是！读《鵩鸟赋》，同死生，轻去就，又爽然自失矣[46]。"

——《史记·屈原列传》

【注释】

（1）楚之同姓：楚王族本姓芈（mǐ 米），楚武王熊通的儿子瑕封于屈，他的后代遂以屈为姓，瑕是屈原的祖先。楚国王族的同姓。屈、景、昭氏都是楚国的王族同姓。

（2）楚怀王：楚威王的儿子，名熊槐，公元前 328 年至前 299 年在位。

左徒：楚国官名，职位仅次于令尹。

博闻强志：见识广博，记忆力强。志，同"记"

明于治乱：通晓国家治乱的道理

娴于辞令：擅长讲话。娴，熟悉。辞令，指外交方面应酬交际的语言。

（3）上官大夫：楚大夫。上官，复姓。

（4）宪令：国家的重要法令。

（5）属：写作。

（6）《离骚》：屈原的代表作，自叙生平的长篇抒情诗。关于诗题，后人有二说。一释"离"为"罹"的通假字，离骚就是遭受忧患。二是释"离"为离别，离骚就是离别的忧愁。

(7) 反本：追思根本。反，通"返"。惨怛：忧伤。

(8) 盖：表推测性判断，大概。

(9) 帝喾：古代传说中的帝王名。相传是黄帝的曾孙，号高辛氏。齐桓：即齐桓公，名小白，春秋五霸之一，公元前685年至前643年在位。汤：商朝的开国君主。武：指周武王，灭商建立西周王朝。

(10) 条贯：条理，道理。"见"同"现"。

(11) 指：同"旨"。迩：近。"见"同"现"。

(12) 称物芳：指《离骚》中多用兰、桂、蕙、芷等香花芳草作比喻。

(13) 疏：离开。濯淖：污浊。蝉蜕：这里是摆脱的意思。获：玷污。滋：通"兹"，黑。皭然：洁白的样子。泥：通"涅"，动词，染黑。滓：污黑。

(14) 绌：通"黜"，废，罢免。指屈原被免去左徒的职位。

(15) 从：同"纵"。从亲，合纵相亲。当时楚、齐等六国联合抗秦，称为合纵，楚怀王曾为纵长。惠王：秦惠王，公元前337年至311年在位。

(16) 张仪：魏人，主张"连横"，游说六国事奉秦国，为秦惠王所重。详：通"佯"。委：呈献。质：通"贽"，信物。

(17) 商、於：秦地名。商，在今陕西商州市东南。於，在今河南内乡东。

(18) 丹、浙：二水名。丹水发源于陕西商州市西北，东南流入河南。浙水，发源于南卢氏县，南流而入丹水。屈匄：楚大将军。汉中：今湖北西北部、陕西东南部一带。

(19) 蓝田：秦县名，在今陕西蓝田西。

(20) 邓：春秋时蔡地，后属楚，在今河南邓州市一带。

(21) 明年：指楚怀王十八年（公元前311年）。

(22) 靳尚：楚大夫。一说即上文的上官大夫。

(23) 顾反：回来。反，通"返"。

(24) 唐眛：楚将。楚怀王二十八年（公元前301年），秦、齐、韩、魏攻楚，杀唐眛。

(25) 秦昭王：秦惠王之子，公元前306年至前251年在位。

(26) 武关：秦国的南关，在今陕西省商州市东。

(27) 内：同"纳"。

(28) 顷襄王：名熊横，公元前298年至前262年在位。令尹：楚国的最高行政长官。

（29）虽放流：以下关于屈原流放的记叙，时间上有矛盾，文意也不连贯，可能有误。

（30）世：三十年为一世。

（31）《易》：即《周易》，又称《易经》。这里引用的是《易经·井卦》的爻辞。渫：淘去泥污。这里以淘干净的水比喻贤人。

（32）被：通"披"。披发，指头发散乱，不梳不束。

（33）三闾大夫：楚国掌管王族昭、屈、景三姓事务的官。

（34）哺：吃，食。糟：酒渣。啜：喝。醨（lí 离）：薄酒。

（35）瑾、瑜：都是美玉。为：表示疑问的语气词。

（36）察察：洁白的样子。汶汶：浑浊的样子。

（37）皓皓：莹洁的样子。温蠖：尘滓重积的样子。

（38）《怀沙》：在今本《楚辞》中，是《九章》的一篇。今人多以为系屈原怀念长沙的诗。

（39）汨罗：江名，在湖南东北部，流经汨罗县入洞庭湖。

（40）宋玉：相传为楚顷襄王时人，屈原的弟子，有《九辩》等作品传世。唐勒、景差：约与宋玉同时，都是当时的词赋家。

（41）"数十年"句：公元前 223 年秦灭楚。

（42）贾生：即贾谊（公元前 200 年前 168 年），洛阳（今河南洛阳东）人。西汉政论家、文学家。长沙王：指吴差，汉朝开国功臣吴芮的玄孙。太傅：君王的辅助官员。

（43）湘水：在今湖南省境内，流入洞庭湖。书：指贾谊所写的《吊屈原赋》。

（44）太史公：司马迁自称。

（45）《天问》《招魂》《哀郢》：都是屈原的作品。《招魂》一说为宋玉所作。《哀郢》是《九章》中的一篇。

（46）《鵩鸟赋》：贾谊所作。去：指贬官放逐。就：指在朝任职。

【导读】

本文是《史记·屈原贾生列传》中有关屈原的部分，其中又删去了屈原《怀沙》赋全文。这是现存关于屈原最早的完整的史料，是研究屈原生平的重要依据。屈原是中国历史上第一位伟大的爱国诗人。他生活在战国中后期的楚国，当时七国争雄，其中最强盛的是秦、楚二国。屈原曾在楚国内政、外交方面发挥了重要作用，以后，虽然遭谗去职，流放江湖，但仍然关心朝政，热爱祖国。最后，毅然自沉汨罗，以殉自己的理想。

本文是一篇极为优秀的传记文学。文章以记叙屈原生平事迹为主，用记叙和议论相结合的方式热烈歌颂了屈原的爱国精神、政治才能和高尚品德，严厉地谴责了楚怀王的昏庸和上官大夫、令尹子兰的阴险。本文所记叙的屈原的生平事迹，特别是政治上的悲惨遭遇，表现了屈原的一生和楚国的兴衰存亡息息相关，他确实是竭忠尽智了。屈原留给后人的财富甚丰，他的高尚品德、爱国精神乃至文学成就，至今具有深远的影响。

10. 《汉书》选读

《汉书》，又称《前汉书》，开创了"包举一代"的断代史体例，是中国第一部纪传体断代史，"二十四史"之一。由东汉史学家班固编撰，前后历时二十余年，于建初年中基本修成，后唐朝颜师古为之释注。《汉书》是继《史记》之后中国古代又一部重要史书，与《史记》《后汉书》《三国志》并称为"前四史"。《汉书》全书主要记述了上起西汉的汉高祖元年（公元前206年），下至新朝王莽地皇四年（公元23年）共230年的史事。《汉书》包括本纪十二篇，表八篇，志十篇，传七十篇，共一百篇，后人划分为一百二十卷，全书共八十万字。

班固（公元32—92），东汉历史学家班彪之子，班超之兄，字孟坚，扶风安陵人（今陕西咸阳）。生于东汉光武帝建武八年，卒于东汉和帝永元四年，年六十一岁。班固自幼聪敏，"九岁能属文，诵诗赋"，成年后博览群书，"九流百家之言，无不穷究"。著有《白虎通德论》六卷，《汉书》一百二十卷，《集》十七卷。

【原文】

太史公(1)牛马走司马迁，再拜言。

少卿足下：曩者(2)辱赐书，教以慎于接物，推贤进士为务，意气勤勤恳恳。若望(3)仆不相师，而用流(4)俗人之言，仆非敢如此也。仆虽罢(5)驽，亦尝侧闻(6)长者之遗风矣。顾自以为身残处秽(7)，动而见尤，欲益反损，是以独郁悒而无谁语。谚曰："谁为为之？孰令听之？"盖钟子期死，伯牙(8)终身不复鼓琴。何则？士为知己者用，女为悦己者容。若仆大质已亏缺矣，虽材怀随和(9)，行若由夷(10)，终不可以为荣，适足以见笑而自点(11)耳。

书辞宜答，会东从上来(12)，又迫贱事，相见日浅，卒卒(13)无须臾之间，得竭指意。今少卿抱不测之罪，涉旬月，迫季冬(14)，仆又薄(15)从上雍，恐卒然不可为讳[16]，是仆终已不得舒愤懑以晓左右，则长逝者魂魄私恨无穷。请略陈固陋。阙然久不报，幸勿为过。

仆闻之：修身者，智之符也；爱施者，仁之端也；取予者，义之表也；耻辱者，勇之决也；立名者，行之极也。士有此五者，然后可以托于世，列于君子之林矣。故祸莫憯于欲利，悲莫痛于伤心，行莫丑于辱先，诟莫大于宫刑[17]。刑余之人，无所比数，非一世也，所从来远矣。昔卫灵公与雍渠同载，孔子适陈；[18]商鞅因景监见，赵良寒心；[19]同子参乘，袁丝变色：自古而耻之！[20]夫中材之人，事有关于宦竖[21]，莫不伤气，而况于慷慨[22]之士乎！如今朝廷虽乏人，奈何令刀锯之余，荐天下之豪俊哉！仆赖先人绪业，得待罪[23]辇毂下，二十余年矣。所以自惟[24]：上之，不能纳忠效信，有奇策材力之誉，自结明主；次之，又不能拾遗补阙，招贤进能，显岩穴之士；外之，不能备行伍，攻城野战，有斩将搴[25]旗之功；下之，不能积日累劳，取尊官厚禄，以为宗族交游光宠。四者无一遂，苟合取容，无所短长之效，可见于此矣。乡[26]者，仆亦尝厕下大夫之列，陪外廷[27]末议。不以此时引维纲[28]，尽思虑，今已亏形为扫除之隶，在阘茸[29]之中，乃欲卬[30]首伸眉，论列是非，不亦轻朝廷、羞当世之士邪？嗟乎！嗟乎！如仆尚何言哉！尚何言哉！

且事本末未易明也。仆少负不羁之才，长无乡曲[31]之誉，主上幸以先人之故，使得奉薄伎，出入周卫[32]之中。仆以为戴盆何以望天[33]，故绝宾客之知，忘室家之业，日夜思竭其不肖之材力，务一心营职，以求亲媚于主上。而事乃有大谬不然者！

夫仆与李陵[34]俱居门下，素非能相善也。趣舍[35]异路，未尝衔杯酒[36]，接殷勤之余欢。然仆观其为人，自守奇士，事亲孝，与士信，临财廉，取予义，分别有让，恭俭下人，常思奋不顾身，以殉国家之急。其素所蓄积也，仆以为有国士之风。夫人臣出万死不顾一生之计，赴公家之难，斯已奇矣。今举事一不当，而全躯保妻子之臣随而媒孽[37]其短，仆诚私心痛之。且李陵提步卒不满五千，深践戎马之地，足历王庭[38]，垂饵虎口，横挑强[39]胡，仰[40]亿万之师，与单于连战十有余日，所杀过当。虏救死扶伤不给，旃[41]裘之君长咸震怖，乃悉征其左、右贤王[42]，举引弓之民，一国共攻而围之。转斗千里，矢尽道穷，救兵不至，士卒死伤如积。然陵一呼劳军，士无不起，躬自流涕，沫[43]自饮泣，更张空弮[44]，冒白刃，北首争死敌者。陵未没时，使有来报，汉公卿王侯皆奉觞上寿[45]。后数日，陵败书闻，主上为之食不甘味，听朝不怡。大臣忧惧，不知所出。仆窃不自料其卑贱，见主上惨凄怛[46]悼，诚欲效其款款之愚，以为李陵素与士大夫⁽⁴⁷⁾绝甘分少，能得人之死力，虽古之名将，不能过也。身虽陷败，彼观其意，且欲得其当而报于汉。事已无可奈何，其所摧败，功亦足以暴于天下矣。仆怀欲陈之，而未有路，适会召问，即以此指，推言陵之功，欲以广主上之意，塞睚眦⁽⁴⁸⁾之辞。未能尽明，明主不晓，以为仆沮⁽⁴⁹⁾贰师，而为李陵游说，遂下于理⁽⁵⁰⁾。拳拳之忠，终不能自列。因为诬上，卒从吏议。家贫，货赂不足以自赎，交游莫救，左右亲近不为一言。身非木石，独与法吏为伍，深幽图圄⁽⁵¹⁾之中，谁可告愬者！此真少卿所亲见，仆行事岂不然乎？李陵既生降，聩⁽⁵²⁾其家声，而仆又佴⁽⁵³⁾之蚕室，重为天下观笑。悲夫！悲夫！事未易一二为俗人言也。

　　仆之先人非有剖符⁽⁵⁴⁾丹书之功，文史星历⁽⁵⁵⁾，近乎卜祝之间，固主上所戏弄，倡优畜之，流俗之所轻也。假令仆伏法受诛，若九牛亡一毛，与蝼蚁⁽⁵⁶⁾何以异？而世又不与能死节者比，特以为智穷罪极，不为自免，卒就死耳。何也？素所自树立使然也。人固有一死，或重于泰山，或轻于鸿毛，用之所趋异也。太上，不辱先，其次不辱身，其次不辱理色，其次不辱辞令，其次诎体受辱，其次易服⁽⁵⁷⁾受辱，其次关木索⁽⁵⁸⁾、被箠⁽⁵⁹⁾楚受辱，其次剔毛发、婴金铁受辱，其次毁肌肤、断肢体受辱，最下腐刑⁽⁶⁰⁾极矣！传曰"刑不上大夫⁽⁶¹⁾。"此言士节不可不勉厉也。猛虎在深山，百兽震恐，及在阱槛⁽⁶²⁾之中，摇尾而求食，积威约之渐也。故士有画地为牢，势不入；削木为吏，议不对，定计于鲜⁽⁶³⁾也。今交手足，受木索，暴肌肤，受榜⁽⁶⁴⁾箠，幽于圜墙之中。当此之时，见狱吏则头枪⁽⁶⁵⁾地，视徒隶则心惕息⁽⁶⁶⁾。何者？积威约之势也。及以至是，言不辱者，所谓强颜耳，曷足贵乎！且西伯⁽⁶⁷⁾，伯也，拘于羑里⁽⁶⁸⁾；李斯⁽⁶⁹⁾，相也，具于五刑⁽⁷⁰⁾；淮阴⁽⁷¹⁾，王也，受械于陈⁽⁷²⁾；彭越⁽⁷³⁾、张敖⁽⁷⁴⁾，南面称孤，系狱抵罪；绛侯⁽⁷⁵⁾诛诸吕，权倾五伯⁽⁷⁶⁾，囚于请室⁽⁷⁷⁾；魏其⁽⁷⁸⁾，大将也，衣赭衣，关三木；季布⁽⁷⁹⁾为朱家钳奴；灌夫⁽⁸⁰⁾受辱于居室。此人皆身至王侯将相，声闻邻国，及罪至罔⁽⁸¹⁾加，不能引决自裁，在尘埃之中。古今一体，安在其不辱也？由此言之，勇怯，势也；强弱，形也。审矣，何足怪乎？夫人不能早自裁绳墨之外，以稍陵迟，至于鞭箠之间，乃欲引节，斯不亦远乎！古人所以重施刑于大夫者，殆为此也。

　　夫人情莫不贪生恶死，念父母，顾妻子，至激于义理者不然，乃有所不得已也。今仆不幸，早失父母，无兄弟之亲，独身孤立，少卿视仆于妻子何如哉？且勇者不必死节，怯夫慕义，何处不勉焉！仆虽怯懦，欲苟活，亦颇识去就之分矣，何至自沉⁽⁸²⁾溺缧绁之辱哉！且夫臧获⁽⁸³⁾婢妾，犹能引决，况仆之不得已乎？所以隐忍苟活，幽于粪土之中而不辞者，恨私心有所不尽，鄙陋没世，而文采不表于后也。

古者富贵而名摩灭，不可胜记，唯倜傥[84]非常之人称焉。盖文王拘而演《周易》[85]；仲尼厄而作《春秋》[86]；屈原放逐，乃赋《离骚》[87]；左丘失明，厥有《国语》[88]；孙子膑脚，《兵法》修列[89]；不韦迁蜀，世传《吕览》[90]；韩非囚秦，《说难》《孤愤》[91]；《诗》三百篇[92]，大抵圣贤发愤之所为作也。此人皆意有所郁结，不得通其道，故述往事、思来者。乃如左丘无目，孙子断足，终不可用，退而论书策，以舒其愤，思垂空文以自见。

仆窃不逊，近自托于无能之辞，网罗天下放失[93]旧闻，略考其行事，综其终始，稽其成败兴坏之纪，上计轩辕，下至于兹，为十表，本纪十二，书八章，世家三十，列传七十，凡百三十篇。亦欲以究天人之际，通古今之变，成一家之言。草创未就，会遭此祸，惜其不成，是以就极刑而无愠[94]色。仆诚以著此书，藏之名山，传之其人，通邑大都，则仆偿前辱之责，虽万被戮，岂有悔哉！然此可为智者道，难为俗人言也！

且负下未易居，下流多谤议。仆以口语遇遭此祸，重为乡党戮笑[95]，以污辱先人，亦何面目复上父母之丘墓乎？虽累百世，垢弥甚耳！是以肠一日而九回[96]，居则忽忽若有所亡，出则不知其所往。每念斯耻，汗未尝不发背沾衣也！身直为闺阁之臣[97]，宁得自引深藏于岩穴邪？故且从俗浮沉，与时俯仰，以通其狂惑。今少卿乃教以推贤进士，无乃与仆私心刺谬乎？今虽欲自雕琢[98]，曼辞以自饰，无益，于俗不信，适足取辱耳。要之，死日然后是非乃定。书不能悉意，故略陈固陋。谨再拜。

　　　　　　　　　　　　　　　　　　——《汉书·司马迁传》

【注释】

（1）太史公：太史公不是自称，也不是公职，汉代只有太史令一职，且古人写信不可能自称公。钱穆认为，《史记》原名是《太史公》。牛马走：谦词，意为像牛马一样以供奔走。走，意同"仆"。此十二字《汉书·司马迁传》无，据《文选》补。意思是司马迁为了《史记》一书像当牛做马一样活着。

（2）曩（nǎng）者：从前。

（3）望：埋怨。

（4）流俗人：世俗之人。

（5）罢：同"疲"。驽，劣马，疲驽：比喻才能低下。

（6）侧闻：从旁听说。犹言"伏闻"，自谦之词。

（7）身残处秽：指因受宫刑而身体残缺，兼与宦官贱役杂处。

(8) 钟子期、伯牙：春秋时楚人。伯牙善鼓琴，钟子期知音。钟子期死后，伯牙破琴绝弦，终身不复鼓琴。事见《吕氏春秋·本味篇》。

(9) 随、和：随侯之珠和和氏之璧，是战国时的珍贵宝物。

(10) 由、夷：许由和伯夷，两人都是西周早期被推为品德高尚的人。

(11) 点：玷污。

(12) 会东从上来：太始四年（公元前93年）三月，汉武帝东巡泰山，四月，又到海边的不其山，五月间返回长安。司马迁从驾而行。

(13) 卒卒：同"猝猝"，匆匆忙忙的样子。

(14) 季冬：冬季的第三个月，即十二月。汉律，每年十二月处决囚犯。

(15) 薄：同"迫"。雍：地名，在今陕西凤翔县南，设有祭祀五帝的神坛五畤。据《汉书·武帝纪》："太始四年冬十二月，行幸雍，祠五畤。"本文当即作于是年，司马迁五十三岁。

(16) 不可讳：死的委婉说法。任安这次下狱，后被汉武帝赦免。但两年之后，任安又因戾太子事件被处腰斩。

(17) 宫刑：一种破坏男性生殖器的刑罚，也称"腐刑"。

(18) "卫灵公"二句：春秋时，卫灵公和夫人乘车出游，让宦官雍渠同车，而让孔子坐后面一辆车。孔子深以为耻辱，就离开了卫国。事见《孔子家语》。这里说"适陈"，未详。

(19) "商鞅"二句：商鞅得到秦孝公的支持变法革新。景监是秦孝公宠信的宦官，曾向秦孝公推荐商鞅。赵良是秦孝公的臣子，与商鞅政见不同。事见《史记·商君列传》："赵良谓商君曰：……今君之相秦也，因嬖人景监以为主，非所以为名也。"

(20) "同子"二句：同子指汉文帝的宦官赵谈，因为与司马迁的父亲司马谈同名，避讳而称"同子"。爰同"袁"。爰丝即袁丝，亦即袁盎，汉文帝时任郎中。据载，文帝坐车去看他母亲时，宦官陪乘，袁盎伏在车前说："臣闻天子所与共六尺舆者，皆天下豪英，今汉虽乏人，奈何与刀锯之余共载？"于是文帝只得依言令赵谈下车。事见《汉书·袁盎列传》。

(21) 竖：供役使的小臣。后泛指卑贱者。

(22) 忼慨：慷慨。

(23) 待罪：做官的谦词。辇毂下：皇帝的车驾之下。代指京城长安。

(24) 惟：思考。

(25) 搴（qiān）：拔取。

（26）乡：通"向"。厕：参加。下大夫：太史令官位较低，属下大夫。

（27）外廷：汉制，凡遇疑难不决之事，则令群臣在外廷讨论。末议：微不足道的意见。"陪外廷末议"是谦词。

（28）维纲：国家的法令。

（29）闒茸（tǎróng）：下贱，低劣。

（30）卬：同"昂"。信：同"伸"。

（31）乡曲：乡里。汉文帝为了询访自己治理天下的得失，诏令各地"举贤良方正能直言切谏者"，亦即有乡曲之誉者，选以授官，二句言司马迁未能由此途径入仕。

（32）周卫：周密的护卫，即宫禁。

（33）戴盆何以望天：当时谚语，形容忙于职守，识见浅陋，无暇他顾。

（34）李陵：字少卿，生活在汉武帝在位年间，西汉名将李广之孙，善骑射，官至骑都尉，率兵出击匈奴贵族，战败投降，封右校王。后病死匈奴。俱居门下：司马迁曾与李陵同在"侍中曹"（官署名）内任侍中。

（35）趣舍：向往和废弃。趣，同"趋"。

（36）衔杯酒：在一起喝酒。指私人交往。

（37）媒孽：也作"孽"，酵母。这里是夸大的意思。

（38）王庭：匈奴单于的居处。

（39）彊：同"强"。胡：指匈奴。

（40）卬：即"仰"，仰攻。当时李陵军被围困谷地。

（41）旃：毛织品。《史记·匈奴列传》："自君王以下，咸食肉，衣其皮革，披旃裘。"

（42）左右贤王：左贤王和右贤王，匈奴封号最高的贵族。

（43）沫：以手掬水洗脸。

（44）桊：强硬的弓弩。

（45）上寿：这里指祝捷。

（46）怛：悲痛。款款：忠诚的样子。

（47）士大夫：此指李陵的部下将士。绝甘：舍弃甘美的食品。分少：即使所得甚少也平分给众人。

（48）睢眦：怒目相视。

（49）沮：毁坏。贰师：贰师将军李广利，汉武帝宠妃李夫人之兄。李陵被围时，李广利并未率主力救援，致使李陵兵败。其后司马迁为李陵辩解，武帝以为他有意诋毁李广利。

（50）理：掌司法之官。

（51）图圄：监狱。

（52）聩：坠毁。李陵是名将之后，据《史记·李将军列传》记载："单于既得陵，素闻其家声，以女妻陵而贵之。自是之后，李氏名败。"

（53）茸：推置其中。蚕室：温暖密封的房子。言其象养蚕的房子。初受腐刑的人怕风，故须住此。

（54）剖符：把竹做的契约一剖为二，皇帝与大臣各执一块，上面写着同样的誓词，说永远不改变立功大臣的爵位。丹书：把誓词用丹砂写在铁制的契券上。凡持有剖符、丹书的大臣，其子孙犯罪可获赦免。

（55）文史星历：史籍和天文历法，都属太史令掌管。

（56）蝼蚁：蝼蚁。蚁，同"蚁"。

（57）易服：换上罪犯的服装。古代罪犯穿赭（深红）色的衣服。

（58）木索：木枷和绳索。

（59）髡：同"剃"，把头发剃光，即髡刑。婴：环绕。颈上带着铁链服苦役，即钳刑。

（60）腐刑：即宫刑。

（61）刑不上大夫：《礼记·曲礼》中语。

（62）穽：捕兽的陷坑。槛：关兽的笼子。

（63）鲜：态度鲜明。即自杀，以示不受辱。

（64）榜：鞭打。箠：竹棒。此处用作动词。

（65）枪：同"抢"。

（66）惕息：胆战心惊。

（67）西伯：即周文王，为西方诸侯之长。伯也：伯通"霸"。

（68）牖里：又作"羑里"，在今河南汤阴县。周文王曾被殷纣王囚禁于此。

（69）李斯：秦始皇时任为丞相，后因秦二世听信赵高谗言，被受五刑，腰斩于咸阳。

（70）五刑：秦汉时五种刑罚，见《汉书·刑法志》："当三族者，皆先黥劓，斩左右趾，笞杀之，枭其首，菹其骨肉于市。"

（71）淮阴：指淮阴侯韩信。

（72）受械于陈：汉立，淮阴侯韩信被刘邦封为楚王，都下邳（今江苏邳县）。后高祖疑其谋反，用陈平之计，在陈（楚地）逮捕了他。械，拘禁手足的木制刑具。

（73）彭越：汉高祖的功臣。

（74）张敖：汉高祖功臣张耳的儿子，袭父爵为赵王。彭越和张敖都因被人诬告称孤谋反，下狱定罪。

（75）绛侯：汉初功臣周勃，封绛侯。惠帝和吕后死后，吕后家族中吕产、吕禄等人谋夺汉室，周勃和陈平一起定计诛诸吕，迎立刘邦中子刘恒为文帝。

（76）五伯：即"五霸"。

（77）请室：大臣犯罪等待判决的地方。周勃后被人诬告谋反，囚于狱中。

（78）魏其：大将军窦婴，汉景帝时被封为魏其侯。武帝时，营救灌夫，被人诬告，下狱判处死罪。三木：头枷、手铐、脚镣。

（79）季布：楚霸王项羽的大将，曾多次打击刘邦。项羽败死，刘邦出重金缉捕季布。季布改名换姓，受髡刑和钳刑，卖身给鲁人朱家为奴。

（80）灌夫：汉景帝时为中郎将，武帝时官太仆。因得罪了丞相田蚡，被囚于居室，后受诛。居室：少府所属的官署。

（81）耎："软"的古字。

（82）湛：同"沉"。累绁捆绑犯人的绳子，引申为捆绑、牢狱。

（83）臧获：奴曰臧，婢曰获。

（84）倜傥：豪迈不受拘束。

（85）文王拘而演《周易》：传说周文王被殷纣王拘禁在牖里时，把古代的八卦推演为六十四卦，成为《周易》的骨干。

（86）仲尼厄而作春秋：孔丘字仲尼，周游列国宣传儒道，在陈地和蔡地受到围攻和绝粮之苦，返回鲁国作《春秋》一书。

（87）屈原：曾两次被楚王放逐，幽愤而作《离骚》。

（88）左丘：春秋时鲁国史官左丘明。《国语》：史书，相传为左丘明撰著。

（89）孙子：春秋战国时著名军事家孙膑。膑脚：孙膑曾与庞涓一起从鬼谷子习兵法。后庞涓为魏惠王将军，骗膑入魏，割去了他的膑骨（膝盖骨）。孙膑有《孙膑兵法》传世。

（90）不韦：吕不韦，战国末年大商人，秦初为相国。曾命门客著《吕氏春秋》（一名《吕览》）。始皇十年，令吕不韦举家迁蜀，吕不韦自杀。

（91）韩非：战国后期韩国公子，曾从荀卿学，入秦被李斯所谗，下狱死。著有《韩非子》，《说难》、《孤愤》是其中的两篇。

（92）《诗》三百篇：今本《诗经》共有三百零五篇，此举其成数。

（93）失：读为"佚"。

（94）愠：怒。

（95）戮笑：辱笑。

（96）九回：九转。形容痛苦之极。

（97）闺阁之臣：指宦官。闺、阁都是宫中小门，代指禁宫。

（98）雕琢：修饰，美化。这里指自我装饰。

【导读】

司马迁三十八岁时，继父职为太史令。四十七岁时因李陵事下狱，受宫刑。出狱后，为中书谒者令。《汉书·司马迁传》：谓"迁既被刑之后，为中书令，尊宠，任职事"。中书令职，掌领导尚书出入奏事，是宫廷中机要职务。《报任安书》是在他任中书令时写的。此篇是司马迁写给其友人任安的一封回信。司马迁因李陵之祸处以宫刑，出狱后任中书令，表面上是皇帝近臣，实则近于宦官，为士大夫所轻贱。任安此时曾写信给他，希望他能"推贤进士"。司马迁由于自己的遭遇和处境，感到很为难，所以一直未能复信。后任安因罪下狱，被判死刑，司马迁才给他写了这封回信。

司马迁在此信中以无比激愤的心情，向朋友、也是向世人诉说了自己因李陵之祸所受的奇耻大辱，倾吐了内心郁积已久的痛苦与愤懑，大胆揭露了朝廷大臣的自私，甚至还不加掩饰地流露了对汉武帝是非不辨、刻薄寡恩的不满。信中委婉述说了他受刑后"隐忍苟活"的一片苦衷。为了完成《史记》的著述，司马迁所忍受的屈辱和耻笑，绝非常人所能想象。但他有一条非常坚定的信念，死要死得有价值，要"重于泰山"，所以，不完成《史记》的写作，绝不能轻易去死，即使一时被人误解也在所不惜。就是这样的信念支持他痛苦挣扎中顽强地活了下来，忍辱负重，坚忍不拔，终于实现了他的夙愿，完成了他的大业。

第二节　业精于勤

"业精于勤"，出自韩愈的《进学解》"业精于勤荒于嬉"。意思是说学业由于勤奋而精通，但它却荒废在嬉笑声中，事情由于反复思考而成功，但他却能毁灭于随随便便。古往今来，多少成就事业的人来自于"业精于勤荒于嬉"，

《齐民要术》的成书也说明了这个道理。

一、《齐民要术》"求索"精神解读

《齐民要术》是世界上现存最早、最完整的一部农业科学巨著，被誉为"中国古代农业百科全书"，无论在中国还是世界范围内，其影响都是深远的，尤其在生产力低下的农耕时代，被历代朝廷官员视为指导农业生产经营的圭臬。开前人之所未立，领后人之所未为，在农学领域做到了"敢为天下先"，应该说，这就是农圣文化中求索精神的充分体现。提炼、梳理、释读《齐民要术》农学文化思想中"求索精神"的基本内涵，把握其核心价值，对于传承创新发展农圣文化，服务于中华民族伟大复兴中国梦"梦之队"的人才培养，服务于中国特色社会主义经济社会的发展，具有重要的现实意义；而对于大学生来说，也是学习贾思勰"求索"精神的一个重要途径。

（一）业精于勤矢志不渝的求索精神

通过《齐民要术》的文本阅读，结合贾思勰所生活的时代特征，以及《齐民要术》所形成的历史影响来分析，我们从中可以发现以业精于勤、矢志不渝为主要特色的求索精神，是《齐民要术》农学文化思想的形成基础，也是《齐民要术》农学文化思想的重要组成部分，更是中华民族优秀传统文化宝库中的精髓。

南宋李焘《孙氏齐民要术音义解释序》中称"贾思勰著此书，专主民事，又旁摭异闻多可观，在农书中最峣然出其类"。1744 年，日本学者田好之等译注的《齐民要术》新序中说"民家之业，求之《要术》（指《齐民要术》），验之行事，无一不可者矣。"1957 年，日本学者神谷庆治在西山武一、熊代幸雄的《校订译注〈齐民要术〉》序中说，"即使用现代科学的成就来衡量，在《齐民要术》这样雄浑有力的科学论述前面，人们也不得不折服。"近代王尚殿称"《齐民要术》是我国古代一部优秀的农书，是农产品加工和食品生产的科技书，内容极其广泛和丰富……可谓我国六世纪的食品百科全书。"经济史学家胡寄窗也曾评价说"其记载周详细致的程度，绝对不下于举世闻名的古希腊色诺芬为教导一个奴隶主如何管理其农庄而编写的《经济论》。"农史学家石声汉教授认为，"《齐民要术》以前，中国是有过一些农书的；但有的已完全散佚，有的只保存了一部分。就这些现存的农书看来，《齐民要术》的成就，是总结了以前农学的成功，也为后来的农学开创了新的局面。"缪启愉教授则认为"它的宏观规划、布局、体裁，完全是独创的，自出心裁的。《齐民要术》本身虽然没有先例可循，却给后代农书开创了总体规划的范例，后代综合性的大型农书，无不以《齐民要术》的编写体例为典范"。

通过古今中外的著名学者专家对贾思勰《齐民要术》的评论看，《齐民要术》作为一部"中国古代农业百科全书"式的农学著作，无论在农学还是其他领域，它的历史地位都是不容置疑的。而作为《齐民要术》的作者，贾思勰在农学领域所做的开创性贡献，也是不容置疑的。从另一角度讲，在贾思勰身上是有着一种对历史、对未来负责的"求索精神"的，而这种求索精神已成为农圣文化中重要的精神内涵。

在《齐民要术》之后，唐朝初年的太史李淳风避李世民的讳，曾撰写《演齐人要术》一书来推演要术，武则天也曾命令臣下编撰由她删定的《兆民大业》，而"兆民"也就是"齐民"，《齐民要术》能够得到当时官方最高统治者的青睐，可见影响非同一般。自唐代以后，直至清代，无论官方还是私人著述，或套用《齐民要术》书名或模仿其体制或引用其资料，并不鲜见，这也足以看出《齐民要术》在中国古代农学领域所占的重要地位，以及对后世的深远影响。

石声汉先生认为"《齐民要术》以后，我国的农书中，有着与《齐民要术》相似规模的只有四种：元代司农司编的《农桑辑要》，王祯的《农书》；明代徐光启的《农政全书》与清代'敕修'的《授时通考》。而《农桑辑要》与《授时通考》，都是以'朝廷'的力量，用集体工作的方式，编纂出来的'官书'。""这四部全面性的农书，不论官书或私人著作，都一样以《齐民要术》的规模为规模，用《齐民要术》的材料作材料。这一点，具体十足地说明了《齐民要术》在过去中国农学上的地位。"明代王廷相更是称赞《齐民要术》是"惠民之政，训农裕国之术"，评价之高实为罕见。

《齐民要术》对古代经、史、子、集等各种典籍都有大量引用，其数量之大令人叹为观止，充分体现了贾思勰知识的渊博和阅读的广泛。据石声汉先生统计，"如同一书不同的各家注本都分别计算，共有 164 种；如不同各家注本归入本书，不重复计算，则是 157 种。"经过一千多年的发展，有很多古籍已经完全散佚，值得庆幸的是因为有了《齐民要术》的征引，才保存了其中的部分吉光片羽。例如，现在仅存约 3700 字的西汉时著名农学家氾胜之的《氾胜之书》，因为有了《齐民要术》的摘引，才在 19 世纪前半期和 20 世纪 50 年代，经过一些专家的辑集之后，才得以让后人看到它的原貌端倪。另一部有名的古农书，东汉时崔寔著的《四民月令》，也主要是靠《齐民要术》等书的引用，才得以保存下来部分材料。此外，再如《齐民要术》中所引用的《食经》、《相马书》、《广志》等等这些重要的古代典籍内容，已成为后世考订和辑佚古籍的珍贵资料。就连全书最后一卷（卷十）"五谷果蓏菜茹非中国物产者第九十二"篇，虽然"其有五谷果蓏，非中国所殖者，存其名目而已"，不是当时在北魏统治区域内种植的五谷和果蔬之类，只是保留了它们的名称目录，但贾思勰所引用的书，如《广州记》、《交州记》之类都已失传，在考证华南一带的植物时，《齐民要术》就提供了一些重要的间接史料。这样说来，贾思勰和他的《齐民要术》实在是功不可没。

《齐民要术》体系完整，虽然内容庞杂，却结构层次条理，行文先后有序。全书除去序言外有十卷 92 篇，其内容正如作者序中所说"起自耕作，终于醯醢，资生之业，靡不毕书"，农、林、牧、副、渔，凡是人们生产生活中所需要的内容都作了记载，几乎囊括了古代农家经营活动的所有方面，以百科全书式的全面性结构展现在我们面前。此外，作者叙述所处疆域兼及其境外农产的结构体系，也在中国农业科学技术史上具有首创的意义，而其"规模之大，范围之广，某些观察之精到细致，某些结论之正确全面。"（石声汉语）可谓前无古人，后无来者。

《齐民要术》的版本流传和研究情况有着清晰的脉络，仅其在国内外的研究传播，也能充分证明贾思勰开创性的价值所在。唐宋时期，《齐民要术》传到邻国日本，引起日本学者的高度重视和深入研究，把《齐民要术》的研究作为了一门学问称之为"贾学"，还专门成立了《齐民要术》研究会，翻译出版了多种版本书籍。

大约在 19 世纪传到欧洲，英国学者达尔文在写作《物种起源》和《植物和动物在家养下的变异》时就参阅过《齐民要术》，并援引了其中的有关事例作为他的著名学说——进化论的佐证。在《物种起源》中，他赞扬道"我看到了一部中国古代的百科全书，清楚地记载着选择原理。"欧美学者说它"即使在世界内也是卓越的、杰出的、系统完整的农业科学理论与实践的巨著。"

贾思勰生活在后魏末年到东魏初年的政局动荡年代，社会政治腐败黑暗，战乱由边境向内地蔓延；经济上破坏严重，土地荒芜，生产凋敝，战火和饥荒吞噬了千千万万勤劳善良的劳动民众，社会面临的问题十分严峻。应该说，这一切都是贾思勰亲身经历、耳闻目睹过的。在强烈的爱国力量推动下，富有责任担当精神的贾思勰克服困难，潜心著书，体现出可贵的"求索精神"。

据郭文韬、严火其考证，《齐民要术》大约创作于公元528—556年间，历时28年才得以完成（郭文韬、严火其著《贾思勰王祯评传》）。梁家勉教授则分析认为，《齐民要术》大约成书于公元533—公元544年或稍后，历时约11年多。无论28年还是11年，如果我们不以著述时间长短而论的话，在没有发现贾思勰的其他作品，而且缺乏历史佐证的情况下，可以说贾思勰是倾其一生的心血，完成了这样规模庞大的一部著作，历时之长，工程之巨，创作的艰难程度可想而知。如果翻译成现代汉语，单就字数来讲，恐怕20万字也不止，这样宏大篇幅、庞杂的内容就是拿到今天来也绝不是什么轻而易举的事。

《齐民要术》全书十卷92篇11万多字，除正文（大字）7万余字外，贾思勰还充分发挥自己丰富的阅历知识和文化知识优势，对正文作了长达4万余字的注释（原书中的小字体都是注的内容）。特别是那些表明自己见解的注释，一定是作者有着切身经历之后的真实思考，反映了北魏当时的社会生产现实情况，或者当时人们对生产生活的观察心得，是今天我们研究农业历史发展的重要资料，价值极高。如《齐民要术》卷二《种芋第十六》，全文共533字，正文仅有193字，而注释就占到了340字。为了注释引用古农书《氾胜之书》中"豆萁"所用"音其，豆茎"4字，贾思勰又引用他人书籍的注释文字来加以说明，字数达到了266个，而体现贾思勰本人见解的仅有70字，字数虽然少却是最有价值。正是因为加入了贾思勰用心作的注释，才使得作品主旨更加明白晓畅，内容更加丰富立体，也为我们今天研究农学发展或《齐民要术》农学文化思想提供了宝贵的历史文献资料。

为了提高《齐民要术》的实用价值，指导农业生产，提高产量，贾思勰一是尊重历史的发展规律，有选择性地摘录了古人有关农业政策和农业生产的文献，尊重历史的延续性和在延续基础上的发展成果，并把这些知识作为当时的精神激励和生产上的借鉴，这就是贾思勰在序中所说的"采捃经传"。

二是采集农业谚语，农谚是老百姓在生产生活中的经验总结最活跃的部分，是经过了长期的考验，具有旺盛生命力的活教材，也是高度概括的科学技术格言，这就是《齐民要术》序中所说的"爰及歌谣"。

三是实地采访群众经验，向富有实际生产经验的老农和内行请教，吸收当时广大劳动群众在生产生活中积累的宝贵经验，把自己的理论建立在了丰富而又扎实的生产生活基础上，这就是所谓的"询之老成"。

四是注重亲身的实践验证，以上三个方面得来的生产经验，虽然有些是自己采集来的，但总体上来说都是现成的，这些经验和技术究竟是不是完全正确合理，最后通过自己亲身的实践来加以验证和提高，这就是"验之行事"。

以上四条途径，除了大量的农业文献资料来源于书本以外，其他三条都是建立在实践基础上的，这就说明了贾思勰非常重视生产实践，著书立说绝不是凭空的想象。有了历史文献作理论基础，有了群众智慧作理论支撑，又经过了自己的深入思考和实践验证，更加上自己的精心总结和提升，《齐民要术》以其坚实的理论基础和实践验证，成为我国古代农业科学技术的集大成之作，成为了我国古代劳动人民从事农业生产生活的操作指南。贾思勰这种创作上的专注态度和创新实践，无疑是其求索精神的真实写照。

据统计，《齐民要术》全书援引古代典籍157种，农谚歌谣（农业实践经验）30余首，贾思勰在养羊、制醋等等众多方面有过切身的实践经历，他曾到过山东的益都（北魏时的寿光境内，贾思勰的出生地）、青州（临淄附近）、齐郡历城（青州辖郡）、西兖州（定陶及附近）、济州（茌平附近）、西安、广饶（齐郡辖县），还到过河北的井陉、渔阳（密云一带），河南的朝歌（淇县附近）、洛阳，陕西的茂陵，山西的代（大同附近）、并（太原附近）、壶关、上党，以及东部的辽等地，可以说足迹踏遍了大个半中国（历史上汉水、长江以北的北魏政权管辖区域），特别是对黄河中下游旱作地区进行了详细认真的考察，取得了第一手资料。在社会条件低劣，交通不便，战乱不断的北魏时期，贾思勰的所作所为充分体现了一个有责任敢担当的知识分子的求索精神。

（二）潜心钻研敢为人先的创新精神

马克思主义认为，人类社会区别于动物界的重要特征是劳动。而劳动，是从制造生产工具开始的。马克思曾有一句名言："各种经济时代的区别，不在于生产什么，而在于怎样生产，用什么劳动资料生产"，可谓一针见血切中要害。生产工具是人类为了生存和不断改善生存状况的产物，是人类利用和改造自然界的产物，也是社会生产力不断发展的标志，更是一种文化载体和文化现象，是我们研究古代文明的重要组成部分和重要内涵。尤其在古代社会，可以说生产工具是社会发展的重要的物质基础，它的产生和发展，又受到了社会发展进程的影响和直接制约。研读《齐民要术》，我们可以发现贾思勰对那些生产工具改进者的崇敬之情，以及对推广使用先进生产工具的迫切之情。

1. 重视和提倡先进的农业生产工具

《齐民要术·序》中，贾思勰通过"盖神农为耒耜，以利天下；尧命四子，敬授民时；舜命后稷，食为政首；禹制土田，万国作乂。"充分表达了对神农氏、尧、舜、禹这些圣贤的敬畏，为人类做出具有开创性科学贡献的敬仰之情，其原则、态度和立场不言而喻。贾思勰认为"赵过始为牛耕，实胜耒耜之利"，使用畜力服务于农业生产大大提高了生产效率，是一种巨大的历史进步，更是"益国利民，不朽之术"。贾思勰还写到"九真、庐江，不知牛耕，每致困乏。"九真、庐江等地的老百姓不懂得用牛耕地，种的粮食常常不够吃的。"任延、王景，乃令铸作田器，教之垦辟，岁岁开广，百姓充给。"任延、王景就下令铸造耕田的工具，教他们开垦土地，每年开垦了不少田，百姓的粮食也能自给了。贾思勰对老百姓学会使用先进的生产工具表现出极大的热情和赞赏。

贾思勰还写到"燉煌不晓作耧犁，及种，人牛功力既费，而收谷更少。皇甫隆乃教作耧犁，所省庸力过半，得谷加五。"敦煌人不懂得用耧犁这种先进的农具，种田时人、牛费力不说，谷物产量也很低，皇甫隆就教会他们制作和使用耧犁，省下了一半多的人力，收成却增加了五成。对使用"耧犁"这一先进的生产工具提高农业生产力的做法，贾思勰更是旗帜鲜明地阐明了自己的肯定立场。

贾思勰还引"五原土宜麻枲，而俗不知织绩；民冬月无衣，积细草，卧其中，见吏则衣草而出，崔寔为作纺绩、织纴之具以教，民得以免寒苦。"五原一带适宜种麻，而当地百姓却不懂的用麻织布，冬天没有棉衣穿，就堆积细草躺在里面，见官吏时衣服上挂满了草就出来了，崔寔就教会了他们制作纺织工具和纺织方法，老百姓才得以免受寒冷之苦。"颜斐为京兆，乃令整阡陌，树桑果；又课以闲月取材，使得转相教匠作车"颜斐做京兆郡长官时教会人们种树，又教会人们相互传授木匠工艺制作车具，提高了运输能力。

在卷一《耕田第一》章最后，贾思勰在注中记载"三犁共一牛，若今三脚耧矣，未知耕法如何？今自济州以西，犹用长辕犁、两脚耧。长辕耕平地尚可，于山涧之间则不任作，且回转至难，费力，未若齐人蔚犁之柔便也。两脚耧，种垅概，亦不如一脚耧之得中也。"对使用畜力（牛耕），耧和犁等先进农具情况进行了评价，对不同地域使用不同的农具提高生产效率进行了对比分析，强调了先进生产工具在提高农业生产力方面起到的重要作用。

《齐民要术》中涉及的农具还有耙（整地工具），耢（耢，整地工具），窍瓠（点种用的器具），碾（磨面粉工具），碡碌（脱粒工具），挞（覆种工具），锋、耰（中耕工具）等，当时在提高农业生力方面起到积极作用的、较为先进的众多农业生产工具，而这些先进生产工具的使用，是一种重大的科技进步、社会进步，大大提高了生产效率，创造了农业财富，改变了人们的生活状况，推动了社会的发展。贾思勰如此详细的记录说明，充分体现了他对先进农业生产工具的肯定和推崇。

2. 注重农业科学技术的推广应用

通过研究《齐民要术》，我们不难发现贾思勰是非常注重先进的、科学农业技术的推广与使用的。石声汉教授认为"《齐民要术》保存了许多古代农业生产科学技术知识。这些知识的记载，有的远远早于《齐民要术》，而且有些原书已失传。"石声汉曾按时代先后，把这些比《齐民要术》更早的农业科学知识，分西汉以前（即公元前 200 年以前）、从汉到晋（即公元前 200 到公元400 年）两个时期做过分析，这些科学知识古已有之，也非本书研究重点，在此不作赘述，但从中也足以看出贾思勰对农业科学知识的重视，如果不是这样，按照贾思勰的创作原则应当会"阙而不录"。

农史学家称赞《齐民要术》中关于旱地耕作的精湛技艺和高度的理论概括，把当时黄河中下游旱地耕作技术推向了新的高水平，使我国农学第一次形成精耕细作的完整体系。其中区种法（即分区域精耕细作法）作为一种科学的农业生产技术，至今仍具有突出的借鉴意义。贾思勰在书中引用了谚语"顷不比亩善"（一顷地不一定比一亩地强）来说明"多恶不如少善"的道理，他还援引曾任西兖州刺史的刘仁之"昔在洛阳，于宅田以七十步之地域为区田，收粟三十六石。"的事实，主张"少地之家，所宜遵用也"，同时他还算了一笔账"然则一亩之收，有过百石矣。"强调区种法对"少地之家"的重要意义，表现出贾思勰对精耕细作先进农业生产技术的高度重视。当今，无论在中国还是世界范围内，随着现代工业的大发展、地球人口的不断增多以及城镇化人的转移，大量土地被占用或沙漠化，造成耕地的大幅度缩减，这种精耕细作（区种法）的现实意义尤显得重要。

其实，除此之外，《齐民要术》中还有很多其他具有科学价值的观察与记载，都不同侧面地反映了贾思勰身上所拥有的科学精神，在此略举几例典型的以为论证，以期对农圣文化中抽象的科学精神再具体化一点。

例一，关于成霜原理与防霜冻措施。《齐民要术》卷四《栽树第三十二》中记载"天雨新晴，北风寒切，是夜必霜"，对成霜的原因记载与现代对成霜原理的科学解释非常接近。对于如何抗寒防霜，贾思勰也给出了科学的方法：

首先"常预于园中，往往贮恶草生粪"随时在园里积蓄一些杂草、烂叶、生牲口粪，作为材料准备，然后一旦"天雨新晴，北风寒切"下过雨晴天后，起了寒冷的北风（北方多风），便可"此时放火作煜，少得烟气，则免于霜矣。"这时就放火烧先前准备好的草、粪之类，制造成暗火（煜），会产生一些烟雾，就可以保护果树，使果树不受霜的侵害了。这种煜烟防霜的措施，至今仍然是北方农业生产中有效减免霜害的科学方法之一，被广泛地应用着。

例二，关于假植蔬菜的藏生菜法。《齐民要术》卷九《作菹、藏生菜法第八十八》中记有"九月、十月中，于墙南日阳中掘作坑，深四五尺。取杂菜，种别布之，一行菜，一行土，去坎一尺许，便止。以穰厚覆之，得经冬。须即取，粲然与夏菜不殊。"北方地区的土质较宜适合掘坑作窖，挖成的窖中干燥又可保温，对于储藏新鲜蔬菜极为便利，这与现代农业科学中"假植蔬菜"的道理是一致的。这种储藏蔬菜的办法不用电，不占地方，既科学又节约资源，更不会造成什么环境污染，是非常环保的。就是在今天，中国北方地区的广大农村，老百姓还在广泛地使用着贾思勰所记的这种冬季储藏鲜菜的方法。

寿光是著名的"中国蔬菜之乡"，日光温室大棚蔬菜种植就是得益于贾思勰"藏生菜法"的启发，并由此进行了一系列科学改造，由地下变成了地上，由掘地挖坑变成了筑墙盖塑料薄膜，由储藏菜变成了种植菜，并充分科学地利用了太阳光的热能，种出了反季节蔬菜。可以说，这是一种科学精神的传承，更是一种科学实践的接力赛，而正是日光温室大棚蔬菜的发明，大大改变了中国北方冬季没有新鲜蔬菜的局面，极大地丰富了北方居民的生活餐桌。由此看，科学的力量是伟大的，《齐民要术》是伟大的，更为关键的是拥有一种科学的精神，才是伟大中的最伟大。

例三，关于遗传与环境的关系认识。蒜，本来是在古代西域（新疆以西）种植的作物，西汉时期张骞出使西域带回了蒜种，中原大地才开始有蒜，但因为地域的变化，蒜的生长会发生变异。对于作物变异这一情况，贾思勰也有过实地的调查和研究，并得出了他的研究结论，具有一定的科学道理。在《齐民要术》卷三《种蒜第十九》中，贾思勰就记有"并州无大蒜，朝歌取种，一岁之后，还成百子蒜矣，其瓣粗细，正与条中子同。芜菁根，其大如碗口，虽种他州子，一年亦变大。蒜瓣变小，芜菁根变大，二事相反，其理难推。又八月中方得熟，九月中始刘得花子。至于五谷蔬果，与余州早晚不殊，亦一异也。并州豌豆，度井陉以东，山东谷子，入壶关、上党，苗而无实。"意思是说，并州这个地方本为不生产大蒜，是从朝歌（今河南省鹤壁淇县）取来的蒜种，种下一年之后，竟然长成了百子蒜（意为非常小的蒜瓣），蒜瓣的大小与蒜薹上的蒜子一样。同样是在并州，蔓菁的根本来有碗口那么大，但种下从外地带来的蔓菁子，一年后根却变得更大。在同一地域种植，蒜瓣会变小而蔓菁根会变大，两种事物的结果完全相反，这其的原因在古代社会确实难以推断，但这一现状引起了贾思勰的注意和研究。贾思勰还写道，在并州种的蔓菁要到八月中旬才能成熟，九月中旬才能收割花和种子。而并州种植的五谷、蔬菜、瓜果的成熟时间又与其他州的没有区别，因为缺乏相应的科学知识，这在当时也自然是一件让人难以理解的怪事。

贾思勰通过调查后还在书中记载，并州的豌豆移到井陉以东的地方种，太行山以东的谷子，移到壶关、上党一带种，都会只长茎叶而不结子实。为了让人信服，贾思勰还记道"皆余目所亲见，非信传疑"。可见贾思勰对作物的变异情况是有过实地调查和研究的，其结论是"盖土地之异者也"，也就是说贾思勰认为，这是和环境有关的土地原因使物种发生了变异。

在《齐民要术》卷四《种椒第四十三》还记有古代青州商人在青州成功种植蜀椒（四川花椒）的文字，贾思勰认为"此物性不耐寒，阳中之树，冬须草裹。"花椒这种作物不耐寒，是生长在阳地中的树，冬天必须要用草包裹起来，并特注有"不裹即死"的经验之语。同时，贾思勰还写到"其生小阴中者，少禀寒气，则不用裹。"意思是说，生长在较阴寒地方的树，从小经受惯了寒气，就不用包裹了。为什么这样说呢？对这句话的解释贾思勰引用了一句社会俗语"习以性成"，来说明物种变异的特点。"习以性成"也就是习惯成自然，树木因为长期受环境的影响，它的生长习惯了环境特点，也会慢慢形成与环境相适应的习性了。

同时，贾思勰又用了类比方法进一步说明这一道理："一木之性，寒暑异容；若朱、蓝之染，能不易质？故观邻识士，见友知人也。"一种树木的本性因寒热与否有不同的表现；就像朱土（红色染料）蓝靛（蓝色染料）放一块，其性质是不能不变的；贾思勰还把这一道理推及到了人，说这种变异情况就像是看一户人家的邻居和朋友，就可以知道某个人的品质特点一样。这就是平常所说的"近朱者赤，近墨者黑"的道理，拿到农作物来讲，道理上是一致的，也就是说环境的改变对物种的变异会产生一定的作用。

（三）《齐民要术》农学文化思想求索精神价值

求索是继承和打破传统的辩证结合，是在原有基础之上的开拓前进，坚持创新并不断发展之而成规模气候。宋朝大儒朱熹曾解释"敬者主一无适之谓"，意思是说做一件事，把全部精力都集中到这件事上来，一点儿也不会被其他的事情分心。

在贾思勰之前的时期，这种开拓性、创新性和专一性的精神在不同时代的不同领域，均有突出的表现和骄人的成果，也有着杰出的典型和代表性人物。譬如在史学领域，"究天人之际，通古今之变，成一家之言"的司马迁，虽然身体承受了宫刑（阉割）的奇耻大辱，但他忍辱负重，倾其毕生心血精心总结研究了中国三千多年的历史，编纂为《史记》，写成了中国历史上第一部纪传体通史，从而名留千古彪炳史策。在军事领域，春秋时期"孙子膑脚，《兵法》修列"的孙武，虽然受到了削去膝盖骨的酷刑（膑脚），但他却克艰攻难，编著了世界上第一部军事专著《孙子兵法》，成为古典军事文化遗产中的璀璨瑰宝，被军事家誉为"兵学盛典"。在工业领域，东汉末年蔡伦发明的造纸术，在推动中国和世界文明发展的进程中都起到了不可替代的作用。在医学领域，三国时华佗创制的"麻沸散"，是世界上最早的麻醉剂，比西方早 1 600 多年……

通过以上的例子看，可以说"求索精神"一直是中华民族传统文化中的主流文化之一，是我们国家、民族、事业发展一以贯之的重要原动力，更是我们应该传承和创新发展的宝贵的精神财富。我们也可以由此推知，《齐民要术》农学文化思想的"求索精神"与中国传统文化中主流文化的渊源关系。所以，我们认为"求索精神"追溯历史可以找到它的文化根源，面对当今的社会现实，我们是不是更应该传承发展而不是有所偏废呢？

对于青年大学生来说，求索精神尤为重要。因为大学生终将担负起建设国家和创新发展的重任，没有了业精于勤的求索精神，就只会躺在前人的功劳簿上消极沉沦，不思进取；就会畏于困难挫折，失去挑战自我，超越自我的勇气，满于现状，临渊羡鱼。传承发展好求索精神，才会自觉不断地提升自己的素养，努力去实现自己的梦想、国家的梦想，中华民族伟大复兴的"中国梦"才有希望。梁启超曾言"少年强则国强，少年进步则国进步，少年雄于地球，则国雄于地球"，诚哉斯言。由是观之，求索精神的现实意义愈发显得重大，传承发展好求索精神的必要性、迫切性也愈发突出。

二、《齐民要术》农学文化思想与菜博会

对中国古代农业科学技术的总结与创新，是《齐民要术》的重要贡献和主

要特色所在，也是《齐民要术》农学文化思想中最核心的内容。传承创新《齐民要术》农学文化思想，发展现代、高端、生态农业是现代农业发展的重要任务和方向。在改革开放的现代中国，在经济社会迅猛发展的时代潮流中，贾思勰家乡人秉承农圣文化思想和创新精神，以无比的勇气、无比的自信和不懈的努力，再一次站到了中国现代农业发展的涛前浪尖，以创新发展了的农圣文化筑起了另一道文化坐标，引领了时代风潮，开启了新时代下《齐民要术》农学文化思想创新发展的一崭新页。

2000 年 4 月 20—26 日，由国家国内贸易局、农业部全国"菜篮子工程"办公室，潍坊市人民政府、寿光市人民政府、《中国果菜》杂志社主办，以展示蔬菜之乡风采，加强技术交流合作，创造繁荣交易环境，倡导绿色市场文明为主题的首届中国（寿光）国际蔬菜科技博览会（以下简称寿光菜博会），在寿光蔬菜批发市场高调开幕，简陋而朴素的布展并没有影响观众的兴致。来自 15 个国家和地区以及国内 20 多个省、市、自治区的参展商积极参会参展，人数达到了 28 万人次。首届寿光菜博会就签订协议合同项目 230 个，签约额 11.9 亿元，贸易合同 8 个，贸易额 10 亿元。首届寿光菜博会获得了巨大成功，引起社会各界的广泛关注，参观者人流如潮，络绎不绝，红红火火欲罢不能，不得不使原定 7 天的会期延长为 18 天。从此，每年的 4 月 20 日—5 月 30 日，烙有"中国印"的农圣文化贴着"寿光"标签走出国门，在国际科技平台上亮出了鲜明的旗帜。

寿光菜博会是世界在农圣故里——山东寿光的一次春天约会，这是以蔬菜产业为代表的寿光现代农业发展新样板、新模式的一次盛装亮相，这是中国向世界吹响的向现代高端农业进军的号角，这更是农圣文化传承创新在国际科技平台上的一次完美展示。中国（寿光）国际蔬菜科技博览会的举办，标志着《齐民要术》农学文化思想在寿光的传承实现了新的跨越，是农圣文化创新发展的一个重要里程碑。

中国（寿光）国际蔬菜科技博览会，是国家商务部批准的年度例会，是目前国内最大规模、最具影响力的国际性蔬菜产业品牌展会，被中国贸易促进会认定为"专业展'AAAAA'级"。菜博会以科学发展观为指导，以"绿色·科技·未来"为主题，以服务"三农"为目的，以现代农业科技为支撑，全面汇集展示和交流共享国内外蔬菜产业领域的新技术、新品种、新成果、新理念，促进设施农业、信息农业、低碳农业等科技新成果的转化和推广，加快农业现代化发展步伐；广泛开展投资洽谈、招商引资等活动，促进市场信息交流，扩大国际国内合作，促进区域经济发展。

自 2000 年以来，寿光菜博会已成功举办了十九届，每届都以丰硕的经贸成果，独特的展览模式和丰富的文化内涵，在国内外产生巨大影响，共有 50 多个国家和地区、30 个省、市、自治区 1 739 万人次参展参会，实现各类贸易额达 1 599 亿元，寿光蔬菜、寿光菜博会已经成为一个公众认可的公共品牌，是寿光乃至中国设施农业，特别是设施园艺技术发展的一个典型代表。

菜博会总展览面积 45 万平方米，其中室内 15.6 万平方米，设有招商展位区、台湾馆、蔬菜园艺厅、无土栽培模式展示厅、新研发品种展示厅、蔬菜前沿栽培技术展示厅、蔬菜文化艺术景观展示厅及蔬菜采摘园、蔬菜博物馆和分展区等。展厅内特色突出，亮点纷呈，示范功能性强。展会为客商在蔬菜科技推广、经贸洽谈交流、农业观光旅游等方面提供了完善服务。

展会期间还举办现代农业专题论坛、中华农圣文化节、海峡两岸休闲观光论坛、中国（寿光）蔬菜种子展示交易会、中国农业电视论坛、中国（寿光）文化产业博览会等活动，大大丰富了菜博会的内涵。

2008 年 5 月 9 日，中共中央总书记、国家主席、中央军委主席（时任中共中央政治局常委、中央书记处书记、国家副主席）习近平视察第九届菜博会。

2012 年，寿光市委市政府基于潍坊科技学院的人才、智力、科研实力和支撑，将菜博会 9 号展厅交由潍坊科技学院建设管理。菜博会 9 号厅占地面积 10 000 平方米，是潍坊科技学院自主知识产权蔬菜新品种，及国内外值得推广的蔬菜新品种展示厅。

9 号厅集中展示了高档蔬菜花卉组织培养、新品种栽培和蔬菜水肥一体化高产栽培技术，是广大菜农学习先进技术，选择优良品种，提高蔬菜生产技术水平的理想平台。整个展厅实行信息化管理、水肥一体化生产、机械化操作，是现代最为先进的保护地蔬菜实地种植展厅。2014 年，第 15 届中国（寿光）国际蔬菜科技博览会组委会将 9 号厅易名为"学院厅"，充分体现了寿光市委市政府对本土大学——潍坊科技学院在《齐民要术》农学文化思想的传承创新方面的信任、支持和肯定。

追本溯源，菜博会的举办源于寿光日光式温室大棚蔬菜的种植，而寿光大棚蔬菜的种植又源于现代农业科技中的"假植蔬菜"法，而"假植蔬菜"法与 1 500 多年前贾思勰《齐民要术》里的"藏生菜法"道理是相同的。因此，我们有充分的理由说，中国（寿光）国际蔬菜科技博览会就是中国人，特别是农圣贾思勰家乡的人对《齐民要术》不折不扣的传承创新，也就是对《齐民要术》农学文化思想的传承创新。

（摘自李兴军的《〈齐民要术〉之农学文化思想内涵研究及解读》）

三、《齐民要术》选读

【原文】

《仲长子》曰："鲍鱼之肆[1]，不自以气为臭；四夷之人，不自以食为异：生习使之然也。居积习之中，见生然之事，夫孰自知非者也？斯何异蓼[2]中之虫，而不知蓝之甘乎？"

——《齐民要术·序》

【注释】

（1）卖咸鱼的店铺。

（2）蓼：一年生草本植物，蓼科，茎叶有辣味。蓝：指蓼蓝，一年生草本植物，蓼科，没有辣味，可制蓝靛。

【导读】

这段话插在这里好像很别，跟上下文没有什么联系。其实不然，这是在全序中铺开论述勤力农耕、强调节俭以及列举大量发展农业生产的历史事迹之后，到这里用简短的几句话急速煞住，运用比喻的手法过渡到所以要写这本书的宗旨上来，而语言是转含蓄的。

意思是说，虽然农业生产很重要，勤俭也很重要，但没有发展生产的进步技术是不行的。可是人们习以为常，往往忽视新技术，一方面是官吏的昏庸无能，安于现状，根本没有促进生产的心思和技能，好像吃惯了蓼叶的虫，只知道蓼的辣味，不知道还有蓝是不辣的，也可以吃；另一方面是一般农民对生产技术的因循守旧，只知老一套，好像腌鱼店里的人一样，不觉得自己店里的气味是臭的，不去换换新鲜味儿。经过这样一搭桥援引，下面就很自然地过渡到要为革新农业技术和发展农业生产而写《要术》了。

【原文】

李衡于武陵龙阳泛洲上作宅[1]，种甘橘千树。临死敕儿曰："吾州里有千头木奴，不责汝衣食，岁上一匹绢，亦可足用矣。"吴末，甘橘成，岁得绢数千匹。恒称太史公所谓"江陵千树橘，与千户侯等"者也[2]。樊重欲作器物[3]，先种梓、漆[4]，时人嗤之。然积以岁月，皆得启用，向之笑者，咸求假焉。此种植之不可已已也。谚曰："一年之计，莫如树谷；十年之计，莫如树木。"此之谓也。

——《齐民要术·序》

【注释】

（1）李衡：三国时吴人，曾任丹阳太守，曾派奴仆在武陵部龙阳具（今湖南汉寿）的洞庭湖冲积沙洲上建造住宅，并种了千把株柑橘。吴末柑橘长成，家道殷富。"木奴"，指柑橘。后世扩而展之，也泛称果树乃至树木为"木奴"。

（2）太史公：即《史记》的作者司马迁。江陵：今湖北江陵一带。千户侯：食邑千户（提供千户农户的赋税和力役）的侯。太史公语见《史记·货殖列传》。

（3）樊重：东汉初人，于经营生产，家累巨富。

（4）梓：梓树。作为家具木材，栽种十年以后可用。漆：漆树。土地条件较好的栽培漆树，八九年后可以割漆。

【导读】

李衡要替子孙积蓄点家产，妻子总是不答应，说："积聚了财产那么灾祸就产生了。"李衡就不再说这事。后来暗地里让人在江陵龙阳洲上建了座房子，种植了几千棵柑橘，临死前，嘱咐儿子说："你母亲常常反对我置办家业，所以才会贫困到这种地步，但是我州里有几千头木奴，不会向你求取衣食，每年又能上交绢一匹，应当能满足家用。"

李衡死后，儿子把这些告诉母亲。母亲说："这应该是指种的柑橘。你父亲常常想积聚点家财，我总认为是个祸害，没有同意。七八年来少了十户的收入，你父亲又不说用到哪儿去了，原来是他暗中置办家业的缘故。常听你父亲称颂太史公说的：'在江陵种上千棵柑橘，也就等于受了封侯的奖赏。'"

贾思勰用李衡积聚家财的故事，说明了改变思维达到预期目标及"一年之计，莫如树谷；十年之计，莫如树木"道理。

【原文】

藏生菜法：九月、十月中，于墙南日阳中掘作坑，深四五尺。取杂菜，种别布之，一行菜，一行土，去坎一尺许，便止。以穰厚覆之，得经冬。须即取，粲然与夏菜不殊。

——《齐民要术卷九》

【导读】

北方地区的土质较宜适合掘坑作窖，挖成的窖中干燥又可保温，对于储藏新鲜蔬菜极为便利，这与现代农业科学中"假植蔬菜"的道理是一致的。这种储藏蔬菜的办法不用电，不占地方，既科学又节约资源，更不会造成什么环境污染，是非常环保的。就是在今天，中国北方地区的广大农村，老百姓还在广泛地使用着贾思勰所记的这种冬季储藏鲜菜的方法。

寿光是著名的"中国蔬菜之乡"，日光温室大棚蔬菜种植就是得益于贾思勰"藏生菜法"的启发，并由此进行了一系列科学改造，由地下变成了地上，由掘地挖坑变成了筑墙盖塑料薄膜，由储藏菜变成了种植菜，并充分科学地利用了太阳光的热能，种出了反季节蔬菜。可以说，这是一种科学精神的传承，更是一种科学实践的接力赛，而正是日光温室大棚蔬菜的发明，大大改变了中国北方冬季没有新鲜蔬菜的局面，极大地丰富了北方居民的生活餐桌。由此看，科学的力量是伟大的，《齐民要术》是伟大的，更为关键的是拥有一种科学的精神，才是伟大中的最伟大。

第三节　敢为天下先

一、司马迁与《史记》

西汉景、武年间（时间不详），在黄河龙门的一个小康之家中，司马迁出生了。司马迁的祖父司马喜在汉文帝诏入粟米受爵位以实边卒的政策下，用四千石粟米换取了九等五大夫的爵位，因此全家得以免于徭役。

年幼的司马迁在父亲司马谈的指导下习字读书，十岁时已能阅读诵习古文《尚书》《左传》《国语》《系本》等书。汉武帝建元年间，司马谈到京师长安任太史令一职，而司马迁则留在龙门老家，身体力行，持续着耕读放牧的生涯。

稍稍年长之后，司马迁离开了龙门故乡，来到京城长安父亲的身边。此时司马迁已学有小成，司马谈便指示司马迁遍访河山去搜集遗闻古事，网罗放失旧闻。去司马迁在二十岁时开始游历天下，他从京师长安出发东南行，出武关至宛。南下襄樊到江陵。渡江，溯沅水至湘西，然后折向东南到九疑。窥九疑后北上长沙，到旧罗屈原沉渊处凭吊，越洞庭，出长江，顺流东下。登庐山，观禹疏九江，展转到钱塘。上会稽，探禹穴。还吴游观春申君宫室。上姑苏，望五湖。之后，北上渡江，过淮阴，至临淄、曲阜，考察了齐鲁地区文化，观孔子留下的遗风，受困于鄱、薛、彭城，然后沿着秦汉之际风起云涌的历史人物故乡，楚汉相争的战场，经彭城，历沛、丰、砀、睢阳，至梁（今河南开封），回到长安时任太史令的父亲司马谈身边。

因为父亲司马谈的缘故，司马迁回京后得以仕为郎中。汉武帝元鼎六年（前111年），驰义侯授命平定西南夷，中郎将郭昌、卫广率八校尉之兵攻破且兰，平南夷。夜郎震恐，自请入朝称臣。汉军又诛邛君，杀笮侯，冉震恐，请臣置吏。随后汉武帝在西南夷设置武都、牂柯、越巂、沈黎、文山五郡。而此时正随汉武帝东行巡幸缑氏的司马迁在继唐蒙、司马相如、公孙弘之后，再次出使西南，被派往巴、蜀以南筹划新郡的建设。随后又抚定了邛、榨、昆明，在第二年回朝向武帝复命。

汉武帝元封元年（前110年）春天，汉武帝东巡渤海返回的路上在泰山举行封禅大典。作为参与制定封禅礼仪官员的司马谈却因病留滞在周南（今湖北）未能继续前行，更因此而心中愤懑以致病情加重。奉使西征的司马迁在完成任务后立即赶往泰山参加封禅大典，行到洛阳却见到了命垂旦夕的父亲。

弥留之际的司马谈对司马迁说："我们的祖先是周朝的太史。远在上古虞舜夏禹时就取得过显赫的功名，主管天文工作。后来衰落了，难道要断送在我这里吗？你继为太史，就可以接续我们祖先的事业了。如今天子继承汉朝千年一统的大业，到泰山封禅，而我不得从行，这是命中注定的啊！我死以后，你一定会做太史；做了太史，你千万不要忘记我要编写的论著啊。况且孝，是从侍奉双亲开始的，中间经过侍奉君主，最终能够在社会上立足，扬名于后世，光耀父母，这是孝中最主要的。天下称颂周公，是说他能够歌颂周文王、武王的功德，宣扬周、召的遗风，使人懂得周太王、王季的思想以及公刘的功业，以使始祖后稷受到尊崇。周幽王、厉王以后，王道衰落，礼乐损坏，孔子研究、整理旧有的文献典籍，振兴被废弃了的王道和礼乐。整理《诗》、《书》，著作《春秋》，直到今天，学者们仍以此为法则。从鲁哀公获麟到现在四百多年了，其间由于诸侯兼并混战，史书丢散、记载中断。如今汉朝兴起，海内统一，贤明的君主，忠义的臣子的事迹，我作为太史而不予评论记载，中断了国家的历史文献，对此我感到十分不安，你可要记在心里啊！"司马迁低下头流着泪说："小子虽然不聪敏，但是一定把父亲编纂历史的计划全部完成，不敢有丝毫的缺漏。"

汉武帝天汉二年（前99年），武帝想让李陵为出酒泉击匈奴右贤王的贰师将军李广利护送辎重。李陵谢绝，并自请步兵五千涉单于庭以寡击众，武帝赞赏李陵的勇气并答应了他。然而，李陵行至浚稽山时却遭遇匈奴单于之兵，路博德援兵不到，匈奴之兵却越聚越多，粮尽矢绝之后，李陵最终降敌。武帝愤怒，群臣皆声讨李陵的罪过，唯有司马迁说："李陵侍奉亲人孝敬，与士人有信，一向怀着报国之心。他只领了五千步兵，吸引了匈奴全部的力量，杀敌一万多，虽然战败降敌，其功可以抵过，我看李陵并非真心降敌，他是活下来想找机会回报汉朝的。"然而，随着公孙敖迎李陵未功，谎报李陵为匈奴练兵以期反击汉朝之后，武帝族了李陵家，而司马迁也以"欲沮贰师，为陵游说"被定为诬罔罪名。诬罔之罪为大不敬之罪，按律当斩。

面对大辟之刑，慕义而死，虽名节可保，然书未成，名未立，这一死如九牛亡一毛，与蝼蚁之死无异。想到文王拘于囚室而推演《周易》，仲尼困厄之时著作《春秋》，屈原放逐才赋有《离骚》，左丘失明乃有《国语》，孙膑遭膑脚之刑后修兵法，吕不韦被贬属地才有《吕氏春秋》传世，韩非被囚秦国，作《说难》和《孤愤》，《诗》三百篇，大概都是贤士圣人发泄愤懑而作。终于，在那个"臧获婢妾犹能引决"的时代，司马迁毅然选择了以腐刑赎身死。至此，司马迁背负着父亲穷尽一生也未能完成的理想，面对极刑而无怯色。在坚忍与屈辱中，完成那个属于太史公的使命。

公元前91年（征和二年），《史记》全书完成。全书130篇，五十二万六千五百余字，包括十二本纪、三十世家、七十列传、十表、八书，对后世的影响极为巨大，被称为"实录、信史"，被鲁迅先生誉为"史家之绝唱，无韵之离骚"，列为前"四史"之首，与《资治通鉴》并称为"史学双璧"。

二、敢闯敢干，创新创业——记寿光县委书记王伯祥

王伯祥，男，汉族，寿光市化龙镇北柴西村人，1943年2月出生，1965年12月加入中国共产党，1967年9月参加工作，1986年6月—1991年8月任寿光市委书记；1991年8月后，先后任潍坊市副市长，市委常委、副市长，市委副书记、市长；2002年12月因病辞去时任职务，2008年1月退休。

作为新时期党员领导干部的优秀代表，王伯祥同志工作中突出体现了科学发展、创新创业的时代精神，一心为民、服务群众的宗旨意识，艰苦奋斗、无私奉献的优良作风。在计划经济向市场经济转型时期，王伯祥创造性地领导了寿光的蔬菜生产、寿北开发及工业项目的升级改造，创建了全国闻名、江北最大的蔬菜批发市场，为寿光经济发展奠定了基础。担任潍坊市副市长、市长期间，推动了潍坊市的农业产业化和工业股份制改造以及个体私营经济的发展，为潍坊经济繁荣贡献了力量。2009年5月，中共山东省委授予王伯祥同志"优秀共产党员"称号。5月26日，中共潍坊市委作出《关于在全市开展向王

伯祥同志学习活动的决定》。6月29日，中共寿光市委做出《关于深入开展向王伯祥同志学习活动的决定》。6月30日，在北京召开的全国优秀共产党员代表座谈会上，王伯祥同志作了《牢记党的宗旨　永怀为民之心》的发言。

在担任寿光县委书记期间，王伯祥同志以造福一方百姓为己任，坚持求真务实、改革创新的执政理念，身怀爱民之心，设身处地、换位思考，时刻把人民群众的安危冷暖挂在心上，深入条件艰苦、矛盾集中、困难突出的地方，尽力办顺民意、解民忧、增民利的实事好事。在他的工作中，充分体现了共产党员脚踏实地干事业的求实精神和尊重客观规律的科学态度。在计划经济还占主导地位的年代里，王伯祥同志认真贯彻落实"让一部分人先富起来"的指示精神，立足寿光市种植蔬菜的传统优势，大力发展寿光蔬菜批发市场，全力扶持寿光冬暖式蔬菜大棚试验和推广，掀起了一场改变农民群众命运和改写农业历史的"绿色革命"。为解决长期困扰寿光经济发展的南北不平衡问题，王伯祥同志在调查研究的基础上科学决策，大胆提出了突破北部的战略，制定了"一二三四五"发展规划，连续三年组织20万劳力上阵开发寿北，把占全县总面积60%的不毛之地，硬是变成了全县的"粮仓"和"银山"。面对工业基础十分薄弱的局面，王伯祥同志主持论证上马了一批重点项目，公开考选、大胆启用优秀企业经营人才，较早地实行了企业股份制改造，为寿光企业发展打下了坚实基础。

王伯祥同志工作中始终保持埋头苦干、事争一流的创业精神，始终保持一种敢做善成的勇气、保持一种逆势飞扬的豪气，不怕矛盾复杂、不怕任务艰巨、不怕责任重大，敢于挑起重担，敢于克难制胜，敢于奋勇争先，凡是看准了的事情、决定了的事项，就扭住不放，一抓到底，不达目的誓不罢休。当年寿北开发会战号角吹响后，王伯祥同志在窝棚里一住就是40多天，与民工一个锅里摸勺子，从未单独开过小灶，中间没回过一次家，带领20万民工与恶劣的大自然展开了不屈的抗争。当在会议通报中听到寿光工业在潍坊市县市区中列倒数第三时，他忧心如焚、如坐针毡，当即带着计委、经委、财政、税务、银行的同志，把全县20多个企业逐一看了个遍，仔细地听汇报、看厂房，认真地查数据、找问题，又马不停蹄地带队到工业强县考察，最终找出了问题的症结所在和根治良方。在他任县委书记期间，全县企业总产值翻三番，利税增长近十倍。

王伯祥同志具有严于律己、淡泊名利的高尚情操，始终自觉维护共产党员的良好形象。他坚持群众的事再小也是大事，自觉与群众心相连、情相依，同呼吸、共命运，视人民群众为父母，诚心诚意当人民公仆，把心系群众、造福群众作为人生价值取向，为广大党员干部树立了一面"镜子"。担任寿光县委书记的多年中，王伯祥同志始终对自己严格要求，下基层都是在机关食堂吃便饭，从不允许超标准接待。对领导干部与群众一视同仁，对任何人不开后门，带头端正党风，狠刹歪风邪气。他廉洁奉公、两袖清风，大力弘扬艰苦奋斗的优良传统。穿着布鞋、绾着裤腿，行走在田间地头，盘坐在群众炕头，是王伯祥同志至今深刻印记在寿光人民记忆中的形象。他担任寿光县委副书记、书记8 年时间，一直住在建于 20 世纪 50 年代的 4 间平房里，1991 年他提拔担任潍坊市副市长搬家时，全部家当只装了一辆 130 卡车，让前来送行的干部群众感动不已，充分展现了共产党人清正廉洁的思想品质和人格魅力。

（摘自中国共产党新闻网）

三、"菜王"王乐义和他的"蔬菜联合国"

王乐义，1941 年生，1965 年入党。中共十五大、十六大代表。任村党支部书记 40 年，发明和推广冬暖式蔬菜大棚。荣获全国优秀共产党员、全国劳动模范、全国农业科技推广先进工作者等荣誉称号

他把蔬菜大棚推向全国（上）

他创造了事业的奇迹——发明的冬暖式蔬菜大棚掀起了一场"菜篮子革命"，结束了冬季北方人只能吃白菜萝卜的历史。

他创造了生命的奇迹——1978 年因直肠癌做过大手术，至今，65 岁的他身体依然健壮硬朗；他的胸怀装着全中国——他无私地将大棚技术在全国推广，使亿万农民走上了致富奔小康的道路。

他，就是山东省寿光市三元朱村党支部书记王乐义。

王乐义对中国人餐桌上的贡献、对农民增收的贡献非同一般。正因为如此，2005 年 4 月 7 日，在山东寿光视察的胡锦涛总书记，握住王乐义的手，郑重嘱托：你要把大棚技术一如既往地向贫困地区传播，让贫困地区的农民增收，没有他们的小康就没有全国的小康。

"农业发展靠创新，农民增收靠不断创新。"——王乐义总是谦虚地说，他的冬暖式大棚还算不上创新。

钢架支撑、小山般的北墙、拱形无滴膜棚顶、吸热聚光，记者一钻进王乐

· 231 ·

义发明的冬暖式大棚，严冬顿时像换了个季节。翠绿的黄瓜秧顺着铁丝舒舒服服地使劲往上蹿。临近春节，黄瓜也都顶花带刺了，一根根垂悬着，煞是可爱。正在打理的三元朱村村民杨兰贵对记者说，这是村里的第三代大棚，棚顶能自动卷帘、棚内能自动灌溉，太阳自动加温，温度自主控制。

寿光有农业传统，世界上第一部农学巨著《齐民要术》即出自寿光人之手。在王乐义发明冬暖式大棚之前，这里也有取暖式大棚，每个棚一冬要烧五六吨煤，还只能生产叶菜，不能生产果菜。

1989 年，作为村党支部书记的王乐义要建不取暖的新式大棚，村里一下炸了锅。

乡亲们纷纷质疑："咱村里一架大棚一年烧上万斤煤，春节前还长不出菜来。想用冬天的太阳晒出黄瓜来？那是神仙办的事！"

"这是眉毛上荡秋千——悬乎！"

一个棚需投入万余元，可当时村民收入不到 1 000 元，万一砸了……"当书记的甭老母猪打架——光动嘴。能发财，为什么村干部不种？"

好心人劝慰："二哥，别折腾了！1978 年，你得了绝症，险些丧了命。以前，咱村里老少爷们是胖大海掉进黄连水——都在苦水里泡大的。在你带领下，好不容易把村里的三个不长庄稼的埠岭改造好，栽上果树，现在温饱了，先过几年安稳日子吧。"听是听，王乐义没往心里去。王乐义并非心血来潮。

1988 年腊月，他了解到辽宁瓦房店一农民能种植反季节蔬菜，就带着 7 名党员去软磨硬泡，费尽口舌，学到了越冬大棚种植的一些技术。经反复推敲、试验，从墙体、骨架、覆膜、方位等方面进行了创新，研究成功了冬暖式蔬菜大棚技术。

不管群众理解不理解，王乐义都要发动。"当干部就是让群众日子一天比一天好。要不，要干部干啥？"

可无论怎么做工作，村里就是没人响应。

怎么办？"党员是干啥的，党员就是带头的。"王乐义和全村的另 16 名党员首先示范，"农村共产党员最大的责任就是带领群众共同致富，这个风险党员不担，谁来担？"

1989 年 8 月 13 日，17 个共产党员示范棚破土动工，10 月播种，12 月 24 日，第一批冬季黄瓜顶着黄花上市了：每公斤 20 元！到第二年 5 月一算账，棚均收入 2.7 万元。在当时人均收入只有几百元的三元朱村，一下子冒出了 17 个"双万元户"！群众眼热了，第二年没用动员，一下子上了 181 个大棚，户均1个多。王乐义等17名党员手把手地把技术传给村民。

"一村一镇富了不算富，全国的农民兄弟都富了才是真的富，搞技术封锁不是共产党员的品格。"——人们赞扬他身上集中体现出共产党员的先进性，他总是说还很不够。

三元朱村种大棚黄瓜发了大财，在寿光甚至全省引起了轰动。第一茬黄瓜刚下来，"较量"就开始了。有人来"点拨"王乐义："乐义啊，现在老少爷们都指着这技术发家致富呢，你可不能轻易传出去，咱先封锁三年，等大家发了再说……"

教会徒弟，饿死师傅……王乐义知道乡亲们心里打的"小九九"。

王乐义说："我当时内心也斗争过。我这个村支部书记是该让村民富起来。"与此同时，镇党委书记来了，要求他在全镇推广；县委书记来了，要他在全县推广；省领导来了，要他在全省推广。

念头闪过，王乐义还是下定了决心。在党员会上，他情真意切：我们都是共产党员，党员是不分村不分镇的，就是要考虑大多数群众的利益，不能自己富了就不管别人，外地的农民兄弟跟咱一样想致富啊。全国还有多少城乡居民冬天吃萝卜白菜？全国的农民兄弟还有多少没有致富门路？三元朱村不能把这个"利""专"起来。王乐义打定主意，不搞封锁搞传播！

第二年，王乐义就任寿光市冬暖式大棚推广小组技术总指挥。一年下来，王乐义跑了足足有4万多公里，有时一天要跑11个乡镇30多个村。县里配的吉普车成了王乐义的"家"：困了，车上打个盹就算睡觉了；饿了，吃点面包香肠就是一顿饭。等到真回到家里了，他常常已经累得双腿拖不动，倒在床上起不来。老伴心疼他，担心他身体吃不消，总劝他不要那么拼命。可王乐义总有说道："乡亲们建个大棚不容易，搞砸了，一家人可就垮了。"

这一年，寿光市发展的5 130个大棚全部成功，每个大棚户平均收入1.5万元。

三元朱村出名了，寿光市紧接着盛名在外。从最初的17个蔬菜大棚，历经10余年发展，现在全市已有蔬菜大棚30余万个，占地80多万亩，成为中国名副其实的"菜篮子"。

"三元朱村富了不算富，寿光市富了也不算富，只有大家都富了才算真正富。"更高的目标在王乐义心中矗立起来：为全国农民发家致富摸索出一条路子来，让外省市的农民兄弟也掌握冬暖式蔬菜大棚技术。从1990年开始，王乐义派出了一批又一批的技术员，他们的足迹遍布大江南北。时至今日，三元朱村还有 140 多名技术员常年奔波在外，传艺授徒；27 人被外地聘为科技副乡镇长，3 人被聘为科技副县长。

王乐义自己更不闲着。这些年来，他拖着病残之躯、腰间挂着粪袋子跑了11 个省、市、区，行程逾 10 万公里。

新疆，他父亲长眠在那里，兄长、弟弟先后在那里工作，他凭一种朴素的感情，先后 13 次入疆推广大棚技术，结束了新疆一年中 8 个月从外地调运蔬菜的历史。

1997 年，当王乐义第五次进疆时，在从南疆到北疆的路上，他再一次病倒了。全身酸软无力，发烧使他嘴唇干裂，整个腹腔装的仿佛全是石头。

终于撑到目的地，王乐义忍着不说，他想尽快到种植点去看看。直到当地的领导发现他脸色不对，才硬将他送进了医院。紧急会诊的结果惊呆了医生：高烧 39 度多，小肠痉挛引起大便秘结，再推迟治疗，很可能危及生命安全。就是这样，王乐义还请求护士把大吊瓶换成小吊瓶。

护士不由得有点糊涂了。

"我在新疆的时间不多，早点输完我好到蔬菜种植点上去看看……"

王乐义以三元朱村为培训基地，免费为新疆培训技术员，人们都说三元朱也有一个"新疆班"。1999 年，新疆和田县的一批乡镇干部在村里学成了技术后，把一块牌匾送到了村委，上面写的是："乐在授艺，义满和田，恩比东海，情结昆仑"。四句话的头一个字正好组合成"乐义恩情"，表达了和田人民对王乐义的似海深情。

在村里，乡里乡亲都说，这样的好支书打着灯笼也难找；外出传艺，走到哪里，哪里的老百姓就敲锣打鼓地欢迎他。王乐义说："这十几年来，我只不过是尽了一个共产党员的职责和义务，做了我应该做的事。能凭自己掌握的技术让更多的农民兄弟富起来，这是我最高兴的。"

"党员干部站得高，群众就会跟着看得远；党员干部走得快，群众就会跟得紧"。人们夸奖王乐义是社会主义新农村建设的好带头人，但他总是谦虚地否认

沿着王乐义传授大棚技术的足迹，记者再一次把采访视角追到了革命圣地延安。

甘泉县下寺湾镇虎皮头村与三元朱村结为"友好村"，新上任的村支部书记雷新平感言："我对王书记敬佩呵，盼望着开春能见上他一面。"这个村已经建起了 108 架大棚，王乐义带着三元朱村的技术员改写了这里"冬春不见青"

的历史，大棚收入占村民收入的 70%。王乐义使数千公里外的村子生产发展，使无亲无故的村民生活宽裕。这里的干部群众怎能不感念恩人呢？对此，曾长期在这里工作的技术员王佃军却谦虚地说："我们传过去的是大棚技术，带回来的是延安精神。"

路走一边，味减三分。王乐义的每一步成功、三元朱村的每一分收获，总是伴随着全国无数个农村受益。王乐义就像一棵枝繁叶茂的大树，根须已经伸向大半个中国的农村，倾心为民的情感、建设农村的能量一同向所触之处传递。

记者造访三元朱村，大棚间、墙角处、房顶上，片片积雪，但仍感到这里春意荡漾，村风像春风般和煦。这天是三元朱村大集的日子，农民们来来往往，交换着一年的收获。偶有外地拉菜车辆驶过，不免按响喇叭，村民总是回头报以微笑，礼貌地为车辆让路。

1996 年 12 月 16 日，那也是三元朱村的大集日，时任中共中央政治局候补委员、中央书记处书记、中央办公厅主任的温家宝同志到寿光考察，也来到这个大集上。迎头碰上的孙树理等村民都抢着说，现在的农村政策真好啊，千万不要再变了。"现在政策越来越好，皇粮国税都取消了，三元朱人感激都来不及。"王乐义对记者说。

三元朱村安了几个大喇叭，王乐义空闲时也常在喇叭里理论理论。他不急不缓、循循善诱的言语，总能扣住村民们的心，引导着村风民风。这些年来，三元朱的村民文明程度也像大棚蔬菜一样声名远扬。来这里学习参观的人一批接一批，采访的记者一拨又一拨，进出的人多了，一些大棚菜难免受损，但三元朱人无一埋怨，总是笑脸相迎。

王乐义重言传，更重身教。每到春节、中秋、九九重阳，他都带着村干部拜会 70 岁以上的老人，送去钱物。三元朱的新村规划正在实施，他首先建成的是亮亮堂堂的老年公寓。他自己从不乱花、也不让其他村干部乱花村里一分钱。即使买几把扫帚、几只水杯，账目也都清清楚楚地记在村务公开栏里。

位卑未敢忘忧国（下）

"经济发展，不是比个头、比数量，关键要看质量。种菜也要有科学发展观，要种老百姓放心的菜"——王乐义始终坚持种绿色菜的理念

寿光蔬菜批发市场，全国最大的蔬菜集散中心之一。天刚蒙蒙亮，嫩绿的黄瓜、鲜艳的彩椒、紫亮的茄子……就在这里发往四面八方。

"从我们这里运出去的菜，基本都是无公害的。"寿光市委书记徐振溪自豪地说。

"经济发展，不是说谁的个头大、数量多，谁就是英雄，关键要看发展的质量。种菜也一样，关键要种老百姓放心的菜。"这是王乐义常挂在嘴边的一句话。

刚开始种大棚时，都是靠农药化肥"喂"，一般的蔬菜都有农药残留。

1991年元月的一天，一位中央领导视察三元朱村时嘱托："你们要向无公害蔬菜发展，争取出口。"

当时还不知道"无公害蔬菜"为何物的王乐义，坚定地说："请领导放心，就是'头拱地'，我也要把无公害蔬菜搞出来。"

多方打听，王乐义找到了中国农科院无公害蔬菜专家王宪彬教授，虚心请教。

"这个项目我试验成功六年了，还没得到推广，没想到第一个来找我的是个只上过4年学的农民……"老教授被王乐义的执著深深地打动了。

在王教授悉心指导下，1992年无公害蔬菜在三元朱村试种成功。到1995年，寿光便形成了以三元朱村为中心的20万亩无公害蔬菜生产基地。

从此，寿光菜拿到了进京的"通行证"，畅通无阻地进了北京，奠定了寿光"中国蔬菜之乡"的地位。

忽如一夜春雨来，千棚万棚立田野。随着大棚在各地雨后春笋般的发展，即便在冬天，西红柿、黄瓜、茄子也成为家常便菜。

于是，有人断言，市场不认师傅还是徒弟，三元朱包括整个寿光势必会被自己掀起的波浪淹没。

王乐义是个很有思路、很有科学发展头脑的人。1978年刚当上支书时，村里在方圆20公里穷的冒了尖，村里1/3的地，近400亩是埠岭薄地，根本不长粮食。

"种粮食不行，咱栽果树。"王乐义带领村民大干4年，终于将这3片三元朱视为穷根的埠岭薄地，改造为花果园，"穷埠岭"成为"富补丁"，农民人均收入一下子增长到5 000元。

王乐义的老朋友，老县委书记王伯祥说："自改造那三个埠岭，他就奠定了科学发展的思想。"

王乐义会被自己发明的反季蔬菜淹没吗？

"菜多了，再好也是大路货，关键是要有自己的品牌，有自己的特色。"面对汹涌无情的市场竞争，王乐义不急不缓地在村里喇叭上讲。

他带领全村走上农业产业化的新路子，村里成立了专门搞蔬菜加工、营销的公司。2001 年注册了"乐义"牌商标，采用"公司连基地、基地带农户"的模式，统一管理，统一收购，统一销售，合格蔬菜统一使用"乐义"商标，收购价高于普通蔬菜 20%。

不仅三元朱，周边的村也纷纷加入进来，连村发展了有机质、生态型、无土栽培蔬菜 2 000 余亩，产品出口到日韩等国。

当年春节前，就有 700 万箱的蔬菜订单，可王乐义只签了全部订单的 1%："品牌越响，我们就应该越爱护。产量上不去，不能滥竽充数。"

王乐义还在蔬菜品种上下工夫。三元朱村有个实验基地，只要国外有的新品种，王乐义都要求村里试种，效益好的就推广，始终引领着蔬菜种植的潮流。

他带着三元朱最好的蔬菜去香港推销，可客户挑出的毛病让王乐义匪夷所思：东南亚人把黄瓜当水果吃，不喜欢有刺；俄罗斯人喜欢吃西红柿切片拌色拉，三元朱的西红柿切开后流汁。

很快，无刺小黄瓜、果肉型西红柿从三元朱的大棚走向外国人的餐桌。

无公害蔬菜成功了、名优特品上市了，王乐义探索科学发展的脚步从来没有停止。

"群众的事再小也是大事，自己的事再大也是小事。"王乐义总是勉励自己保持先进性，再立新功。

王乐义在先进性教育活动中表示，他现在最大的心事，就是完成好胡锦涛总书记的嘱托，把大棚蔬菜种植技术传授给更多的农民，尤其是贫困地区的农民，培养好人才。他说："虽然自己每年有 200 多天在外传授技术，800 人的小村常年在外的 140 多人，可这力量毕竟还是太小了。"

王乐义一向把群众的事看成是天大的事，从不把自己的事当回事。

1979 年 3 月，三元朱村分到了一个招工指标，当时公社考虑王乐义家里孩子多，生活困难，就把这个指标分给了王乐义 16 岁的大女儿王月荣。那时的招工指标，比现在考上名牌大学还"值钱"。想来想去，王乐义最终还是把已经内定到女儿名下的招工表给了更困难的乡亲。刚刚初中毕业，眼巴巴盼着进城当工人的王月荣无法理解父亲的行为，一时想不开，喝了农药，没有抢救过来。

王乐义的老伴不理解，三元朱的乡亲们同样不理解："摊给孩子的指标，为啥要让出去？不让出去谁也不会说什么。"众人面前，王乐义一言不发，夜里跑到女儿坟前，人前从不落泪的山东汉子泣不成声："妮儿呀，你咋不懂事呢？爸爸当这个支部书记，要了这个指标，就得让人家戳脊梁骨，就是给党抹黑啊……"

当党支部书记 30 多年来，他非但没占过村集体一分钱的便宜，反倒经常把自己的钱拿出来贴补村集体。

1996 年，人民大会堂。

王乐义接过了 1 万元的"农业奖励金"。拿到钱，王乐义先到农科院买了 3 800 多元的新种子。回家路上，得知天津有一项无土栽培芽菜的新技术，王乐义就在天津下了车，问清情况后，急匆匆回到村里，领上村里的技术员返回天津学习。交学费，买材料、种子，再加上请技术员，1 万元奖金只剩下不足 3 元。回到家里，老伴问他："这次到北京领了啥呀？"王乐义有些尴尬地笑了，黑黑的脸膛也有些不好意思起来，说："领了一万块钱，花了。"

这些年，到底领了多少钱的奖金，王乐义说不清楚；他的老伴同样说不清楚，因为王乐义从来没往家里拿一分钱。有时，村里种菜搞试验，王乐义就用自己的钱。他笑呵呵地解释："反正我的钱用了就用了，自己没意见别人就没有意见，花着心里踏实。"

2004 年，又一个消息震惊了三元朱村的村民。王乐义在乡亲面前明确表态，用"乐义"注册商标分红的钱全部交给村集体，自己一分钱不要。要知道，使用"乐义"商标的公司有 10 多家，其中包括一个绿色食品蔬菜项目，一个过亿元的复合肥产品项目。专家估算，"乐义"商标的品牌价值超过亿元。如果收入归个人，过不了几年，王乐义就成了大富翁。

这回，乡亲们不同意了：吃苦最多、付出最多的书记怎么能一分钱都不要呢？然而，王乐义坚定自己的想法，"乐义"这个品牌是乡亲们培养的，不是自己的，是全体村民的。他说："当干部的，不能把个人利益放在群众利益前头。"村民王乐胜拉住记者，一定要和记者说两句："有这样的好书记带领大家，我们的日子怎么会过不好？"

很多人都为王乐义惋惜，他完全可以挣更多钱。但王乐义并不后悔，他很满足。他有一个简单的想法：水有源，树有根，知党情就要报党恩，当村干部的最大责任，就是要练就过硬的本领，带领群众致富。他说："钱这东西，生不带来，死不带走；看重了比命重，看轻了就是纸。只有用在最需要的群众身上，才有价值。"

"生活上最低要求，工作上最高标准。共产党员如何永葆先进性，王乐义是面镜子。"山东省委书记张高丽对王乐义如是评价。

"亲情是宝，只是为亲人付出太少。"王乐义的妻子却说，他是公家人，当然为公家做事

王乐义说："他生命中有两件'宝'：一是深明大义的母亲。二是理解支持自己、默默管家的妻子。"

王乐义的母亲颇有"岳母"之风。她的 7 个儿女，除王乐义之外，都成长为国家干部。母亲在世时，儿女们都非常孝顺。但老人却说："我不喜欢你们的东西，拿张奖状来看我，比啥都好！"母亲严格要求儿女为党为人民工作的风范，渗入王乐义的骨髓，影响一生。

到了晚年，母亲大多时间与王乐义在一起生活。兄弟姊妹不在身边，王乐义把电话号码写的像桃子一样大，放在母亲床头上，母亲想谁，就给谁打电话。

1998 年，母亲病重，遵医嘱回家静养。白天，老伴梁文荣陪伴着老人；晚上，忙了一天的王乐义寸步不离地守在床前，送汤喂药，擦身端尿，一夜不合眼。老伴心疼他，半夜起来，要替他。他哽咽着说："你能替我干活，替不了我尽孝啊！"

王乐义最满意的是有个好老伴。"老伴很疼我"，这句话在略显粗犷的王乐义嘴里说出，记者有些意外，何况内敛的山东汉子很少在外坦露感情的痕迹。

由于频繁传授技术，王乐义一年有 8 个月在省外，2 个月在省内，在村内的 2 个月时间，白天也处理事务，接待"取经者"，一般晚上 10 点才能回到家中。

王乐义的家几乎是三元朱村最差的房子了。1 月 10 日，王乐义像往常一样接待来访者，常年一个人在家的老伴则侍弄满屋的花儿，院子里不时有犬吠猫跃——老人基本靠他们解闷。

每天晚上回家后，老伴给打上洗脚水，吸上支烟，就催促着王乐义睡觉。

"躺在床上，刚想和他说几句话，那边鼾声已经起来了。"梁文荣说，"从 20 岁，嫁到王家 46 年了，几乎一顿安稳饭也没吃过。但老王最大的好处是从不和我吵架，也不打孩子。跟着他，挺知足。"

"我哪舍得和老伴吵架，她为我付出的太多了。"对家庭，王乐义有深深地愧疚。

每天忙碌于公事，6 个子女几乎是梁文荣一人带大，早年还种着 10 多

亩地。

懂事的二女儿心疼母亲劳累，初中毕业后就辍了学，在城里自来水公司找了份工作，三班倒。常常是下班后，再骑自行车走 10 多里，回家帮母亲干农活。"但没有种大棚，一来人手紧张，二大棚投入多。"二女儿王月桂说，"那时村里条件不好，本来干活就累，父亲还经常把 8、9 个学习的客人领到家中招待。"

虽然苦累，但对王乐义，梁文荣很理解："公家的人，当然为公家做事情，家里自然顾不上。"

朴素的话语，折射出这位农家妇女宽广的胸怀。

王乐义的房子住了 21 年，5 间平房，3 间为孩子回家时准备，老两口只住两间。屋内几乎没有什么值钱的家具，一张大床在窗前，屋里站着 5、6 个人，就非常局促；21 英寸的旧彩电，破旧的桌椅。只有盛开的鲜花和挂满墙壁的奖牌、与各级领导的合影，才能看出房子主人的"身份"——不愧为矗立在蔬菜大棚上的巨人。（《人民日报》2006 年 1 月 20 日一版）

四、习近平寄语青年：青春是用来奋斗的

★人生的扣子从一开始就要扣好

青年的价值取向决定了未来整个社会的价值取向，而青年又处在价值观形成和确立的时期，抓好这一时期的价值观养成十分重要。这就像穿衣服扣扣子一样，如果第一粒扣子扣错了，剩余的扣子都会扣错。人生的扣子从一开始就要扣好。

——2014 年 5 月 4 日，在北京大学师生座谈会上的讲话

★青春是用来奋斗的

人的一生只有一次青春。现在，青春是用来奋斗的；将来，青春是用来回忆的。

——2013 年 5 月 4 日，在同各界优秀青年代表座谈时的讲话

★应该把学习作为首要任务

青年人正处于学习的黄金时期，应该把学习作为首要任务，作为一种责任、一种精神追求、一种生活方式，树立梦想从学习开始、事业靠本领成就的观念，让勤奋学习成为青春远航的动力，让增长本领成为青春搏击的能量。

——2013 年 5 月 4 日，在同各界优秀青年代表座谈时的讲话

★忌讳心浮气躁，朝三暮四

青年有着大好机遇，关键是要迈稳步子、夯实根基、久久为功。心浮气躁，朝三暮四，学一门丢一门，干一行弃一行，无论为学还是创业，都是最忌讳的。

——2014 年 5 月 4 日，在北京大学师生座谈会上的讲话

★青年强是多方面的

少年强、青年强则中国强。少年强、青年强是多方面的，既包括思想品德、学习成绩、创新能力、动手能力，也包括身体健康、体魄强壮、体育精神。

——2014 年 8 月 15 日，看望南京青奥会中国体育代表团时强调

★同人民一起奋斗，青春才能亮丽

当代中国青年要有所作为，就必须投身人民的伟大奋斗。同人民一起奋斗，青春才能亮丽；同人民一起前进，青春才能昂扬；同人民一起梦想，青春才能无悔。

——2015 年 7 月 24 日，致全国青联十二届全委会和全国学联二十六大的贺信

★保持初生牛犊不怕虎的劲头

广大青年要保持初生牛犊不怕虎的劲头，不懂就学，不会就练，没有条件就努力创造条件。"志之所趋，无远弗届，穷山距海，不能限也。"对想做爱做的事要敢试敢为，努力从无到有、从小到大，把理想变为现实。要敢于做先锋，而不做过客、当看客，让创新成为青春远航的动力，让创业成为青春搏击的能量，让青春年华在为国家、为人民的奉献中焕发出绚丽光彩。

——2016 年 4 月 26 日，在知识分子、劳动模范、青年代表座谈会上的讲话

（摘自中国青年网）

第四节　实践体验设计

项目一：寿光农学研究教学基地志愿服务

（一）实践目的

为深入贯彻落实中央、省委相关种业发展的意见，响应寿光市政府关于加速蔬菜新品种、新成果转化应用的新政策，形成"产学研相结合、育繁推一体

化"的蔬菜良种培育格局，进一步加快蔬菜种业科技创新和人才培养，切实体现寿光在蔬菜种业创新创业平台中的重要作用，深化学院科研团队关于蔬菜良种选育及配套栽培技术研发，潍坊科技学院从 2005 年起，相继成立了番茄、丝瓜、苦瓜、辣（甜）椒、大葱、西瓜、甜瓜等育种工作小组，力求从品种和良种配套栽培技术角度充分满足客户的个性化需求，解决种子流通过程中国产品种品质低、商品性差、抗性弱等问题，实现良种良法配套，从而在农业生产方面为国产种业的健康、稳步、可持续发展提供技术支撑，不断提升产品的市场竞争力。校学生会成员到寿光市农学研究教学基地参加志愿服务，加强大学生对先进科技文化的学习，提高大学生素质教育；更是做到将理论与实践相结合，进一步推动项目的进步。

（二）实践方案

1. 准备阶段

（1）学生安全机制：实施提前准备好的一些规制，填写必要信息，如院系、专业、班主任、联系方式，做好安全预案。

（2）队员安全机制：队员私自外出，要两人以上结伴出行，外出时必须与队长或同伴讲清去向及时间；保持手机开机。

（3）开展寿光市农学文化知识讲座，对一些基本农学知识进行讲解，并在此期间让校学生会成员开始体验。

2. 实践阶段

（1）全体队员到达寿光市农学研究教学基地，由项目负责人负责分工并强调注意事项。

（2）与基地负责人见面，聆听此次活动的目的及意义，询问请教对基地基本情况进一步了解，并取得支持与帮助。

（3）负责人根据基地具体情况选定志愿服务项目，校学生会成员分组分区域进行志愿服务活动。

（4）各组到达各自服务区域，了解基地的各类种植物及农学知识；活动休息期间，大家交流活动体会，总结不足，进行改正。

（5）校学生会成员通过志愿活动了解了周边的环境情况，以便更好的实现志愿服务。

（6）志愿服务活动完成后，各组队成员发表相关感言，负责人进行总结。

（三）实践总结

为进一步整合资源，优化育种科研条件，进一步提高种子研发速度，在寿光市领导的协调及帮助下，潍坊科技学院 2013 年又成立了蔬菜花卉新品种繁育基地，占地 80 000 多平方米，总投资 3 500 万元。发展到今天，学院育种团队拥有博士 30 人、硕士 45 人，10 个高温育种棚、8 个高温育苗室、18 个拱棚、1 个智能温室、1 个晾晒棚、3 个高规格植物克隆中心、1 个分子育种实验室、1 个植物病虫害分子鉴定实验室、1 个生理生化分析室、1 个土壤检测实验室。学院设有 110 亩的新品种繁育基地、16 亩的现代蔬菜种业创新创业基地、34 亩寒桥现代高新技术集成展示区、80 亩左右海南育种基地 4 个生产示范平台；拥有山东省设施园艺重点实验室、潍坊市番茄遗传育种重点实验室、潍坊市绿色防控技术重点实验室、潍坊市生物工程研究中心 4 个研发中心平台。

理论联系实际，加速产、学、研结合成果转化，培养创新创业型高素质人才 应用型人才承担着转化应用、实际生产和创造实际价值的任务，其培养应以就业为导向。产学合作教育可以有效提升大学生就业竞争力、树立大学生正确的就业观念、有利于零距离培养人才。学生在参与科研课题的同时，还可以培养学生对相关科研技术：如植物组织培养快繁技术等的使用与创新能力，实地学习生产过程，熟悉生产流程，掌握生产技术，从而实现应用型人才。

本次志愿服务活动，一方面在参与服务的过程中，提高了动手能力和实践能力，为以后学习和开展科技项目研究奠定基础。另一方面，也开拓了同学们的视野，了解到了更多的农圣文化知识与科技文化知识。大家"在学习中比拼，在实践中锻炼，自信成长。"志愿服务活动中，校学生会成员团结友爱，服务过程中乐此不疲。活动结束后的讨论，也让大家认识到了自身的不足，吸取了经验。在享受这次志愿活动的过程中，大家学会了坚持，懂得了大家为了一个共同的目标应该一起努力，一起拼搏。

项目二：机器人社团大赛追梦

（一）实践目的

提高大学生参与意识，培养大学生对事务的积极性和主动性，提高大学生创新意识，团队协作与解决问题的能力，提升学习能力、创新能力和实践能力，使青年学生具有更开阔的"视界"，具备历史纵深感与国际视野。通过创新实践提升我校人工智能教学、研发和应用水平。培养学生的动手实践能力，了解物联网科技的力量，为优秀人才的脱颖创造机会。紧跟创新创业步伐，大力发展物联网产业，争做新一代科技主人。

（二）实践方案

2018 年 11 月 19—23 日，我校徐雨晴、刘书梁、李岩等 3 名同学组成的代表队参加了由联合国教科文组织主办、圣彼得堡政府与圣彼得堡航空航天大学联合承办的 2018 年 DOBOSPACE 世界机器人大赛。

本次比赛，中国、俄罗斯、西班牙等 16 个国家 60 支队伍参加，大赛分为预赛、小组赛、决赛三个阶段，每场比赛时间 4 小时，根据组委会提供的零部件自由组装工业机器人，并根据要求现场编写程序，最后进行综合调试。该比赛，普及工业 4.0 概念，通过模拟智能制造中的智能分拣环节，帮助参赛选手学习机器人与传感器知识，掌握编程技能，培养编程思维。选手需要亲手实践配置，现场协作与编程，对学生的动手能力与创新能力进行真实考核。同时，通过团队协作与沟通，锻炼学生的团队协作能力。更重要的则是学生需要根据现场公布的赛事条件，现场制定参赛策略，从而完成最终的竞赛。引进轻量级桌面机器人作为参赛平台，推广高科技产品的教育方向应用，探索全新教育模式。联队竞技赛由两台机械臂（两个小组）通过抽签组成联队，通过联队之间的协作，在规定时间内完成更多物料配送到达目的，并有序摆放的联队获得胜利。联队竞技赛以模拟智能制造中的物料分类场景，由参赛联队控制两台机械臂与一条迷你传送带共同组成，通过智能程序控制和人工手动控制共同完成物品的搬运、识别、分类与码放，按照规定的时间内以完成任务计算得分最终判定胜负。

每组参赛小组需要完成以下两个任务：

（1）物品搬运：将自动物品区域、手动物品区域、临时物品区域内的物品清除或搬运到指定位置。自动物品区域只能通过自动程序完成物品的搬运，手动区物品只能通过手动操作完成搬运，否则搬运的物品将不计入成绩。

（2）物品分类与码放：将不同颜色的物品按照得分区颜色分类码放。

（三）实践总结

本次国际大赛，一方面在参与比赛的过程中，提高了自身的科学素养和实践能力，为以后学习和开展科技项目研究奠定基础。另一方面，也开拓了自己的视野，在与外国人比赛的过程中，学习外国朋友参赛的成功经验，吸取国外机器人研究的成功经验，探索适应中国特色的大学生机器人设计制作比赛新模式，研制开发智能机器人模块化开发设计平台，使不同专业的学生可使用此平台提供的软件硬件模块，设计制作自己的机器人。

在比赛过程中李岩负责组装和控制器操控，徐雨晴负责程序编写和机器调试，刘书梁负责程序编写和控制器操控，大家互相配合合作，我校机器人团队在比赛过程中体现出来的团队协作和创新能力，得到了主办方的高度肯定，徐雨晴、刘书梁、李岩等3名同学组成的代表队夺得一等奖，并最终位列大学组的亚军，徐雨晴获得最佳程序员称号。通过此次比赛培养了大学生对事务的积极性和主动性，提高了大学生创新意识，团队协作与解决问题的能力，提升了学习能力、创新能力和实践能力，使青年学生具有更开阔的"视界"，具备历史纵深感与国际视野。

大家"在学习中比拼，在实践中锻炼，在竞争中成功，自信成长。"比赛过程中，我校学生需分开重新与外国队员组队进行一轮合作比赛，大家从刚开始和外国朋友合作的尴尬，语言沟通障碍，到最后一个眼神一个手势就能领会对方的意思。这不仅提高了他们的专业能力，还锻炼了他们的人际沟通能力，充分挖掘了大家的潜能。也让大家认识到了自身的不足，吸取了经验。在享受这次比赛的过程中，大家学会了坚持，懂得了团队之间为了一个共同的目标应该具有一起努力，一起拼搏的精神！也意识到了自己与国外朋友沟通上的障碍，所以一定努力学习，争取在未来的成长中取得更辉煌的成绩！

第四章　笃　行　篇

第一节　君子欲讷于言而敏于行

"君子欲讷于言而敏于行"出自《论语·里仁》，是指君子说话要谨慎，而行动要敏捷。君子说话要谨慎，是因为"覆水难收"，而对于决定了的事情，便要立说立行，绝不犹豫推脱耽误时光。这一缓一急之间，正体现了君子有为有守的处世原则。孔子不仅强调"讷于言"，更强调"敏于行"。这不仅是一种良好的习惯和态度，也是很多成功者共有的特质。什么事情一旦拖延，就会总是拖延；而一旦开始行动，通常就能坚持到底。

在中国传统道德中，言行一致是衡量个人道德修养的重要标准。对于大学生来说，学习知识的同时，更要不断提升道德修养，才能成为德才兼备的人才，而笃行则是检验一个人言行一致的试金石。

一、"笃行"对大学生成长成才的意义

潍坊科技学院校训中"笃行"是学生对"行动"的诠释。笃行是通往知识殿堂的唯一道路，没有笃行的"学问思辨"皆为坐而论道；没有笃行的理想抱负都是空中楼阁。"笃行"意在倡导师生员工知行统一、注重实践、身体力行、学以致用。马克思曾经说过：一步实际行动胜过一打纲领。成功成才的路有千条万条，但有一条是必经之路，那就是坚定不移和持之以恒的行动和实践。学院坚持以培养高素质的技能型人才为目标，扎实推进以转变人才培养模式为核心的教育教学改革，努力培养和造就高素质的技能型人才。注重培养学生的理性精神、科学精神，着力提高学生服务国家服务人民的社会责任感、勇于探索的创新精神、善于解决问题的实践能力。

笃行对大学生的修身、学习等方面起着决定作用，是大学生成为社会需要的人才的关键。

第一，利于大学生学思结合，自觉履行道德实践。对于大学生而言，刻苦学习，勤于思考，将习得的知识在实践中进行反复的验证。在这个过程中，不断发现自身的不足，发挥主观能动性，学习更多的知识来完善自我，提升自我。大学生要将这个过程作为终生的课程来学习和实践，学思结合，知行合一。用自身的知识储备和生活阅历来消化和感悟道德认知，同时在其中寻找共鸣和需要转化为自身道德品质的内容，进而才能最终获得良好的知，并用其指导道德践行。

第二，有助于大学生提高综合素质。在这个更新换代越来越快，社会分工越来越细的时代，将书本教学转化为实际应用的学习能力和将学到的东西应用于工作和生活的实践能力，已经成为一个人综合素质的核心组件。通过实践，大学生可以拓展视野，丰富生活，锻炼组织能力、交际能力、表达能力，增强学习能力与学习精神。

第三，有助于大学生了解社会和自我定位。大学生通过实践教学和参与社会实践活动，学会如何作决策，知道如何制订计划，如何分层次地向着目标努力。学生不再是被动的接受者，而是活动的主体，将课堂学习的知识与社会实践相结合，全面地分析自己，了解社会需要，从而拓宽视野和就业渠道，树立科学的就业观念，缓解就业的心理压力。

二、"笃行"的思想溯源与经典选读

(一)"笃行"的思想溯源

"笃行"一词出自《中庸》："博学之，审问之，慎思之，明辨之，笃行之"。其中"博学"、"审问"属于学的过程，"慎思"、"明辨"是思的过程，"笃行"则是习和行的过程。"笃行"是为学的最后阶段，是指既然学有所得，就要努力践履所学，使所学最终有所落实，做到"知行合一"。从单字解释来看，"笃"有一心一意，踏踏实实，忠贞不渝，坚持不懈之意。"行"即行动，实践。"笃行"即坚定地付诸行动，使目标得以实现。只有有明确的目标和坚定的意志的人，才能真正做到"笃行"。

《礼记·儒行》："儒有博学而不穷，笃行而不倦。"在这里，"笃行"是指切实履行，专心实行的意思。在后来的演化扩展中，笃行的意义也包含着对一个人的人格修养和人生态度的评价，具体表现为行为淳厚，纯正踏实。例如，《史记·樗里子甘茂列传论》："虽非笃行之君子，然亦战国之策士也。"

"笃行"的重要性表现在与言语的关联方面，"言行"一词，不仅涵盖一个人的语言和行动，也涵盖了人的主要社会活动。《周易》曰："言行，君子之枢机。枢机之发，荣辱之主也。言行，君子之所以动天地也，可不慎乎？"言行相符是人的基本素质，其相互关系是辩证的，而笃行作为衡量与检验言语的标准，其作用更为突出和重要。此外，"笃行"还表现为对知行关系的探寻上，知行问题，自古以来就十分重要。这虽然是个哲学问题，但也切实存在于每个普通人的日常生活之中，知行二者是相互依存的。在"知"与"行"的关系问题上，儒家有较为深入的探讨，有知先行后、知易行难、知先行重、知行并进、知行合一等多种说法。

"笃行"是儒家首先提倡的一种文化精神，这种精神对中华文化的发展产生了深远的影响。"笃行"在儒家学说中强调现实的经世致用。儒家文化重视实践精神，尤其重视道德实践和政治功用。"修身、齐家、治国、平天下"是儒家的理想追求。《论语》开篇"学而时习之"包含了"知"与"行"两个方面，"学"就是"知"，"时习"就是"笃行"。先秦诸儒论学时往往更重"笃行"。孔子曰："诵诗三百，授之以政，不达。使于四方，不能专对，虽多亦奚以为？"孔子明确反对理论脱离实际的学风，学到的书本知识再多，哪怕背得滚瓜烂熟，若不能付诸实践，则无益于社会，毫无用处。孔子曰："弟子入则孝，出则悌，谨而信，泛爱众，而亲仁，行有余力，则以学文。"学文的前提是行有余力，"行"指所受之教如孝悌仁信等儒家伦常得以践履与落实，若行无余力或行之粗疏乃至知而不行，所受之教不得落实，所谓觉悟自亦无从谈起。孔子在答哀公"弟子孰为好学"之问时还指出："有颜回者好学，不迁怒，不贰过，不幸短命死矣，今也则亡，未闻好学者也"。孔门弟子学有所成者众多，孔子却独标颜回"好学"，对于颜回如何好学，孔子仅概括为"不迁怒，不贰过"，二者似极平易，人人皆可为之，孔子何以独许颜回？其实，孔子以此方式论"好学"，既强调了"行"之于"学"的目的性，也指出了"行"的艰难。

在言行关系方面，孔子主张君子应"讷于言而敏于行"，"先行其言而后从之"，"耻其言而过其行"，甚至欲无言，认为："天何言哉？四时行焉，百物生焉，天何言哉？"天地万物的生生不息皆行于不言中，人之所为，亦当以笃行为重。在《论语·乡党》中，孔子言慎行笃的风范得到集中的展现。对于所行之事，无论大小抑或内外，他皆真诚待之，不为苟且，即使是饮食坐卧，孔子也严格以礼束身，将修道落实于每一个细小的言行，真可谓战战兢兢，如临深渊，如履薄冰。孔子之所以重行，还在于"行"在自我完善过程中的关键作用，所谓"性相近也，习相远也"之论，即是因此而发，这表明人总是在实践中成长和完善的，人与人之间之所以存在道德和才能的巨大差异，主要在于其各自所行之道的本质不同，人之或为高尚或为卑劣，皆有相应的习行以为支撑。基于孔子的教化和感召，孔门弟子也多务实不虚，深于践履，比如曾子"吾日三省其身：为人谋不忠乎？与朋友交不信乎？传不习乎？"至于颜回，则尤为他人所不及，"一箪食，一瓢饮，在陋巷，人不堪其忧，回也不改其乐！贤哉，回也"。

《中庸》对"行"提出了具有重要意义的要求，主要表现在：首先是要坚持"笃行"。"人一能之，己百之；人十能之，己千之"，每个人的自身条件不同，一旦确立目标就要坚持不懈，别人也许一次能做到，那我就要以百倍的努力去做，别人也许用十分的努力能做到的，那我就要以千倍的心力去实践。再次就是要按照自身所处的社会地位，个人的自身情况来为人处事。"君子素其位而行，不愿乎其外"，一个君子只要认真做好自己分内的事情，要恪尽职守，尽到自己本身所承担的那份责任，不要去做自己职权以外的事，"素富贵，行乎富贵；素贫贱，行乎贫贱；素夷狄，行乎夷狄；素患难，行乎患难"，教导人们要按自己本心做事，时时事事要"反求诸其身"。最后，《中庸》指出，人们在践行的过程中要从小事做起，循序渐进，不要眼高手低。"君子之道，辟如行远必自迩，辟如登高必自卑"，也就是说，一个有为的君子，若要去远方，必须先从脚下起步，也就好像是登高爬上，必定先从低处开始。

"中庸"从其涵义上要求人们要知行合一，秉知践行，在坚持"中和"的思想下而坚定不移的践行。"言顾行，行顾言，君子胡不慥慥尔"，人们言语要谨慎，给自己留有余地，对自己做不到的事情就不要说，既然说了就要努力去做，言语要考虑到符合行为，行为也要考虑到符合言语的要求，这样才能避免言过其实之失或是行不逮言之过。能够践行平常的言语和道理，做到知行相符，言行相顾，那么离成为一个诚实的君子也不远了。在这一方面，《中庸》告诫人们要按忠恕之道行事，"施诸己而不愿，亦勿施于人。"

荀子在《劝学篇》中："故木受绳则直，金就砺则利，君子博学而日参省乎己，则知明而行无过矣"鲜明地论述了"笃行"的重要性。荀子非常重视"知"与"行"的问题，对"知"本身有了很多细化："不闻不若闻之，闻之不若见之，见之不若知之"，荀子把"知"区分为"闻"、"见"、"知"三个层面，听到、看到和知道是三个不同的概念，但强调"行"比"知"更重要，认为

"知之不若行之"。"行"相对于"知"的重要性以及它在个人成圣中的关键作用，荀子理之甚清，曰："学至于行之而止矣"。说明学习本身并不是目的，学习的目的在于实行。"行之，明也"，"行"指实践，"明"则指通晓义理。"明之为圣人，圣人也者，本仁义，当是非，齐言行，不失毫厘，无他道焉，已乎行之矣。故闻之而不见，虽博必谬；见之而不知，虽识必妄；知之而不行，虽敦必困。"在荀子看来，成圣是以"学止于行"为前提的，而圣之为圣，不过是行之通明而已。所以，儒者的精神和气象，皆在于其学之充实，而此充实，又在于其行之笃实和通达。荀子这样论证知行关系，已具有"知"要由"行"来检验的意义，可见"笃行"的重要性。

墨家墨子提出"士虽有学，而行为本焉。""言足以迁行者，常之；不足以迁行者，忽常。不足以迁行而常之，是荡口也。""（默）则思，言则诲，动则事"的观念。墨子的大弟子禽滑厘跟随他三年，"手足胼胝，面目黧黑，役身给使，不敢问欲"。墨子的理念是一切说教，一切理论，都必须见诸实行，根本在于实践应用。从墨子教导弟子从政之道时提及的要求进一步佐证了这一点。"口言之，身必行之。""口言之而身不行，是子之身乱也。子不能治子之身，恶能治国乎？"这与儒家的"内圣外王"之道有相通之处，都注重从"行"来评价士子的"学"。因此，墨子在教育弟子时，坚决反对只说空话而不务实际的人。"务言而缓行，虽辩必不听；多力而伐攻，虽劳必不图。"即是说，只说大话，怠慢"行"或不"行"，那么，哪怕说得天花乱坠，别人也不会被说服，即便他使尽浑身之力，夸夸其谈自己的功绩，别人也不会相信，最终还是一无所成。墨子认定在严酷的现实面前，人们依据"行"而非"言"来对待、衡量人。墨家的"行"，不仅包括道德践履，而且包括生产劳动、军事活动等方面。

法家韩非子提出"听其言必责其用，观其行必求其功"学说，听他的言论后，一定要责成他付诸行动，观察他的行为后，一定要求他的功绩。韩非子指出行动是检验认识合乎实际的"参验"方法，也是他用来批判唯心主义先验论有力的认识武器。他提出："循名实以定是非，因参验而审言辞。"从认识论的意义上说，正确的认识应当是名和实的统一，名实是否相合，乃是确定认识是非的标准。这是所谓"循名实以定是非"。"因参验而审言辞"就是不能光听一面之词，必须把各种说法、各方面的情况汇合起来加以比较研究，来看一个人的言辞能否得到各方面的证实，这样才能得出正确的认识，而这个认识的过程就是实实在在的"行"。

南宋朱熹指出所谓的"格物致知"就是"即物穷理"，即是通过"格物"的方法，达到"穷理"的目的。他在《补格物致知传》中说："所谓致知在格物者，言欲致吾之知，在即物而穷理也。"获得知识的途径在于认识、研究万事万物，是指要想获得知识，就必须接触事物而彻底研究它的原理。"格物致知"，通过对万事万物的认识、研究而获得知识，注重实践。朱熹明确地提出了"理会，践行"的知行统一观。他说："致知力行，用功不可偏，偏过一边，则一边受病。如程子云：涵养须用敬，进学在致知。'分明自作两脚说，但只要分先后轻重。论先后，当以致知为先；论轻重，当以力行为重。"可以看出朱熹知先行后和行重知轻的观点，他认为"知"是为了"行"，"知至"则必然能行，"明理之终"就在于"力行"。明白了封建道德义理的目的，就是要去践行它们。从这个意义上讲，朱熹认为"行"比"知"更为重要。同时，他还说："知行常相须，入目无足不行，足无目不见。""涵养穷索，二者不可废一，如车两轮，如鸟两翼。"也就是说，知与行虽然"自是两事"，但它们之间的关系犹目之与足、鸟之两翼一样，是互相联系、互相依赖的，对立统一的。

明代王阳明首次提出"知行合一"说，"知行合一"说的主要表现为："知中就有行，行中就有知。知行工夫本不可离，只为后世学者分作两截用功，失却知行本体，故有合一并进之说"。知行只是一个工夫，不能割裂。而所谓"工夫"，就是认知与实践的过程。"某尝说知是行的主意，行是知的功夫。知是行之始，行是知之成。若会得时，只说一个知，已自有行在。只说一个行，已自有知在"。因此知行关系是相互依存的："知"是"行"的出发点，是指导"行"的，而真正的"知"不但能"行"，而且是已在"行"了；"行"是"知"的归宿，是实现"知"的，而真切笃实的"行"已自有明觉精察的"知"在起作用了。知行工夫中"行"的根本目的，是要彻底克服那"不善的念"而达于至善，实质上是道德修养与实践的过程。此外，王阳明还指出"真知即所以为行，不行不足谓之知"。由此看来，王阳明似乎是说"行"比"知"更重要、更根本，是与其"知行合一"说相抵触的。其实不然，王阳明之所以强调"行"的重要性，是针对当时社会极重视"知"不重视"行"的流弊而发的，有极强的针对性。王阳明指出认识是来源并依赖于实践活动的，只有通过实践活动，才能获得真知，不仅常人如此，就是"知天理"的圣人也是如此。王阳明着重突出"行"的重要，教人重视"行"的作用，从"行"中得到真知。

(二)"笃行"经典文选释读

1.《论语》选读

【原文】

有子曰:"信近⁽¹⁾于义⁽²⁾,言可复⁽³⁾也;恭近于礼,远⁽⁴⁾耻辱也;因⁽⁵⁾失其亲,亦可宗⁽⁶⁾也。"　　　　　　　　　　　　——《论语·学而》

【注释】

(1)近:接近、符合的意思。

(2)义:义是儒家的伦理范畴,是指思想和行为符合一定的标准。这个标准就是"礼"。

(3)复:实践的意思。朱熹《论语集注》云:"复,践言也。"

(4)远(yuàn):动词,使动用法,使之远离的意思,此外亦可以译为避免。

(5)因:依靠、凭借。一说"因"应写作"姻",但从上下文看似有不妥之处。

(6)宗:主、可靠,一般解释为"尊敬"似有不妥之处。

【导读】

有子在本章所讲的这段话,表明"信"和"恭"是十分看重的。"信"和"恭"都要以周礼为标准,不符合于礼的话绝不能讲,讲了就不是"信"的态度;不符合于礼的事绝不能做,做了就不是"恭"的态度。这是讲的为人处世的基本态度。

【原文】

子曰:"君子食无求饱,居无求安,敏于事而慎于言,就⁽¹⁾有道⁽²⁾而正⁽³⁾焉,可谓好学也已。"　　　　　　　　　　　　——《论语·学而》

【注释】

(1)就:靠近、看齐。

(2)有道:指有道德的人。

(3)正:匡正、端正。

【导读】

本章重点提到对于君子的道德要求。孔子认为,一个有道德的人,不应当过多地讲究自己的饮食与居处,他在工作方面应当勤劳敏捷,谨慎小心,而且能经常检讨自己,请有道德的人对自己的言行加以匡正。作为君子应该克制追求物质享受的欲望，把注意力放在塑造自己道德品质方面，这是值得借鉴的。

【原文】

子贡问君子。子曰："先行其言而后从之。"　　——《论语·为政》

【导读】

做一个有道德修养、有博学多识的君子，这是孔子弟子们孜孜以求的目标。孔子认为，作为君子，不能只说不做，而应先做后说。只有先做后说，才可以取信于人。

【原文】

子张⁽¹⁾学干禄⁽²⁾。子曰："多闻阙⁽³⁾疑⁽⁴⁾，慎言其余，则寡尤⁽⁵⁾；多见阙殆，慎行其余，则寡悔。言寡尤，行寡悔，禄在其中矣。"

——《论语·为政》

【注释】

（1）子张：姓颛孙名师，字子张，生于公元前503年，孔子的学生。

（2）干禄：干，求的意思。禄，古代官吏的俸禄。干禄就是求取官职。

（3）阙：缺。此处意为放置在一旁。

（4）疑：怀疑。

（5）寡尤：寡，少的意思。尤，过错。

【导读】

孔子并不反对他的学生谋求官职，在《论语》中还有"学而优则仕"的观念。他认为，身居官位者，应当谨言慎行，说有把握的话，做有把握的事，这样可以减少失误，减少后悔，这是一个人对国家及对自己负责任的态度。当然这里所说的，并不仅仅是一个为官的方法，也表明了孔子在知与行二者关系问题上的观点。

【原文】

子曰："古者言之不出，耻躬⁽¹⁾之不逮⁽²⁾也。"　　——《论语·里仁》

【注释】

（1）躬：自身，亲自。

（2）逮：到，及。

【导读】

孔子一贯主张谨言慎行，不轻易允诺，不轻易表态，如果做不到，就会失信于人，你的威信也就降低了。所以孔子说，古人就不轻易说话，更不说随心所欲的话，因为他们以不能兑现允诺而感到耻辱。这一思想是可取的。

【原文】

宰予昼寝，子曰："朽木不可雕也，粪土⁽¹⁾之墙不可杇⁽²⁾也，于予与何诛⁽³⁾！"子曰："始吾于人也，听其言而信其行；今吾于人也，听其言而观其行。于予与⁽⁴⁾改是。"

——《论语·公冶长》

【注释】

(1) 粪土：腐土、脏土。

(2) 杇：音 wū，抹墙用的抹子。这里指用抹子粉刷墙壁。

(3) 诛：意为责备、批评。

(4) 与：语气词。

【导读】

孔子的学生宰予白天睡觉，孔子对他大加非难。这件事并不似表面所说的那么简单。结合前后篇章有关内容可以看出，宰予对孔子学说存有异端思想，所以受到孔子斥责。此外，孔子在这里还提出判断一个人的正确方法，即听其言而观其行。

【原文】

季文子⁽¹⁾三思而后行。子闻之，曰："再，斯⁽²⁾可矣。"

——《论语·公冶长》

【注释】

(1) 季文子：即季孙行父，鲁成公、鲁襄公时任正卿，"文"是他的谥号。

(2) 斯：就。

【导读】

凡事三思，一般总是利多弊少，为什么孔子听说以后，并不同意季文子的这种做法呢？有人说："文子生平盖祸福利害之计太明，故其美恶两不相掩，皆三思之病也。其思之至三者，特以世故太深，过为谨慎；然其流弊将至利害徇一己之私矣。"（官懋庸：《论语稽》）当时季文子做事过于谨慎，顾虑太多，所以就会发生各种弊病。从某个角度看，孔子的话也不无道理。

【原文】

子曰："譬如为山，未成一篑⁽¹⁾，止，吾止也；譬如平地，虽覆一篑，进，吾往也。"

——《论语·子罕》

【注释】

(1) 篑（kuì）：土筐。

【导读】

孔子在这里用堆山填坑这一比喻，说明功亏一篑和持之以恒的深刻道理，他鼓励自己和学生们在追求学问和道德上，都应该坚持不懈，自觉自愿。这对于立志有所作为的人来说，是十分重要的，也是对人的道德品质的塑造。

【原文】

子曰："法语之言[(1)]，能无从乎？改之为贵。巽与之言[(2)]，能无说[(3)]乎？绎[(4)]之为贵。说而不绎，从而不改，吾末[(5)]如之何也已矣。"

——《论语·子罕》

【注释】

(1) 法语之言：法，指礼仪规则。这里指以礼法规则正言规劝。

(2) 巽与之言：巽，恭顺，谦逊。与，称许，赞许。这里指恭顺赞许的话。

(3) 说（yuè）：同"悦"。

(4) 绎：原意为"抽丝"，这里指推究，追求，分析，鉴别。

(5) 末：没有。

【导读】

这里讲的第一层意思是言行一致的问题。听从那些符合礼法的话只是问题的一方面，而真正依照礼法的规定去改正自己的错误，才是问题的实质。第二层意思是忠言逆耳，而对顺耳之言的是非真伪，则应加以仔细辨别。对于孔子所讲的这两点，我们今天还应借鉴它，按照这样的原则去办事。

【原文】

子路问："闻斯行诸[(1)]？"子曰："有父兄在，如之何其闻斯行之？"冉有问："闻斯行诸？"子曰："闻斯行之！"公西华曰："由也问：'闻斯行诸？'子曰：'有父兄在。'求也问：'闻斯行诸？'子曰：'闻斯行之！'赤也惑，敢问。"子曰："求也退，故进之；由也兼人[(2)]，故退之。" ——《论语·先进》

【注释】

(1) 诸："之乎"二字的合音。

(2) 兼人：好勇过人。

【导读】

这是孔子把中庸思想贯穿于教育实践中的一个具体事例。在这里，他要求自己的学生不要退缩，也不要过头冒进，要进退适中。所以，对于同一个问题，孔子针对子路与冉求的不同情况作了不同回答；同时也生动地反映了孔子教育方法的一个特点，即因材施教。

【原文】

司马牛⁽¹⁾问仁。子曰："仁者，其言也讱⁽²⁾。"曰："其言也讱，斯⁽³⁾谓之仁已乎？"子曰："为之难，言之得无讱乎？" ——《论语·颜渊》

【注释】

(1) 司马牛：姓司马名耕，字子牛，孔子的学生。

(2) 讱：音 rèn，话难说出口。这里引申为说话谨慎。

(3) 斯：就。

【导读】

"其言也讱"是孔子对于那些希望成为仁人的人所提要求之一。"仁者"，其言行必须慎重，行动必须认真，一言一行都符合周礼。所以，这里的"讱"是为"仁"服务的，为了"仁"，就必须"讱"。

【原文】

樊迟从游于舞雩之下，曰："敢问崇德、修慝⁽¹⁾、辨惑。"子曰："善哉问！先事后得⁽²⁾，非崇德与？攻其恶，无攻人之恶，非修慝与？一朝之忿⁽³⁾，忘其身，以及其亲，非惑与？" ——《论语·颜渊》

【注释】

(1) 修慝：慝：音 tè，改正邪恶的念头。

(2) 先事后得：先致力于事，把利禄放在后面。

(3) 忿：愤怒，气愤。

【导读】

这一章里孔子仍谈个人的修养问题。他认为，要提高道德修养水平，首先在于踏踏实实地做事，不要过多地考虑物质利益；然后严格要求自己，不要过多地去指责别人；还要注意克服感情冲动的毛病，不要以自身的安危作为代价，这就可以辨别迷惑。这样，人就可以提高道德水平，改正邪念，辨别迷惑了。

【原文】

子路曰："卫君⁽¹⁾待子为政，子将奚⁽²⁾先？"子曰："必也正名⁽³⁾乎！"子路曰："有是哉，子之迂⁽⁴⁾也！奚其正？"子曰："野哉，由也！君子于其所不知，盖阙⁽⁵⁾如也。名不正，则言不顺；言不顺，则事不成；事不成，则礼乐不兴；礼乐不兴，则刑罚不中⁽⁶⁾；刑罚不中，则民无所措手足。故君子名之必可言也，言之必可行也。君子于其言，无所苟⁽⁷⁾而已矣。" ——《论语·子路》

【注释】

（1）卫君：卫出公，名辄，卫灵公之孙。其父蒯聩被卫灵公驱逐出国，卫灵公死后，蒯辄继位。蒯聩要回国争夺君位，遭到蒯辄拒绝。这里，孔子对此事提出了自己的看法。

（2）奚（xī）：什么。

（3）正名：即正名分。

（4）迂：迂腐。

（5）阙：同"缺"，存疑的意思。

（6）中（zhòng）：得当。

（7）苟：苟且，马马虎虎。

【导读】

本章中讲得最重要的问题是"正名"。"正名"是孔子"礼"的思想的组成部分。正名的具体内容就是"君君、臣臣、父父、子子"，只有"名正"才可以做到"言顺"，接下来的事情就迎刃而解了。

【原文】

子曰："诵《诗》三百，授之以政，不达[1]；使于四方，不能专对[2]。虽多，亦奚以[3]为？"

——《论语·子路》

【注释】

（1）达：通达。这里是会运用的意思。

（2）专对：独立对答。

（3）以：用。

【导读】

《诗》也是孔子教授学生的主要内容之一。他教学生诵《诗》，不单纯是为了诵《诗》，而为了把《诗》的思想运用到指导政治活动之中。儒家不主张死记硬背，当书呆子，而是要学以致用，把学到的思想应用到社会实践中去。

【原文】

子贡问曰："何如斯可谓之士[1]矣？"子曰："行已有耻，使于四方，不辱君命，可谓士矣。"曰："敢问其次。"曰："宗族称孝焉，乡党称弟焉。"曰："敢问其次。"曰："言必信，行必果[2]，硁硁[3]然小人哉！抑亦可以为次矣。"曰："今之从政者何如？"子曰："噫！斗筲之人[4]，何足算也？"

——《论语·子路》

【注释】

(1) 士：士在周代贵族中位于最低层。此后，士成为古代社会知识分子的通称。

(2) 果：果断、坚决。

(3) 硁硁（kēng）：象声词，敲击石头的声音。这里引申为像石块那样坚硬。

(4) 斗筲之人：筲（shāo）：竹器，容一斗二升。比喻器量狭小的人。

【导读】

孔子观念中的"士"，首先是有知耻之心、不辱君命的人，能够担负一定的国家使命。其次是孝敬父母、顺从兄长的人。再次才是"言必信，行必果"的人。至于当时的从政者，他认为是器量狭小的人，根本算不得士。他所培养的就是具有前两种品德的"士"。

【原文】

子曰："不得中行(1)而与之，必也狂狷(2)乎！狂者进取，狷者有所不为也。"

————《论语·子路》

【注释】

(1) 中行：行为合乎中庸。

(2) 狷（juàn）：拘谨，有所不为。

【导读】

"狂"与"狷"是两种对立的品质。一种是流于冒进、进取、敢作敢为；另一种是流于退缩，不敢作为。孔子认为，中行就是不偏于狂，也不偏于狷。人的气质、作风、德行都不偏于任何一个方面，对立的双方应互相牵制，互相补充，这样，才符合中庸的思想。

【原文】

子曰："不在其位，不谋其政。"曾子曰："君子思(1)不出其位。"

————《论语·宪问》

【注释】

(1) 思：想，考虑。

【导读】

"不在其位，不谋其政"，这是被人们广为传说的一句名言。这是孔子对于学生们今后为官从政的忠告。他要求为官者各负其责，各司其职，脚踏实地，做好本职分内的事情。"君子思不出位"也同样是这个意思。这是孔子的一贯思想，与"正名分"的主张是完全一致的。

【原文】

子路宿于石门⁽¹⁾。晨门⁽²⁾曰："奚自?"子路曰："自孔氏。"曰："是知其不可而为之者与?"

——《论语·宪问》

【注释】

(1) 石门：地名。鲁国都城的外门。

(2) 晨门：早上看守城门的人。

【导读】

"知其不可而为之"，这是做人的大道理。人要有一点锲而不舍的追求精神，许多事情都是经过艰苦努力和奋斗而得来的。孔子"知其不可而为之"，反映出他孜孜不倦的执著精神。从这位看门人的话中，我们也可以看出当时普通人对孔子的评论。

【原文】

子张问行⁽¹⁾。子曰："言忠信，行笃敬，虽蛮貊⁽²⁾之邦，行矣。言不忠信，行不笃敬，虽州里⁽³⁾，行乎哉? 立则见其参⁽⁴⁾于前也，在舆则见其倚于衡⁽⁵⁾也，夫然后行。"子张书诸绅⁽⁶⁾。

——《论语·卫灵公》

【注释】

(1) 行：通达的意思。

(2) 蛮貊：古人对少数民族的贬称，蛮在南，貊，音 mò，在北方。

(3) 州里：五家为邻，五邻为里。五党为州，二千五百家。州里指近处。

(4) 参：列，显现。

(5) 衡：车辕前面的横木。

(6) 绅：贵族系在腰间的大带。

【导读】

讲话忠诚守信，做事沉稳认真，不管到哪里，都是可行的。反之，行得通是偶然，行不通是必然。子张请教行，其意在外，求通达。孔子的回答却在内，求修身。这是重要的方法与方向的区别。向外求通达，各种情况，千变万化。向内求修身，看似虚，其实是真实可靠。忠信与笃敬，如能站立时竖在眼前，坐车时横在眼前，则时时提醒。子张将它写在自己的衣带上，便要如此自勉。

【原文】

子贡问曰："有一言⁽¹⁾而可以终身行之者乎?"子曰："其恕乎! 己所不欲，

勿施⁽²⁾于人。"

——《论语·卫灵公》

【注释】

（1）言：字

（2）施：给予

【导读】

"忠恕之道"可以说是孔子的发明。这个发明对后人影响很大。孔子把"忠恕之道"看成是处理人己关系的一条准则，这也是儒家伦理的一个特色。这样，可以消除别人对自己的怨恨，缓和人际关系，安定当时的社会秩序。

【原文】

子曰："饱食终日，无所用心，难矣哉！不有博奕⁽¹⁾者乎？为之，犹贤乎已⁽²⁾。"

——《论语·阳货》

【注释】

（1）博弈：古代的两种棋艺。博，六博；弈，围棋。

（2）犹贤乎已：贤，胜也。已，止也。

【导读】

孟子说："人之有道也，饱食，暖衣，逸居而无教，则近于禽兽。"（《滕文公上》）虽然语言的表达方式不同，一个是仁者叮咛，一个是智者雄辩，但两人所表达的思想却是一脉相承的，都是要求有所学，有所思，有所为的积极进取的人生态度，反对好吃懒做，消极无聊地打发日子。

2.《荀子》选读

【原文】

不闻不若闻之，闻之不若见之，见之不若知之，知之不若行之。学至于行之而止矣。行之，明也，明之为圣人。圣人也者，本仁义，当是非，齐言行，不失毫厘⁽¹⁾，无它道焉，已乎行之矣⁽²⁾。故闻之而不见，虽博必谬；见之而不知，虽识必妄⁽³⁾；知之而不行，虽敦⁽⁴⁾必困。不闻不见，则虽当，非仁也，其道百举而百陷也。

——《荀子·儒效》

【注释】

（1）毫：《集解》作"豪"，据世德堂本改。毫匣：古代长度单位，十丝为一毫，十毫为一厘，十厘为一分，十分为一寸。"毫厘"比喻微小的数量。

（2）已：止。

（3）识（zhì）：记住。

（4）敦：知识丰富。

【导读】

"儒效",即儒者的作用,儒学的效用。在《荀子·儒效篇》中,荀子阐述了知行关系这对中国古代哲学的重要命题。

在中国哲学中,认识和实践的关系表述为知与行的关系。荀子所说的"闻之"、"见之"是感性认识,"知之"是理性认识,"行之"是实践。荀子认为"行先于知",主张"由行致知",在一定程度上肯定了实践是认识的基础和源泉。

荀子强调学习的最终目的是实践,由实践检验学习所得是否正确。学习有耳闻,有眼见,耳闻不如眼见为实;眼见未必全是真知,解除遮蔽才能获得真知,因此,眼见不如真知。有了真知而束之高阁,一是无用,二是不知能否经得起实践检验,所以还要付诸实践,实践是学习的最高也是最后阶段。经过实践,才能真正明白所闻、所见、所知并不完善,还存在这样那样的问题,远远不是学习的最后完成。

荀子对"行"在认识中的地位和作用有着深刻的理解,明确实践高于认识,实践是认识的目的和归宿,建立起比较完备的朴素唯物主义的知行学说。

【原文】

故善言古者,必有节于今[1];善言天者,必有征于人。凡论者,贵其有辨合、有符验[2]。故坐而言之,起而可设,张而可施行。今孟子曰"人之性善",无辨合符验,坐而言之,起而不可设,张而不可施行,岂不过甚矣哉?故性善,则去圣王、息礼义矣;性恶,则与圣王、贵礼义矣。故櫽栝[3]之生,为枸木也;绳墨之起,为不直也;立君上,明礼义,为性恶也。用此观之,然则人之性恶明矣,其善者伪也。

——《荀子·性恶》

【注释】

(1) 节:验。

(2) 辨:通"别",即"别券",或称"傅别",是古代的一种凭证,将一券剖分为两半而成,故称"别券",双方各执一半(一"别")为据,验证时将两"别"相合,即可定其真伪。它与如今凭骑缝章核对的票据原理相似。符:符节,古代出入门关时的凭证,用竹片做成,上书文字,剖而为二,双方各存一半,验证时两片合起来完全相符,才可通行。

(3) 櫽栝(yǐn guā):矫正木材弯曲的器具。

【导读】

本篇说明怎样去认识人性和检验所得的认识是否正确。无论说什么话,如果想要让别人相信自己，那就必须有充分的证据。而证据往往表现出事物的关联性，所以，一定要用发展的、辩证的眼光看问题。荀子坚信自己关于人性的理论是可以得到验证，行之有效的，同时说明他心中有个信念："古今一理，天人同道"。而孟子的"人之性善"论"无辨合符验"，主张人性为善其实是要求否定圣王，废除礼仪。主张人性为恶则是赞颂圣王，尊奉礼义。最后说设立君主，彰明礼义，是因为人的本性为恶。由此得出结论：人的本性为恶是明显的，人的善良表现则是人为的。可见对于一种言论，必须从各方面考验，看其是否合于客观实际。考验的最后标准是可施行。

【原文】

君子之学如蜕，幡然迁之(1)。故其行效，其立效，其坐效，其置颜色、出辞气效。无留善，无宿问(2)。善学者尽其理，善行者究其难。

————《荀子·大略》

【注释】

(1) 幡然：通"翻然"，很快地改变的样子。

(2) 宿问：谓学者有疑不即问，隔夜再问。

【导读】

荀子主张知和行的统一，《荀子·大略》提出："善学者尽其理，善行者究其难。"意思是善于学习的人，能够透辟地认识事物的道理；善于实践的人，能够深入地探究事物的疑难。

《荀子》的首篇是《劝学》，他说"学不可以已"，认为学习是无止境的，并以此为喻："不登高山，不知天之高也；不临深溪，不知地之厚也。"《荀子·儒效》又说："不闻不若闻之，闻之不若见之，见之不若知之，知之不若行之，学至于行之而止矣。"荀子认为学习是阶段与过程的统一，学习的过程是由初级阶段向高级阶段发展，而学习到了实行也就达到了极点。

如何做到善学、善行？《荀子·大略》有具体描写："君子之学如蜕，幡然迁之。故其行效，其立效，其坐效，其置颜色、出辞气效。无留善，无宿问。"君子的学习就像蛇、蝉脱壳一样，很快就会有所改变。所以，他走路时学习，站立时学习，坐着时学习，脸上的表情、说话的口气都极力效仿。见到好事立即去做，有了疑难立即就问不过夜。

3.《礼记》选读

【原文】

虽有嘉肴(1)，弗食，不知其旨也(2)。虽有至道(3)，弗学，不知其善也。是故学然后知不足，教然后知困⁽⁴⁾。知不足，然后能自反也⁽⁵⁾。其此之谓乎！知困，然后能自强也⁽⁶⁾。故曰：教学相长也⁽⁷⁾。《兑命》曰⁽⁸⁾："学学半⁽⁹⁾"。其此之谓乎？

——《礼记·学记》

【注释】

（1）嘉肴（yáo）：美味的菜。嘉，好、美。肴，用鱼、肉做的菜。

（2）旨：甘美的味道。

（3）至道：好到极点的道理。至，达到极点。

（4）困：不通。

（5）自反：反躬自省。

（6）自强（qiǎng）：自我勉励。强：勉励。

（7）教（jiào）学相长（zhǎng）：意思是教和学互相促进。教别人，也能增长自己的学问。

（8）《兑（yuè）命》：《尚书》中的一篇。兑，通"说（yuè）"，指的是殷商时期的贤相傅说（yuè）。命，《尚书》中的一种文章体裁，内容主要是君王任命官员或赏赐诸侯时发布的政令。《尚书》，又称《书》《书经》，儒家经典之一。中国上古历史文件和部分追述古代事迹的著作的汇编。

（9）学（xiào）学（xué）半：教人是学习的一半。第一个"学"是教的意思。

【导读】

从本章可以看出儒家思想的特点：非常重视实践，要求把明白了的道理付诸行动，通过行动来证明道理是否正确。正如毛泽东在《实践论》中说："要知道梨子的滋味，就得变革梨子，亲口尝一尝……"。

进行实践必须抱着现实主义的实事求是的态度，以清醒冷静的态度面对现实，是一就是一，绝不说是二。即使错了，也敢于承认，使知行合一，理论和实际联系在一起，反对空头理论。这样就有了"学然后知不足，教然后知困"这种自然而然的结论。

学习本身是一种实践活动，当然必须用实事求是的态度来对待，而不能掺杂使假或者骄傲浮躁。正如毛泽东所说的，"虚心使人进步，骄傲使人落后。"另一方面，教和学是相互促进的，二者相辅相成。这样来看问题，同样也是现实的和实际的。

【原文】

大学之教也，时教必有正业⁽¹⁾，退息必有居学⁽²⁾。不学操缦⁽³⁾，不能安弦；不学博依⁽⁴⁾，不能安诗；不学杂服⁽⁵⁾，不能安礼；不兴其艺，不能乐学。

故君子之于学也，藏⁽⁶⁾焉，修焉，息焉，游焉。夫然故，安其学而亲其师，乐其友而信其道，是以虽离师辅⁽⁷⁾而不反。《兑命》曰："敬，孙，务，时，敏，厥修乃来⁽⁸⁾。"其此之谓乎！　　　　　　　　——《礼记·学记》

【注释】

（1）时教：因时施教。朱熹认为春夏读礼乐，秋冬读诗书。正业：先王正典，而非诸子百家。

（2）居学：指居家休息时的辅助性学习。以下"安弦"、"博依"、"杂服"、"兴艺"等，都是"居学"的内容。

（3）操缦：操弄琴弦。缦：琴弦。

（4）博依：广博的譬喻。《诗》善用比兴的写作手法，读者必须博学多闻，知道天地万物草木、鸟兽、虫鱼之事，才能理解诗的内涵。

（5）杂服：谓洒扫应对投壶沃盥等琐碎之事。服：事。

（6）藏：谓怀抱之。

（7）辅：指朋友。

（8）厥修乃来：谓其所修之业乃来，即所学得成。厥：其。修：修业的成果。

【导读】

先秦贵族学校的教育方法，显然是孔夫子"学而时习之"这一思想的具体化。它要求学生无论是课内还是课外，心里都得牵挂着学业，不能有所怠慢和荒废。这种执著的精神，也体现了儒家思想的现实主义实践特色。精诚所至，金石可镂。只要有恒心和毅力，没有办不到的事情。

学习的确需要恒心和毅力。悟性和天赋虽然也重要，但仅仅凭它们，恐怕很难学好课业。最主要的还得靠勤奋和执著的毅力。古人所说的"勤能补拙"，说的正是这个意思。

【原文】

子曰："道不远人。人之为道而远人，不可以为道。"

"《诗》云：'伐柯伐柯，其则不远。⁽¹⁾'执柯以伐柯，睨⁽²⁾而视之，犹以为远。故君子以人治人。改而止。"

"忠恕违道不远⁽³⁾，施诸己而不愿，亦勿施于人。"

"君子之道四，丘未能一焉：所求乎子以事父，未能也；所求乎臣以事君，未能也；所求乎弟以事兄，未能也；所求乎朋友先施之，未能也。庸⁽⁴⁾德之行，庸言之谨。有所不足，不敢不勉；有余不敢尽。言顾行，行顾言，君子胡不慥慥尔⁽⁵⁾？"　　　　　　　——《礼记·中庸》

【注释】

（1）伐柯伐柯，其则不远：引自《诗经·豳风·伐柯》。伐柯，砍削斧柄。柯，斧柄。则，法则，这里指斧柄的式样。

（2）睨：斜视。

（3）违道：离道。违，离。

（4）庸：平常。

（5）胡：何、怎么。慥慥（zào），忠厚诚实的样子。

【导读】

"道不可须臾离"的基本条件是"道不远人"。换言之，一条大道，欢迎所有的人行走，就像马克思主义的理论欢迎所有的人学习、实践，社会主义的金光大道欢迎所有的人走一样。相反，如果只允许自己走，而把别人推得离道远远的，就像鲁迅笔下的假洋鬼子只准自己"革命"而不准别人（阿Q）"革命"，那自己也就不是真正的革命者了。

推行道的另一条基本原则是从实际出发，从不同人不同的具体情况出发，使道既具有"放之四海而皆准"的普遍性，又能够适应不同个体的特殊性。这就是普遍性与特殊性相结合。

既然如此，就不要对人求全责备，而应该设身处地，将心比心地为他人着想，自己不愿意的事，也不要施加给他人。因为，金无足赤，人无完人，不要说人家，就是自己，不也还有很多应该做到的而没有能够做到吗？所以，要开展批评，也要开展自我批评。

只要你做到忠恕，也就离道不远了。说到底，还是要"言顾行，行顾言"，凡事不走偏锋，不走极端，这就是"中庸"的原则，这就是中庸之道。

【原文】

诚者，天之道也；诚之者，人之道也。诚者，不勉而中，不思而得，从容中道，圣人也。诚之者，择善而固执之者也：博学之⁽¹⁾，审问之⁽²⁾，慎思之⁽³⁾，明辨之⁽⁴⁾，笃行之⁽⁵⁾。有弗学，学之弗能弗措也⁽⁶⁾；有弗问，问之弗知弗措也；有弗思，思之弗得弗措也；有弗辨，辨之弗明弗措也；有弗行，行之弗笃弗措也。人一能之，己百之；人十能之，己千之。果能此道矣，虽愚必明，虽柔必强。

——《礼记·中庸》

【注释】

（1）博：广博，广泛。

（2）审：详细，周密。

（3）慎：谨慎，慎重。

（4）明：明白，清楚；明确。

（5）笃：坚定。

（6）弗措：不罢休。弗，不。措，停止，罢休。

【导读】

本段讲的是如何做到真诚的问题。"择善固执"是纲，选定美好的目标而执著追求。"博学、审问、慎思、明辨、笃行"是目，是追求的手段。立于"弗措"的精神，"人一能之，己百；人十能之，己千之"的态度，则都是执著的体现。"弗措"的精神，也就是《荀子·劝学》里的名言"锲而舍之，朽木不折；锲而不舍，金石可镂"的精神；"人一能之，己百之；人十能之，己千之"的态度，也就是俗语所说的"笨鸟先飞"的态度，龟兔赛跑的寓言里获胜的乌龟的态度。其实，无论是纲还是目，也无论是精神还是态度，都绝不仅仅适用于对真诚的追求，举凡学习、工作，生活的方方面面，抓住这样的纲，张开这样的目，坚持这样的精神与态度，有什么样的困难不能克服，有什么样的成功不能取得呢？

4.《道德经》选读

【原文】

知人者智，自知者明。胜人者有力，自胜者强[^(1)]。知足者富，强行[^(2)]者有志。不失其所者久，死而不亡[^(3)]者寿。 ——《道德经·第三十三章》

【注释】

（1）强：刚强、果决。

（2）强行：坚持不懈、持之以恒。

（3）死而不亡：身虽死而"道"犹存。

【导读】

中国有一句话，叫"人贵有自知之明"。这句话的最早表述者，就是老子。"自知者明"，就是说能清醒地认识自己、对待自己，这才是最聪明的，最难能可贵的。在本章里，老子提出精神修养的问题。老子极力宣传"死而不亡"，这是他一贯的思想主张，体现"无为"的思想主旨。"死而不亡"是在宣扬"灵魂不灭"，人的身体虽然消失了，但人的精神是不朽的，是永垂千古的，这当然可以算做长寿了。

【原文】

上士闻道，勤而行之；中士闻道，若存若亡；下士闻道，大笑之。不笑不足以为道。故建言[1]有之：明道若昧，进道若退，夷道若纇[2]。上德若谷；大白若辱[3]；广德若不足；建德若偷[4]；质真若渝[5]。大方无隅[6]；大器晚成；大音希声；大象无形；道隐无名。夫唯道，善贷且成[7]。

——《道德经·第四十一章》

【注释】

（1）建言：立言。

（2）夷道若纇：夷，平坦；纇，崎岖不平、坎坷曲折。

（3）大白若辱：辱，黑垢。一说此名应在"大方无隅"一句之前。

（4）建德若偷：刚健的德好像怠惰的样子。偷，意为惰。

（5）质真若渝：渝，变污。质朴而纯真好像浑浊。

（6）大方无隅：隅，角落、墙角。最方整的东西却没有角。

（7）善贷且成：贷，施与、给予。引申为帮助、辅助之意。此句意为：道使万物善始善终，而万物自始至终也离不开道。

【导读】

这一章，老子讲了上士、中士、下士各自"闻道"的态度：上士听了道，努力去实行；中士听了道，漠不动心、将信将疑，下士听了以后哈哈大笑。说明"下士"只见现象不见本质还抓住一些表面现象来嘲笑道，但道是不怕被浅薄之人嘲笑的。

在这里引用了十二句古人说过的话，列举了一系列构成矛盾的事物双方，表明现象与本质的矛盾统一关系，它们彼此相异，互相对立，又互相依存，彼此具有统一性，从矛盾的观点，说明相反相成是事物发展变化的规律。

【原文】

为无为，事无事，味无味[1]。大小多少[2]。报怨以德[3]。图难于其易，为大于其细；天下难事，必作于易；天下大事，必作于细。是以圣人终不为大[4]，故能成其大。夫轻诺必寡信，多易必多难。是以圣人犹难之，故终无难矣。

——《道德经·第六十三章》

【注释】

（1）为无为，事无事，味无味：此句意为把无为当做为，把无事当做事，把无味当做味。

（2）大小多少：大生于小，多起于少。另一解释是大的看作小，小的看作大，多的看作少，少的看作多，还有一说是，去其大，取其小，去其多，取其少。

（3）报怨以德：此句当移至七十九章"必有余怨"句后，故此处不译。

（4）不为大：是说有道的人不自以为大。

【导读】

老子理想中的"圣人"对待天下，都是持"无为"的态度，也就是顺应自然的规律去"为"，所以叫"为无为"。把这个道理推及到人类社会的通常事务，就是要以"无事"的态度去办事。因此，所谓"无事"，就是希望人们从客观实际情况出发，一旦条件成熟，水到渠成，事情也就做成了。这里，老子不主张统治者任凭主观意志发号施令，强制推行什么事。"味无味"是以生活中的常情去比喻，这个比喻是极其形象的，人要知味，必须首先从尝无味开始，把无味当做味，这就是"味无味"。接下来，老子又说，"图难于其易"，这是提醒人们处理艰难的事情，须先从细易处着手。面临着细易的事情，不可轻心。"难之"，这是一种慎重的态度，要求缜密的思考，细心而为之。本章所讲，对于人们来讲，无论行事还是求学，都是不移的至理。这也是一种朴素辩证法的方法论，暗合着对立统一的法则，隐含着由量变到质变的飞跃的法则。同时，我们也看到，本章的"无为"并不是讲人们无所作为，而是以"无为"求得"无不为"。老子说"是以圣人终不为大，故能成其大"，这正是从方法论上说明了老子的确是主张以无为而有所作为的。

【原文】

其安易持，其未兆易谋；其脆易泮[1]，其微易散。为之于未有，治之于未乱。合抱之木，生于毫末[2]；九层之台，起于累土[3]；千里之行，始于足下。为者败之，执者失之[4]。是以圣人无为故无败，无执故无失[5]。民之从事，常于几成而败之。慎终如始，则无败事。是以圣人欲不欲，不贵难得之货，学不学[6]，复众人之所过，以辅万物之自然而不敢为[7]。

——《道德经·第六十四章》

【注释】

（1）其脆易泮：泮，散，解。物品脆弱就容易消解。

（2）毫末：细小的萌芽。

（3）累土：堆土。

（4）为者败之，执者失之：一说是二十九章错简于此。

（5）是以圣人无为故无败，无执故无失：此句仍疑为二十九章错简于本章。

（6）学：这里指办事有错的教训。

（7）而不敢为：此句也疑为错简。

【导读】

本章是谈事物发展变化的辩证法。老子认为，大的事物总是始于小的东西而发展起来的，任何事物的出现，总有自身生成、变化和发展的过程，人们应该了解这个过程，对于在这个过程中事物有可能发生祸患的环节给予特别注意，杜绝它的出现。从"大生于小"的观点出发，老子进一步阐述事物发展变化的规律，说明"合抱之木""九层之台""千里之行"的远大事情，都是从"生于毫末""起于累土""始于足下"为开端的，形象地证明了大的东西无不从细小的东西发展而来的。同时也告诫人们，无论做什么事情，都必须具有坚强的毅力，从小事做起，才可能成就大事业。老子主张"无为""无执"，实际上是让人们依照自然规律办事，树立必胜的信心和坚强的毅力，耐心地一点一滴去完成，稍有松懈，常会造成前功尽弃、功亏一篑的结局。

【原文】

吾言甚易知，甚易行。天下莫能知，莫能行。言有宗⁽¹⁾，事有君⁽²⁾，夫唯无知⁽³⁾，是以不我知。知我者希，则⁽⁴⁾我者贵。是以圣人被褐⁽⁵⁾而怀玉⁽⁶⁾。

——《道德经·第七十章》

【注释】

（1）言有宗：言论有一定的主旨。

（2）事有君：办事有一定的根据。一本"君"作"主"。"君"指有所本。

（3）无知：指别人不理解。一说指自己无知。

（4）则：法则。此处用作动词，意为效法。

（5）被褐：被，穿着；褐，粗布。

（6）怀玉：玉，美玉，此处引申为知识和才能。"怀玉"意为怀揣着知识和才能。

【导读】

老子的政治理想和政治学说，例如静、柔、俭、慈、无为、不争等，这些都是合乎于道、本于自然的主张。在社会生活当中应当是容易被人们所理解、易于被人们所实行。然而，人们却拘泥于名利，急于躁进，违背了无为的原则。老子试图对人们的思想和行为进行探索，对于万事万物作出根本的认识和注解，他以浅显的文字讲述了深奥的道理，正如身着粗衣而怀揣美玉一般。但不能被人们理解，更不被人们实行，因而他感叹道："知我者希"。在历史上经常可以见到这样的景况，怀才不遇、难以施展其政治抱负的君子们，往往被后世的人们所看重，老子如此，孔子又何尝不是如此呢？老子被他所处的时代抛弃了，他的政治主张不能实行；但他又被后世的人们认可，他的思想学说、政治主张，有些被统治者接受了、实施了，有些被推向至尊之地，被神化为道教之经典。

5.《庄子》选读

【原文】

庖丁为文惠君解牛[1]，手之所触，肩之所倚，足之所履，膝之所踦[2]，砉然响然[3]，奏刀騞然[4]，莫不中音[5]。合于《桑林》之舞[6]，乃中《经首》之会[7]。文惠君曰："嘻[8]，善哉！技盖至此乎[9]？"

【注释】

（1）庖（páo）丁：名丁的厨师。一说，庖丁即厨师。文惠君：即梁惠王，也称魏惠王。解：肢解、宰割。

（2）踦（yǐ）：犹倚，用力抵住。

（3）砉（huā）然：皮骨相离的声音。砉，又读 xū，象声词。向：通"响"。

（4）奏刀：进刀。騞（huō）然：象声词，形容比砉然更大的进刀解牛声。

（5）中（zhòng）音：合乎音乐节拍。

（6）《桑林》：传说中商汤时的乐曲名。此指庖丁的动作与《桑林》曲所伴的舞蹈合拍。

（7）《经首》：传说中尧乐曲《咸池》中的一章。会：指节奏。以上两句互文，即"乃合于《桑林》、《经首》之舞之会"之意。

（8）嘻：赞叹声。

（9）盖（hé）：通"盍"，何，怎样。

【原文】

庖丁释刀对曰[10]："臣之所好者道也[11]进乎技矣[12]。始臣之解牛之时，所见无非牛者也[13]。三年之后，未尝见全牛也。方今之时，臣以神遇而不以目视[14]，官之止而神欲行[15]。依乎天理[16]，批大郤[17]，导大窾[18]，因其固然[19]。技经肯綮之未尝[20]，而况大軱乎[21]！良庖岁更刀[22]，割也；族庖月更刀[23]，折也。今臣之刀十九年矣，所解数千牛矣，而刀刃若新发于硎[24]。彼节者有间[25]，而刀刃者无厚，以无厚入有间，恢恢乎其于游刃必有余地矣[26]，是以十九年而刀刃若新发于硎。虽然，每至于族[27]，吾见其难为，怵然为戒⁽²⁸⁾，视为止⁽²⁹⁾，行为迟⁽³⁰⁾。动刀甚微⁽³¹⁾，謋然已解⁽³²⁾，如土委地⁽³³⁾。提刀而立，为之四顾，为之踌躇满志⁽³⁴⁾，善刀而藏之⁽³⁵⁾。"

【注释】

(10) 释：放下。

(11) 好（hào）：爱好，喜好。道：指规律，《天地》有"通于天地者，德也。行于万物者，道也。上治人者，事也。能有所艺者，技也，技兼于事，事兼于义，义兼于德，德兼于道，道兼于天。"指的就是规律。

(12) 进：超出，超过。乎：于。

(13) 无非牛：无非是一头完整的牛。

(14) 神：精神，指思维活动。遇：合，接触。

(15) 官：感觉器官，指耳目等。神欲：指精神活动。

(16) 理：指牛的生理上的天然结构。

(17) 批大郤：击入大的缝隙。批，击。郤，同"隙"，空隙。

(18) 导，引，入。窾（kuǎn）：空处。导大窾：顺着（骨节间的）空处进刀。

(19) 因：依照。固然：指牛体结构本来的样子。

(20) 技经：犹言经络。技，据清俞樾考证，当是"枝"字之误，指支脉。经，经脉。肯：紧附在骨上的肉。綮（qìng）：筋肉聚结处。技经肯綮之未尝，即"未尝技经肯綮"的宾语前置。

(21) 軱（gū）：毂轳的合音。骨与骨相接处像车轴于毂，所以称軱，这里指大骨头。陆德明《释文》引崔譔注："盘结骨。"

(22) 良：善。岁：年。更：更换。

(23) 族：众。族庖：一般的厨工。折：用刀劈骨头，这极易伤刀，故一个月就需换一次刀。

(24) 硎（xíng）：磨刀石。

(25) 节：骨节。间（jiàn）：间隙。

(26) 无厚：没有厚度，非常薄。恢恢乎：宽绰的样子。游刃：游动刀刃，指刀在牛体内运转。余：宽裕。

(27) 族：指筋骨交错聚结处。

(28) 怵（chù）然：害怕貌，引申为小心。

(29) 视：目光。为：因。视为止：目光专注。

(30) 行为迟：动作因此而缓慢下来。

（31）微：轻。

（32）謋（huò）：同磔，张，开，这里指骨肉相离的声音。

（33）委：堆积。

（34）踌躇：从容自得，十分得意的样子。满志：心满意足。

（35）善：善：通"缮"，修治。这里是擦拭的意思。藏：把刀插进刀鞘里。

【原文】

文惠君曰："善哉！吾闻庖丁之言，得养生焉(36)。"

【注释】

（36）养生：指养生的道理。

【导读】

《庖丁解牛》这则寓言故事出自《庄子·养生主》，通过庖丁和文惠君的问答，说明其所以保全刀的道理，已验证庄子提出的养生之道。庄子认为社会上充满着错综复杂的矛盾，人生活在矛盾斗争中，很易受损害。要想保全自己，就得像庖丁解牛那样，避开"技经肯綮"与"大辄"，只找空隙处下刀，意即避开矛盾，用逃避现实的办法以求得个人的生存。就庖丁解牛这个故事本身说，它给人以深刻的启迪：在客观上阐明了世间一切事物虽然错综复杂，但都有它内在的规律性；只要通过长期实践，又善于思考，就能认识和掌握规律，再加上聚精会神，专心致志，就可以把事情做好。

《史记·老子韩非列传》说《庄子》"大抵率寓言也"。这则寓言在艺术表现上也是有成就的。它体现了先秦诸子散文的哲理美，而这一哲理美的追求，不是作纯理论思辨，乃是通过某一具体的形象感强烈的故事、画面体现出来。本文前章描述充分，后文论述合理。一开始用十六字："手之所触，肩之所倚，足之所履，膝之所踦"，写出了解牛时的动人姿态，继之又写出了合舞合乐的美妙。描写出了这一切，文惠君的赞叹才有依据。有文惠君的赞叹，才会有庖丁的议论。这样，文意的承接转合，就显得异常自然。概括描述和集中刻画相结合。庖丁介绍解牛的经验时，对三年前后的感受，十九年用刀的情况，作了概括性的描述。而在概述中又有集中的刻画，例如集中刻画了庖丁解决难题的情景，尤其是难题解决后"提刀而立，为之四顾，为之踌躇满志，善刀而藏之"，其得意之情状，跃然于纸面。

6.《墨子》选读

【原文】

公输盘为楚造云梯之械(1)，成，将以攻宋。子墨子闻之(2)，起于齐(3)，行十日十夜而至于郢⁽⁴⁾，见公输盘。

公输盘曰："夫子何命焉为⁽⁵⁾？"子墨子曰："北方有侮臣者，愿藉子杀之。"公输盘不说⁽⁶⁾。子墨子曰："请献十金。"公输盘曰："吾义固不杀人⁽⁷⁾。"

【注释】

（1）公输盘：鲁人，一作公输般或公输班，又称鲁班，善治奇巧器械。云梯：攻城时登城的木梯，很高。

（2）子墨子：指墨翟，前面的子是夫子的意思，是墨子弟子对他的敬称，犹言"老师"、"先生"，因为本篇是墨子弟子记述的。

（3）起于齐：从齐国出发。

（4）郢（yǐng）：楚国都。

（5）夫子句：先生（对我）有什么见教呢？

（6）不说：不悦，不高兴。

（7）吾义固不杀人：我是一个讲道义的人，绝不杀人。固，本，表示坚决的意思。

【原文】

子墨子起，再拜⁽⁸⁾，曰："请说之⁽⁹⁾。吾从北方闻子为梯，将以攻宋。宋何罪之有？荆国有余于地，而不足于民⁽¹⁰⁾，杀所不足，而争所有余，不可谓智。宋无罪而攻之，不可谓仁。知而不争⁽¹¹⁾，不可谓忠。争而不得，不可谓强。义不杀少而杀众，不可谓知类⁽¹²⁾。"公输盘服。

子墨子曰："然，胡不已乎⁽¹³⁾？"公输盘曰："不可，吾既已言之王矣⁽¹⁴⁾。"子墨子曰："胡不见我于王⁽¹⁵⁾？"公输盘曰："诺。"

【注释】

（8）再拜：古人拜两次表示礼节隆重。

（9）请说之：请允许我向你进言。说：陈说。

（10）荆国句：楚国有多余的土地而人民不足。荆国，指楚国。

（11）争：同"诤"。有谏诤并据理力争的意思。

（12）不可谓知类：不能算作懂得类推事理的人。类，古代逻辑术语，即类推，比较同类事物而加以推断。

（13）胡：何，为什么。已：停止。

（14）既已：已经。言之王：既言之于王，向楚王说了。

（15）胡不见我于王：为什么不向楚王引见我呢？见（xiàn），介绍，引见。

【原文】

子墨子见王，曰："今有人于此，舍其文轩⁽¹⁶⁾，邻有敝舆⁽¹⁷⁾，而欲窃之；舍其锦绣，邻有短褐⁽¹⁸⁾，而欲窃之；舍其粱肉⁽¹⁹⁾，邻有糠糟，而欲窃之。此为何若人？"王曰："必为有窃疾矣⁽²⁰⁾。"

子墨子曰："荆之地，方五千里，宋之地，方五百里，此犹文轩之与敝舆也⁽²¹⁾；荆有云梦⁽²²⁾，犀兕麋鹿满之⁽²³⁾，江汉之鱼鳖鼋鼍⁽²⁴⁾，为天下富，宋所为无雉兔狐狸者也⁽²⁵⁾，此犹粱肉之与糠糟也；荆有长松、文梓、楩、枏、豫章⁽²⁶⁾，宋无长木⁽²⁷⁾，此犹锦绣之与短褐也。臣以三事之攻宋也⁽²⁸⁾，为与此同类。臣见大王之必伤义而不得。"

王曰："善哉！虽然，公输盘为我为云梯，必取宋。"

【注释】

(16) 舍：放弃。文轩：有雕饰彩绘的华丽车子。

(17) 敝舆：破车。

(18) 短褐：穷苦人家穿的粗麻布衣。

(19) 粱肉：小米和肉。古代粱肉是富贵人家的食品。

(20) 必为句：一定是患有好偷东西的毛病了。

(21) 与：同……相比。

(22) 云梦：泽名，地跨长江南北，包括今洞庭湖、洪湖、白路湖等大小湖沼地区。

(23) 犀（xī）兕（sì）：两种大兽，形状像牛，其角珍贵，可供药用。麋：鹿的一种。

(24) 鼋（yuán）鼍（túo）：又名猪婆龙，鳄鱼的一种。

(25) 宋所句：宋国真可以说是没有野鸡、兔子、鲫鱼的国家。狐狸：当作"鲋鱼"，即鲫鱼。

(26) 文梓（zǐ）：文理细密的梓树。楩（pián）：即黄楩木。枏：同"楠"。豫章：樟树。这些都是南方高大成才的树木。

(27) 长木：大树。

(28) 臣以句：我用这三件事来比作攻打宋国的事。

【原文】

于是见⁽²⁹⁾公输盘。子墨子解带为城，以牒⁽³⁰⁾为械，公输盘九设攻城之机变，子墨子九距之⁽³¹⁾。公输盘之攻械尽，子墨子之守圉⁽³²⁾有余。公输盘诎⁽³³⁾，而曰："吾知所以距子矣，吾不言。"子墨子亦曰："吾知子之所以距我，吾不言。"

楚王问其故，子墨子曰："公输子之意，不过欲杀臣。杀臣，宋莫⁽³⁴⁾能守，可攻也。然臣之弟子禽滑厘⁽³⁵⁾等三百人，已持臣守圉之器，在宋城上而待楚寇矣⁽³⁶⁾。虽杀臣，不能绝也⁽³⁷⁾。"楚王曰："善哉！吾请无攻宋矣。"

子墨子归，过宋。天雨，庇其闾中，守闾者不内也。故曰：治于神者，众人不知其功；争于明者，众人知之。

【注释】

（29）见：召见。

（30）牒（dié）：小木片。

（31）距：同"拒"，抵御。

（32）守圉：同"守御。"

（33）诎（qū）：同"屈"，指理屈智穷。无所施其技。

（34）莫：无定代词，没有人，没有谁。

（35）禽滑（gǔ）厘：战国时期魏人。《史记》说他先受业于子夏，后师事墨子。尽传其学。

（36）寇：入侵。

（37）绝：断，止。不能绝：不能阻止。

【导读】

春秋末战国初，当时诸侯国之间争城掠地的战争极为频繁和残酷，人民饱受战乱之苦。楚国是大国，宋是小国，宋处于诸侯国之间，是战略要地，为争霸中原，楚国曾多次攻打宋国。墨子提倡"兼爱""非攻"，本篇就是墨子以实际行动贯彻"非攻"主张的故事。文章记叙墨子批驳公输盘，谴责楚王的侵略野心，制止了楚国侵宋的动人事迹，赞扬了墨子为了维护和平，反对侵略战争而不惮其劳的自我牺牲精神，塑造了一个用正义反对强权的机智勇敢的墨子形象。

这个故事表现了墨子的三种精神：反战精神、侠义精神、实践精神。墨子不但提出了反对掠夺性战争的主张，而且身体力行地制止了一些这样的战争。这在那个弱肉强食的年代，真是谈何容易！在这里，可贵的还不是他确有实施守卫的办法，难能可贵的是他的侠义精神和实践精神。

墨子是不是宋国人，我们不知道。历史上有说他是宋人的，也有说他是鲁人的。但楚国伐宋，看来和他关系不大。他当时并不在宋国，宋国也没有请他帮忙。而且，墨子帮宋国解除了灭顶之灾后，在回国的路上经过宋城，宋人还不让他进城避雨。可见墨子与宋国，并没有利害关系。然而他一听到楚国将要进攻宋国的消息，便"行十天十夜而至于郢"。这就真是"行侠仗义"，也真是"说得到，做得到"了。可以说，中国文化"知行合一"的精神，在墨子和墨家学派那里得到了充分的体现。

实际上墨子不但是理论家，更是实践家。他在提出理论的时候，不但要求立论有本、有原、有用，而且要求身体力行。从这个故事我们可以看出，墨子是很善辩的。但墨子不但善言，而且能行；不但有理论，而且有实践。墨子一旦认准了某个道理，就坚定不移地去做。

本文是一篇以记言为主的记叙文，对话中体现了《墨子》一书高妙的论辩特色。作者有意识地运用了由小到大的逻辑推理方法，辩难析理具有严密的逻辑性。驳难公输盘时，先假设一个"借子杀人"的要求，诱导对方提出"吾义固不杀人"的前提，然后以这个前提推论，得出"攻宋不义"的结论，使公输盘理屈词穷。这在逻辑上运用的是演绎推理法。驳难楚王时运用的则是类比推理法，引导对方得出"窃疾"结论时，以子之矛攻子之盾，联系楚欲攻宋的现实分析推论，提出被喻事物与比喻事物"与此同类"，楚国欲攻打宋国就如患了"窃疾"，迫使楚王不得不愧而称是。此外，本文情节曲折，人物形象鲜明。文章详于记言而略于叙事，作者巧于在记言的关键之处插入叙事的点睛之笔，交代时间的发展经过，组织起相当复杂曲折的故事情节，层次井然地写出了墨子与公输盘、楚王三个回合的较量，构成了三起三伏的戏剧性情节，在腾挪变化中，墨子机敏善变，智慧过人，不怕牺牲，富于实践和吃苦精神的形象鲜明地凸显出来，给读者以深刻的印象。

7.《韩非子》选读

【原文】

有形之类，大必起于小；行久之物，族必起于少。故曰："天下之难事必作于易，天下之大事必作于细。"是以欲制物者于其细也。故曰："图难于其易也，为大于其细也。"千丈之堤，以蝼蚁之穴溃；百步之室，以突隙之烟焚[1]。故曰：白圭之行堤也塞其穴[2]，丈人之慎火也涂其隙[3]，是以白圭无水难，丈人无火患。此皆慎易以避难，敬细以远大者也。

【注释】

(1) 突隙：烟囱上的裂缝。烟：当为"熛"（biāo）误，飞迸的火焰。

(2) 白圭：战国时水利家。

(3) 丈人：长者，老年人。慎火：小心防火。

【原文】

扁鹊见蔡桓公[4]，立有间[5]，扁鹊曰："君有疾在腠理[6]，不治将恐深[7]。"桓侯曰："寡人无疾[8]。"扁鹊出，桓侯曰："医之好治不病以为功[9]。"居十日，扁鹊复见曰："君之病在肌肤[10]，不治将益深。"桓侯不应[11]。扁鹊出，桓侯又不悦。居十日[12]，扁鹊复见曰："君之病在肠胃，不治将益深[13]。"桓侯又不应。扁鹊出，桓侯又不悦。居十日，扁鹊望桓侯而还走[14]。桓侯故使人问之，扁鹊曰："疾在腠理，汤熨之所及也[15]；在肌肤，针石之所及也[16]；在肠胃，火齐之所及也[17]；在骨髓，司命之所属[18]，无奈何也[19]。今在骨髓，臣是以无请也[20]。"居五日，桓侯体痛，使人索扁鹊[21]，已逃秦矣，桓侯遂死[22]。故良医之治病也，攻之于腠理。此皆争之于小者也。夫事之祸福亦有腠理之地，故圣人蚤从事焉[23]。

【注释】

（4）扁鹊（què）：战国时期医学家（前407—前310）。姓秦，名越人，郭海郡郑人（今河北任丘）人，师承于长桑君，是中医学的集大成者和开宗立派的宗师。《禽经》："灵鹊兆喜"，扁鹊秦越人长期在诸侯各国行医济世，犹如通灵的喜鹊一样能给人带来希望和欢喜，给病人解除病痛，所以人们用"扁鹊"称呼秦越人。扁鹊秦越人精通临床各科，随俗为变，《史记》："扁鹊言医，为方者宗"。著有《扁鹊内经》《扁鹊外经》均佚。《脉经》中记载了大量的扁鹊脉学内容。《黄帝内经》，《难经》与扁鹊秦越人有密切的关系。

蔡桓公：齐国国君，田齐桓公，因迁移国都至河南上蔡被称为蔡桓公，《史记·扁鹊仓公列传》称"齐桓侯"。

（5）立：站立。有间（jiān）：一会儿。

（6）疾：古时'疾'与'病'的意思有区别。疾，小病、轻病；病，重病。

腠（còu）理：中医学名词，指人体肌肤之间的空隙和肌肉、皮肤纹理。

（7）恐：恐怕，担心。

（8）寡人：古代君主对自己的谦称。这个词的用法比"孤"复杂些。君王自称。春秋战国时，诸侯王称寡人。在文中译为"我"。

（9）好（hào），喜欢。治，医治。不病，没有发作的疾病。功，功绩，成绩。

（10）肌肤：肌肉。

（11）应：答应，理睬。

（12）居十日：待了十天。居：用在表示时间的词语前面，表示经过的时间；停留，经历。在文中译"过了"。

（13）益：更，更加。

（14）望桓侯而还（xuán）走：远远地看见桓侯，小步后退着走。还，返回。走，小步快走。

（15）汤（tàng）熨（wèi）：汤熨（的力量）所能达到的。汤熨，中医治病的方法之一。汤，用热水或药水敷治。这个意义后写作"烫"。熨，用粗盐或艾草等东西外用热敷。及：达到。

（16）针石：古代针灸用的金属针和用砭石制成的石针，这里指用针刺治病。

（17）火齐（jì）：火剂汤，一种清火、治肠胃病的汤药。齐，调配，调剂。这个意义后写作"剂"。

（18）司命之所属：司命神所掌管的事。司命，传说中掌管生命的神。属，隶属，管辖。

（19）无奈何也：没有办法了。奈何，怎么办，怎么样。

（20）臣是以无请也：我就不再请求给他治病了，意思是不再说话。无请，不再请求。是以：以是，因此。

（21）使：指使，派人。索：寻找。

（22）遂（suì）：于是，就。

（23）蚤：同"早"。

【导读】

《韩非子》是集先秦法家学说大成的代表作。本文选自《韩非子·喻老》篇，《喻老》篇用历史故事和民间传说阐发老子思想。韩非子在本篇中把现实中政治斗争的具体体验，上升到哲学高度，使之具有普遍的意义。

本文中，韩非子解释了"图难于其易，为大于其细。天下难事，必作于易；天下大事，必作于细"。为此，他举反面例子加以论证："千丈之堤，以蝼蚁之穴溃；百尺之室，以突隙之燦焚"，不拘小节，不重微害，不注意在小处消除隐患，最终必酿成大祸。这就是成语"千里之堤，溃于蚁穴"的由来。韩非子由此得出结论："慎易以避难，敬细以远大。"谨慎地对待容易的事以避免困难，郑重地对待细小的漏洞以远离大的灾祸。"上面千条线，下面一根针"，很多人这样形容本职工作。然而，再繁难复杂，也能任务分解；再千头万绪，也能条分缕析。无论做什么事，都应该一丝不苟、严谨细致、精益求精，于细微之处见精神，在细节之间显水平。西谚有言，"罗马不是一天建成的"，可以说与之异曲同工。做人、谋事、创业，都应该有这种不弃微末的能力。如果遇事胡子眉毛一把抓，就会打乱节奏、失去章法，大而化之只会大而无当。细节决定成败，只有不欺小节，才能走向成功与辉煌。

扁鹊见蔡桓公，以时间为序，以蔡桓公（桓侯）的病情的发展为线索，通过扁鹊"四见"的局势，通过记叙蔡桓公因讳疾忌医最终致死的故事，阐明一个道理：不能盲目相信自己，不能讳疾忌医。同时给人们以启迪：对待自己的缺点、错误，也像对待疾病一样，决不能讳疾忌医，而应当虚心接受批评，防患于未然。告诫人们要正视自己的缺点和错误，虚心接受别人的意见。文中深刻揭示了及时医过，防微杜渐的道理，颇能引人深思。

8. 《传习录》选读

王阳明（1472 年 10 月 31 日—1529 年 1 月 9 日），明代著名的思想家、文学家、哲学家和军事家。名守仁，字伯安，号阳明，世称阳明先生。余姚（今属浙江）人。曾任刑部、兵部主事。因上书宦官刘瑾，营救戴铣、薄彦徽，贬官为贵州龙场驿丞，其间曾讲学于贵州修文县的阳明洞。后因镇压农民起义和平定宸濠叛乱有功，官至南京兵部尚书。王阳明的学说思想，是明代影响最大的哲学思想。他主张"致良知"，"知行合一"，反对程朱学派。其文章博大昌达，行墨间有俊爽之气。有《王文成公全书》。

《传习录》是王阳明的语录和论学书信集，是一部哲学著作。分上、中、下三卷，上卷是王守仁讲学的语录，由他的弟子徐爱、薛侃和钱德洪等编辑并经王阳明本人审阅而成。主要阐述了知行合一、心即理、心外无理、心外无物、意之所在即是物、格物是诚意的功夫等观点。中卷主要是王守仁亲笔所写的七封书信，实际上是七封论学书，此外有两篇针对教育方法的文章。下卷是王阳明去世后陈九川、黄直等提供并经钱德洪整理的语录，虽未经王阳明本人审阅，但较为具体地解说了他晚年的思想，并记载了王阳明提出的"四句教"："无善无恶心之体，有善有恶意之动，知善知恶是良知，为善去恶是格物"。

《答人论学书——知行合一》

【原文】

来书云："人之心体，本无不明，而气拘物蔽，鲜有不昏[1]。非学、问、思、辨以明天下之理，则善恶之机[2]、真妄之辨，不能自觉，任情恣意，其害有不可胜言者矣。"

【注释】

（1）鲜（xiǎn）：少。

（2）机（wèi）：事物发生、变化的缘由。

【原文】

此段大略似是而非。盖承沿旧说之弊，不可以不辨也。夫学、问、思、辨、行皆所以为学，未有学而不行者也。如言学孝，则必服劳奉养⁽³⁾，躬行孝道⁽⁴⁾，然后谓之学。岂徒悬空口耳讲说，而遂可以谓之学孝乎？学射，则必张弓挟矢，引满中的；学书，则必伸纸执笔，操觚染翰⁽⁵⁾。尽天下之学，无有不行而可以言学者，则学之始固已即是行矣。笃者，敦实笃厚之意，已行矣，而敦笃其行，不息其功之谓尔。盖学之不能以无疑，则有问。问即学也，即行也。又不能无疑，则有思。思即学也，即行也。又不能无疑，则有辨，辨即学也，即行也。辨既明矣，思既慎矣，问即审矣，学既能矣，又从而不息其功焉，斯之谓笃行，非谓学、问、思辨之后而始措之于行也。是故以求能其事而言，谓之学；以求解其惑而言；谓之问；以求通其说而言，谓之思；以求精其察而言，谓之辨；以求履其实而言，谓之行。盖析其功而言，则有五；合其事而言，则一而已。此区区心理合一之体，知行并进之功，所以异于后世之说者，正在于是。

【注释】

（3）劳：劳苦；疲劳。

（4）躬行：身体力行；亲身实行。

（5）觚（gū）：古代用来写字的木简。翰：长而硬的羽毛，古代用来写字。后来借指毛笔、文字、书信等。

【原文】

今吾子特举学、问、思、辨以穷天下之理⁽⁶⁾，而不及笃行，是专以学、问、思、辨为知，而谓穷理为无行也已。天下岂有不行而学者邪？岂有不行而遂可谓之穷理者邪？明道云："只穷理，便尽性至命。"⁽⁷⁾故必仁极仁，而后谓之能穷仁之理；义极义，而后谓之能穷义之理。仁极仁，则尽仁之性矣；义极义，则尽义之性矣。学至于穷理至矣，而尚未措之于行，天下宁有是邪？是故知不行之不可以为学，则知不行之不可以为穷理矣。知不行之不可以为穷理，则知知行之合一并进，而不可以分为两节事矣。

【注释】

（6）穷：穷究。理：根本原理。

（7）尽性：尽量发挥天赋的个性。

【原文】

夫万事万物之理，不外于吾心，而必曰穷天下之理，是殆以吾心之良知为未足，而必外求于天下之广，以裨补增益之[8]，是犹析心与理而为二也。夫学、问、思、辨、笃行之功，虽其困勉至于人一己百[9]，而扩充之极，至于尽性知天，亦不过致吾心之良知而已。良知之外，岂复有加于毫末乎？今必曰穷天下之理，而不知反求诸其心，则凡所谓善恶之机、真妄之辨者，舍吾心之良知，亦将何所致其体察乎？吾子所谓'气拘物蔽'者，拘此蔽此而已。今欲去此之蔽，不知致力于此，而欲以外求，是犹目之不明者，不务服药调理以治其目，而徒怅怅然求明于其外。明岂可以自外而得哉！任情恣意之害，亦以不能精察天理于此心之良知而已。此诚毫厘千里之谬者，不容于不辨。吾子毋谓其论之太刻也。

【注释】

（8）裨（bì）：益处。

（9）人一己百：语出《中庸》："人一能之己百之，人十能之己千之。果能此道矣，虽愚必明，虽柔必强。"

【导读】

本文选自《答人论学书》中第 7 部分"学、问、思、辨、行"。《答人论学书》又名《答顾东桥书》，《答人论学书》是钱德洪序的名称。顾东桥（1476—1545），名璘，字华玉，号东桥居士，江苏江宁人，进士，官至南京刑部尚书。以诗著称于时。《答人论学书》着重阐述了"知行合一"。

王阳明认为将学问思辨理解为学功夫，以明天下之理，与他主张的心即理、知行合一并进相悖。在他看来，学问思辨作为为学穷理的功夫，不可脱离行，知行不可分离。其次，他批判了"穷天下之理"的说法，此说误以为良知不足，必求之于天下之广，而不知良知即天理，将心与理分为二。总之，学问思辨行皆致吾心之良知的功夫，良知之外，更无所谓天理。常人蔽于此，正如眼病之人不知医眼而求明于外。

这段宏论围绕着学、问、思、辨、行，反复比拟、论证，最终还是落实在一个"知行合一"上。尽管学、问、思、辨、行分属不同的功夫层面，但就圣学"日日新、又日新"的修养论而言毕竟仍是一事。推而广之，社会生活的实践是十分丰富、复杂、生动、具体的，但相应与本体都是生命意义实现的功夫——不能与本体分离的功夫。

第二节　知行合一

"知行合一"是明代王阳明的学说。王阳明认为"知"与"行"是统一的。他在《传习录》中指出："知是行的主意，行是知的功夫；知是行之始，行是知之成"。"知之真切笃实处即是行，行之明觉精察处即是知。"学者必须"知行并进"，既不能"懵懵懂懂地任意去做"，也不能"茫茫荡荡悬空去思索"，强调只有通过"行"才能掌握学问，才能穷理。《齐民要术》的撰写，正是贾思勰"知行合一"的成果。

一、农圣文化在"笃行"方面的体现

《齐民要术》中"笃行"的内涵主要表现在尊重规律敢于质疑的实事求是精神和脚踏实地身体力行的实践精神。

（一）尊重规律敢于质疑的实事求是精神

"实事求是"一词最早出现于东汉班固《汉书》中《河间献王刘德传》一文，刘德"修学好古，实事求是"，是指刘德考证古书时求其本真的治学态度和方法。今天常说的"实事求是"已成为哲学领域的一个命题，被赋予了科学地认知规律，客观地认识世界、改造世界的辩证法和方法论。以尊重规律、敢于质疑为特色的实事求是精神作为《齐民要术》农学文化思想的一部分，反映了贾思勰在总结客观规律，认知世界的过程中所持有的一种科学态度，是农圣文化中具有强劲生命力的思想，其价值和意义不言而喻。

1. 尊重客观规律，宜时宜地宜法进行农事活动

《齐民要术》一书，针对自然规律特点提出了合理的耕种办法。在古代社会，受科学技术发展水平的影响，人们大多把希望寄托于虚无缥缈的神明，生活中普遍存在着泛神论的现象，因此靠天吃饭成了古代社会农业生产活动的基本特点。但贾思勰通过对气候、地理条件的长期观察和总结研究，认识和发现了其中的一些自然规律，并提出了要尊重自然界的客观规律，进行科学耕种的正确观点。《齐民要术》卷一《耕田第一》中，在写到耕田方法时，贾思勰针对我国北方特别是黄河流域的气候特点，在书中作小注说"春既多风，若不寻

劳，地必虚燥。秋田塌实，湿劳令地硬。"意思是说，北方春天风多，耕了地如果不马上耢平（把土地整平），土地一定会干燥。秋天下雨季节田土塌实，湿土耢地会使泥土发硬，不利于作物生长。这是贾思勰在"爰及歌谣"——"耕而不劳，不如作暴"（耕了地而不马上整平，等于瞎胡闹）的基础上，加入了自己对自然现象的观察和总结研究，是对自然客观规律的一种实事求是的反映。

在卷一《种谷第三》中，贾思勰针对北方气候春冷干燥、夏热雨多的特点，提出了顺应气候特点进行合理耕种的主张，并用小字体在书中作注释表明了自己的观点："春气冷，生迟不曳挞则根虚，虽生辄死。夏气热而生速，曳挞遇雨必坚垎。其春泽多者，或亦不须挞；必欲挞者，宜须待白背，湿挞令地坚硬故也。"意思是说，春季天气还比较冷，种子发芽生长缓慢，不用挞（一种农具，这种农具在上世纪的中国农村还有使用的）拖压，种子生出的根就是虚浮的，即使发了芽，不久就会死去。夏季天气热，种子生长迅速，若用挞拖压，遇到下雨地就会板结。那些春天多雨水的地方，也可不必用挞拖压；一定要用挞拖压的话，也应该等到地质发白时才行，因为湿地拖挞会使土地坚硬板结。记载具体全面，分析科学又符合客观规律和实际。

同时，贾思勰还根据自然规律的特点，通过自己的不断观察，总结出了不同农作物种植的最佳时机，不同作物生长需要的不同品质的田地，同一作物不同土质的土地需用的种子分量不同，以及同一作物不同时机下种的分量不同等方面的经验，分为了"上、中、下"三个层次，非常具有科学参考价值。

此外，贾思勰还对天象进行了长期的科学观察，并根据天象运行规律提出了"有闰之岁，节气近后，宜晚田"的主张，还引用谚语"以时及泽，为上策"（根据时间和雨水情况适时进行农业操作，是最好的）来说明从事农事活动必须适应于自然规律的重要性，同时还引用了《氾胜之书》《孟子》等大量古书文字，说明了"春生、夏长、秋收、冬藏，四时不可易也"的科学道理。在全书中，这样的例子和记载不胜枚举，在此不一一列举。这既是贾思勰尊重客观规律的具体体现，又是他观察自然现象，总结自然规律，充分根据自然规律特点指导农业生产、从事农业活动的真实反映。

《齐民要术》中针对客观的土壤条件提出了不同的种植标准。土地的肥沃与贫瘠是一种客观存在，就像大地之上有山有水有平原也有沙漠等不同地貌一样，如何根据土地的不同特点，进行适宜的庄稼种植，这对提高农业产量具有重要影响，也是从事农业生产不得不注意的问题。贾思勰在《齐民要术》卷一

《种谷第三》中记有"地势有良薄。(良田宜种晚,薄田宜种早,良田非独宜晚,早亦无害;薄地宜早,晚必不成实也。)山、泽有异宜。(山田种强苗,以避风霜;泽田种弱苗,以求华实也。)"这里面贾思勰作注内容的意思是,好地宜于晚些播种,瘦地必须早播种,好地不但宜于晚播种,种早些没有害处;瘦地必须早播种,种晚了一定没有收成;山田要种好苗,来抵抗山间的风霜,湿地可以种些差点的苗,来保证好的收成。我们可以看出,这是贾思勰根据自然界中土质"良薄"的客观情况,确定种谷最佳时机的描述,也即尊重客观事物,充分发挥人的主观能动性,从而获取最大成功的具体表现。

同时,贾思勰还根据山田(土地偏于干燥)和低洼田(土地偏于水湿)的特点,对种植谷苗的特点提出了不同要求,也就是具体问题具体分析,从而确定怎么做才能做到有的放矢,提高作物产量满足百姓的生活需要。这些记载都是贾思勰通过自己的实践,实事求是地根据土地的客观情况作出的不同判断,是尊重客观规律的有力佐证。

不仅如此,最为重要的是贾思勰在书中还明确提出了自己的主张:"顺天时,量地利,则用力少而成功多,任情返道,劳而无获",意思是如果顺应了天时(自然规律),又能根据土地情况进行合理种植的话,那么既节省了人力又能多收获庄稼提高产量。如果是凭主观意志行事而违反自然规律,那么就会徒劳而没有收获。同时贾思勰还用小字作注的方式记录到"入泉伐木,登山求鱼,手必虚;迎风散水,逆坂走丸,其势难。"说明如果违犯客观规律,就像到水里去伐木材,到山上捉鱼一样,只会两手空空;又像迎着风泼水,对着山坡滚泥团,要达到目的是很难的,进一步强调农业生产要遵循而不是违背自然客观规律。

《齐民要术》一书,根据农作物固有特性来确定适宜种植的田地。粟,是古代对谷类作物的统称,是古代最重要的一种农作物。《齐民要术》中对粟(谷子)的品种搜集资料最多,除了引用郭义恭《广志》所记的11种之外,贾思勰自己还列举了86种,并对这些品种作了品质和性能方面的分析,可谓详之又详。譬如谷子"成熟有早晚,苗秆有高下,收实有多少,质性有强弱,米味有美恶,粒实有息耗。"(《齐民要术》卷一《种谷第三》)的特点,贾思勰针对土地的"良薄"以及山田、泽田等不同情况提出了不同的种植要求,既考虑了谷的特性,又结合了土地的特点,充分尊重了客观规律。

"麻欲得良田,不用故墟"(卷二《种麻第八》)因为在废墟地种麻容易使麻茎叶早死,麻皮不能织布用;而"小麦宜下田"(卷二《大小麦第十瞿麦附》）小麦适宜在下等田种，种瓜宜"良田，小豆底佳；黍底次之"（《种瓜第十四》），种瓜要在好地里种，"前作"是小豆的更好，"前作"是黍子的就差些；并且"多锄则饶子，不锄则无实。（五谷、蔬菜、果蓏之属，皆如此也。）"种好后还要多作中耕锄地，不然果实就不够饱满。

再如，卷四《种枣第三十三》谈到枣树种植时作注提到"枣性硬，故生晚；栽早者，坚垎生迟也。""地不耕也。如本年芽未出，勿遽删除。谚云：三年不算死。亦有久而复生者。""枣性坚强，不宜苗稼，是以不耕；荒秽则虫生，所以须净；地坚饶实，故宜践也。"等等，意思是说枣树天性强硬，所以叶子生出的晚，移栽早了，土壤坚硬，叶子反而生得迟缓。并且种枣树地不用耕。如果当年种的枣树苗没发芽，先不要急着除掉，因为谚语说的好，枣树苗三年不发芽不算死，也有很长时间后还会发芽的。枣树天性坚硬顽强，不能在树下种其他庄稼，所以不需要耕地；但杂草多了就会生虫害，所以地面要干净，土地坚硬，枣树结果实就多，因而适宜让牲口来践踏。可以看出，贾思勰的观察非常细致，对作物的习性与适宜种植田地特点的掌握非常准确，甚至对促进作物生长的外因也作了精确描述，这种尊重客观规律的严谨作风可以称得上是细致入微。

由此，可见贾思勰对作物生长规律把握之准确，研究之深入，总结之全面。更难能可贵地是在 1 500 多年前，贾思勰能够如此自觉而又理性地尊重客观规律，适地适法的指导农业生产的思想和精神，值得我们尊重和学习。

《齐民要术》中提出了根据作物成熟规律适时进行收获的观点。人有生老病死，这是人生的规律；庄稼也有播种、生长、成熟的过程，这是物性也是作物的生长规律。《齐民要术》中对农作物生长规律的认识，体现了贾思勰对农业生产客观规律的一种尊重，也是他的实事求是精神的充分体现。

在《齐民要术》卷二《黍穄第四》中，贾思勰有"刈穄欲早，刈黍欲晚"的记载，同时引用了谚语"穄青喉，黍折头"来强调说明收割穄要早，收割黍要晚的特点。"穄晚多零落，黍早米不成。"因为穄成熟早，如果割晚了子实就会自己掉落很多，产量就会受到影响；黍子成熟的晚，如果割早了黍米又会成熟的不好，也会影响产量。所以应该根据它们各自不同的生长期来确定具体的收割时间，这就是贾思勰在《齐民要术》中尊重农作物客观生长规律的最好佐证。

《粱秫第五》中贾思勰记到对于粱秫要"收刈欲晚。（性不零落，早刈损实。）"粱秫的特点是成熟了也不容易落粒，如果收割早了，反而因为成熟不好而影响产量。"大豆第六"中也写到对于大豆要"收刈欲晚。(此不零落，刈早损实。)"同时强调"叶落尽，然后刈。(叶不尽，则难治。)"因为大豆叶子落尽了才容易脱粒，今天农村中种植大豆的也还保留着把收割来的大豆要在场地上晾晒几日，不断地翻挑，等到豆叶落尽后，再用木棍敲打之令大豆脱荚而出的做法。

关于花椒的采摘，《齐民要术》记载则要"候实口开，便速收之"，等到花椒粒开口，就快采摘，如果收晚了就难以采摘。采摘花椒的时候还应该"天晴时摘下，薄布曝之，令一日即干，色赤椒好。"在天气晴朗的时候采摘下来，并放到薄布上晒，让花椒一天就晒干，这样做花椒的品质好颜色红。"若阴时收者，色黑失味。"（卷四《种椒第四十三》）如果在阴天时采摘，摘下的花椒颜色发黑味道也不好。如此详细的记录，如果没有长期的观察、总结，全面掌握花椒的生长规律，或者根本没有听过或亲自实践过，就不会有这么深刻的体会。

全书中类似这样的记载其实还有很多，并且绝不仅仅是单纯的针对农作物，而是还包括了伐树、鱼类养殖、蔬菜种植等等众多的方面，在此不一一赘述。

2. 坚持实事求是原则，勇于挑战、敢于质疑

贾思勰的实事求是精神，还体现在他对不切实际的传统或说法的质疑，甚至对古代历史权威的挑战和否定。虽然贾思勰在创作《齐民要术》时也援引了一些虚妄玄幻，甚至荒唐不稽的纬书内容，但从以下几处我们却能清晰地感受到贾思勰坚持实事求是、勇于挑战、敢于质疑的优秀品质和精神。

《齐民要术》中贾思勰对荒唐不稽的说法敢于质疑。《齐民要术》卷一《种谷第三》中，贾思勰引述《氾胜之书》播种的段落中有"凡九谷有忌日，种之不避其忌，则多伤败"的说法，贾思勰虽然在这一篇中也引用了《阴阳杂书》里面一些所谓的"忌日"之类的文字，但他并不同意这种看法。贾思勰在自注中援引了《史记》中"阴阳之家，拘而多忌"（从事阴阳学的人，讲究很多忌讳）之类的话，拉出已有公认历史地位的司马迁来作世俗和理论上的支撑，说明对此类说法的不同观点："止可知其梗概，不可委曲从之。"只可以大略知道一些就行了，但不应该作为依据，不可以呆板的时时处处照着办。因为呆板盲目地讲究什么忌讳，就要耽误农时影响生产，就会误大事，这其中的深意是非常明显的。因此，他又引用谚语说"以时及泽，为上策"，说明只有把握好时令和水利才是上策。

　　由于科学知识的局限，当时人们对自然界的规律认识不足，对一些自然现象怀有近似膜拜的盲目敬畏之意，长期以来在传统的农业生产中形成了诸多"忌讳"，这其实是没有道理是伪科学的。只有怀有实事求是的精神，有着现实丰富的农业生产活动经历，才会在实践中逐步认识和总结出自然界的客观规律，发现这些做法的荒唐不稽。贾思勰正是做到了这一点，才会透过世俗传统的迷障提出质疑，敢说真话也说出了真话，这不仅在 1 500 年前是可贵的，就是拿到今天来讲也是有着非常重要的现实意义。

　　《齐民要术》中贾思勰对历史（学术）权威进行了大胆否定。在人们的认知能力非常有限的古代社会，知识被少数人掌握控制，统治者甚至行业权威的言论就成了老百姓生活的圭臬，这是历史的必然，也容易理解。作为一个有良知的知识分子，贾思勰能够怀着"要在安民，富而教之"的理想抱负，敢于冲出传统樊篱，坚持真理，反对权威，可谓拨云见日，晴空霹雳。

　　《齐民要术》卷二《黍穄第四》贾思勰引《氾胜之书》"凡种黍，覆土锄治，皆如禾法，欲疏于禾。"意思是说种黍和种禾的方法是一样的，但黍苗要比禾苗种的稀疏。氾胜之是西汉时期著名的农学家，他所著的《氾胜之书》早已散佚，借助《齐民要术》的援引才得以保留部分内容，但氾氏的影响在农学领域是不容置疑的。贾思勰通过实践和观察后，对氾胜之的说法提出了质疑，他在书中作注写道："按疏黍虽科，而米黄，又多减及空；今概，虽不科而米白，且均熟不减，更胜疏者。"黍子种稀了虽然分蘖（分生）的多，但成熟后收获的黍米会发黄，并且还有很多瘪壳和空壳。现在种密了后，虽然不分蘖，但是黍米变白了，而且颗粒都饱满，比种得稀疏的好很多。通过观察对比，贾思勰对氾胜之的说法作出了"其义未闻"的评价，意思是氾胜之所说的道理没有听说过，其中的否定意味不言而喻。

　　卷五《伐木第五十五》贾思勰通过对"山中杂木"习性的观察研究，对所引《周官》（即《周礼》）"仲冬斩阳木，仲夏斩阴木。"（仲冬砍阳木，仲夏砍阴木）的记录有着自己的理解，与郑玄所作"阳木生山南者，阴木生山北者。冬则斩阳，夏则斩阴，调坚软也。"（阳木指生长在山南的树，阴木指生长在山北面的树。冬天砍阳木，夏天砍阴木，是为了让坚硬的木材和松软的木材搭配恰当。）的注释有着截然不同的观点。贾思勰认为《周官》所说的"盖以顺天道，调阴阳，未必为坚韧之与虫蠹也。"（大概是为了顺应自然，调节阴阳，不一定与木质坚硬，长虫不长虫有什么关系。）因此，贾思勰坦言"郑君之说，又无取。"郑玄的说法又是不可靠、不可取的，因为"松柏之性，不生虫蠹，四时皆得，无所选焉。山中杂木，自非七月、四月两时杀者，率多生虫，无山南山北之异。"松树、柏树生性不长虫子，一年四季都可以砍得，没有季节的限制。至于山里的其他各种树，除非是七月、四月两个时间砍伐，否则大部分会长虫子，没有什么山南山北的区别。

郑玄是我国东汉末年著名的经学大师，是汉代经学的集大成者，他的社会知名度极高，社会影响力极大，贾思勰在这里不仅否定了郑玄的说法，而且根据树木的特性作了科学恰当的分析和解释，有理有据不容辩驳。书中这样的文字公案还有很多，限于篇幅不再一一赘述，但由此便可窥一斑而见全豹，贾思勰实事求是的精神光芒便不可覆盖之。

3.《齐民要术》农学文化思想中实事求是精神的价值

实事求是作为一种科学的辩证法，是人们正确认识世界，把握客观发展规律，从而科学地改造世界的重要方法论。在物质条件贫乏，科学极不发达的古代社会，尤其是贾思勰所处的北魏时代，由于受魏晋时期清谈风尚和玄学思想的影响，加之举国上下对佛教的空前推崇，社会上流传着诸如《神异经》《十洲记》等近似今天虚幻小说之类的纬书，人们的思想和精神世界处于一种极不正常的状态。虽然贾思勰在《齐民要术》中也引用了一些"专门撒谎的荒唐书"（石声汉语），但从整体来看，全书还是以实事求是为主，作者在注中某些地方表达甚至颇具胆识，也正如石声汉教授所说"作伪的责任不该由《齐民要术》作者负。"

农圣文化中实事求是的精神内涵主要体现在，贾思勰尊重客观规律、灵活机动的思维，敢于挑战甚至否定权威不实之论的立场态度。

实事求是是《齐民要术》农学文化思想中固有的一部分，也可以说是随着社会和科学的发展，贾思勰通过自己的观察、实践，不断坚定和践行的一种思想精神。应该说，这是农圣文化中具有强劲生命力的文化精髓，无论在今天还是将来，实事求是仍然是指导我们工作、学习、生产生活和一切事务的重要思想精神，仍然具有十分重要的现实意义。

对国家民族来说，只有实事求是地根据社会和时代发展规律制定方针政策，才不会走改弦易辙的邪路，也不会走封闭僵化的老路，才会朝着国家和民族的梦想，以饱满的精神、昂扬的斗志、一往无前的勇气走向辉煌灿烂的明天。

对于事业、生活来说，只有实事求是地根据客观事物的发展规律，审时度势，积极努力，灵活应对，才不会陷入盲目的乐观和消极的悲观，事业、生活的发展才会有条不紊，朝着理想的方向慢慢靠近。

对于个人来说，只有实事求是地根据自己的实际情况，认真分析自己具有的发展条件，积极准备、适应条件，准确把握机遇，坚定不移地努力拼搏，才会求得发展，取得成功。

由此看来，实事求是是一种正确的、科学的唯物辩证法，无论过去还是将来，都具有积极的现实意义，是指导我们工作、学习、生活的重要方法论。

（二）脚踏实地身体力行的实践精神

实践精神是中华民族优秀传统文化宝库中的奇葩，是中华民族千百年来创新发展，雄立于世界民族之林的文化精粹。以脚踏实地、身体力行为特色的实践精神，是农圣贾思勰身上拥有的一种可贵的精神，作为农圣文化的重要组成部分，也是农圣文化中具有鲜活生命力的精华所在。

1. 贾思勰注重实践的思想

实践精神在贾思勰思想中占有重要的地位，也是指导、促成他能顺利完成农业科学巨著《齐民要术》的重要推动力。贾思勰在《齐民要术》序中引用《左传》名句"民生在勤，勤则不匮。"强调了只要勤劳实干，就不会贫穷的观点，从而号召人们积极参加农业生产实践；又引用古语"力能胜贫，谨能胜祸。"进一步强调了出实力干实事就能脱贫致富，谨慎行事就能避免灾祸的道理。贾思勰还引用《仲长子》"天为之时，而我不农，谷亦不可得而取之"自然界给了我们天时（机会），如果我们不及时劳动实践，也不会得到粮食。通过反复强调即使条件具备了，如果不去努力实践，也不会成功有收获，其中的深意不言而喻。

贾思勰在《齐民要术》序中援引《淮南子》"禹为治水，以身解于阳盱之河；汤由苦旱，以身祷于桑林之祭……神农憔悴，尧瘦癯，舜黎黑，禹胼胝。"的史事，说明古代圣贤身体力行，通过"躬行践履"为老百姓带来了幸福。大禹为了治水患，用自己的身体为质向阳盱河神祈祷；汤为了给老百姓解除旱灾，把自己的身体作为人质向上天祷告，神农氏为百姓奔波操劳，以致于憔悴不堪，尧帝消瘦了，舜帝变黑了，禹帝手上长满了老茧。虽然这些圣贤的做法存在封建迷信的倾向，但从他们所处的时代来说，能把老百姓的事当作事放在心上，已经是难能可贵了。从古代圣贤们的这些行为来说，他们都是身体力行，躬行践履的典范，是贾思勰所称颂和尊崇的。

孔子是世人公认的"至圣先师"，但当他的弟子樊迟向他请教学习种庄稼的时候，孔子却说"吾不如老农"我跟不上老农民。暂且不说孔子是否看得起稼穑之事，单就孔子作为一代圣贤来说，他能毫不掩饰地坦言在种庄稼方面，自己比不上天天与土地打交道的老农民，不仅说明了实践的重要，还表现出了圣人的坦诚和伟大。如果咬文嚼字，我们看孔子说的是"不如老农"，是比不过、跟不上，而不是鄙视看不起老农民。因此，分析来孔子是因为自己没有实际做过农事，没有实践也就没有发言权，孔子是值得我们学习的"万世师表"。而贾思勰引用这些事例，无非是说明"智如禹、汤，不如尝更"，就算有禹、汤一样的智慧，也不如从亲身体验中得来的知识高明，这样的表达非常直白，也更能看出贾思勰注重实践的思想所在。

2. 贾思勰"躬行践履"的实际行动

贾思勰的实践精神绝非限于空乏的思想层面，更不是局限于口头上的游戏辞令，《齐民要术》中有着的真实记载，对于农圣文化"实践精神"的内涵具有重要支撑作用。

贾思勰有重视、搜集、整理生产实践经验的实际行动。劳动人民是人类历史的伟大创造者和发展者，他们在人类发展的历史长河中，历经风雨坎坷和社会沧桑，始终以朴素无华、坚忍不拔的意志和劳动实践，创造了光辉灿烂的文明，显示了劳动人民的智慧和伟大。对劳动人民在生产生活中的经验进行全面系统的整理、总结、创新，是历史不断向前发展的重要推动力。贾思勰写作《齐民要术》正是做了这么一项伟大的工作，特别是对劳动人民在生产生活中总结出来的、普遍为劳动生产所应验了的实践经验的梳理，既生动形象又富有科学指导意义，是指导农业生产劳动的最好依据。

在《齐民要术》序中谈到自己的创作依据时，贾思勰说是"采捃经传，爰及歌谣，询之老成，验之行事"，民歌民谣是老百姓在生产实践过程总结出来的实际经验，具有较强的指导作用。纵观全书，贾思勰采用的民间农谚歌谣多达 30 余条。现举几例如下：

"家贫无所有，秋墙三五堵。"（《齐民要术·种谷第三》），贾思勰作注说"盖言秋墙坚实，土功之时，一劳永逸，亦贫家之宝也。"，意思是说秋天把土墙筑得很坚实，动工修建时，要多花点力气筑牢固，就能管用很久，这也可算是贫穷人家的财富了。八月秋高，是收获的季节，老百姓要准备好器具来收获和贮藏粮食，等到冬天到来以后好使用。如果把"秋收"的准备工作做好了，"冬藏"就没有了后顾之忧。在条件落后，技术不发达的古代社会，这是农家生活的必备环节，民歌的引用强调了准备工作的重要性。

"穄青喉，黍折头"（《齐民要术·黍穄第四》），意思是说，穄，在穗基部和秆相接的地方，还没有完全褪色以前收割；黍，在穗子完全成熟到弯下头来时收割。我们现在得用很长很累赘的句子才能说清楚的道理，老百姓用了短短的 6 个字就讲得明明白白，这就是劳动者的智慧。

"夏至后，不没狗"（《齐民要术·种麻第八》），意思是说，夏至以后种的麻，长的高度都不能遮住一条狗。

"五月及泽，父子不相借。"（《齐民要术·种麻第八》），意思是说，五月趁着天下雨做庄稼活，父子之间都来不及互借人力。五月是种麻的关键时节，用父子之间都不相帮忙，说明了农时的重要性。

"东家种竹，西家治地"（《齐民要术·种竹第五十一》），意思是如果东邻种了竹子，西邻就得整治自己家里的地。为什么呢？贾思勰作注说"为滋蔓而来生也"，因为竹子会自然而然的漫延生长到西邻，如果西边的人家不进行土地整理，也会长满竹子的。

这些农谚歌谣是自古以来在民间口头相传的、劳动人民生产实践经验的智慧结晶，虽然在书中的引用远不如对古书的引用多、地位重要，但却都是人们对生活中鲜活的经验总结，是长期以来人们对生产生活进行观察、实践、总结、提炼的结果，极具实用价值。如果不是熟悉农业生产劳动，并且尊重这些农业生产实践经验，如果没有亲自做过深入的实地搜集、调查和了解，如果不是用心地梳理、归纳和总结，是很难收集到这些宝贵经验，进行合理的安排取舍，并巧妙地引用和融入到自己著作中的。因此，我们说贾思勰有重视、搜集、整理农业生产实践经验的实际行动，并且也形成了相当的成果。

实践是检验真理的唯一标准。一切经验和做法也只有经过了实践的验证，才显示出它的普遍性、合理性和可行性。贾思勰作为一位与传统文人不一样的、伟大的农学家，最为可贵的就是他自己的身体力行，用自己的实践来对前人或当时的经验、做法进行科学的验证，形成强有力的支撑，使自己的书更加适用于劳动人民现实的生产生活。

在《齐民要术》卷六《养羊第五十七》之《积茭（牧草）之法》章，贾思勰作注说："余昔有羊二百口。茭豆既少，无以饲。一岁之中，饿死过半；假有在者，疥瘦羸弊，与死不殊，毛复浅短，全无润泽。余初谓家自不宜，又疑岁道疫病，乃饥饿所致，无他故也。人家八月收获之始，多无庸暇，宜卖羊雇人。所费既少，所存者大。"记述的是贾思勰自己家里养羊的辛酸故事：原来贾家养过 200 只羊，开始的时候因为牧草积蓄较少，羊饿死了一大半，即使活下来的也都满身疮，瘦弱得像快要死的样子，其实跟死的也差不多了。贾思勰最初以为是自己家里不适宜养羊，后来又怀疑是年岁瘟疫的原因，有了羊"饿死过半"的沉痛教训之后，才最终明白实际上羊是因为饥饿而死的，没有其他原因。这是贾思勰通过自己养羊换来的经验之谈，是痛定思痛之后的切身体会，是贾思勰实践精神最典型的一例。

《齐民要术》引用古书多达150多种，足见贾思勰家学渊源和藏书之丰。其卷三《杂说第三十》记载了贾思勰写书、看书、藏书等经验做法，甚至对修补书籍破毁、折裂，"点书"（涂改）、"记事"，"雌黄治书"（用雌黄涂改书籍）、晾晒、防虫等方法都作了详细记录，要言不烦笔笔见力，其见地和经验都不是一般人能做到的。如果没有丰富的治书经历，没有切身的体会，能记录的如此详细恐怕是非常难的一件事。因此，贾思勰一定是读过很多书，并且对如何制书、修补书，如何让书防虫咬等这些细致的具体做法，也只有自己亲身体会过，才能这样准确、清楚、简练而又重点突出的记录在案。

《齐民要术》卷八《作酢（音 zuò，今译作"醋"）法第七十一》《卒成苦酒（古代对醋的别称）法》记载："已尝经试，直醋亦不美。"意思是说我已经按《食经》里的《卒成苦酒法》进行了实验，做出来的醋除了酸度较重外，味道也不好。为了改进醋的味道，提升醋的品质，贾思勰还对《卒成苦酒法》进行了改进："以粟米饭一斗投之，二七日后，清澄美酽"。从记录可以看出，贾思勰对改进以后的方法的用料量非常具体，酿制的时间也准确到了天数，醋的色、味等也观察非常细致，这是贾思勰身体力行的真实记录。经过这样改进后制作的醋，贾思勰也一定亲自做过品尝，否则他不会知道用这种方法酿成醋的味道，并在书中写下"与大醋不殊也"和大醋没有大的差别的体会。

《齐民要术》中还记载了大量贾思勰亲自做过实践的体会的文字，如：卷三《种韭第二十二》中提到"韭性内生，不向外长"；《插梨第三十七》中提到梨树嫁接，接穗"用根蒂小枝，树形可喜，五年方结子；鸠脚老枝，三年即结子而树醜""每梨有十许子，唯二子生梨，余生杜"；卷四《种椒第四十三》讲述花椒的移栽时称"此物性不耐寒，阳中之树，冬须草裹，其生小阴中者，少禀寒气，则不用裹。"只有通过长期、实地、细致的观察，才可能写出这样详细具体而又可操作的经验之谈，除此之外仅凭"询之老成"的道听途说，是很难有此见地和表述的。因此，我们说贾思勰是一个伟大的社会实践家一点也不为过。

读万卷书，行万里路是古人治学的突出特点，其中包含了理论学习和实践相结合的重要理念。读万卷书，是指要广泛的学习，不断地丰富充实自己的知识，这是治学的基础，也是理论的准备阶段；行万里路，就是说要脚踏实地地去做、去体验，这是理论的落实，也是理论与实践相结合的实施阶段。贾思勰有行万里路、接地气的丰富体验。

《齐民要术》卷三《种蒜第十九》贾思勰的注文记载了"并州无大蒜，朝歌取种。一岁之后，还成百子蒜矣，其瓣粗细，正与条中子同。芜菁根，其大如碗口，虽种他州子，一年亦变大。蒜瓣变小，芜菁根变大，二事相反其理难推。又八月中方得熟，九月中始刈得花子。至于五谷蔬果，与余州早晚不殊，亦一异也。并州豌豆，度井陉以东，山东谷子，入壶关、上党，苗而无实。"对于这些现象，贾思勰说"皆余目所亲见，非信传疑"，这都是有根有据自己亲眼看到的，不是什么道听途说的附会讨巧，也绝不是凭空捏造出来的。同时，贾思勰还根据自己的实际经验和观察分析，提出了自己的判断结论："盖土地之异者也"，这是土地（环境条件）不同的原因造成的。如果没有丰富的实践经验，系统的对比研究，根本难以有这样科学精当的分析。就是在今天，这样脚踏实地的做法也实在是值得我们学习和仿效的。

此外，从《齐民要术》一书涉及的有关物产与地名情况看，除了并州（今山西境内）、朝歌（公元 494 年北魏迁都河南洛阳，贾思勰大概也曾游历过这里）、井陉（今河北境内）、壶关（今山西境内）、上党（今山西境内）外，贾思勰还到过陕西的茂陵、河北的渔阳（今北京密云一带）、山西的代（今大同附近）、并（今太原附近）、东北地区的辽（今昔阳一带），山东的益都（今山东寿光，贾思勰的出生之地）、青州（今临淄附近）、齐郡历城（北魏时青州的辖郡）、西兖州（今定陶及附近）、济州（今茌平附近）、西安、广饶（当时的齐郡辖县，今河北和东营一带）等多地，足迹基本踏遍了北魏统治的区域，正因为有着这样丰富的实地观察，加之"询之老成"和自己的严谨治学，《齐民要术》所记内容才如此丰富庞杂，体例完整，条理清楚，各种农业生产技术、农谚民谣才搜集的这样全面，如果没有行万里之路，只是闭门造车，是完全不可能有这样收获的。

综上所述，从贾思勰的思想主张、理念再到生产生活中的"躬行践履"亲自为之，是农圣文化中实践精神的基本特征和内涵，正是籍于这种可贵的实践精神，才使《齐民要术》具有了扎实的理论基础和现实的事实支撑，成为一部"古代社会农业百科全书"，至今都闪耀着科学的光芒。

3. 《齐民要术》农学文化思想中实践精神的价值

"实践"是中国哲学中固有的概念，黑格尔在扬弃前人思想的基础上，从历史的视角展开对实践的探寻，第一次提出了劳动实践的概念。在中国古代哲学中，实践的主要含义是"躬行践履"，就是亲自去做去落实，包括思想道德、为人处世和社会生活的方方面面，其外延实际上是非常大的。而现在马克思主义哲学体系中的实践概念，则是倾向于物质性的活动，与中国哲学传统中的实践有着较大差别。

贾思勰作为一个家学渊源深厚，而又饱读诗书的古代知识分子，他对中国传统文化中的精髓既有充分的继承，又有全新的创造，这在其著作《齐民要术》中多有体现。而实践精神作为农圣文化的重要组成部分，既符合中国传统文化中的"躬行践履"精神，又与马克思主义哲学中的实践有着共同之处。通过研读《齐民要术》，我们可以清楚的梳理出贾思勰思想上的实践主张，生活中"验以行事"的"躬行"之事，以及踏遍祖国山山水水的"践履"之迹，从而准确把握《齐民要术》农学文化思想中实践精神的基本内涵。

马克思主义认为实践第一，主张实践是人类自觉自我的一切行为。实践精神的实质就是脚踏实地、躬行践履、身体力行地去做去落实。中国向来提倡埋头苦干的精神，也尊重具有实干精神的人，鲁迅先生称之为"中国的脊梁"。可以说，实践是人类社会由必然王国进入自由王国的唯一途径。

人类发展需要实践精神。毛泽东在《实践论》中提到："实践、认识、再实践、再认识，这种形式，循环往复以至无穷，而实践和认识之每一循环的内容，都比较地进到了高一级的程度。"实践决定了人类发展的历史进程，从茹毛饮血的蛮荒时期到文明自觉的现代人，人类自身的每一次飞跃都离不开实践。人类在实践中认识，在认识中再实践再认识，从而推动人类历史的不断发展。

社会进步需要实践精神。发展是历史的自然规律，而发展的内动力来源于实践的推动，是否具有脚踏实地的实践精神关系社会发展的进程。社会由贫穷到富裕、弱小变强大、落后变先进等等需要全社会的实践努力，需要在实践中不断地突破，不断地扬弃，向着最美好的未来不断努力，反之则不成。

工作创新需要实践精神。贾思勰有过养羊失败的教训，才总结出了科学而又全面的养羊理论；贾思勰读过万卷书、行过万里路，虚心地"询之老成，验以行事"，向劳动人民学习的同时还自己身体力行，做了大量的实践工作去验证，历时20多年才写成了世界上现存最早、最完整的农学巨著《齐民要术》，如果没有"躬行践履"的实干精神和丰富的实践经验，谈何容易？

二、二十四节气

二十四节气是中国先秦时期开始订立、汉代完全确立的用来指导农事的补充历法，在我国传统农耕文化中占有极其重要的位置，是我国古代劳动人民对天文、气象进行长期观察、研究的产物，其背后蕴含了中华民族悠久的文化内涵和历史积淀。二十四节气中既有表现寒暑往来物候变化的，也有反应气温高低降雨状况的，古人通过它能够直观、清楚地了解一年中季节气候的变化规律，以此掌握农时，合理安排农事活动。它不仅在农业生产方面起着指导作用，同时还影响着古人的衣食住行，甚至是文化观念。

2016年11月30日，中国申报的"二十四节气——中国人通过观察太阳周年运动而形成的时间知识体系及其实践"被正式列入人类非物质文化遗产代表作名录。

二十四节气始于上古，产生于黄河流域。在《尚书·尧典》中就提出了"日中、日永、宵中、日短"的概念，即我们现在所说的春分、夏至、秋分、冬至。随着农业生产和天文观测的发展，到了战国末期，《吕氏春秋》中又引入立春、立夏、立秋、立冬这四个节气。由此，传统意义上的四时八节已经被初步确立。至汉朝，二十四节气逐渐完善，史书中也多有提及，如《淮南子·天文训》中对二十四节气有较为详细的记述："十五日为一节，以生二十四时之变。斗指子，则冬至，音比黄钟。加十五日指癸，则小寒……大寒……立春……雨水……惊蛰……春分……清明……谷雨……立夏……小满……芒种……夏至……小暑……大暑……立秋……处暑……白露……秋分……寒露……霜降……立冬……小雪……大雪……冬至。"内容与今人熟知的二十四节气完全一致。《史记·太史公自序》云："夫阴阳四时、八位、十二度、二十四节，各有教令，顺之者昌，逆之者不死则亡。未必然也，故曰'使人拘而多畏'。"西汉邓平等人所著的《太初历》中，正式将二十四节气编入历法，明确了二十四节气的天文位置。

（一）二十四节气的含义与二十四节气歌

二十四节气包括：立春、雨水、惊蛰、春分、清明、谷雨、立夏、小满、芒种、夏至、小暑、大暑、立秋、处暑、白露、秋分、寒露、霜降、立冬、小雪、大雪、冬至、小寒、大寒。

立春（2月3—4日）：表示严冬已逝，春季到来，气温回升，万物复苏。

雨水（2月18—19日）：由于气温转暖，冰消雪化，雨水增多，故取名为雨水。

惊蛰（3月5—6日）：蛰的本意为藏，动物冬眠称"入蛰"。古人认为冬眠的昆虫被春雷惊醒，故称惊蛰。

春分（3月20—21日）：这一天正当春季九十日之半，故曰"春分"。昼夜长度各半，冷热均衡，一些越冬作物开始进入春季生长阶段。

清明（4月4—6日）：含有天气晴朗、草木萌发之意。此时气温渐暖，草木发芽，大地返青，也是春耕春种的好时节。

谷雨（4月19—20日）：由于雨水增多，滋润田野，有利于农作物的生长，故有"雨生百谷"之说。

立夏（5月5—6日）：标志着夏季的开始，视为气温升高的开端。此时万物生长旺盛，欣欣向荣。

小满（5月20—22日）："小满者，物至于此小得盈满。"（吴澄《月令七十二候集解》）其含义是夏熟作物籽料已经开始灌浆饱满，但尚未成熟，故称"小满"。

芒种（6月5—6日）：芒，指某些禾本植物籽实的外壳上长的针状物。芒种指小麦等有芒作物即将成熟，可以采收留种了，也预示着农民开始了忙碌的田间生活。

夏至（6月21—22日）：是全年中白昼最长、黑夜最短的一天，也说明即将进入炎热的夏季。

小暑（7月7—8日）：属于"三伏"中的初伏，天气炎热、蒸闷。气温虽高，但还不是最热的时候，故称小暑。

大暑（7月22—23日）：正值"中伏"前后，也是我国大部分地区一年中最热的时期，气温最高。

立秋（8月6—9日）：预示着秋季即将开始，天气逐渐转凉。不过暑气并未尽散，还有气温较热的"秋老虎"之说。

处暑（8月22—24日）："处，止也。暑气至此而止矣。"（《月令七十二候集解》）代表暑天即将结束，天气由炎热向凉爽过渡。

白露（9月7—8日）：由于昼夜温差加大，水汽在草木上凝结成白色露珠，故称白露。

秋分（9月22—24日）：与春分相同，昼夜几乎等长，处于整个秋天的中间。

寒露（10 月 7—9 日）：冷空气渐强，雨季结束，气温由凉转冷，开始出现露水，早晨和夜间会有地冷露凝的现象。

霜降（10 月 23—24 日）："九月中，气肃而凝，露结为霜矣。"（《月令七十二候集解》）由秋季过渡到冬季的节气，开始有霜冻的现象出现。

立冬（11 月 7—8 日）：标志着冬季的开始。田间的操作也随之结束，作物在收割后进行贮藏。

小雪（11 月 22—23 日）："十月中，雨下而为寒气所薄，故凝而为雪。小者，未盛之辞。"（《月令七十二候集解》）大地呈现初冬的景象，但还没到大雪纷飞的时节。

大雪（12 月 7—8 日）："大者，盛也。至此而雪盛矣。"（《月令七十二候集解》）此时天气较冷，不仅降雪量增大，降雪范围也更广。

冬至（12 月 21—23 日）：与夏至相反，白昼最短，黑夜最长，开始"数九"。过了冬至，白昼就一天天地增长了。

小寒（1 月 5—6 日）：此时正值"三九"前后，大部分地区开始天寒地冻，但还没有到达寒冷的极点。

大寒（1 月 19—21 日）：是一年当中最冷的一段时间，相对于小寒来说，标志着严寒的加剧。

二十四节气歌：春雨惊春清谷天，夏满芒夏暑相连。秋处露秋寒霜降，冬雪雪冬小大寒。每月两节不变更，最多相差一两天。上半年来六廿一，下半年是八廿三。

在古代历法中，每月有两个节气，月首者称之为"节气"，包括立春、惊蛰、清明、立夏、芒种、小暑、立秋、白露、寒露、立冬、大雪、小寒；月中者称之为"中气"，包括雨水、春分、谷雨、小满、夏至、大暑、处暑、秋分、霜降、小雪、冬至、大寒。二十四节气中"节气"和"中气"各占一半，二者交替运行，周而复始，但今人已不再细分，将之并称为节气。每个节气在农历中的时间也是相对固定的，"节气歌"的后四句就反映了这一特点。"上半年来六廿一，下半年来八廿三。每月两节日期定，最多相差一二天。"即上半年节气多集中于六日及二十一日前后，而下半年则多集中于八日及二十三日前后，最多不过相差一两天。

（二）二十四节气与农业生产的关系

"二十四节气"是我国古代劳动人民宝贵的智慧结晶。在国际气象界，二十四节气被誉为"中国的第五大发明"。自古以来我国就以农业生产为主,劳动人民对二十四节气非常重视,他们创造性把二十节气融入到农业生产中去,靠二十四节气指导生产、生活,可见二十四节气与农业生产息息相关。

我国人民在长期生产、生活中,总结了一套有关四季的"农事歌"。

立春梅花分外艳,雨水红杏花开鲜;惊蛰芦林闻雷报,春分蝴蝶舞花间。

清明风筝放断线,谷雨嫩茶翡翠连;立夏桑果像樱桃,小满养蚕又种田。

芒种玉秧放庭前,夏至稻花如白练;小暑风催早豆熟,大暑池畔赏红莲。

立秋知了催人眠,处暑葵花笑开颜;白露燕归又来雁,秋分丹桂香满园。

寒露菜苗田间绿,霜降芦花飘满天;立冬报喜献三瑞,小雪鹅毛片片飞。

大雪寒梅迎风狂,冬至瑞雪兆丰年;小寒游子思乡归,大寒岁底庆团圆。

"掌握季节,不违农时"是农业生产最基本的要求。农书《齐民要术》中写道:"顺天时,量地利,则用力少,而成功多,任情返道,劳而无获"。意思是说,按照季节农时去耕作,可以花较少的劳力得到良好收成。如果主观任意去做,就会劳而无获。

仲子又曰:"天为之时,而我不农,谷亦不可得而取之,青春至焉,时雨降,始之耕田,终之篡篡,惰者釜之,勤者钟之。矧夫不为,惰者釜之,勤者钟之。矧夫不为,而尚乎食也哉?"可见我国劳动人民早就深刻理解了气象和农时的关系,所有的农事活动,都按照历法节气来安排行事,所谓的春耕、夏耘、秋收、冬藏,四季都不失其时,则五谷不绝,六畜兴旺,道理就在于此。

(三)二十四节气的文化

1. 文学中的二十四节气

面对一年当中往复更替的二十四节气,敏感的古人对这一感受显得尤为深刻。他们将节气作为创作元素,融入到诗文当中,使作品生动鲜活,更富有生活气息,易与观者产生共鸣。不同情景、不同地点、不同境遇结合不同节气,表达出文人内心不同的感受,装载了不同的情感,或是物是人非之愁,或是豪情壮志之悲,或是回忆昔日旧情之喜,或是抒发相思离别之苦,将个人心底细腻的情感全部寄托于节气当中,创造出另一种韵味。从这些作品中,我们不仅可以看到古代节气之点滴,亦可体会古人对于节气意识之感受。

诗圣杜甫在其《月夜忆舍弟》一诗中,便借用节气表达了对亲人的思念之情:

戍鼓断人行，秋边一雁声。

露从今夜白，月是故乡明。

有弟皆分散，无家问死生。

寄书长不达，况乃未休兵。

此诗描写了兄弟因战乱而离散，居无定处，杳无音讯，于是思念之情油然而生。正值白露节气的夜晚，清露盈盈，令人顿生寒意，在戍楼上的鼓声和失群孤雁的哀鸣声衬托之下，这种思念之情越发浓烈、深沉。"露从今夜白，月是故乡明"，既是对景色的描写，也点明了时令，因景生情，景中寓情，将深切的思念化为动人的形象，一虚一实，相得益彰。诗中以"白露"与"明月"为一联，语虽平质，但是利用语序的变化，产生出不同的韵味。

在杜甫的另一首《立春》诗中，还提到了有关立春的节气民俗：

春日春盘细生菜，忽忆两京梅发时。

盘出高门行白玉，菜传纤手送青丝。

巫峡寒江那对眼，杜陵远客不胜悲。

此身未知归定处，呼儿觅纸一题诗。

首联中"春日"指代的便是立春节气。"春盘"是一种古代风俗，即立春日以韭黄、果品、饼饵等簇盘为食。唐朝立春日时兴食春饼、生菜，号"春盘"。杜甫由眼前的春盘，回忆起往年太平盛世，两京立春日的美好情景，与当下漂泊异乡、萍踪难定的现状形成了鲜明的对比。面对巫峡大江，愁绪如东去的春水一般，滚滚而来。

再如，《红楼梦》第七回中写到，宝钗因病常吃一种名叫"冷香丸"的药物，其配置方法与节气联系紧密，可谓玄妙刁钻："东西药料一概都有限，只难得'可巧'二字：要春天开的白牡丹花蕊十二两，夏天开的白荷花蕊十二两，秋天的白芙蓉蕊十二两，冬天的白梅花蕊十二两。将这四样花蕊，于次年春分这日晒干，和在药末子一处，一齐研好。又要雨水这日的雨水十二钱……白露这日的露水十二钱，霜降这日的霜十二钱，小雪这日的雪十二钱。把这四样水调匀，和了药……"曹雪芹将冷香丸的制作方法与"春分"、"雨水"、"白露"、"霜降"、"小雪"这五种节气相连，利用近乎夸张的写法凸显该丸药制作之繁复。这一手法不仅诠释了艺术源于生活而高于生活，更能够看出古人顺应天时、注重节气的一贯传统。

2. 农谚中的二十四节气

我国自古以来也流传了很多农谚，比如：

秋分早、霜降迟、寒露种麦正当时；

知了叫、割早稻、知了飞、堆草堆；

山黄石头黑、套犁种早麦；

小满前后、安瓜点豆；

四月芒种雨，五月无干土，六月火烧埔；

冬节在月头，卜寒在年兜；冬节月中央，无雪亦无霜；冬节在月尾，卜寒正二月；

雷打秋，冬半收；

二八乱穿衣，春天后母面；

正月冻死龟，二月寒死牛，三月寒死播田人，四月寒死新妇，清明谷雨寒死虎母；

寒露麦，霜降豆；

立夏小满，雨水相赶；

立夏雨水潺潺，米要割到无处置；

六月初一，一雷压九台；

寒露霜降，胡豆麦子在坡上；

立春晴，一春晴；立春下，一春下；立春阴，花倒春；

最好立春晴一日，风调雨顺好种田。

(四) 二十四节气的历史价值

二十四节气既是历代官府颁布的时间准绳，也是指导农业生产的指南针，日常生活中人们预知冷暖雪雨的指南针。二十四节气较准确反映了季节的变化并用于指导农事活动，影响着千家万户的衣食住行。二十四节气科学地揭示了天文气象变化的规律。二十四节气将天文、农事、物候和民俗实现了完美的结合，衍生了大量与之相关的岁时节令文化，成为中华民族传统文化的重要组成部分。在漫长的农耕社会中，二十四节气为指导农事活动发挥了重要作用，拥有丰富的文化内涵，而诸如立春、冬至、清明等一些重要节气还有"咬春"、"踏青"等趣味盎然的民俗。

二十四节气对我们的生活、文化等仍有实用价值。比如，从现在十分流行的中医养生来看，秋季起于立秋节气，紧邻大暑，又热又湿；秋季结束于霜降，已近立冬，气候又干又冷。秋初和秋末虽然同在一个季节，但气候却完全相反，医生遇到的季节病和中医养生需要预防的病也截然不同。所以，治病和养生简单地跟着四季走还不够，更要跟着节气走。

尽管随着我国城市化进程加快和现代农业技术的发展，二十四节气对于农事的指导功能逐渐减弱，但在当代中国人的生活中依然具有多方面的文化意义和社会功能，鲜明地体现了中国人尊重自然、顺应自然规律和可持续发展的理念，彰显了中国人对宇宙和自然界认知的独特性及其实践活动的丰富性。

三、《齐民要术》选读

【原文】

凡谷，成熟有早晚，苗秆有高下，收实有多少，质性有强弱，米味有美恶，粒实有息耗。（早熟者苗短而收多，晚熟者苗长而收少。强苗者短，黄谷之属是也；弱苗者长，青、白、黑是也。收少者美而耗，收多者恶而息也。[1]）地势有良薄，（良田宜种晚，薄田宜种早。良地非独宜晚，早亦无害；薄地宜早，晚必不成实也。）山、泽有异宜。（山田种强苗，以避风霜；泽田种弱苗，以求华实也。）顺天时，量地利，则用力少而成功多。任情返道，劳而无获。（入泉伐木，登山求鱼，手必虚；迎风散水，逆坂走丸，其势难。）凡谷田，绿豆、小豆底为上，麻、黍、胡麻次之，芜菁、大豆为下。

——《齐民要术·种谷第三》

【注释】

(1)《齐民要术》那时作为主粮的谷子已发展有86个品种，反映品种资源的丰富和种植面积的开广。品种有早熟和晚熟，有高秆和矮秆，强秆和弱秆，有耐旱、耐水、抗风、抗虫等抗逆性能的强或不强，情况复杂。贾思勰通过细密调查观察，且对某些品种有亲身实践经验，在这基础上作了分析比较研究，总结出形态和性状之间存在着的一定的相关性，值得重视：（一）植株高矮和产量的关系：矮秆的产量高，高秆的产量低。这个问题在1 400多年前已被记录下来，很了不起，也很值得借鉴。（二）植株高矮和茎秆强弱、籽粒颜色的关系：矮秆的茎秆坚强，抗倒伏力强，籽粒黄色；高秆的比较软弱，籽粒青、白、黑色。（三）植株高矮和成熟期的关系：矮秆的成熟早，高秆的成熟晚。（四）植株高矮和地宜的关系：由于（二）和（三）的原因，矮秆的宜于种在山田，以抗风霜；高秆的宜于种在低地，以发挥它比较耐水的性能，求得较好的收获。（五）植株高矮和种植布局：由于（一）至（三）的关系，黄谷茎秆矮，早熟，产量高，坚强抗旱抗风，86个品种中大量的是黄谷，种植布局也以早中熟的矮秆黄谷占优势。（六）籽粒糯性和产量、口味的关系：糯性的产量低，吃味好而不涨锅；不糯的产量高，吃味差而出饭率高。这个千百年来存在着的淀粉化学组成和产量之间的矛盾，已被贾氏直觉地认识，其中"秘奥"，现代科学也还难以突破。

【原文】

《孟子》曰："不违农时，谷不可胜食[(1)]。"（赵岐注曰："使民得务农，不违夺其农时，则五谷饶穰，不可胜食也。"）"谚曰："虽有智惠，不如乘势；虽有镃錤上兹下其，不如待时。"（赵岐曰："乘势，居富贵之势。镃錤，田器，耒耜之属。待时，谓农之三时[(2)]。"）又曰："五谷，种之美者也；苟为不熟，不如荑稗[(3)]。夫仁，亦在熟而已矣。"（赵岐曰："熟，成也。五谷虽美，种之不成，不如荑稗之草，其实可食。为仁不成，亦犹是。"）

——《齐民要术·种谷第三》

【注释】

（1）见《孟子·梁惠王上》。下文"谚曰"条见《孟子·公孙丑上》，"五谷"条见《孟子·告子上》。正注文与今本《孟子》均稍有不同，"上兹下其"的音注，今本没有。又，"谷不可胜食"下，今本多"也"字。据《颜氏家训·书证》反映，当时经传除被"俗学"随意加"也"字外（如《尔雅》等），另一方面，"河北经传，悉略此字"。大概贾氏所用《孟子》正是这种北方通行本子。

（2）三时：春种、夏耘、秋收的三季时令。

（3）荑：一种像稗子的草，实如小米，可以吃。

【导读】

贾思勰在《齐民要术》根据农作物固有特性确定适宜种植的田地。谷子"成熟有早晚，苗秆有高下，收实有多少，质性有强弱，米味有美恶，粒实有息耗"的特点，贾思勰针对土地的"良薄"以及山田、泽田等不同情况提出了不同的种植要求，既考虑了谷的特性，又结合了土地的特点，具体问题具体分析，从而确定怎么做才能做到有的放矢，提高作物产量满足百姓的生活需要。这些记载都是贾思勰通过自己的实践，实事求是地根据土地的客观情况作出的不同判断，充分尊重了客观规律。也是充分发挥人的主观能动性，从而获取最大成功的具体表现。

此外，贾思勰还明确提出了自己的主张："顺天时，量地利，则用力少而成功多，任情返道，劳而无获"，顺天时，就是因时制宜，根据季节变化合理安排农业生产。量地利，就是因地制宜，合理运用土地，在这里，他把"天"、

"地"看成为不依赖人而客观存在的东西，承认了自然界的客观性。

【原文】

积茭⁽¹⁾之法：于高燥之处，竖桑、棘木作两圆栅，各五六步许。积茭著栅中，高一丈亦无嫌。任羊绕栅抽食，竟日通夜，口常不住。终冬过春，无不肥充。若不作栅，假有千车茭，掷与十口羊，亦不得饱：群羊践蹋而已，不得一茎入口。

不收茭者：初冬乘秋，似如有肤，羊羔乳食其母，比至正月，母皆瘦死；羔小未能独食水草，寻亦俱死。非直不滋息，或能灭群断种矣。（余昔有羊二百口，茭豆既少，无以饲，一岁之中，饿死过半。假有在者，疥瘦羸弊，与死不殊，毛复浅短，全无润泽。余初谓家自不宜，又疑岁道疫病，乃饥饿所致，无他故也。人家八月收获之始，多无庸暇，宜卖羊雇人，所费既少，所存者大。传曰："三折臂，知为良医⁽²⁾"。又曰："亡羊治牢，未为晚也⁽³⁾"。世事略皆如此，安可不存意哉？）

　　　　　　　　　　　　　　　　　　——《养羊第五十七》

【注释】

（1）茭，干草。

（2）《左传·定公十三年》："三折肱，知为良医。"

（3）《战国策·楚策》："亡羊而补牢，未为迟也。"

【导读】

脚踏实地、身体力行的实践精神，是指导、促成贾思勰顺利完成农业科学巨著《齐民要术》的重要推动力。贾思勰写作《齐民要术》对劳动人民在生产生活中的经验进行全面系统的整理、总结、创新，是指导农业生产劳动的最好依据。"积茭之法"正是对劳动人民在生产生活中总结出来的、普遍为劳动生产所应验了的实践经验的记述。

实践是检验真理的唯一标准。一切经验和做法也只有经过了实践的验证，才显示出它的普遍性、合理性和可行性。贾思勰自己身体力行，用自己的实践来对前人或当时的经验、做法进行科学的验证。本章中贾思勰作注，记述了他自己家里养羊的辛酸故事。这是贾思勰通过自己养羊换来的经验之谈，是痛定思痛之后的切身体会，是贾思勰实践精神典型的一例。

第三节　慎终如始　则无败事

"慎终如始，则无败事"出自《老子》第六十四章，"民之从事，常于几成而败之。慎终如始，则无败事。"老子依据他对人生的体验和对万物的洞察，指出许多人不能持之以恒，总是在事情快要成功的时候失败了。主要原因在于将成之时，人们不够谨慎，开始懈怠，没有保持事情初始时的那种热情，缺乏韧性。总之，不忘初心，方得始终。初心易得，始终难守。在最后关头要像一开始的时候那样谨慎从事，就不会出现失败的事情了。

一、种树郭橐驼传

【原文】

郭橐驼[1]，不知始何名[2]。病瘘[3]，隆然伏行[4]，有类橐驼者[5]，故乡人号之"驼"[6]。驼闻之曰[7]："甚善，名我固当[8]。"因舍其名[9]，亦自谓"橐驼"云[10]。

其乡曰丰乐乡，在长安西[11]。驼业种树[12]，凡长安豪富人为观游及卖果者[13]，皆争迎取养[14]。视驼所种树，或移徙[15]，无不活；且硕茂[16]，早实以蕃[17]。他植者虽窥伺效慕[18]，莫能如也[19]。

有问之[20]，对曰："橐驼非能使木寿且孳也[21]，能顺木之天以致其性焉尔[22]。凡植木之性[23]，其本欲舒[24]，其培欲平，其土欲故[25]，其筑欲密[26]。既然已[27]，勿动勿虑[28]，去不复顾[29]。其莳也若子[30]，其置也若弃[31]，则其天者全而其性得矣[32]。故吾不害其长而已[33]，非有能硕茂之也[34]；不抑耗其实而已[35]，非有能早而蕃之也[36]。他植者则不然。根拳而土易[37]，其培之也，若不过焉则不及[38]。苟有能反是者[39]，则又爱之太恩[40]，忧之太勤[41]。且视而暮抚，已去而复顾。甚者[42]，爪其肤以验其生枯[43]，摇其本以观其疏密[44]，而木之性日以离矣[45]。虽曰爱之，其实害之；虽曰忧之，其实仇之：故不我若也[46]。吾又何能为哉？"

问者曰："以子之道[47]，移之官理[48]，可乎？"驼曰："我知种树而已[49]，官理[50]，非吾业也。然吾居乡，见长人者好烦其令[51]，若甚怜焉[52]，而卒以祸[53]。且暮吏来而呼曰：'官命促尔耕[54]，勖尔植[55]，督尔获[56]，早缫而绪[57]，早织而缕[58]，字而幼孩[59]，遂而鸡豚[60]。'鸣鼓而聚之[61]，击木而召之[62]。吾小人辍飧饔以劳吏者[63]，且不得暇，又何以蕃吾生而安吾性耶[64]？故病且怠[65]。若是[66]，则与吾业者其亦有类乎[67]？"

问者曰："嘻[68]，不亦善夫[69]！吾问养树，得养人术[70]。"传其事以为官戒[71]。

【注释】

（1）橐（tuó）驼：骆驼。这里指驼背。

（2）始：最初。

（3）病瘘（lòu）：患了脊背弯曲的病。

（4）伏行：脊背突起而弯腰行走。

（5）有类：有些像。

（6）号之：给他起个外号叫。号，起外号。

（7）之：代词，指起外号事。

（8）名我固当：这样称呼我确实恰当。名，称呼，名词作动词，意动用法。固：确实。当：恰当。

（9）因：于是，就，副词。舍：舍弃。其名：他原来的名字。

（10）谓：称为。云：句末语气词，此处可译"了"。

（11）长安：今西安市，唐王朝首都。

（12）业：以……为业，名词作动词。

（13）为观游：经营园林游览。为，从事，经营。

（14）争迎取养：争着迎接雇用（郭橐驼），取养：雇用。

（15）或：或者。移徙：指移植。徙，迁移。

（16）硕茂：高大茂盛。

（17）早实：早结果实。实，结果实，名词做动词。以：而且，连词，作用同"而"。蕃：多。

（18）他植者：其他种树的人。窥伺：偷偷地察看。效慕：仿效，慕也是"效"的意思。窥伺效慕：暗中观察，羡慕效仿。

（19）莫：没有谁，代词。如：比得上，动词。

（20）有问之：有人问他（种树的经验）。

（21）木：树。橐驼：古人最郑重最恭敬的自称法，是自称其名，可译"我"。寿且孳（zī）：活得长久而且繁殖茂盛。孳，繁殖。

（22）天：指自然生长规律。致其性：使它按照自己的本性成长。致，使达到。焉尔：罢了，句末语气词连用。

（23）凡：凡是，所有，表示概括，副词。植木之性：按树木的本性种植。性，指树木固有的特点。

（24）本：树根。欲：要。舒：舒展。培：培土。

（25）故：旧。

（26）筑：捣土。密：结实。

（27）既然：已经这样。已：（做）完了。勿动：不要再动它。

（28）勿虑：不要再担心它。

（29）去：离开。顾：回头看。其：如果，连词。

（30）莳（shì）：栽种。若子：像对待子女一样精心。

（31）置：放在一边。若弃：像丢弃了一样不管。

（32）则其天者全而其性得矣：那么树木的生长规律可以保全而它的本性得到了。则：那么，连词。者：助词，无义。

（33）不害其长：不妨碍它的生长。而已：罢了，句末语气词连用。

（34）硕茂：使动用法，使高大茂盛。

（35）不抑耗其实：不抑制、损耗它的果实（的成熟过程）。

（36）早而蕃（fán）：使动用法，使……（结实）早而且多。

（37）根拳：树根拳曲。土易：更换新土。

（38）若不过焉则不及：如果不是过多就是不够。若……则……，如果……那么（就），连接假设复句的固定结构。焉：句中语气词，无义。

（39）苟：如果，连词。反是者：与此相反的人。

（40）爱之太恩：爱它太情深。恩，有情义。这里可引申为"深"的意思。

（41）忧之太勤：担心它太过分。

（42）甚者：更严重的。甚，严重。

（43）爪其肤：掐破树皮。爪，掐，作动词用。以：表目的，连词，用来。验：检验，观察。生枯：活着还是枯死。

（44）疏密：指土的松与紧。

（45）日以离：一天天地失去。以，连词，连接状语和动词，不译。

（46）不我若：不若我，比不上我。否定句中代词作宾语时一般要置于动词前。若，及，赶得上，动词。

（47）之：助词，的。道：指种树的经验。

（48）之：代词，指种树之"道"。官理：为官治民。理，治理，唐人避高宗李治名讳，改"治"为"理"。

（49）而已：罢了。

（50）理：治理百姓。

（51）长（zhǎng）人者：为人之长者，指当官治民的地方官。大县的长官称"令"，小县的长官称"长"。烦其令：不断发号施令。烦，使繁多。

（52）若甚怜：好像很爱（百姓）。焉：代词，同"之"。

（53）而：但，连词。卒以祸：以祸卒，以祸（民）结束。卒，结束。

（54）官命：官府的命令。促尔耕：催促你们耕田。

（55）勖（xù）：勉励。植：栽种。

（56）督：督促。获：收割。

（57）缲（sāo）：煮茧抽丝。而：通"尔"，你们。绪：丝头。早缲而绪：早点缲好你们的丝。

（58）早织而缕：早点纺好你们的线。缕，线。

（59）字：养育。

（60）遂而鸡豚（tún）：喂养好你们的鸡和猪。遂，顺利地成长。豚，猪。

（61）聚之：召集百姓。聚：使聚集。

（62）木：这里指木梆。

（63）吾小人：我们小百姓。辍飧（sūn）饔（yōng）：不吃饭。辍，停止。飧，晚饭。饔，早饭。以：来，连词。劳吏者：慰劳当差的。且：尚且。暇：空暇。

（64）何以：以何，靠什么。蕃吾生：繁衍我们的生命，即使我们的人口兴旺。安吾性：安定我们的生活。性，生命。

（65）病：困苦。怠：疲倦。病且怠：困苦又疲劳。

（66）若是：像这样。

（67）与吾业者：与我同行业的人，指"他植者"。其：大概，语气词。类：相似。

（68）嘻：感叹词，表示高兴。

（69）不亦善夫：不是很好吗？夫，句末语气词。

（70）养人：养民，唐人避唐太宗李世民名讳，改"民"为"人"。

（71）传：作传。以为：以（之）为，把它作为。戒：鉴戒。

二、行是知之始⁽¹⁾

【原文】（作者：陶行知）

阳明先生说："知是行之始，行是积压之成。"我以为不对。应该是"行是知这始，知是行之成。"我们先从小孩子说起，他起初必定是烫了手才知道火是热的，冰了手才知道雪是冷的，吃过糖才知道糖是甜的，碰过石头才知道石头是硬的。太阳地里晒过几回，厨房里烧饭时去过几次，霜风吹过几次，冰淇淋吃过几杯，才知道抽象的冷。白糖、红糖、芝麻糖、甘蔗、甘草吃过几回，才知道抽象的甜。碰着铁，碰着铜，碰着木头，经过好几回，才知道抽象的硬。才烫了手又了冰了脸，那末，冷与热更能知道明白了。尝过甘草接着吃了黄连，那末甜与苦更能知道明白了。碰着石头之后就去拍棉花球，那末，硬与软更能知道明白了。凡此种种，我们都看得清楚"行是知之始，知是行之成"。佛兰克林[2]放了风筝才知道电气可以由一根线从天空引到地下。瓦特烧水，看见蒸汽推动壶盖便知道蒸汽也能推动机器。加利里翁在比萨斜塔[3]上将轻重不同的球落下，便知道不同轻重之球是同时落地的。在这些科学发明上，我们又可以看得出"行是知之始，知是行之成"。

"墨辩"[4]提出三种知识：一是亲知，二是闻知，三是说知。亲知是亲身得来的，就是从"行"中得来的。闻知是从旁人那儿得来的，或由师友口传，或由书本传达，都可以归为这一类。说知是推想出来的知识。现在一般学校里所注重的知识，只是闻知，几乎以闻知概括一切知识，亲知是几乎完全被挥于门外。说知也被忽略，最多也不过是些从闻知里推想出来的罢了。我们拿"行是知之始"来说明知识之来源，并不是否认闻知和说知，乃是承认亲知为一切知识之根本。闻知与说知必须安根于亲知里面方能发生效力。

试取演讲"三八主义"[5]来做个例子。我们对一群毫无机器工厂劳动经验的青年演讲八小时工作的道理，无异耳边风。没有亲知做基础，闻知实在接不上去。假使内中有一位青年曾在上海纱厂做过几天工作或一整天工作，他对于这八小时工作的运动的意义，必有亲切的了解。有人说："为了要明白八小时工作就要这样费力地去求经验，未免小题大做，太不经济。"我以为天下最经济的事无过这种亲知之取得。近代的政治经济问题便是集中在这种生活上。从过这种生活上得来的亲知，无异于取得控政治经济问题的钥匙。

"亲知"为了解"闻知"之必要条件已如上述，现再举一例，证明"说知"也是要安根在"亲知"里面的。

白鼻福尔摩斯里面有一个奇怪的案子。一位放高利贷的被人打死后，他的房里白墙上有一个血手印，大得奇怪，从手腕到中指尖有二尺八寸长。白鼻福尔摩斯一看这个奇怪手印便断定凶手是没有手掌的，并且与手套铺是有关系的。他依据这个推想，果然找出住在一个手套铺楼上的科尔斯人就是这案的凶手，所用的凶器便是挂在门口做招牌的大铁手。他的推想力不能算小，但是假使他没有铁手招牌的亲知，又如何推想得出来呢？

这可见闻知、说知都是安根在亲知里面，便可见"行是知之始，知是行之成。"

十六年六月三日

【注释】

（1）本篇是 1927 年 6 月 3 日在晓庄师范寅会上的演讲词，第一段原载 1928 年 1 月 15 日《乡教丛讯》第 2 卷第 1 期，题为《行是知之始，知是行之终》。

（2）佛兰克林：通译富兰克林（1706—1790），美国科学家，避雷针的发明者。

（3）加利里：通译伽利略（1564—1642），意大利物理学家、天文学家。毕撒，通译比萨，意大利西部古城，著名的比萨斜塔坐落于此。

（4）墨辩：书名，指《墨子》中的《经》上下和《经说》上下四篇。

（5）三八主义：1886 年 5 月 1 日，美国芝加哥等地工人举行大罢工，提出每天工作八小时，学习八小时，休息八小学的要求，通称"三八制"。

三、十大创业偶像

（一）袁隆平——世界杂交水稻之父

袁隆平，世界杂交水稻研究专家，中国工程院院士。他用一生的精力，去研究一个别人所轻视的工作，一张永远"农民"式的笑容。他是中国最辛苦的院士，顶着烈日，赤足下田，与农民待在一起，就是这样普通的"农民"院士，却成为世界的杂交水稻之父，被聘为联合国粮农组织首席顾问。

（二）马云——中国网络经济第一人

一张长得独特的脸，却练就了中国人超强自信，他就是创造中国网络经济神话的马云。他创办了全球国际贸易最大、最活跃的网上市场——阿里巴巴，亚洲最大个人拍卖网站。马云，从一个普通的英语教师一跃成为世界级人物，他是用心在做事，挑战命运中种种不可能。

（三）陈天桥——中国网络游戏的盟主

陈天桥，领导一个世界上用户规模最大的网络游戏企业，仅三年多的时间，盛大网络已发展累计注册用户超过 1.5 亿人次，在中国拥有 65％以上的市场占有率，世界上用户规模最大、收益额位居前列的网络游戏企业，被国外媒体誉为世界三大网络游戏企业之一。

他是复旦大学的高才生，同样也是中国大学生创业成功的典范，是中国大学生的一面镜子。

（四）李彦宏——中国最大搜索的创始人

搜索改变中国人的命运，年轻的他创造了自己的独特网络王国，拉近了中国人与世界的距离。李彦宏，1991 年毕业于北京大学信息管理专业，随后赴美国布法罗纽约州立大学完成计算机科学硕士学位。在搜索引擎发展初期，李彦宏作为全球最早研究者之一，最先创建了 ESP 技术，并将它成功地应用于 INFOSEEK/GO. COM 的搜索引擎中。1999 年底，怀着"科技改变人们的生活"的梦想，李彦宏回国创办百度。经过多年努力，百度已经成为中国人最常使用的中文网站，全球最大的中文搜索引擎。2005 年 8 月，百度在美国纳斯达克成功上市，成为全球资本市场最受关注的上市公司之一。

（五）张朝阳——中国门户网站的第一人

张朝阳现任搜狐公司董事局主席兼首席执行官，对互联网在中国的传播及商业实践作出了杰出的贡献。搜狐公司目前已经成为中国最领先的新媒体、电子商务、通信及移动增值服务公司，是中文世界最强劲的互联网品牌。

他是个很有个性的网络人，喜欢挑战，战胜过无数的高山，从陕西到北京，从北京到美国，故乡渐行渐远，理想渐行渐近。以张朝阳为代表的成功的创业者，给中国的年轻人树立了一种创业致富的新新人类的形象。

（六）俞敏洪——中国最富有的老师

著名英语教育品牌"新东方"创办人，这位毕业于北京大学的高才生，遇上了中国改革开放的好机遇，国门刚打开，出国潮涌现，给新东方提供无穷大的英语培训市场。十几年来，帮助数以万计的年轻人实现了出国梦，莘莘学子借此改变了自己的命运。

他是个干大事的人，他领导的新东方已成为中国最大的私立教育服务机构，在全国开设 36 所学校，6 000 多名教职员工，分布在 36 个城市。但是有谁能想到，当年他高考时英语才拿了 33 分。传奇的人生经历，出众的口才，敏捷的思维，敢想敢做的冲劲，让他成为中国无数大学生的偶像，他的创业精神值得我们学习。

（七）马化腾——中国网络交流的第一人

他用 QQ 改变了中国人的生活，在不需要任何费用的情况下，就可以与世界各地的人即时交流，这就是 QQ 的神奇之处。大学毕业后，他扎实地做了五年工作，然后抓住机遇，引进国外的聊天软件，改为 QQ，从此中国人就与 QQ 结下了不解之缘。帅气的他告诉我们，小小的东西也可成为大事业，只要坚持住，机会一定会属于你。

（八）王石——中国地产界教父

这位毕业于兰州铁道学院排水专业的大学生，是中国房地产业的领袖人物，最大的爱好就是登山。他敢作敢当，勇于挑战。他认为登山既可以强身健体，又可以挑战自我，正是这种"王石"式登山精神铸就了他人生的辉煌。

（九）杨元庆——中国高科技行业领袖人物

杨元庆，联想集团总裁兼首席执行官，国家高级工程师，享受政府专家特殊津贴；中华全国青年联合会副主任委员；中国企业家协会理事；中国科技大学客座教授。

1994 年，杨元庆出任联想电脑公司微机事业部总经理。在他的带领下，联想自有品牌电脑销售跻身于中国市场三甲之列。杨元庆也因此被中国各界誉为"销售奇才""科技之星"，时年他 29 岁。2001 年 6 月，他获得《商业周刊》亚洲版评选的"亚洲之星"称号。2011 年杨元庆接任柳传志成为联想集团董事长，带领着联想集团走向新的辉煌。

（十）张瑞敏——中国最影响世界生活的人

全球著名企业家，创建了全球白电第一品牌海尔，现任海尔集团董事局主席兼首席执行官。在带领海尔持续健康发展的同时，张瑞敏始终高度重视企业的社会责任，积极投身教育、慈善等社会公益事业，真情回馈社会。张瑞敏以其创造全球化海尔品牌和创新管理模式的卓著成就赢得世界性的广泛赞誉。

四、知行合一　行胜于言——感悟习近平治国理政的实践魅力

实践，是马克思主义哲学的核心范畴和思想精髓。马克思在《关于费尔巴哈的提纲》中指出："全部社会生活在本质上是实践的。"治国理政，是指执政主体形成治国理念，确定战略目标，制定重大决策，组织各种力量，推动国家发展的过程，其本质也是实践的。在中国共产党人治国理政的世界观和方法论中，基于实事求是的实践观居于核心和主轴地位。以习近平同志为总书记的党中央治国理政实践魅力光彩夺目，最大特色是知行合一、行胜于言。由此，形成了治国理政方略与时俱进的新创造，实现了马克思主义与中国实践相结合的新飞跃，开创了中国由大向强发展的新境界。

（一）与时俱进的实践论

马克思主义认为，"实践的观点是辩证唯物论的认识论之第一的和基本的观点。"毛泽东的《实践论》，是第一本系统的马克思主义实践观专著，为党的实事求是思想路线奠定了哲学基础。新形势下，习主席站在时代高位，继往开来，固本开新，对马克思主义以实践为基础的唯物主义反映论和辩证法作出创造性发展，为治国理政开创新局面提供了具有哲学基石意义的"最新版本实践论"。正如钱穆曾经说过的，"中国的政治理论，早和现实政治融化合一了"。"最新版本实践论"秉持中国政治实践传统，是在治国理政实践中产生的。

深刻阐发马克思主义"求是观"。实事求是，是马克思主义活的灵魂，也是我们党全部实践活动的灵魂。习主席指出：实事求是，是马克思主义的根本观点，是马克思主义中国化理论成果的精髓和灵魂，是党的基本思想方法、工作方法、领导方法。他强调："摸着石头过河就是摸规律，从实践中获得真知。"这是对实践决定认识的形象表达。"'鞋子合不合脚，自己穿了才知道'。一个国家的发展道路合不合适，只有这个国家的人民才最有发言权"。这是对实践检验真理唯一标准的生动阐发。"坚持实践第一的观点，不断推进实践基础上的理论创新"。这是对认识与实践辩证关系的深刻揭示。他还说，贯彻党的群众路线，知是基础、是前提，行是重点、是关键，必须以知促行，以行促知，做到知行合一。这是对理论联系实际的精辟阐释。这些论述，创造性阐明了"实事求是观"，为治国理政进一步夯实了思想路线。

深刻阐发马克思主义"时代观"。实践总是在一定历史方位、时代背景下进行的。在时代发展大势上，习主席强调和平、发展、合作、共赢成为不可阻挡的时代潮流，同时，当今世界正面临前所未有之大变局，集中表现为国际力量对比、全球治理体系结构、亚太地缘战略格局和国际经济、科技、军事竞争格局正在发生历史性变化。在国家发展方位上，指出我国仍处于并将长期处于社会主义初级阶段，这是我们认识当下、规划未来、制定政策、推进事业的客观基点。既要看到初级阶段基本国情没有变，也要看到每个阶段呈现出来的新特点。其最突出特点，就是我国处于由大向强发展的关键阶段，集中表现为"三个前所未有"：前所未有地靠近世界舞台中心，前所未有地接近实现中华民族伟大复兴的目标，前所未有地具有实现这个目标的能力和信心，但前进道路绝不会一帆风顺。这指明了当代中国治国理政的时代坐标和历史方位。

深刻阐发马克思主义"历史观"。实践活动是历史承续发展的。马克思指出：现实世界"是历史的产物，是世世代代活动的结果"。习主席指出：中华民族创造了具有5 000多年悠久历史的辉煌文明，中国人民在中国共产党领导下创造了建设社会主义的辉煌成就，我们应该在这个基础上继续创造。针对某些历史虚无主义错误观点，他指出，党领导人民进行社会主义建设，有改革开放前后两个历史时期，这是两个相互联系又有重大区别的时期，但本质上都是社会主义建设的实践探索，不能割裂、对立和相互否定。这个重要论述，把改革开放前后薪火相传的"实践探索"有机联系起来，对于我们在坚定历史自觉中坚定道路自信、理论自信、制度自信，具有拨云见日的指导意义。

深刻阐发马克思主义"目的观"。马克思说："哲学家们只是用不同的方式解释世界，而问题在于改变世界""历史不过是追求着自己目的的人的活动而已"。党的十八大以来，习主席指出，实现中华民族伟大复兴的中国梦是"战略目标""时代主题""党和国家工作大局"。目标是全局之纲。中国梦充分彰显了中国人民和中华民族的前进方向和灿烂前景、价值体认和价值追求、最高利益和根本利益、奋斗目标和历史责任，有利于全党、全国人民和中华儿女从实践目标上清晰把握中华民族复兴的时代主题和中国由大向强发展的时代课题。

深刻阐发马克思主义"问题观"。马克思指出："问题就是时代的口号，是它表现自己精神状态的最实际的呼声。"习主席深刻阐释了问题意识的哲学机理："问题是事物矛盾的表现形式，我们强调增强问题意识、坚持问题导向，就是承认矛盾的普遍性、客观性，就是要善于把认识和化解矛盾作为打开工作局面的突破口。"当代中国正处于滚石上山、爬坡过坎的紧要关口，矛盾交织凸显，挑战多元叠加。习主席以问题为牵引，着力破解治国理政中的突出矛盾，是对马克思实践方法论、问题导向观的创造性应用。

深刻阐发马克思主义"统筹观"。唯物辩证法普遍联系、发展变化的观点也是社会实践的条件论。当前，全球化与信息化极大拓展了人类实践领域，中国特色社会主义各项事业总体性、全面性、协调性要求增强，实践统筹更为必要也更为艰难。习主席强调统筹国际国内两个大局、发展安全两件大事，促进现代化建设各方面相协调，特别是创造性提出协调推进"四个全面"战略布局。"全面"是实践客体拓展深化的要求，也是实践主体统筹智慧的升华。"四个全面"是对实践目标、实践动力、实践保障、实践主体的"立体统筹""全维统筹"，是我们党治国理政方略的伟大创造。

（二）卓越非凡的实践者

古人讲"功崇惟志，业广惟勤"，意思是要取得伟大功业，须有伟大志向；成就伟大功业，在于辛勤实践。习主席多次引用这句话，强调"一勤天下无难事""实干才能梦想成真""形势决定任务，行动决定成效"等。他指出，中国人讲"知行合一"，强调要把思想转化成为行动。习主席既是具有实干精神的战略家，也是具有战略意志的实干家，以博大胸襟和高超智慧谱写了激荡人心的治国理政实践华章。

坚持治国理政实践的方向性——保持定力、刚毅沉稳。习主席反复强调，必须有政治定力、战略定力、前进定力。保持定力，就是面对"惊涛拍岸"的挑战和考验，"任凭风浪起，稳坐钓鱼船"，坚守信仰、坚定自信，不为任何干扰所惑，不为任何风险所惧。面对竞相发声的"改革药方"、颐指气使的"外国说教"，习主席坚定从容，强调继续把坚持和发展中国特色社会主义这篇大文章写下去，决不能在根本性问题上出现颠覆性错误，以对核心价值观的认定支撑"三个自信"，带领人民不断把中国特色社会主义推向前进。

坚持治国理政实践的规律性——研机析理、尊重规律。习主席要求我们"遵循经济规律""遵循自然规律""把握全面深化改革的内在规律""深入把握从严治党规律"等，要求军队跟踪现代战争演变趋势，研究现代战争制胜机理，研究和平时期军事力量运用的特点和规律等。特别是"四个全面"战略布局，既敏锐洞察时代大势律动，又抓住当前中国主要矛盾；既把握事物系统运动规律，又把握重点突破规律，是认识"三大规律"、深谙治国理政本质的创造结晶。

坚持治国理政实践的务实性——空谈误国、实干兴邦。古人云："道虽迩，不行不至；事虽小，不为不成""以实则治，以文则不治。"费尔巴哈也说："理论所不能解决的那些疑难，实践会给你解决。"一段时间，社会政治生活中空谈之风较盛，以会议落实会议、以文件落实文件，热衷于造声势、出风头，这实际上是一种"误国之兆"。习主席指出："难的是把思想变成行动""行动最有说服力""贵在坚持知行合一、坚持行胜于言，在落细、落小、落实上下功夫"。他大力倡导一分部署、九分落实，踏石留印、抓铁有痕，滴水穿石、久久为功，领导我们干成一系列战略性大事，如启动全面深化改革，成立国家安全委员会，出台全面依法治国决定，反腐肃贪重典治乱，以及军队召开古田政工会，南海东海坚定维权等，其卓越务实精神和落实意志令人感奋。

坚持治国理政实践的斗争性——敢于亮剑、善于斗争。人类实践总是在矛盾运动、矛盾斗争中发展的。习主席强调，"我们正在进行具有许多新的历史特点的伟大斗争"。这种"斗争"，是中国由大向强跃升的战略引擎，解决矛盾问题的锐利武器，应对风险考验的根本手段。惟其艰难，才更显勇毅；惟其笃行，才弥足珍贵。以习近平同志为总书记的党中央，不畏"硬骨头"，不惧"火焰山"，明知山有虎、偏向虎山行，猛药去疴、壮士断腕，展现出迎难而上的实践意志、阳刚硬朗的实践胆略、革弊鼎新的实践锐气、纵横捭阖的实践艺术。

坚持治国理政实践的创造性——创新变革、主动塑造。习主席敢于创造又善于创造、敢于出招又善于应招。比如，在推动发展上，坚持以发展理念转变引领发展方式转变，以发展方式转变推动发展质量和效益提升，实现了马克思主义发展理论的新跃升。在全面深化改革上，确立完善和发展中国特色社会主义制度、推进国家治理体系和治理能力现代化的总目标，实现了治国理论与实践的新创造。在创新驱动上，指出科技创新已演化为创新体系的竞争，形成了自主创新、协同创新、开放创新的新方略。在战略博弈上，提出"人类命运共同体"崇高理念，以"一带一路"战略长远布局；把外交策略、军事策略和经济策略结合起来，形成"大棋局"、打出"组合拳"；充分发挥军事力量的战略功能，努力实现维权维稳积极平衡、动态平衡，营造了对我更加有利的战略态势。

坚持治国理政实践的示范性——领导带头、以上率下。"政者，正也。其身正，不令而行，其身不正，虽令不从。"习主席指出，群众不是看你怎么说，而是看你怎么做。领导干部应"讲实话、干实事，敢作为、勇担当，言必信、行必果"。他确立了"三严三实"的实践准则。"三严三实"，是一种党性原则、一种检验标准，规约了当官做人的德行尺度，升华了治国理政的实践准则。坚持"打铁还需自身硬"，从中央领导做起，全面从严治党，"老虎""苍蝇"一起打，"破""立"两篇文章一起做，党风政风为之一新。

（三）底蕴厚重的实践力

马克思、恩格斯说过："为了实现思想，就要有使用实践力量的人。"习主席治国理政实践既思接千载、视通万里，又脚踏实地、扎实推进。"非取法至高之境，不能开独造之域"。这种实践魅力，是一种境界，有着深厚底蕴，是娴熟运用马克思主义世界观方法论的智慧结晶。

以崇高使命担当涵养实践力。实践力量的底蕴，首先是信仰、使命与情怀。习主席信仰如磐、担当如山，坚信"有理想、有担当，国家就有前途，民族就有希望"。他说，我的执政理念，概括起来说就是：为人民服务，担当起应该担当的责任。那句肺腑之言："人民对美好生活的向往，就是我们的奋斗目标"，成为习主席治国理政实践魅力的深厚动力。

以深邃哲学智慧涵养实践力。习主席多次强调理论思维的支撑作用，要求领导干部努力把马克思主义哲学作为看家本领。习主席深得马克思主义哲学思想，特别是老一辈革命家哲学思想之真谛，汲古今中外优秀哲学思想之精华，在治国理政实践中，对战略思维、历史思维、辩证思维、创新思维、底线思维等科学思想方法运用自如，对问题的阐释让人豁然开朗，对矛盾的处理令人拍案佩服，对战略的谋划、布势与进取使人敬佩敬仰，"大棋局"了然于胸、"先手棋"抢占先机、"妙手棋"扭转乾坤。这些，得益于深厚的哲学素养。

以深入调查研究涵养实践力。调查研究是马克思主义认识论、实践论的具体体现。习主席指出，"调查研究是谋事之基、成事之道。没有调查，就没有发言权，更没有决策权。"他强调，"这样一个大国，这样多的人民，这么复杂的国情，领导者要深入了解国情，了解人民所思所盼"。近三年来，他深入乡镇、街道、社区、农村、企业、部队、学校，多层次、多方位、多渠道调查了解情况，真正听到了实话、察到了实情、获得了真知、收到了实效。

以深厚历史文化涵养实践力。"人有知学，则有力矣。"习主席强调学习要有三大维度：从马克思主义科学真理中获得认识世界和改造世界的锐利武器，从前人留下的思想宝库中汲取治国理政的珍贵滋养，从人类创造的最新文明成果中寻找登高望远的思想阶梯。庄子《逍遥游》说："水之积也不厚，则其负大舟也无力"，正是浩瀚的大海，负载大船乘风破浪。习主席的深厚文化底蕴，使他在治国理政中举重若轻。

以长期艰苦历练涵养实践力。习主席多次引用《韩非子》"宰相必起于州部，猛将必发于卒伍"，说明历练对干部成长的作用。习主席有着从农村到城市、从军队到政府、从地方到中央的丰富历练。他说：七年上山下乡的艰苦生活对我的锻炼很大，使我形成了脚踏实地、自强不息的品格。他引用古语"纸上得来终觉浅，绝知此事要躬行""耳闻之不如目见之，目见之不如足践之"，说明只有经风雨、见世面才能飞得更高、飞得更远；越是条件艰苦、困难大、矛盾多的地方，越能锤炼人。

以坚毅笃定意志涵养实践力。习主席说："我这个人是要求自己压力越大，意志要越强。"一般来说，认知、情感、意志，是人的主观能动性的三大源泉。实践效果往往取决实践意志，实践检验必须经历持续过程。克劳塞维茨有言："意志力在任何时候都是构成力量乘积的一个因数。"习主席集勇气、坚强、顽强、刚强等品质于一身，既有坚定意志，又善于激发和凝聚人民意志，从而赋予中国特色社会主义事业深厚伟力。

习主席传承老一辈革命家远见卓识和求真务实高度统一的战略风范，善于求真、勤于践行，治国理政成效之好、影响之大，令国人振奋、世人瞩目。中国特色社会主义特就特在其道路、理论体系、制度这三者统一于中国特色社会主义伟大实践上。行动决定成效，实践成就梦想。习主席治国理政的实践探索和实践精神，必将引领中国创造由大向强的辉煌业绩。

（来源：《解放军报》2015 年 10 月 09 日 06 版 作者：毕京京）

第四节 实践体验设计

项目一："纪念改革开放四十周年"校园迷你马拉松

（一）活动目的

2018 年是改革开放 40 周年，马拉松比赛能够集中展现挑战自我、超越极限、坚韧不拔、永不放弃的精神追求，使同学们在增强身体素质的同时感受国家的发展变化，让责任与担当成为一生的价值追求，为实现中华民族伟大复兴的贡献青春力量，努力成为有理想、有道德、有文化、有纪律的接班人。

贯彻落实共青团中央"三走"号召，助推学校"六个一"工程，倡导同学们参与和组织课外体育锻炼，培育健康体魄，提升团队意识和拼搏精神，营造健康、文明、和谐的校园文化氛围。

（二）活动方案

1. 前期准备

（1）跑道设置。北操场东门（起点）——经管半圆厅（驿站）——工商——电气自动化学院——士官—外语（驿站）技术学院——体育馆东门——综合——教师（驿站）——化工——东操场中心（驿站）—图书馆北门——北门爱因斯坦广场（驿站）——北操场（终点）

（2）评比规则。

①比赛分为 10 公里竞赛组和 5 公里健身组两个项目，在徒步完成后，对前十五名进行奖品的颁发。

②比赛后期的照片评比，由专门工作人员进行挑选照片，在 QQ 校园公众号上进行投票评比。

2. 活动过程

（1）在校园公众号上进行网络宣传，同时将活动方案下发至各院系，由各班班长进行详细宣传。

（2）9 月 22 日上午八点在北操场进行集合，由学生处老师进行迷你马拉松前的讲话动员，并进行安全问题的嘱咐。

（3）飞翔广场放桌凳三张，雷锋广场和图书馆北门各放桌凳三张，体育馆东门放桌凳三张，划分好每个系站队的位置，每个系派一名代表到桌子前领取相应的荧光棒，其他参赛人员由工作人员分发。

（4）相应驿站每个地点放一张桌子两个凳子，用剩余荧光棒或者气球装饰桌子，准备好提示卡片。

（5）赛道沿途设有志愿者服务站、医疗服务点及补给站等，穿插各类大学生社团带来的精彩演出。

（6）在跑步过程广播站播放歌曲，同学们在愉悦的歌曲下跑步。

（7）进行活动总结，呼吁同学们响应团中央及学校号召，鼓励同学们平常也走下网络，走出宿舍，走向操场，进行运动。

（三）活动总结

本次"纪念改革开放四十周年"校园迷你马拉松活动，积极贯彻了习近平总书记在全国教育大会上的讲话精神，树立健康第一的教育理念，同学们参与活动热情高涨。

我校将"校园迷你马拉松"与健跑社团相链接，与校园体育文化相结合，开展形式多样、内容新颖的活动，取得了显著成效。在活动开展中注重挖掘特色，树立典型，推广经验，引导学生在开展活动的同时，注意活动的后续宣传，分享跑前跑后合影，鼓励学生写长跑日记，与其他班级或学校的学生分享长跑体验。从而使"校园迷你马拉松"真正成为重要的教育活动形式，实现了以体育为手段，磨炼学生意志品质，培养集体主义情感，提升学生耐力素质，促进大学生全面发展的活动目标。

总之，通过"纪念改革开放四十周年"校园迷你马拉松的深入开展，同学们不仅感受到改革开放四十年取得的伟大成果，也深刻地认识到提高体质是一项"长久之计"。对每一名学生来讲，参加各类健跑体育活动，不仅是每天简单地进行一些体育锻炼活动，而是要让健康和运动的理念深入内心，并成为自觉的习惯，从而为自己健康幸福的生活打下了坚实的基础，为建设社会主义强国贡献自身的力量。

项目二：学习宪法精神，永担时代使命

（一）活动目的

当代大学生作为未来的社会主义市场经济的建设者，如果没有相应的法律知识，没有较强的法制观念和较高的法律素质，就不能适应市场经济和社会发展的需要。培养良好的法制观念和法律素质，有助于大学生树立社会主义公民意识，增强公民权利义务和当家做主的责任感，为将来投身到社会主义建设事业，并在社会生活中带头学法、守法、用法，减少犯罪起到重要作用。对于改变我们民族多年来形成的轻视法律的心理、为社会主义法制建设创造良好的心理环境，有着重要意义。

为贯彻落实党的十八大和十八届三中、四中、五中、六中全会精神及习近平总书记系列重要讲话精神，落实国家"七五普法"规划和《青少年法治教育大纲》要求，全面推动我校广泛深入地开展宪法教育，增强学生法制意识

和法制观念，根据省教育厅关于组织学生开展"学宪法讲宪法"活动的通知精神，开展"学宪法 讲宪法"系列比赛。

（二）活动方案

1. 活动细则

（1）普法辩论赛。为了宣传法制，希望通过辩论的方式增加大家的法律意识，提高学生的法律意识和道德意识，同时也通过此次比赛提高学生的阅读、写作、视听、演讲和团队的组织和团结协作能力。

①活动主题：普法辩论赛。

②活动时间：2018/12/2—2018/12/22。

③活动地点：多媒体教室。

④活动流程：各院系通过初赛选出选手并上报，通过抽签的方式将选手分为正反两队进行辩论赛，通过评委打分决出优胜队伍。

⑤活动对象：潍坊科技学院各二级学院全体学生。

（2）法律知识竞赛。为进一步提高大学生的法律知识水平，培养大学生对法律的热爱，宣传法律知识，促进我校大学生良好学风的养成，同时加强各学院之间的交流与合作，丰富同学们的课余生活，为同学们提供一个展示自我，锻炼自我的舞台。

①活动主题：与法同行，作中国法治的践行者。

②活动时间：2018/12/2—2018/12/31。

③活动地点：多媒体教室。

④活动流程：各院系通过初赛考试的形式选拔出院系代表队，各院系代表队代表院系参加校级知识问答竞赛，通过问题得分评选出获胜队伍。

⑤活动对象：潍坊科技学院全体在校生。

（3）普法海报设计。为了响应我党加强法制建设的号召，增强同学们学习法律知识的热情，活跃校园的学习氛围，让法学理论知识能够联系实际，让大学生能够走出校园，走向社会宣传法律，为普法建设做出自己的贡献。

①活动主题：弘扬法律，舞动青春。

②活动时间：2018/12/12—2018/12/22。

③活动地点：线上。

④活动流程：以团队或个人的名义自愿报名，限时一周设计海报，并在媒体平台上展出进行投票，选出得票最多的设计。

⑤活动对象：潍坊科技学院全体在校生。

2. 活动过程

（1）广泛深入开展宪法学习，做到全覆盖。这次活动的主题是尊崇宪法、学习宪法、遵守宪法、维护宪法、运用宪法。各院系部学生组织要突出宪法学习宣传这一主题，特别是围绕此次宪法修正案，广泛动员、精心组织，把宪法学习教育活动引向深入。将宪法教育有机融入升旗仪式、主题班会、社团活动中，在研学实践教育、社会实践、志愿服务中增加宪法教育内容。

（2）层层组织"学宪法、讲宪法"比赛，力争好成绩。在宪法学习的基础上，各院系部学生组织层层组织开展主题演讲、知识竞答、主题辩论、普法海报设计等多种形式的讲宪法比赛活动，各院系部学生组织遴选出优秀学生代表参加校级比赛。校级比赛的冠军将代表学校参加省级比赛。

（3）开展法治校园文化集中展示活动，形成新品牌。大力培育宪法校园文化，发挥环境、制度、文化的育人作用，形成尊法、学法、守法、用法的浓厚氛围。组织开展以宪法为核心的法治校园文化展示活动，各院系部积极建设法治教育主题的展室、教室、宿舍等，开展丰富多彩的法治教育活动，完善章程及配套制度建设，全面实施依法治院。

（4）充分发挥课堂主渠道作用，推动常态化。把宪法法律教育纳入国民教育体系，推动宪法精神进课堂、进教材、进头脑，全面融入学生学习生活，确保学习全覆盖、见实效。充分发挥课堂主渠道作用，上好《思想道德修养与法律基础》课，《形势与政策》课要全面体现宪法修正案的基本精神。

（5）加强组织领导，把握正确方向，确保见实效。各院系部、学生组织要高度重视，切实加强组织管理，把握正确方向，结合实际制定具体方案，采取措施吸引广大师生积极参与宪法学习，切实扩大活动参与面。要创新形式，务求实效，让宪法走进师生的日常生活，使"每一天都是宪法日"。加强宣传引导，及时总结报道好做法、好经验，形成良好舆论氛围。

（三）活动总结

宪法是我国的根本大法，是治国安邦的总章程，是保持国家统一、民族团结、经济发展、社会进步和长治久安的法律基础，是中国共产党执政兴国、团结带领全国各族人民，建设中国特色社会主义的法律保证。宪法也规定了我国社会制度和国家制度的基本原则、国家机关的组织和活动的基本原则，涉及国家生活的各个方面，是制定其他法律的依据。

为响应教育部号召，推动社会主义法制建设，学校专门下达学习宪法通知，对主题宣传教育活动进行了详细部署。举行了主题班会、宪法晨读、线下辩论、知识竞答、普法海报设计等活动，同时充分发挥校报，校园之声，展板橱窗横幅等传统媒体和校园网络，微博、微信公众号、抖音等新媒体的作用，积极营造浓郁的宣传氛围，增强和扩大宣传教育成果。

通过系列宣传教育活动，教育引导全校师生自觉履行维护宪法尊严，保障宪法实施职责，坚定走社会主义法治道路的决心，进一步提高了学校法制建设水平。宣扬宪法法律精神，不仅加深同学们对宪法法律知识的了解，提高自身法律文化素养，而且体会到宪法与我们的生活之间密不可分的关系，真正将宪法知识运用到平常生活中，为依法治国，依宪治国贡献力量。

第五章　农圣文化与社会主义核心价值观

马克思曾说，"任何真正的哲学都是自己时代的精神上的精华。"① 党的十九大报告指出，社会主义核心价值观是当代中国精神的集中体现。党的十八大适应当代中国社会发展需要和广大人民群众的共同期盼，以社会主义核心价值体系为基础，明确提出了以"三个倡导"为主要内容的社会主义核心价值观，从不同层面规范了我们国家、社会和公民的核心价值追求。第一，"富强、民主、文明、和谐"体现了中国特色社会主义的价值目标，是立足国家层面概括出的社会主义核心价值观。第二，"自由、平等、公正、法治"体现了中国特色社会主义的基本社会属性，是立足社会层面概括出的社会主义核心价值观。自由、平等、公正、法治、自由、平等、公正、法治是当代中国共产党人坚持科学发展、坚持以人为本、坚持执政为民、坚持依法治国伟大实践的集中价值体现，也是我们坚持和发展中国特色社会主义的核心价值追求。第三，"爱国、敬业、诚信、友善"体现了社会主义国家公民的基本价值追求和道德准则要求，是立足公民层面概括出的社会主义核心价值观。

习近平总书记指出，"培育和弘扬社会主义核心价值观必须立足中华优秀传统文化。牢固的核心价值观，都有其固有的根本。抛弃传统、丢掉根本，就等于割断了自己的精神命脉。"在实现中华民族伟大复兴中国梦的征程中，中华优秀传统文化既是"滋养社会主义核心价值观的重要源泉"，又是"我们在世界文化激荡中站稳脚跟的根基"，更是每一位中国人树立正确的人生观、理想观、价值观的重要精神食粮。毛泽东同志说过："今天的中国是历史的中国的一个发展，我们是马克思主义的历史主义者，我们不应当割断历史。从孔夫子到孙中山，我们应当给以总结，承继这一份珍贵的遗产。"② 立足当代中国，不仅着眼于当今所存在的、所发生的一切，同时应当找寻现实与传统的联结，批判地继承历史上一切有益于我们今天的发展和进步的思想和文化。中国传统

---

① 马克思恩格斯全集［M］. 第1卷. 北京：人民出版社，1956：120.
② 毛泽东选集［M］. 第2卷. 北京：人民出版社，1991：534.

价值观中所蕴含着的"家国天下、忠孝仁义、以和为贵、义利兼顾、尚荣知耻、止于至善"等民族的、优秀的思想成分应该成为我们培育社会主义核心价值观的思想资源。可以说，中华优秀传统文化是社会主义核心价值观最深厚的文化基因和精神纽带，继承和弘扬中华优秀传统文化是建构社会主义核心价值观的基础性工程。

社会主义核心价值观倡导"富强、民主、文明、和谐"，倡导"自由、平等、公正、法治"，倡导"爱国、敬业、诚信、友善"，这是在马克思主义科学理论的指导之下、充分吸收中华优秀传统文化精华、广泛借鉴世界文明发展有益成果而形成的与中国特色社会主义发展要求相契合的先进价值观念，是中国共产党领导全体人民全面建成小康社会的重要战略选择。从国家层面看，富强即富足而强盛。"主之所以为功者，富强也。故国富兵强，则诸侯服其政，邻敌畏其威。"对物质富足的追求，是中国传统文化中的一个重要方面。中国传统儒家文化核心可以用"仁、义、中、和"来表达。孔子指出，"仁"是人之所以为人的基本内核，推广到政治上就是要实行"仁政"，倡导"民为邦本"。民主思想表达的是一种权力诉求，包括法律至上与权力制约思想，其核心是主权在民。虽然两者一个是站在统治者的立场，一个是强调民众立场，但都认为人民是国家的根本，都提倡重视民生、民用问题。当代中国追寻的文明社会，就是要继承并发扬中国传统文化中的先进文明，传承民族精神，推动民族精神走向世界。和谐是中国传统文化中的核心概念之一，也是最精髓的内核。中国先哲认为，在天时、地利、人和三要素中，人和是最关键、最重要的。当前，我国坚持正确义利观，"树立共同、综合、合作、可持续的新安全观，谋求开放创新、包容互惠的发展前景，促进和而不同、兼收并蓄的文明交流"①，始终做世界和平的建设者、全球发展的贡献者、国际秩序的维护者，积极构建人类命运共同体，也正是对这一传统文化精髓的传承。

从社会层面看，自由是中国传统文化的重要价值观念，更是全人类永恒不变的追求与向往。传统文化对"公正"、"平等"自古就有所重视。儒家认为，公正、平等是诚信在社会层面上的具体化。而将公正、平等、自由凝聚起来，就成为"法治"。法治的落实，就在于法制、法律体现出公正、平等、自由的导向。中华传统文化虽然强调德治，但也并非没有法治的思想。比如，孟子就

---

① 习近平．决胜全面建成小康社会　夺取新时代中国特色社会主义伟大胜利［M］．北京：人民出版社，2017.

指出"徒善不足以为政，徒法不能以自行"；荀子则更为强调法治的重要性，指出通过"法治"补充"礼治"的必要性和重要性。当前，我国人民平等参与、平等发展权利得到充分保障，法治国家、法治政府、法治社会基本建成，国家治理体系和治理能力现代化基本实现，坚持厉行法治，进一步推进科学立法、严格执法、公正司法、全民守法，需要批判地继承传统文化法治、德治思想精髓。

从公民道德层面看，爱国情怀多是表达一种追求人人平等、自由、法治的情怀，是中国传统文化中表现得最淋漓尽致、表达最为透彻的一部分。敬业、诚信，是当今社会的流行词汇，同样可以在中华传统文化中找到深厚的渊源。《中庸》指出，"诚"是天之所以为天的根据，是生生不息、真实无妄的"天之道"。先秦儒家以至宋明理学多认为，流行不息的至诚天道，赋予并确立出了人性中的仁、义、礼、智、信等德性，这就是所谓五常之德。"诚信"是"友善"和"敬业"的基础。具体地说，诚信就是要持守和推行至善的德性，而德性的推行，必然会带来"爱"与"敬"。与人友善、爱岗敬业、诚信友爱，这些都是爱国情怀不可或缺的部分。社会主义核心价值观就是在传统文化精髓的基础上发展和建立起来的，社会主义核心价值观也是传统文化的当代体现。

中华优秀传统文化是社会主义核心价值观的民族根基。中华优秀传统文化源远流长，延绵数千年，积淀着中华民族最深层的精神追求，代表着中华民族独特的精神标识，为中华民族生生不息、发展壮大提供了丰厚滋养，构成了中国人的文化基因，成为中华民族的"根"和"魂"。齐鲁大地独特的地形地貌、优越的生态环境、发达的农业经济，创造了人类文明发展优越条件，创造了一大批文化经典，孕育了光辉灿烂的齐鲁文化，以"齐鲁十二圣"闻名于世。齐鲁文化以其独特的地位和丰富的内涵，在中华文化体系中居于特别重要的地位，并以自身的不断发展、创新、升华，推动了中华文化的传承和发展，其中农圣文化是齐鲁圣贤文化中一颗璀璨的明珠，是地域文化的杰出代表，更是中华优秀传统文化的重要组成部分。探寻农圣文化中社会主义核心价值观的渊源滋养，挖掘两者的内在联系，不论是对弘扬农圣文化，还是对筑牢社会主义核心价值观的文化底蕴均意义重大。

第一节 "国富民安，天人合一"

——农圣文化对国家的精炼描绘

富强、民主、文明、和谐体现了中国特色社会主义的价值目标，是立足国家层面概括出的社会主义核心价值观。在社会主义核心价值观中居于最高层次，对其他层次的价值观具有统领作用。"富强、民主、文明、和谐"的核心价值观集中体现了中国特色社会主义现代化的价值目标和价值追求，符合当代中国共产党人和全体中国人民寻求民族复兴的共同愿景，是一个凝聚人心、鼓舞士气、激发活力、振奋精神的价值目标。

一、富强——治国之道，必先富民

（一）富强的内涵

富强是中国梦的前提和基础，是近代以来中华民族的夙愿。富强即民富国强，意味着以实现人民群众共同富裕、增强国家的综合国力作为社会主义社会经济追求的价值目标。新时期的富强是民富国强、民富国富、民强国强的集合，它与资本主义国家所讲的富强有本质的区别。马克思主义基本原理讲人类生产活动有三个：物质生产、社会再生产和精神生产。马克思说资本主义最大的恶德就在于他把物质生产的基础挖空了，把社会再生产领域变成了少数资本家赢利的馅饼。马克思反对资本主义，他主张资本为劳动者服务。《共产党宣言》中指出"把资本变为公共的、属于社会全体成员的财产，这并不是把个人财产变为社会财产。这里所改变的只是财产的社会性质"。习近平总书记指出，"人民对美好生活的向往，就是我们的奋斗目标。世界上一切幸福都需要靠辛勤的劳动来创造。我们的责任，就是要团结带领全党全国各族人民，继续解放思想，坚持改革开放，不断解放和发展社会生产力，努力解决群众的生产生活困难，坚定不移走共同富裕的道路。"改革开放近四十年的实践经验生动地说明：只有富强才能将中国带出落后的境地、只有富强才能让社会发展井然有序、只有富强才能给予人民幸福的生活。可以说，实现国家繁荣富强是当代中国最重要的价值目标，这也是中国共产党所肩负的重要历史使命。新时代，实现国家富强，集中统一于实现中华民族伟大复兴的中国梦。

（二）"富强"的传统文化渊源

1. 传统文化中的"富强"

富强作为国家层面的首要目标，不仅体现出全体中国人的价值追求，也内在地蕴含着中华优秀传统文化的独特精神内涵。富强是中华民族对物阜民丰的强烈期盼。《尚书》中关于"惠民"、"裕民"的记载，是中国"富民"思想的发端。管子曾说，"主之所以为功者，富强也；主之所以为罪者，贫弱也。"①这说明，富强作为国家建设的目标，是实现王道政治的首要法则，也表明整体实力的提升，是区分国势强弱的根本标准。随后，孔子提出了"民富先于国富"的观点，孟子将"富民"列入"仁政"的主要目标之一。关于"民富国强"最直接的论述，可以追溯到东汉时期赵晔所著的《吴越春秋·勾践归国外传》。书中提出，"越主内实府库，垦其田畴，民富国强，众安道泰。"从字面意义理解为：越国的国王充实粮库以及国家财政，开垦国家的荒地，使人们过上富足的生活，越国的国家实力强大，百姓安居乐业，大道畅行。可以说，古人心中的民富国强是一种涵盖"富裕、强盛、安定、通畅"等意义的状态，不仅包含国家的实力强大，而且关涉百姓的富裕生活。因此，只有兼具"人民富有、国家强大"，才能实现"众安道泰"的美好景象。在中华优秀传统文化中，"民富"、"国强"是相依而生、缺一不可的。古人强调"民富"是"国强"的基础，素有"地大国富，人众兵强，此霸王之本也。"特别是近代以来中国贫弱落后就要被动挨打的惨痛教训更是给予国人对于国家富强的意义有了深刻的认识，一代又一代的中华儿女无不致力于国家富强之路的探索和奋斗。中国共产党人的初心和使命，就是为中国人民谋幸福，为中华民族谋复兴。

2. "要在安民，富而教之"——贾思勰追求富民强国的家国情怀

我国是一个以农业为主的国家，"民本""重农"思想历来是治国理政的重要理念。面对南北朝时期由于国家政权对峙，而导致战乱不断、生产凋敝、百姓生活贫困的社会现实，贾思勰表现出深深的忧虑之心，在《齐民要术·序》中首段名义，编纂目的"要在安民，富而教之"。民之安首先是国家和社会安定。贾思勰深刻认识到"国犹家，家犹国"，老百姓得到教化，国与家的关系理顺好了，社会发展步入正途，自然会形成一个良性循环，再经过不断地社会积累和发展，国家强盛就必然能够实现。

---

① 《管子·形势解》.

《齐民要术·序》云："盖神农为耒耜，以利天下。尧命四子，敬授民时。舜命后稷，食为政首。禹制土田，万国作乂。殷周之盛，《诗》《书》所述，要在安民，富而教之。"意即神农制作生产农具，是以造福天下百姓为己任和目的的。传说中尧命羲叔、羲仲、和叔、和仲四位臣子，谨慎认真地教给老百姓耕种的时令；舜告诫大臣后稷，粮食是施政的第一要务；大禹规划了疆土和田亩制度，全国得到治理和安定；商、周的兴盛，《诗经》《尚书》所记载的，主要也在使百姓安宁，丰衣足食，然后再教化他们。贾思勰看到了人民生活安定、丰衣足食才能使国家昌盛，其心怀祖国的情怀可见一斑。《齐民要术·序》引《尚书》说："庄稼从种到收都是艰难的。"《孝敬》说："尊重自然界的规律，凭借土地的利益，从事生产，保重身体，省吃俭用，用来供养父母。"《论语》说："百姓不富足，君主又怎能富足？"孔子说："家务管理得好，可以移用它的办法来治理国家。"这样看来，家就像是国，国就像是家。一句话，道出了其内心对国家和人民的深厚感情。所有这些，无不显示着贾思勰深藏于心的"富民""强国"的家国情怀。

（三）砥砺前行，敢教日月换新天

民富则国强，国强方民安。中国古代关于富强的不同表述对今天中国富强这一核心价值观的建设而言，具有重要的启示作用。中国共产党创立伊始，便把民族之独立解放、国家之繁荣富强作为职责所在。毛泽东带领广大苦难同胞浴血奋战，推翻了三座大山，那声"中国人民从此站起来了"响彻中华大地。邓小平提出"以经济建设为中心"，"坚持两手抓、两手都要硬"，究其根本是要发展社会生产力。"三个代表"重要思想，强调了中国共产党要始终代表中国先进生产力的发展要求。"两个一百年"奋斗目标，更是开宗明义的彰显了富强的时代要求。今日的中国，40 年的改革开放在国富意义上硕果累累。毋庸置疑，目前中国已成为当之无愧的经济大国。尽管今天的贫富差距已经不再像过去的"富者田连阡陌，贫者无立锥之地"（《汉书·食货志》），但是相比于国家的日益强大而言，还有许多人没有脱贫，虽然国家的整体实力在不断地强大，但是物质的增量与精神文明的空虚形成鲜明的反差，整体综合实力与文化软实力之间存在着巨大的间隙。因此，要真正实现社会主义核心价值观的首要价值观——"富强"，就必须深刻体会中国富强观，真正做到"民富"与"国富"齐头并进，还要确保社会的公平与法治、以达成"老穷不遗，强不犯弱，众不暴寡"（《礼记·祭义》）、"饭疏食，饮水，曲肱而枕之，乐亦在其中矣"

（《论语·述而》）的和谐局面，真正实现国民共同富裕。

食为政之首，民以食为天。传承先贤"苟日新，日日新，又日新"的创新基因，勤劳智慧的寿光人民以"敢教日月换新天"的气魄与担当，栉风沐雨自强不息，创造了一个又一个"绿色奇迹"：2018 年，习近平总书记在参加十三届全国人大山东代表团审议时提到了"寿光模式"，习近平总书记指出："中国人民要将饭碗牢牢地端在自己手中"；2018 年 5 月 23 日，寿光市委书记朱兰玺作为山东省唯一代表参加了国家农业农村部主办的乡村振兴工作座谈会；三元朱村党支部书记王乐义带领群众成功试种并向全国推广了冬暖式蔬菜大棚；在寿光市委市政府领导下，寿光连续举办了 19 届中国（寿光）国际蔬菜科技博览会，成为引领现代农业发展的"风向标"；在潍坊科技学院李昌武校长领导下，我院已连续举办 9 届中国农圣文化国际研讨会并建立多个蔬菜育种基地。为促进寿光蔬菜提质增效，李昌武校长提出打造学府蔬菜品牌，按照生产标准化、监督过程化、优质品牌化、销售网络化的四化标准引领寿光蔬菜向优质高端发展。2018 年 4 月 18 日—4 月 22 日，潍坊科技学院李美芹博士应邀参加 2018 中国蔬菜技术大会，李美芹、苗锦山博士团队研发出 20 多个蔬菜花卉新品种。. 近年来，寿光深入推进农业供给侧结构性改革，大力推进旧棚改新棚、大田改大棚"两改"工作，蔬菜基地发展到近 6 万公顷，种苗年繁育能力达到 14 亿株，自主研发蔬菜新品种 46 个，全市城乡居民户均存款 15 万元，农业成为寿光的"聚宝盆"，鼓起了老百姓的钱袋子，贾思勰"岁岁开广、百姓充给"的美好愿景变为寿光大地的生动实践。

二、民主——民为邦本，本固邦民

（一）民主的内涵

民主是人类共同的价值追求。公元前 5 世纪，古希腊希罗多德首次将"人民"与"统治"相结合，创造了"民主"一词，原意为"人民的统治"。马克思指出："民主制是作为类概念的国家制度。"列宁也指出："民主是国家形式，是国家形态的一种。"可见，民主是一个政治范畴，它属于上层建筑，是一种阶级统治形式。民主是一种国家形式、是手段，但是，形式和内容、手段和目的是相互转化的。西方民主是以"天赋人权"学说为基石。发轫于文艺复兴时期的天赋人权学说以人权作为一切的出发点和归宿点，西方国家以此为基础建立了体现经济阶级利益的"三权分立"国家制度。中国自五四运动开始，旗帜鲜明地举起了"民主"与"科学"两面旗帜，历经重重困难，凝聚起中国人民和中华民族的力量，建立了社会主义国家。社会主义民主的实质和核心是人民当家做主，是社会主义现代化国家的重要特征。习近平总书记在十九大报告中强调："我国社会主义民主是维护人民根本利益的最广泛、最真实、最管用的民主。发展社会主义民主政治就是要体现人民意志、保障人民权益、激发人民创造活力，用制度体系保证人民当家做主。"中国式民主是党的领导、依法治国和人民当家做主的有机统一。

（二）民主的传统文化渊源

1. 中华传统文化中的"民主"

现代政治中强调国家的治理以民主为基本原则，这种思想在两千年前的中国就已经提出，太康失国，然后作《五子之歌》，所谓"民为邦本，本固邦宁"。重视人民在政治上的表达，是国家治理与延续下去的根本基础，以这个基础作为治国理政的座右铭，那么国家就能长盛不衰，而一旦轻视人民的作用，国家就会陷入混乱，就是"失国"。在中国历史上，凡是懂得"水能载舟，亦能覆舟"① 这个道理的君王，都能以退为进，使得江山永固。

春秋时期王室衰微、群雄并立，周天子丧失天下共主的身份，朝纲混乱、礼乐崩坏使得人们对神圣天道的崇拜开始动摇。一些开明的王公大臣对"民"有了新的认识，认识到"政之所兴，在顺民心，政之所废，在逆民心"。孔子提出了"节用而爱人，使民以时"的思想，孟子则进一步阐述"民为贵，社稷次之，君为轻"的仁政思想，告诫统治者"爱民""恤民""利民"，标志着民本思想初步形成。到明末清初，随着激烈的阶级斗争和新的生产关系的因素产生，王夫之等一大批思想进步的社会贤达，对封建制度进行了深恶痛绝的鞭挞，反对君主"家天下"，提出君主要"以天下万民为事"。在中国古代的语境下，民主并不是必然等同于人民当家做主，而是对人民保持敬畏，对来自权利的异议的声音要虚心听取，积极改进。所谓为政之道，为在得人，政之所兴，在顺民心，因而民主的问题往往又与民生的问题联系在一起，处理好了民生问题，等同于处理好了民主问题。而这种境界，就是所谓的"皇祖有训，民可上不可下"② 的真实写照。

---

① 《荀子·哀公》.
② 《尚书·五子之歌》.

中国古代思想中关于的民主的论述还有很多，比如"广开言路""民贵君轻""民为邦本""天下为公"等，这些论述有一个共同点，虽然都承认君对民有绝对的统治权，这种统治基础不容置疑，但是要求统治方式能够以民为本，民之诉求是治国理政的基础。这些思想共同影响了中国特色社会主义民主的本质与西方截然不同，并不是徒有其表的政党竞选，而是共产党能够集中力量解决民生问题，全心全意为人民服务。这种由民生问题而达到民主政治的做法，使得社会主义建设能够时时刻刻思考人民在民主政治中的地位，在社会主义现代化国家中的地位，民兴则政顺，政顺则国强，沿着这样一条道路，社会主义核心价值观的民主建设也具有了独特的气质。

2. 以民为本——贾思勰民本思想的深刻提炼

《齐民要术·序》引晁错曰："圣王在上，而民不冻不饥者，非能耕而食之，织而衣之，为开其资财之道也。"指出圣明的君主在统治大位上，使老百姓不受冻不挨饿，并不是亲自耕种出粮食给百姓吃，织出衣服给百姓穿，而是为百姓开辟获取资财的路径。《齐民要术·序》引刘陶曰："民可百年无货，不可一朝有饥，故食为至急。"这些思想，均体现了为百姓衣食无忧着想的人文情怀。

贾思勰在《齐民要术·序》中还强调："益国利民，不朽之术"；"为民兴利，务在富之"；"民得其利，蓄积有余"。这些富民、利民的思想是难能可贵的。《齐民要术卷一　种谷第三》云："食者，民之本；民者，国之本；国者，君之本。"强调食物是老百姓生存的根本；人民群众是国家的根本；国家是君主存在的基础。肯定人民群众在国家中的主体地位、基础地位。《齐民要术卷一　种谷第三》又云："为治之本，务在安民；安民之本，在于足用；足用之本，在于勿夺时（言不夺民之农要时）；勿夺时之本，在于省事；省事之本，在于节欲（节止欲贪）；节欲之本，在于反性（反其所受于天之正性也）。未有能摇其本而靖其末，油其源而清其流者也。"强调为政治国的根本，在于使老百姓安居乐业；使百姓安居乐业的根本在于使百姓有足够的生活必需品。同样表现出对百姓的人文关怀和人本、民本思想。

（三）坚信群众，筑牢意识形态话语权

列宁指出："民主是国家形式，是国家形态的一种。"民主既是一种价值理想，也是一种现实的社会治理安排。中国共产党在继承中国古代民本思想，传承近代新文化运动和五四运动的民主理念，我国社会主义民主是国体与政体相

统一的民主，即宪法确定的实行人民民主专政和人民代表大会制度。我国宪法规定：中华人民共和国是工人阶级领导的、以工农联盟为基础的人民民主专政的社会主义国家。人民当家做主是社会主义民主政治的本质和核心，是坚持人民主体地位的内在要求。人民代表大会制度是实现人民当家做主的重要途径和最高实现形式。发展社会主义民主政治就是要体现人民意志、保障人民权益、激发人民创造活力，用制度体系保证人民当家做主。党的十八大以来，社会主义民主不断发展，党内民主更加广泛，社会主义协商民主全面展开，爱国统一战线巩固发展，民族宗教工作创新推进。习近平总书记指出："民主不是装饰品，不是用来做摆设的，而是要用来解决人民要解决的问题。社会主义协商民主应该是实实在在、而不是做样子的，应该是全方位的、而不是局限在某个方面的，应该是全国上上下下都要做的、而不是局限在某一级的。"，习近平总书记还说，一个政党，一个政权，其前途命运取决于人心向背。人民群众反对什么、痛恨什么，我们就要坚决防范和打击。人民群众最痛恨腐败现象，我们就必须坚定不移反对腐败。要坚持用制度管权管事管人，抓紧形成不想腐、不能腐、不敢腐的有效机制，让人民监督权力，让权力在阳光下运行，把权力关进制度的笼子里。要坚持"老虎"、"苍蝇"一起打，坚持有腐必反、有贪必肃，下最大气力解决腐败问题，努力营造风清气正的党风政风和社会风气，不断以反腐倡廉的新成效取信于民。在庆祝全国人大成立60周年大会上回顾中国民主发展的进程时习近平说："照搬西方政治制度模式的各种方案，都不能完成中华民族救亡图存和反帝反封建的历史任务，都不能让中国的政局和社会稳定下来，也都谈不上为中国实现国家富强、人民幸福提供制度保障。"民主是中国特色社会主义事业的重要组成部分，保证人民当家做主的重要途径。习近平总书记高频强调民主的背后是他对人民民主的不断思考和探索。在总书记带动下，我国注重加强民主的制度化建设，加强国家机关的科学立法、严格执法、公正司法，深入推进全民守法，法治国家、法治政府、法治社会建设相互促进，使中国特色社会主义法治体系日益完善，全社会法治观念明显增强；国家监察体制改革试点取得实效，行政体制改革、司法体制改革、权力运行制约和监督体系建设有效实施。这些措施，切实加强了我国社会主义民主政治制度化、规范化、程序化，保证了人民依法通过各种途径和形式管理国家事务、管理经济文化事业、管理社会事务，真正实现人民民主。

三、文明——文圆质方，国本安邦

（一）文明的内涵

文明是人类社会发展的积极成果和进步状态成果和精神成果的总和。社会文明分为广义和狭义广义的社会文明，是指包括经济、政治、文化、社会、生态等各方面在内的整个社会的开化程度和进步状态，是人类改造客观世界和改造主观世界所取得的积极成果的总和，是各种文明的有机统一。狭义的社会文明，是指相对于社会主义物质文明、政治文明等具体的文明形态而言，在社会领域中取得的积极成果的总和，主要表现在社会事业和社会生活的进步。

社会主义文明是人类社会发展迄今为止最先进、最科学的社会文明形态。列宁早就说过："只有社会主义国家才能够达到而且真正达到了高度的文明。"毛泽东在新中国即将成立时也曾明确指出："中国人被认为不文明的时代已经过去了，我们将以一个具有高度文化的民族出现于世界。"邓小平也指出："我们要建设的社会主义国家，不但要有高度的物质文明，而且要有高度的精神文明……没有这种精神文明，没有共产主义思想，没有共产主义道德，怎么能建设社会主义？"社会主义文明与社会主义制度是内在联系的，是不可分割的有机整体。

社会主义文明体现了社会主义制度的本质特征。社会主义文明是建立在生产资料公有制和人民当家做主这样的经济和政治制度基础之上的，这是它比以往社会文明形态更先进、更科学的根本原因。社会主义文明的理论基础和指导思想是马克思主义的科学理论，作为迄今为止最先进的社会文明形态，它体现了社会主义条件下最广大人民群众的核心价值追求。

（二）文明的传统文化渊源

1. 中华传统文化中的"文明"

文明是社会进步的重要标志，是社会主义现代化建设的重要组成部分，彰显了社会主义的内在诉求。文明是人类的共同价值追求。在古代中国，文明最初是指阳光明媚，代表着美好的事物。《周易》曾提出，"见龙在田，天下文明"。唐代孔颖达注疏《尚书》时说："天下文明者，阳气在田，始生万物，故天下文章而光明也。"这里所说的文明是一种美好的状态。在西方，文明是指人类的一种进化、开化与教化，是人类价值的获得和保存。文明是国家发展境界的集中表现，是社会进步的状态的基本描述，文明能够产生深刻的认同感，形成强大的国家凝聚力。

2. 农耕文明——《齐民要术》展现的生态农学思想的集中体现

《齐民要术卷七·货殖第六十二》引"该曰：'以贫求富，农不如工，工不如商，刺绣文不如倚市门。'此言末业，贫者之资也。体现着当今三大产业发展关系的思想，第三产业是衡量社会文明进步程度的重要标志。《齐民要术》是我国古代一部伟大的农学巨著，体现着我国古代社会的农耕文明成果。朴素而丰富的可持续的农业技术发展思想，可谓是其生态农学思想中的一个重要组成部分。农业的发展是为了粮食生产，最终是为了解决人的生存问题，而在农业中遵循自然规律，合理利用农业自然资源，保护环境，坚持可持续的发展思想，则可以使人类更好地生存，使人类生活得更美好。它着眼于农业、社会和生态环境的协调发展，把农业生产中人对自然的认识、尊重自然与保护、改造自然统一起来。它既注重人类眼前利益的获取，以满足其生活需要；又关注人类的长远利益和永续发展，包含着对人类命运的终极关怀。体现者先进的生态文明意识。《齐民要术》中深耕、浅耕、初耕、转耕、春耕、夏耕、秋耕、冬耕等各式各样的耕作方式，体现了当时精细耕作的主流思想，奠定了现代土壤耕作方法的基础。秦汉魏晋南北朝时期，逐步形成的耕、把、糖耕作技术体系，标志着中国传统耕作技术的成熟。这一耕作技术体系被我国现代化农业生产所继承、应用。贾思勰写的《齐民要术》总结了我国黄河中下游地区的农耕文明成果，对后世社会文明的发展也有着重要的的意义。《齐民要术》书中大约有一半是由引文组成的，这些引文来自约 160 种著作，时间跨度在《齐民要术》成书之前的 7 个世纪。""保存至今的农学专门著作中，没有比《齐民要术》更早的，但《齐民要术》中大量引文的出现，又清楚地表明，贾思勰吸收了悠久而丰富的农学传统。""除了散见于其他书中的引文之外，所有这些现均已失传，但它们中的绝大多数都似乎为贾思勰所熟知，事实上，《齐民要术》中的引文，是诸多此类著作重要的或唯一的资料来源。""《齐民要术》有深刻的历史影响，早在印刷术发明以前很久就已写成的《齐民要术》，若干世纪以来就以手稿的形式流传着，11 世纪早期，它是第一本奉皇帝之命印刷和颁行的农学著作。它的写作风格和结构的许多方面都为后来中国、朝鲜和日本的农书提供了范例。""世界上不少人没有把一些明明是属于中国人的成就，归功于中国人。甚至中国科学工作者本身，也往往忽视了他们自己祖先的贡献""中国文明在科学史中曾起过从未被认识的巨大作用。在人类了解自然和控制自然方面，中国有过贡献，而且贡献是伟大的。"从李约瑟这些精准的评述中，可知《齐民要术》作为全世界人民的共同财富，正在越来越引起国际学术界的关注。

（三）凝神聚力，共筑文明中国新时代

文明是人类改造世界的物质和精神成果的总和，也是人类社会进步的象征。在漫长的人类历史长河中，人类文明经历了原始文明、农业文明、工业文明。中华文明历史悠久，从先秦子学、两汉经学、魏晋玄学，到隋唐佛学、儒释道合流、宋明理学，经历了数个学术思想繁荣时期。中国古代大量鸿篇巨制中包含着丰富的哲学社会科学内容、治国理政智慧，为古人认识世界、改造世界提供了重要依据，为人类文明作出了重大贡献。十八大以来，在中国共产党的领导下，坚持人与自然和谐发展，着力治理环境污染，生态文明建设取得明显成效。中国共产党以绿水青山就是金山银山理念，以前所未有的决心和力度加强生态环境保护；党的十九大报告指出，加快生态文明体制改革，建设美丽中国。

生态文明是人类文明发展的一个新的阶段，即工业文明之后的文明形态；生态文明，是指人类遵循人、自然、社会和谐发展这一客观规律而取得的物质与精神成果的总和；是人与自然、人与人、人与社会和谐共生、良性循环、全面发展、持续繁荣为基本宗旨的文化伦理形态。2018 年 5 月 19 日，全国生态环境保护大会召开，习近平在讲话中强调，生态文明建设是关系中华民族永续发展的根本大计。生态兴则文明兴，生态衰则文明衰。要全面推动绿色发展。中国成为引导应对气候变化国际合作，全球生态文明建设的重要参与者、贡献者、引领者。生态文明理念的贯彻实施是中国共产党人对传统文明形态特别是工业文明进行深刻反思的成果，是人类文明形态和文明发展理念、道路和模式的重大进步。

四、和谐——天人合一，和合与中

（一）和谐的内涵

和谐是对立事物之间在一定的条件下、具体、动态、相对、辩证的统一，它是不同事物之间相同相成、相辅相成、相反相成、互助合作、互利互惠、互促互补、共同发展的关系。这是辩证唯物主义和协管的基本观点。和谐是中国特色社会主义社会建设与生态建设的核心价值。

（二）和谐的传统文化渊源

1. 中华传统文化中的"和谐"

"和谐"是人类新文明的灵魂与核心，是人类的美好向往与共同追求。和谐作为人类的一种普遍的价值追求，是中华优秀传统文化的精髓，古往今来，世界各国都在追求实现社会的和谐，和谐是中国传统文化的基本理念，集中体现了学有所教、劳有所得、病有所医、老有所养、住有所居的生动局面。它是社会主义现代化国家在社会建设领域的价值诉求，是经济社会和谐稳定、持续健康发展的重要保证。儒家经典说："和也者，天下之达道也。致中和，天地位焉，万物育焉。"儒家把"和"看做是天道的追求，是世界之所以成立的本源。道家说："万物负阴而抱阳，冲气以为和。"任何事物都存在着阴阳两面，世界规律就包含着万物的必然对立。而能够将这些对立面统一调和起来，就是至高的和谐境界。佛家提出了"六和敬"的思想，要求身和、口和、意和、戒和、见和、利和。和谐，也就是和睦协调，这几乎可以算是中国传统文化中最具代表性的理念，是中国人从古至今源远流长的文化心理、政治信条、智慧要求。《左传》曰：如乐之和，无所不谐。《礼记》载"讲信修睦"、"天下为公"……这些都是先人心中美好的理想。

2. 天人合一——《齐民要术》自然农法思想的核心要义

贾思勰从"农本观念"出发，强调农业生产在国民经济中的重要地位和作用，强调农业生产中天、地、人、物的关系的和谐统一。在中国传统文化思想的指导下，贾思勰承认自然规律的客观性，强调自然之道不可违，指出认识和尊重自然规律是进行农业生产的前提，"顺天时，量地利，则用力少而成功多。任情返道，劳而无获。入泉伐木，登山求鱼，手必虚；迎风散水，逆坂走丸，其势难"。他又引《淮南子》的话说："禹决江疏河，以为天下兴利，不能使水西流；稷辟土垦草，以为百姓力农，然不能使禾冬生；岂其人事不至哉？其势不可也。"因此农业生产要以"道法自然"为基础，严格按照自然法则，遵循自然变化的规律，当然也不能忽视人的主观能动作用，"天为之时，而我不农，谷亦不可得而取之"。总之，农业生产必须注重"天"（主要是农业环境中的气候、时节因素）、"地"（主要是农业环境中的土地因素）、"人"（农业的主体）、"物"（农业生物）关系的和谐统一，只有把天、地、人、物结合起来，才能保证农业生产的顺利进行。

《齐民要术》总结记载了农业生产的技术，遵循自然规律。《齐民要术卷五·

伐木第五十五》引《礼记·月令》"孟春之月，禁止伐木。"（郑玄注云："为盛德所在也。"）"孟夏之月，无伐大树。"（逆时气也。）"季夏之月，树木方盛，乃命虞人，入山行木，无为斩伐。"（为其未坚朋也。）"季秋之月，草木黄落，乃伐薪为炭。仲冬之月，日短至，则伐木取竹箭。此其坚成之极时也。"强调根据不同时令季节，树木生长的规律和特点，在树木的生长期不要采伐树木。在树木成熟落叶，生长期结束时采伐。在树木质地最好的季节采伐。这首先是在强调人对树木的采伐行为要与顺应天时，要合乎自然规律。也是强调采伐有节制，才能维持生态平衡，实现可持续利用。《齐民要术卷第五·伐木第五十五》引《孟子》云："斧斤以时入山林，材木不可胜用。"《齐民要术卷第五·伐木第五十五》引《淮南子》云："草木未落，斤斧不入山林。"做到斧斤以时入森林，采伐有节制，意在尊重树木的自然本性和生长规律，让其充分生长发育，维护树木的自然生态。《齐民要术》吸收了儒家的"三才之道"。秉承孟子"天时不如地利，地利不如人和。"；荀子的"上得天时，下得地利，中得人和。""天有其时，地有其财，人有其治，夫是之谓能参。"；《易传》天、地、人统一的"三才之道"。强调遵循天时、地宜的自然规律，强调遵循自然规律对农业生产的重要性。

《齐民要术》的自然和谐观是在中国古代传统哲学理论的指导下，同时吸取中国传统文化"天人合一"思想，认为农业生产应该以自然规律为基础，强调农业生产中自然生物间的亲和、共生及一体性的关系，协调人与自然之间的平衡及追求自然间的和谐秩序。它将人类认识、尊重农业自然环境与保护、改造农业自然环境统一起来，它要求人们在农业生产中不是简单的顺应自然，无所作为；也不是超越自然规律，过度妄为。恩格斯说："我们统治自然界，绝不像征服者统治异民族一样，绝不像站在自然界以外的人一样——相反地，我们连同我们的血肉和头脑都是属于自然界，存在于自然界的；我们对自然界的整个统治，是在于我们比其他一切动物强，能够认识和正切利用自然规律"。所以，农业生产应该把尊重自然规律的客观性与发挥人的主观能动性结合起来，以天、地、人、物相容相合的整体思维方式构建自然生态系统，使自然万物在一种最和谐的状态下运行、发展。

（三）以义为利，构建人类命运共同体

和谐是人类的一种普遍的价值追求，也是中国古代数千年的主导文化，是中华优秀传统文化的精髓。和谐理念对中华民族的发展和进步具有重要价值。

习近平总书记在党的十九大报告中指出：中国特色社会主义进入了新时代，到本世纪中叶，要把我国建成富强民主文明和谐美丽的社会主义现代化强国。和谐是新时代中国特色社会主义建设的基本方略之一，是建设社会主义现代化强国的目标和标志之一，是针对我国社会主要矛盾的变化做出的新的部署安排。

"中国特色社会主义进入新时代，我国社会主要矛盾已经转化为人民日益增长的美好生活需要和不平衡不充分的发展之间的矛盾。"因此，进入新时代，我们既要创造更多物质财富和精神财富以满足人民日益增长的美好生活需要，也要提供更多优质生态产品以满足人民日益增长的优美生态环境需要，持之以恒建设人与自然和谐共生的现代化。

俗语说，"安居乐业"，安居才能乐业。人类社会发展史证明，一个相对稳定和谐的社会环境，是社会生产力提高进步，经济繁荣发达，文化欣欣向荣、百花争艳，科学发明科技创新必不可或缺的社会条件。努力打造一个相对和谐稳定的社会环境，既是落实构建和谐社会的切实步骤，也是为实现中国梦所作的有效努力。习近平总书记说："中国有 13 亿人口，个人愿望可能千差万别，但一个共同愿望，概括起来，就是希望社会和谐、发展、稳定，从这个意义上讲，实现中国梦，就是实现社会的和谐、稳定。中国人民，历经沧桑，人们对社会的动荡、分裂所带来的苦难感同身受。新中国成立后，人们又经历了'文化大革命'十年动乱。中国民众深知和谐社会的可贵。构建和谐社会，是人们的共同理想和愿望，是中国梦的重要组成部分。"因此，实现中国梦，必须认真贯彻构建和谐社会的理论，从努力打造一个相对和谐、稳定的社会环境入手，才能最大限度地调动社会各方面的积极因素，激发人们为努力实现中国梦而奋斗的热情。没有社会的相对和谐、稳定，一切都是空想，实现中国梦就无从谈起。

中国梦的实现也需要和谐的国际环境，2017 年 1 月 18 日，习近平主席在日内瓦出席"共商共筑人类命运共同体"会议，发表《共同构建人类命运共同体》的主旨演讲，深刻、全面、系统阐述人类命运共同体理念，得到广大成员国的普遍认同。党的十九大报告把坚持推动构建人类命运共同体确定为新时代坚持和发展中国特色社会主义的基本方略之一，并写入新修改的《中国共产党党章》。构建人类命运共同体的理念，既是对新中国成立 70 年以来优良外交传统的继承和发展，也是对党的十八大以来波澜壮阔的中国特色大国外交伟大实践的提炼和升华。"一带一路"，博鳌亚洲论坛，2018 青岛上合峰会，这些中国方案无不与构建人类命运共同体的理念交相辉映。推动构建人类命运共同体，是中国日益走近世界舞台中央的宣言书，将有力推动中华民族伟大复兴。

五、传承农圣文化，建设新时代美丽中国

农圣文化中蕴含的精神内涵与社会主义核心价值观一脉相承，对于引领社会文化发展、弘扬民族精神和时代精神、凝聚全社会的精神力量具有重要现实意义，我们现在进行的社会主义现代化建设，是新的长征。走在新长征路上，我们应继承和发扬农圣文化精神，把农圣文化的核心思想作为传承中华优秀传统文化的主要内容，发扬光大，变成推动我们各项事业前进的巨大力量。

随着我国综合国力的提升和民族自信心的增强，实现中华民族传统文化的创新发展、树立文化自信已经是我们党和国家高度重视的目标之一，在当今社会环境下，探寻社会主义核心价值观的中华民族文化底蕴，绝不是简单地将社会主义核心价值观的价值内容与传统文化一一对应，而是将中华民族传统文化的精髓和智慧运用到培育和践行社会主义核心价值观的过程中。要坚定富强目标，全面建成小康社会，富强的目标要从经济富强与文化富强过渡到全面富强，要坚持和完善基础经济制度，确保经济富强，保证全面建成小康社会的目标得以实现，更要积极发挥软实力文化的支撑作用，推动文化富强。最后要综合多方合力，追求全面富强，共同富裕；要筑牢民主基础，维护人民利益。社会主义核心价值观将"民主"确定为国家层面的价值目标，不仅标志着中国特色社会主义民主政治建设的进步，而且对推动民主建设更好地发展具有重要意义；提升文明层次，打造国家名片，将文明作为社会主义核心价值观在国家层面上的价值目标，使我们党在马克思主义科学文明观指导下，基于人类文明发展规律和中华文明深厚的历史沉淀，做出科学研究与精准定位；唱响和谐之声，保障社会稳定，和谐是社会主义价值观国家层面的价值目标，是基于中国文化传统的价值理念，是体现社会主义本质的价值理念，是具有世界普遍意义的价值理念。传承中华优秀传统文化，以高度的主人翁责任感和敬业担当精神，为建设新时代美丽中国不断奋进。

第二节　"崇尚正义　严谨治学　追求大同"
——农圣文化对美好社会的生动表述

自由、平等、公正、法治，是对美好社会的生动表述，体现了马克思主义

的基本要求，反映了我国社会主义社会不懈追求的理想价值属性，也是我们党矢志不渝、长期实践的核心价值理念。自由、平等、公正、法治，是对美好社会的描述，是从社会层面对社会主义核心价值观基本理念的凝练。

一、自由——为仁由己，百家争鸣

（一）自由的内涵

自由是指人的意志自由、存在和发展的自由，是人类社会的美好向往由是社会主义的终极价值。自由是社会主义的理想价值追求，社会主义以追求人的自由全面发展为根本价值旨归。

马克思主义把人类的发展分成三个大的阶段：第一个阶段是人的依赖关系占统治地位；第二个阶段是以物的依赖关系为基础的人的独立性发展；第三个阶段是人的自由全面发展，即共产主义实现的阶段。马克思主义指出："共产主义是以每个人的全面自由的发展为基本原则的社会形式"、"共产主义使每一个社会成员都能够完全自由地发展和发挥他的全部力量和才能。"社会主义作为共产主义的初始阶段，是对资本主义普遍存在的奴役、剥削和压迫等不自由现象的反抗，是追求"人的自由全面发展"的伟大事业，"我们的目的是要建立社会主义制度，这种制度将给所有的人提供真正的充分的自由"。社会主义自由价值观一方面高扬了共产主义价值理想的光辉旗帜，另一方面又结合发展阶段的实际，辩证认识自由与必然的关系，反对抽象意义上的"自由"和自由主义。

马克思自由思想的雏形和源头可以追溯到他的博士论文。他认为伊壁鸠鲁原子偏斜直线运动是打破了命运的束缚的反抗和斗争！其中蕴含着的自由是对既有秩序'对必然性的克服。在《反杜林论》中恩格斯在黑格尔基础上给出了自由较为明确的定义："自由就在于根据对自然界的必然性的认识来支配我们自己和外部自然""自由不在于在幻想中摆脱自然规律而独立，而在于认识这些规律！从而能够有计划地使自然规律为一定的目的服务"概括起来就是"自由是对必然性的认识"毛泽东更进一步提出，"自由是必然的认识和世界的改造——这是马克思主义的命题。"因此在马克思主义理论中，自由不仅是一种认识能力，而且是一种行动能力，一种实践的能力。马克思关于"人的自由全面发展"的思想为我国社会主义实践所肯定。我们党和国家领导人在领导我国社会主义革命、建设和改革的伟大实践中，一直肯定和高度重视"人的自由全面发展"对于社会主义建设的极端重要性，始终把培育自由全面发展的人作为社会主义教育最主要的目标。准确理解和把握社会主义核心价值观中的自由内涵，进一步增强其认同感，避免走入自由的误区，让自由成为实现中国梦想的精神动力，这是我们培育和践行社会主义核心价值观最基本的要求所在。

（二）自由的传统文化渊源

1. 中华传统文化中的"自由"思想

从先秦的百家争鸣起始我们可以看到，儒墨道法等众流派的思想家中或多或少都含有自由的思想，他们分别从自身立场出发对自由做出了不同的理解，可以说儒家追求的自由是一种历经道德修养和品性塑造后的自由；道家是中国古代自由的代表，道家自由讲究的是人与自然相处之道以及人的内在精神自由。

向往自由是人的天性使然，儒家注重从人的道德教化与修养方面谈论自由，在他们看来，人只有经过品性的塑养、阅历的增长，和思想的成熟才可以得到自由。所以孔子说：七十从心所欲不逾矩，即无论做什么都不会违反外在规矩和内心的道德法则。儒家高度注重礼教的重要性，讲究亲亲尊尊和等级观念，要求人们即使追求自由也要在礼教之内追求，不能随心所欲逾越规矩。此外孔子还非常注重人格的独立与自由，在《论语·卫灵公》篇，孔子讲到"邦有道，则仕；邦无道，则可卷而怀之"，国家政治清明，那就积极出仕；国家政治黑暗，那就隐退藏身，有所不为。这也成为后世儒生所追随的立世法则，影响颇远。孔子生处在动荡时代，一生颠沛流离，面对生活的打击和人生的艰辛，他曾失意痛苦，但从未被击垮，始终保持乐观的胸襟，这与他始终坚持人格上和精神上的自由是分不开的。子曰："君子坦荡荡"，在面对复杂的生存环境之时，个人应该保持人生选择的自由。孟子继承了孔子关于礼法的政治思想，主张"天人合一"的自由，在孟子看来自由不在于被迫服从道德律令，反而在于人的自知，自觉。在他看来只要通过不断修养自身，追随自己的天赋本性发展，就能达到"上下与天地同流"，"万物皆备于我"的境界。而人只有通过多用内心来思考外部世界并结合自身生活，这样才能够知道人的本性，也就是人最本真的所在。不断的道德修养，会使人逐渐摆脱自然的束缚，精神解放的同时也会使人清晰的认识到自我的地位，从而更加自觉地进行道德行为，而无须强迫自己克制私欲去服从道德律令。儒家追求的这种道德和精神层面的自由，也被后来的儒家学者所遵从。儒家认为，能对自由造成侵犯，导致个体不自由的最大威胁就是一己私欲，一旦人们放纵自己的私欲，就会被私欲控制，进而丧失自由，因此，经典的儒家作品里常常强调"克己复礼"以及程朱理学注重人的修养要"存天理，灭人欲"。

道家是中国古代追求自由的代表，道家讲究人与自然的和谐相处，通过对自然和自我的认识获得一种摆脱外在羁绊的、内心自由的状态。道家经典中所阐述和追求的道就类似于我们所说的自由，在老子看来，天地万物都有着自身发展的规律，人类社会遵循大地的规律，万物遵循着上天的规律，而上天又遵循道的规律，最后道又遵循其自身规律。在老子看来，"道"虽然无目的、无意识，却促成了天地万物生长，它"生而不有，为而不恃，长而不宰"，不受压抑与限制的自然状态，就是"道"本身最大的规律。《庄子齐物论》云："天地与我并生，而万物与我为一。"老庄的"天人合一"思想蕴涵了科学的和谐的自然观，无论人类还是天地，最好的状态就是自由发展。遵循规律的发展才会是自由的，而违背规律的发展，会行不通的。

中国传统文化在几千年的历史上，虽然无法改变专制的社会，但却使无数士人得到了内心的自由。人终究是属灵的，自由究竟是要落实在人心的，人心的自由是自由的终极目标。社会的自由是促进人心的自由的重要环境，但不是绝对的。地狱也无法禁锢一颗自由的心灵。他们在专制社会中同样可以得到自由，这种自由是精神世界与传统文化真髓的融合。中国文化的最高境界是天人合一，天人合一就是最大的自由，无限的自由，绝对的自由。可以说中国文化比西方文化更追求自由，只是形式的不同，深浅的差异。简单用两句诗来说明：不经一番寒彻骨，哪得梅花扑鼻香？或者说生于忧患，死于安乐。这也是中国传统文化的自由精神优于西方之所在。

2. 尊重规律，适时而为——《齐民要术》提倡顺应农时耕作

《齐民要术》在对土地耕作，农作物、蔬菜、果树、林木等的种植栽培，动物饲养，食品酿造加工等记述中，广泛地蕴涵着适时而为思想。这种提倡尊重农业生产规律，正是体现了自由的思想。《齐民要术卷一·耕田第一》引《孟子》云："不违农时，谷不可胜食。"强调不违农时，才能丰衣足食。《齐民要术卷一·耕田第一》引《氾胜之书》云："凡耕之本，在于趣时，和土，务粪泽，早锄早获。"

《齐民要术卷一·种谷第三》引《淮南子》云："霜降而树谷，冰泮而求获，欲得食则难矣。"强调依时而作。《齐民要术卷六·养牛、马、驴、骡第五十六》云："服牛乘马，量其力能；寒温饮饲，适其天性。"强调牲畜的使用要量力而行，牲畜的饲养要注重其自然本性。《齐民要术》吸收了儒家的民本、农本思想。儒家讲仁爱，落到实处，就要富民，就要安居乐业。讲孝道，就要赡养父母。就要发展农业，"不违农时"，以保证"黎民不饥不寒"，使黎民百姓日出而作，日落而息，家庭邻里和睦相处，自由自在的生活。

（三）应时而变，致力民众自由发展好局面

1. 以人民为中心，是促进人的解放和全面自由发展的目标选择

人的全面发展是马克思主义的最高价值追求和崇高理想，追求人的全面发展是我们共产党人一以贯之的最高理想目标。党的十八大以来，以习近平同志为核心的党中央掌舵引航，开创了马克思主义中国化的新境界，对人的全面发展思想作出生动诠释和有力实践。"以人民为中心""人民立场""民众获得感"是习近平总书记经常提及的词汇、关心的话题，也是以习近平同志为核心的党中央治国理政的根本原则和鲜明逻辑。中国共产党领导中国人民实现中华民族伟大复兴的中国梦的进程，即要传承中华优秀传统文化中关于自由的内向往又要以马克思主义关于自由的价值理念作为中国特色社会主义建设的自由价值追求。中国特色社会主义建设中所倡导的自由，与西方鼓吹的"经济自由化"完全不同，而是一种进一步解放发展力的自由"。

新时代中国特色社会主义建设征程中，自由是每个社会主义建设者的内在本质。社会主义市场经济为人的自由实现创造经济条件；社会主义政治文明为人的自由全面发展提供政治保障；社会主义和谐社会为人的自由全面发展创造生产力中的自由；社会主义先进文化为人的自由全面发展提供文化支撑。

2. 新发展理念，是促进人的解放和全面自由发展的战略抉择

"创新、协调、绿色、开放、共享"的新发展理念，扬弃了唯GDP论，弘扬了科学发展观的思想，是以习近平同志为核心的党中央从党的宗旨延伸出来的价值选择，充分体现了社会主义的本质要求和发展方向。新发展理念首先坚持的是人民的主体地位，围绕的是"人民对美好生活的向往"，把人民群众幸福、促进人的解放和全面自由发展作为发展的出发点和落脚点，坚持发展为了人民、发展依靠人民、发展成果由人民共享。具体来说，创新发展解决的是发展动力问题。从当前来看，创新能实现发展动力转换，提高发展质量和效益；从长远来看，是解决人的素质、能力的提高，是人的全面发展的重要因素。协调发展解决的是发展不平衡问题。从当前来看，能在加强薄弱领域中增强发展后劲，形成平衡发展新结构。从长远来看，解决的是全体人的发展。绿色发展

更是明显地为了解决人与自然共同发展的问题。开放发展解决的是发展内外联动问题，实现中国发展与世界发展的更好互动，把人类当成命运共同体。共享发展既是解决当前社会公平正义问题，更是直指人的解放和全面自由发展。新发展理念，代表世界发展趋势和科学发展方向，是对人类社会发展规律的深刻把握、发展方向的科学揭示、发展道路的开拓创新，也是促进人的解放和全面自由发展的方向和道路。

3. 保障改善民生，是促进人的解放和全面自由发展的重要保障

十八大以来，中国共产党坚持以人民为中心的发展思想，着力保障和改善民生，人民群众获得感不断增强。中央政府持续加大民生投入，全面推进精准扶贫、精准脱贫，健全中央统筹、省负总责、市县抓落实的工作机制，中央财政五年投入专项扶贫资金 2 800 多亿元；同时，实施积极的就业政策，重点群体就业得到较好保障；坚持教育优先发展，财政性教育经费占国内生产总值比例持续超过 4%，改善农村义务教育薄弱学校办学条件，加大对各类学校家庭困难学生资助力度，4.3 亿人次受益，劳动年龄人口平均受教育年限提高到 10.5 年；居民基本医保人均财政补助标准由 240 元提高到 450 元，大病保险制度基本建立、已有 1 700 多万人次受益，异地就医住院费用实现直接结算，分级诊疗和医联体建设加快推进；持续合理提高退休人员基本养老金，提高低保、优抚等标准，完善社会救助制度，近 6 000 万低保人员和特困群众基本生活得到保障；加快发展文化事业，文化产业年均增长 13% 以上；全民健身广泛开展，体育健儿勇创佳绩。这一系列以人民为中心的发展举措，使人民获得感显著增强，人民的经济生活、政治生活、社会生活、文化生活将越来越自由。

二、平等——平心持正，等量齐观

（一）平等的内涵

平等，辞海解释为：人们在社会上处于同等的地位，在政治、经济、文化等各方面享有同等的权利。马克思在《神圣家族》中指出："平等是人在实践领域中对他自身的意识，也就是说，人意识到别人是同自己平等的人，人把别人当做同自己平等的人来对待。"平等的概念是一个大的概念，它包含多个方面，无论地域、肤色、宗教信仰等，平等意味着相互尊重，平等协商，不伤害和侵犯他人利益。平等地享有社会发展权利，平等地尊重人的主体地位、平等地维护人的权利和尊严。平等是社会主义的本质要求，在中国特色社会主义进程中具有特殊价值意义，是人类实践争取人在社会中有意义生存的价值性选择，是人类社会进步的基石。

（二）平等的传统文化渊源

1. 中华传统文化中的"平等"

儒家思想是在抽象的人性论的基础上论述平等的。主张"性相近"的德性平等、"人皆可以为尧舜"的成仁平等、"有教无类"的教育平等，以及"不患寡而患不均"的经济平等，但同时儒家的"仁者爱人"是以"人分贵贱，爱分等级"为基本前提的。可见，儒家虽然以平等作为追求的理想目标，但却确认并维护不平等的客观事实，即试图借助不平等的路径来实现平等的目标。

我国历史上首次以体系化的平等思想来抗争不平等的思想家是墨子，其平等思想主要包括以下几个方面：第一，平等兼爱的天赋人权思想。墨子主张无差别的人道主义原则。第二，墨子提倡应重视劳苦人民的生存权、劳动权与休息权以及私有财产权，并认为应该人人享有政治参与的平等权利。第三，墨子在《尚同上》中还主张：从"天子"到"三公"，从"诸侯"到"正长"，"政府各级官员"都要经过民主选举产生。墨子要求的是一种机会平等。但是，墨子也并不要求消除等级差别。法家主张通过各种法令既使所有人各安其所，也能保持阶层向上流动的通道畅通。以其代表人物商鞅为例，他的平等思想体现于相关的法令，主要表现在赋役方面比例平等、法律面前臣民平等。具体说来包含社会平等，人格平等和众生平等三个层面。

社会平等：社会平等，彰显治国之道，社会平等，成就清明太平。这种传统文化中的平等更是固国安邦，利民利国的定义，社会的平等是每个人生存的权利，更是一种制度上的追求与发展，具体可以体现在个体的精神之上，强调的是社会的平稳发展。社会稳定和社会公平正义，如：唐代著名的史学家吴兢，在分析总结了大量兴亡之道、穿越过如许历史烟云迷障之后，留给中国文化一句平淡而直白的朴素道理，他说："理国要道，在于公平正直。"而宋代史学家司马光也以淡然口吻隐喻着人间至理，他说："平而后清，清而后明。"

人格平等：是个人在社会生活和社会活动中，迸发出来的人格上的平等和尊严上的平等，人格平等，源于社会中每个人的互相尊重与互相关爱，陶渊明是我国文学史上的大家，诗歌独开一派山水田园诗派，散文造诣也很高，陶渊明在《五柳先生传》中写道"不戚戚于贫贱，不汲汲于富贵"，国泰民安的时代，人民生活安乐，恬淡自足，社会风气淳厚朴实。中国传统社会，对于伦理纲常的规范十分讲究，所以看起来似乎处处都是对不平等地位的维护。其实，中国文化很早就在强调人格上的平等了，甚至为了追求平等，认为连性命都是可以放弃的。《礼记》里就有这样一段记录：春秋时期，齐国饥荒，饿殍遍野，一位叫做黔敖的富翁，本想发放粮食赈灾，可是在饥民来领粮的时候，他以轻蔑的语气吆喝说"嗟，来食！"于是饥民感觉蒙受了巨大羞辱，宁可饿死也不肯再领受粮食。这就是"嗟来之食"这个词的由来，表示带有侮辱性的施舍，而在中国文化里，也逐渐强化着"廉者不受嗟来之食"的傲骨。

众生平等：是众生之间无论职业、相貌上的平等，这种平等更多的来源于价值观上的平等，在禅学的思想指导下，"众生平等"的理论也推衍到了社会生活中，演化成一种德性标尺。如果认同众生的地位平等，就该尽可能维护每一个物种生存共处的权利；如果承认众生的法性平等，就该尽量地遵从每一样事物自然而然的状态。人类对于万物，不该以霸占之心、掠夺之心去强求和破坏；人类之于世界，该是以平等之心、善念之心去尊敬和平视。这就像道家以平等心说的"天地不仁，以万物为刍狗"，上天没有偏爱私心，把世间万物都看做是草扎成的狗一样，在天地苍穹的怀抱中，万事万物都经历着平等的存在与平等的消亡，都遵从着平等的规律法则和平等的因果循环。在大自然的眼中，"万物并作，吾以观复"，万物都是平等地生发衰落、平等地循环往复。

2. 众生平等——贾思勰平易宽广的精神素养

《齐民要术·序》云："《论语》曰：'百姓不足，君孰与足？'汉文帝曰：'朕为天下守财矣，安敢妄用哉！'"认为老百姓用度不够，君主怎么能得到足够的用度？汉文帝认为自己是在为天下百姓管理财富，怎么敢乱用财富！体现着平等的思想。《齐民要术卷一·种谷第三》云："食者，民之本；民者，国之本；国者，君之本。"强调食物是老百姓生存的根本；人民群众是国家的根本；国家是君主存在的基础。肯定人民群众在国家中的主体地位、基础地位。《齐民要术》记载了农、林、牧、副、商各业的生产活动技术，尽管农作物耕作更重一些，但这符合当时农业社会的历史状况。可见该书对当时各行各业没有厚此薄彼，而是平等地予以客观真实的表述。

（三）人人平等，共创共享社会发展新成果

中国长达两千多年的封建君主专制下，阶级对立，等级森严，存在着严重

的不平等，因此，广大下层劳动人民群众对平等有着原始的朴素的强烈诉求，在不同历史时期发出了"王侯将相宁有种乎"、"等贵贱均贫富"、"有天同耕，有衣同穿，无处不均匀，无人不饱暖"的呐喊。

中华人民共和国的成立使平等成为社会主义中国公民的一项基本权利。我国宪法规定："公民在法律面前一律平等。""任何公民享有宪法和法律规定的权利，同时必须履行宪法和法律规定的义务。"平等作为社会主义核心价值观社会层面的重要价值观念，中华人民共和国为一切公民实现自身的生存发展，参与经济、政治、文化、社会生活，追求自身合理正当的利益，提供平等的机会和条件。

习近平同志说过："人生本平等，职业无贵贱。三百六十行，行行都是社会所需要的。不管他们从事的是体力劳动还是脑力劳动，是简单劳动还是复杂劳动，只要有益于人民和社会，他们的劳动同样是光荣的，同样值得尊重。"中华民族伟大复兴梦不仅是中华民族的梦，更是每个中国人的梦。保证每个公民平等参与、平等发展的权利，让每个人获得发展自我和奉献社会的机会，共同享有人生出彩的机会，共同享有梦想成真的机会。

十八大以来，国家通过一系列措施，不断保障和改善民生水平，着力促进每个公民更加公平、更加充分的就业创业；通过推动城乡义务教育一体化发展，加强对儿童托育全过程监管，支持社会力量举办职业教育；推进普及高中阶段教育，优化高等教育结构，发展民族教育、特殊教育、继续教育和网络教育等有效措施实现发展公平而有质量的教育，办好人民满意的教育，让每个人都有平等机会通过教育改变自身命运、成就人生梦想；通过提高基本医保和大病保险保障水平，加强全科医生队伍建设，推进分级诊疗，继续提高基本公共卫生服务经费人均财政补助标准，改善妇幼保健服务，支持中医药事业传承发展，多渠道增加全民健身场所和设施，来实施健康中国战略，使人民群众身心健康、向善向上；通过启动棚改攻坚计划，加大公租房保障力度，促进房地产市场平稳健康发展，让广大人民群众早日实现安居宜居，解决群众住房问题；通过稳步提高城乡低保、社会救助、抚恤优待等标准，提高养老院服务质量，做好军烈属优抚工作，加强残疾人康复服务，健全社会救助体系，要让每一个身处困境者都能得到社会的关爱和温暖。通过这一系列举措，真正解决群众关心的实事、难事，为社会创建平等的秩序，不断提升人民群众的获得感、幸福感、安全感，真正实现事实上的平等。

三、公正——公之于众，正法直度

（一）公正的内涵

公正是社会主义核心价值观，社会层面的第三个价值取向。公正即社会公平和正义，公平，它是秩序上的正确，它产生结果的过程要符合社会每个人内心对于结果的期待。正义，它是道德上的准则，要符合社会每个人最普遍的道德观念。它以人的解放、人的自由平等权利的获得为前提，是国家、社会应然的根本价值理念。

公正是社会主义社会的首要价值。公正的本质含义是均衡与合理。它是社会主义本质的内在诉求，也是维护社会主义社会可持续发展的价值要求。社会主义的公平正义价值观具有以下基本内涵：一是发展成果由人民共享，人人都享有人生出彩的机会。二是判断社会公正与否，要以人民获得利益是否公平、人民是否满意、人民是否感受到公正为标准。维护和实现社会公平和正义，涉及广大人民的根本利益，是我们党立党为公、执政为民的必然要求，也是我国社会主义制度的本质要求。同时，社会主义的公正观本质上区别于平均主义。我们注重公平正义的根本目的是实现共同富裕，实现每一个人的全面发展。

（二）公正的传统文化渊源

1. 中华传统文化中的"公正"

公平正义，不仅仅要从制度与法律的角度去树立公平公正的理念，形成构建公正社会的准则，而且要从历史文化底蕴和人心力量的教化来进行理论。中华传统文化作为一种伦理型文化，历来崇尚社会公正，社会公正需要一个基本准则，这就是一个时代的法律，在古代称之为"公法"。历代政治家都主张君主通过提高自己的德行来赢得民心的同时，还要通过制定和实施"公法"来保证社会的正常运行。春秋时期的管仲就提出君主必须以"以公正论，以法制断"，在执法中不偏不倚，坚决依法办事，公平正义。只有"以法制行之，如天地之无私"，才能维护社会公正，达到国家之大治。先秦法家思想的集大成者韩非子认为，国家强弱、社会治乱、公正公道之存亡，全赖于行公法，"能去私曲就公法者，民安而国治；能去私行行公法者，则兵强而敌弱"。这一主张进一步指出：没有法律的保障，一切关于公正、公平和公道的许诺，都是靠不住的，单凭思想、良心和觉悟，是不行的。公法不仅是行为的标准，更是纠正不公正行为的一种建设性力量，是实现国家秩序的一种手段和模式。中国古代的一些开明君主，如刘邦、李世民、朱元璋等，在维护自己的统治时都阐述了各自的"与民休息""先存百姓""循分守法"等公法思想。这对于推动社会公正是有一定积极意义的。古人对"公""直""正""义"等观念的探索还有很多，比如"天公平而无私，故美恶莫不覆；地公平而无私，小大莫不载"（《管子　形势解》），"公生明，偏生暗"，（《荀子·不苟》），"举枉错诸直，则民不服"（《论语·为政》）。《礼记》中曾描写了"大道之行也，天下为公"的美好社会。

2. 众生皆公平，万物皆有灵——贾思勰倡导农业生产活动中敬畏生命

《齐民要术卷一·种谷第三》引《吕氏春秋》云："苗，其弱也欲孤。弱，小也。苗始生，小时欲得孤特，疏数适，则茂好也。其长也欲相与俱。言相依植，不偃仆。其熟也欲相扶。相扶持，不伤折。是故三以为族，乃多粟。族，聚也。吾苗有行，故速长；弱不相害，故速大。横行必得，从行必术，正其行，通其风。行，行列也。"强调作物种植与栽培，植株之间疏密要合理，处理好植株个体强弱之间的关系。《齐民要术卷六·养牛、马、驴、骡第五十六》云："服牛乘马，量其能；寒温饮饲，适其天性。"对牲畜的使用，要量其力而行，公正对待。这些都体现着朴素的公正思想。

（三）大道之行，共营天下和静的美好新蓝图

公正是中国特色社会主义的内在要求。公正即社会公平和正义，它是人类永恒的主题，是中华文化的主心骨。它以人的解放、人的自由平等权利的获得为前提，是国家、社会应然的根本价值理念。社会公正，就是社会各方面的利益关系得到妥善协调，人民内部矛盾和其他社会矛盾得到正确处理，社会公平和正义得到切实维护和实现。公平正义作为衡量一个社会一种制度的标准尺，是我们党、我们国家的必然要求，是社会和谐发展的基本要求和目标，也是一个文明社会进步的标志。以习近平同志为核心的党中央立足中国特色社会主义事业的伟大实践，明确提出要在构建社会主义和谐社会中切实维护与实现社会公平与正义。社会主义核心价值观将其列入为社会层面，是党和国家矢志不渝的价值追求，是中国特色社会主义的内在要求。

社会主义制度的建立，为实现真正意义上的公平正义创造了根本条件。在中国共产党的领导下，中国人民推翻了剥削制度，消灭了阶级剥削和阶级压迫，建立了人民当家做主的社会主义制度，消除了影响公平正义的主要根源，

为实现真正的公平正义奠定了坚实的基础，开辟了广阔的道路。

党的十六届六中全会指出，制度是社会公平正义的根本保证，强调必须加紧建设对保障社会公平正义具有重大作用的制度，保障人民在政治、经济、文化、社会等方面的权利和利益。习近平同志在 2014 年新年贺词中进一步指出：我们推进改革的根本目的，是要让国家变得更加富强、让社会变得更加公平正义、让人民生活得更加美好。要逐步按照建立权利公平、机会公平、规则公平、分配公平为主要内容的社会公认保障体系要求，坚持实施积极的就业政策，加快完善社会保障体系，合理调节收入分配关系，致力于解决关系群众切身利益的突出问题，不断维护和实现社会公平和正义。

党的十九大报告结束语中有一句既古老又新鲜的豪迈话语：大道之行，天下为公。在当代中国，天下是人民的天下，天下为公，就是要坚持以人民为中心。以天下为己任是中华民族的传统美德。早在战国时代，孟子便说过："乐以天下，忧以天下。"宋代范仲淹在贬谪时仍高吟"先天下之忧而忧，后天下之乐而乐"。历史经验反复证明，民心是最大的政治，得民心者得天下。人民是历史的创造者，是决定党和国家前途命运的根本力量。全心全意为人民服务，是我们党的根本宗旨。中国共产党人的初心和使命，就是为中国人民谋幸福，为中华民族谋复兴。人民对美好生活的向往，就是我们党的奋斗目标。在 3 万多字的十九大报告中，"人民"二字出现了 200 多次，可见人民在我们党心目中的分量。民之所望、政之所在，便是政之所施、力之所向。党的十九大提出，必须始终把人民利益摆在至高无上的地位，让改革发展成果更多更公平惠及全体人民；必须多谋民生之利、多解民生之忧，在幼有所育、学有所教、劳有所得、病有所医、老有所养、住有所居、弱有所扶上不断取得新进展，保证全体人民在共建共享发展中有更多获得感，不断促进人的全面发展、全体人民共同富裕。人民对美好生活的向往始终是我们党的奋斗目标。在新时代的长征路上，公平正义的美好社会之树定能在中国大地开花结果。

四、法治——法贵必行，治国齐家

（一）法治的内涵

法治是指以民主为前提和基础，以严格依法办事为核心，以制约权力为关键的社会管理机制、社会活动方式和社会秩序状态。法治是实现自由、平等、公正的制度保证。法治是治国理政的基本方式。

（二）法治的传统文化渊源

1. 中华传统文化中的"法治"

中华传统文化以儒家思想为主流，以"仁政"为核心，强调"德治"与"礼教"，注重习俗和习惯的养成。法治这一思想发轫于春秋时期法家的鼻祖管仲，他说"威不两错，政不二门，以法治国，则举错而已"。"法治"原指中国古代与儒家"德治"相对立的法家所倡导的政治学说。法家都注重法治，但方法和手段多种多样，各有侧重，例如古代的商鞅重法，申不害重术，慎到重势。而韩非（约前 280—前 233）集法家之大成，建立起以法为中心，法、术、势紧密集合的完整的法治学说体系。法治思想经过商鞅、韩非子等人的发扬光大，最终使得传统中国社会呈现"外儒内法"，"法治"与"德治"并行不悖，协调运行的治理状况。

2. 自然农法——《齐民要术》农业生产活动的"法"

《齐民要术卷五·种地黄法》曰："须黑良田，五遍细耕。三月上旬为上时，中旬为中时，下旬为下时。一亩下种五石。其种还用三月中掘取者。逐翠后如未麦法下之。至四月末、五月初生苗。讫至八月尽九月初，根成，中染。""若须留为种者，即在地中勿掘之。待来年三月，取之为种。计一亩可收根三十石。""有草，锄不限遍数。锄时别作小刃锄，勿使细土覆心。今秋取讫，至来年更不须种，自旅生也。唯须锄之。如此，得四年不要种之，皆余根自出矣。"强调种地除草也要遵循时令和自然规律。

《齐民要术卷六·养猪第五十八》曰："春夏草生，随时放牧。糟糠之属，当日别与。糟糠经夏辄败，不中停故。八、九、十月，放而不饲。所有糟糠，则蓄待穷冬春初。猪性甚便水生之草，杷搂水藻等令近岸，猪则食之，皆肥。"

《齐民要术卷六·养鸡第五十九》引《家政法》曰："养鸡法：二月先耕一亩作田，林粥洒之，生茅覆上，自生白虫。便买黄雌鸡十只，雄一只。于地上作屋，方广丈五，于屋下悬簀，令鸡宿上。并作鸡笼，悬中。夏月盛昼，鸡当还屋下息。并于园中筑作小屋，覆鸡得养子，乌不得就。"

这两段文字，指出利用动植物之间的生态关系和食物链关系，达到生产系统整体优化，也是自然农法思想的体现。

（三）纲纪严明，唱响新时代法治社会最强音

法治是文明进步的体现，是对现代国家的基本要求。社会主义核心价值观

的法治理念远远超过中国古代法治的具体内容。它吸取了古今中外法学所有合理的部分，抛弃不合理的部分，根据我国社会主义初级阶段的时代要求和具体国情而确定的政治制度。法治与人治相对立的，摒弃人治的随意性和多变性。依法治国成为我国社会主义建设的基本方略之一。

实现法治要加强宪法和法律实施，形成人们不愿违法、不能违法、不敢违法的法治环境，做到有法必依、执法必严、违法必究。要维护宪法法律权威，法律面前人人平等，法治面前没有例外，任何组织或者个人都不得有超越宪法法律的特权，一切违反宪法法律的行为都必须予以追究。贯彻法治精神，就要改变长期形成的人治传统，充分发挥法治在国家和社会治理中的作用，运用法治思维和法治方式来破解难题。要坚持依法治国和以德治国相结合，坚持一手抓法治、一手抓德治。既要推动社会主义核心价值观更加深入人心，重视发挥道德的教化作用，以道德滋养法治精神，强化道德对法治文化的支撑作用；又要重视发挥法律的规范作用，以法治体现道德理念，强化法律对道德建设的促进作用，要将社会主义核心价值观融入法治国家、法治政府、法治社会建设全过程。

习近平总书记指出："要把权力关进制度的牢笼"。十八大以来，我国全面推进依宪施政、依法行政，提请全国人大常委会制定修订法律 95 部，制定修订行政法规 195 部，修改废止一大批部门规章。省、市、县政府部门制定公布权责清单；同时要求各级政府严格遵守宪法法律，加快建设法治政府，把政府活动全面纳入法治轨道；坚持严格规范公正文明执法，有权不可任性，用权必受监督；各级政府要依法接受同级人大及其常委会的监督，自觉接受人民政协的民主监督，主动接受社会和舆论监督，认真听取人大代表、政协委员意见，听取民主党派、工商联、无党派人士和各人民团体意见；全面推进政务公开；坚持科学、民主、依法决策，凡涉及公众利益的重大事项，都要深入听取各方意见包括批评意见。人民政府的所有工作都要体现人民意愿，干得好不好要看实际效果、最终由人民来评判，政府依法行政，必将带动全体人民真正做到懂法、信法、守法、护法，实现社会主义法治国家的目标。建设法治中国的新时代已经开启。一个相信"奉法者强则国强，奉法者弱则国弱"的民族，选择法治作为实现国家治理现代化的重要途径。沿着自己开创的道路，13 亿中国人民将书写世界法治史上的崭新篇章。

五、传承农圣文化，贡献新时代和谐社会

农业的基础地位是否牢固，关系到人民的切身利益、社会的安定和整个国民经济的发展，也是关系到我国在国际竞争中能否坚持独立自主地位的大问题。我国的自立能力相当程度上取决于农业的发展。如果农、副产品不能保持自给，过多依赖进口，必将受制于人。一旦国际政局变化，势必陷入被动，甚至危及国家安全。因此农圣文化必须秉承创新、创优的科学发展理念，将农圣文化中生态农业、自然农法思想，配合当下时代背景与科技发展相关联，更加深入、系统地把握其生态科技的发展理念，推动传统农业现代化，这不仅仅需要对传统农业文化践行与实践，最终要的是要将农业发展的核心理念转变成符合社会主义核心价值观理念的行进点，将传统农业由粗放式转变成精设式，积极结合农圣文化"天时地利人和"的哲学思想，由高耗能农业转型到低碳农业，通过技术创新、产业转型、新能源开发利用等多种手段，减少碳排放，实现农业生产发展与生态环境保护双赢的良好局面，将农圣文化中"用之以节"的农业发展角度带入现代农业，实现由资源农业向资本农业的转变。

劳动力是生产力中最活跃和能动的要素，要深入农业一线，对农民广泛开展全程技术跟踪的"零距离"服务，做到服务到田间、指导到农户、技术到地块，全面提高技术的普及率和到位率，结合农圣文化"富而教之"的哲学理念思想，实现由感觉农业向理性农业转变，理性农业能构建良性循环的高产、高效、优质农业，是今后农业发展的方向。加大农业环境保护力度，推进农业可持续发展。将农圣文化优良的农学思想体系同现代农业发展实践相融合，贯彻农业可持续发展的理念，最终促进社会主义核心价值观社会层面的目标，促进整个社会的自由、平等、公正、法治。

第三节　"忧国恤民　潜心治学　仁爱诚信"

——农圣文化对公民道德的深刻凝练

"爱国、敬业、诚信、友善"，是公民基本道德规范，它覆盖社会道德生活的各个领域，是公民必须恪守和践行的基本道德准则，也是评价公民道德行为选择的基本价值标准，是从个人行为层面对社会主义核心价值观基本理念的凝

练。"爱国、敬业、诚信、友善",是全体社会公民践行的道德规范和道德原则。

一、爱国——爱民如子，国之大者

爱国是基于个人对自己祖国依赖关系的深厚情感，也是调节个人与祖国关系的行为准则。它同社会主义紧密结合在一起，要求人们以振兴中华为己任，促进民族团结、维护祖国统一、自觉报效祖国。

（一）爱国的内涵

爱国是人们对于祖国的一种深厚的依恋、爱护，以及与此相应的实际行动，体现为人们对于自己故土家园、民族和文化的归属感、认同感、尊严感和荣誉感的统一。爱国是每个公民应当遵循的最基本的价值观念和道德准则，也是中华民族的光荣传统。历史反复证明，"爱国"从来就是凝聚全国各族人民的核心要素和第一位的价值观。在社会主义革命、建设和改革过程中，爱国主义获得新的时代内涵，主要是指忠于祖国、热爱祖国、服务人民的思想情感和价值取向，内在的精神表现为民族自尊心和自豪感以及对民族文化的自觉和自信，落实在实践中表现为努力工作、踏实劳动、不断奉献。

（二）爱国的传统文化渊源

1. 中华传统文化中的"爱国"

在中国传统价值观念中认为，家国同构、家国一体，即家国情怀。国家不仅是个人生息繁衍的地理环境和物质基础，而且是其赖以存在的精神皈依。个人、家庭、社会构成了彼此依存、相互依赖的关系，把个人的理想信念与安身立命紧密地结合起来，强调修身、齐家、治国、平天下的统一性。一个人的社会责任感先从家庭这一最小的社会单位开始，"君子务本，本立而道生"，"孝悌也者，其为仁之本欤。"[①] 本着孝悌之心，把家庭伦理和价值准则推而广之，推己及人，己所不欲，勿施于人，实现"己欲立而立人，己欲达而达人"。以天下为己任，本着天下兴亡匹夫有责的责任和担当，忠心报国，博施于民而能济众，致力于实现富国强兵、诚实守信的王道乐土。爱国主义已经深深地渗透

---

① 《论语·学而》.

在中华文化血脉之中、凝聚在中华文化传统之中，成为中华民族核心价值观的重要组成部分，在中华民族发展的历史进程中发挥着积极的作用。

2. "忧国恤民"——贾思勰家国情怀的重要特征

忧患意识源于传统知识分子对祖国、民族命运和前途的深沉关切，是中华民族自古以来的精神传统之一，更是爱国主义精神的集中体现。家国情怀是中华传统文化中最重要的价值理念，其中居安思危、防患未然为特色的忧患意识是农圣文化的可贵之处，无论在中华民族生死存亡的紧要关头，还是在社稷动荡不安、大厦将倾的关键时刻，家国情怀都积极地转化为中华儿女济困扶贫、匡正时局的责任担当和精神动力。贾思勰在《齐民要术·序》中，表达对当时北魏战乱不断、生产凋敝、百姓生活贫困的社会现实，表现出深深的忧虑之心。在南北朝政权分裂对峙情况下，北魏孝文帝改革虽然带来了少数民族与汉族融合发展的良好局面，却难以消除北魏潜藏的社会危机，而在孝文帝去世以后，胡太后重掌政权，朝纲败坏，秩序大乱，战乱频发，加之自然灾害接连不断，田地荒芜不断增多，人民陷入了水深火热之中。在这样的社会背景下，贾思勰作为一名地方官吏，目睹身历，忧心如焚。

在爱国精神的感召下，贾思勰突破南北朝对峙的藩篱，对中华大地上人工种植、制作和自然生长的农、林、牧、渔等物产，根据劳动人民生产生活需要，进行了有针对性地取舍，按类分条载入《齐民要术》。抛开农业技术不论，单就记载的物产来说，足见贾思勰的特别用心，正如石声汉教授所说"谷物的栽培，是《齐民要术》中最重要的贡献之所在。"[①] 仅在谷物品种方面，贾思勰就列举了 97 种之多，除引用晋代郭义恭《广志》里面记载传统种植的 11 个品种外，贾思勰自己列举了 86 种，并且作了品质性能分析，通过自己的观察和梳理总结，对各品种谷物生长特点、防病虫害能力、抗风抗旱和耐水性、成熟早晚、制作难易程度以及成食后的味道等，作了分门别类详细介绍，虽然自言"聊复载之云尔"，但我们仍能从其记录的详细性、科学性和系统性等方面，体味到他的良苦用心。尤为值得重视的是，贾思勰还对那些人类生活有用而又非人工种植的自然植物做了大量记录。这些都充分体现出贾思勰胸怀天下，体恤民众，凡是对人民生活生产有利的无不记录，真正做到了"要在安民，富而教之"。

---

① 石声汉. 从齐民要术看中国古代的农业科学知识——整理齐民要术的初步总结［J］. 西北农学院学报，1956（2）.

3. 反对奢靡之风——贾思勰爱国精神的集中体现

贾思勰反对社会奢靡浪费之风。因为亲见北魏统治者对佛教的崇尚及全国范围内广建寺院，皇室、士族、官宦、富商骄奢挥霍的情景，贾思勰发出"国忧家，家忧国，国乱则思良相，家贫则思良妻"呐喊，表达出对这种荒淫无度奢靡之风的强烈反对；"夫财货之生，既艰难矣，用之又无节……穷窘之来，所由有渐"，不仅揭露了过去历史上统治者的无能与黑暗，也揭露了当朝统治者的奢侈无度、吏治腐败、政令失所。正是在这种爱国精神鼓舞下，贾思勰满怀忧虑地表达对满足于现状，不思进取，眼界狭隘，目光短浅的统治者的愤慨，焦虑之情、痛心之忧、爱国之意、溢于言表。

从《齐民要术》宏大的规模、丰富的内容、广泛的影响来看，如果贾思勰没有强烈的爱国主义精神和责任担当精神，他就不会为了国家富强、人民富足而殚精竭虑，耗时 16 年或者更长的时间去写这么一部并不会流行的农书；他就不会历经千辛万苦"采捃经传，援之歌谣，询之老成，验以行事"，他也不会"起自耕农，资生之业，靡不毕书"，他更不会斤斤计较地去算计如何经营致富，如何勤作丰收；也更不会"丁宁周至，言提其耳，每事指斥，不尚浮辞"，就像在孩童耳边叮嘱，每种方法的介绍都直截了当，不追求华丽的辞藻，以这样的方式去详细记录。完全可以说，爱之弥深，则作之必细；爱之弥坚，则志之必坚。

（三）弘扬爱国精神，做有家国情怀的新时代青年

爱国主义精神，指的是在几千年的发展中，中华民族形成了以爱国主义为核心，团结统一、爱好和平、勤劳勇敢、自强不息的伟大民族精神。爱国同为国奉献、对国尽责紧紧地联系在一起，是一种崇高的思想品德。

1. 传承民族精神——发展爱国主义的历史镜鉴

民族精神是中华民族的精神宝库，也是爱国主义的文化之源。新时代青年学生要发展当代爱国主义，就要善于向古人学习，向经典取经，好的传统不能丢，优秀的精神不能忘。要时刻牢记，创新不是对过去否定，发展也不是与传统决裂，要将培育爱国主义与传承民族精神有机统一起来，尤其在传承和弘扬中华民族精神的过程中，不论是其内在的文化滋养，还是其外在的辐射模式，抑或其推广的传教方式，都会对当代爱国主义的创新发展形成影响、产生启迪。

2. 注重地域涵养——弘扬爱国主义的现代途径

当代爱国主义之所以呈现复杂性特质，与培育和弘扬爱国主义的场域不同

密切相关。中国幅员辽阔、地域差异显著，因此，注重爱国主义的地域涵养，突出爱国主义培育的地域性特征，是弘扬爱国主义的重要途径。推动爱国主义的创新发展，必须根植在不同地域之中，融入不同的人民群体之中，润化于不同的日常生活之中，在核心精神保持一致的前提下，采取风格各异、形式各表的方式方法，实现爱国主义培育和弘扬的具体化、本土化和地域化。

就高校而言，近年来，随着文化热的出现与社会对大学生传统文化素质的反复强调，地域文化这一精神财富在高校教学中被日益重视。学以致用，研以致教，地域文化教育对提升大学生人文素质，培养大学生的家国情怀作用巨大。如，临沂大学重视研究传承沂蒙文化，成立了沂蒙文化研究院，强力推进"红色育人"，致力于培养"具有沂蒙精神特质和国际视野的高素质应用型人才"。潍坊科技学院继承和发扬农圣文化传统，依托中国（寿光）国际蔬菜科技博览会，至今已成功举办了九届中华农圣文化国际研讨会，成立的农圣文化研究中心被确定为山东省高校人文社科研究基地，《中华农圣贾思勰与〈齐民要术〉研究丛书》立项国家出版基金资助项目、"十三五"国家重点图书规划项目并出版，《以农圣文化为特色的优秀传统文化育人实践创新》获山东省高等教育教学成果奖。潍坊科技学院加强以农圣文化为特色的中华优秀传统文化教育，不断加强具有地域特色的校园文化建设，在促进地域文化发展的同时，起到了传承爱国主义、培育爱国情怀的重要作用。

3. 强化微观践行——落实爱国主义的重要手段

爱国主义培育的关键节点在于爱国行为的落实和发展，即能否有序、规范、合理地践行爱国主义。爱国主义的培育宁肯慢一些，采取更加稳妥、微观、细致的途径和方式推进人们在具体社会生活实践中的爱国主义践行。具体而言，可以通过传统民俗节庆、网络微型媒体、公益广告展播、日常道德教育、家风乡规培育等具体的微观路径，在潜移默化中促使人们自觉奉行和日常践行爱国主义。近年来，潍坊科技学院举办大学生"道德讲堂"、经典诵读大赛、开展"4030"读书计划、编写国学教育校本教材、开展国学通识课教育等方式强调爱国主义的微观践行，弘扬社会主义核心价值观。

4. 打造世界情怀——传播爱国主义的科学态度

面对全球化不可逆转的时代潮流，应该树立开放的、包容的、温和的爱国主义态度，弘扬儒家思想中的"大道之行，天下为公""协和万邦，和衷共济，四海一家"等理念，形成面向世界的爱国主义胸怀，克服狭隘民族主义和沙文主义倾向。科学培育爱国主义，"要精心做好对外宣传工作，创新对外宣传方式，着力打造融通中外的新概念新范畴新表述，讲好中国故事，传播好中国声音"。这意味着不仅要热爱自己的民族和国家，还要尊重其他民族和国家的生存权利、主权独立和领土完整，在与其他民族和国家和谐相处、共同发展的过程中，将独具特色的和谐精神风范，在传播中国爱国主义正能量、吸收各国爱国主义培育鲜活力的过程中，展现中国特色社会主义在爱国主义培育中的理性态度和文化自觉。

打造世界情怀，构建新型国际关系，推动人类命运共同体建设是传承和发展爱国主义优良传统的重要体现，是新时代中国特色大国外交思想的重要目标。2018 年 6 月 9 日，上海合作组织青岛峰会的欢迎晚宴上，习近平主席明确指出，中国传统"天下观"的历史逻辑与上合组织坚持"互信、互利、平等、协商、尊重多样文明、谋求共同发展"的上海精神关系密切。上合组织健康发展的历史，既是"上海精神"不断充实、丰富和发扬光大的过程，也是"和而不同""求同存异"等中国经典人际伦理观推广至民族关系和国家关系进而在上合组织大家庭被逐步认同和接受的过程。在本届峰会上，习主席再次强调，"我们要践行共同、综合、合作、可持续的安全观，摒弃冷战思维、集团对抗，反对以牺牲别国安全换取自身绝对安全的做法，实现普遍安全。"可以说，上合组织的成功在于地区合作中坚持的包容、平等与协商，为解决共同面临的问题与威胁而忽略差异性，寻找共同点，在此基础上形成最大的"公约数"，是涵养世界情怀的重要表征和成果。

此外，坚持共商、共建、共享原则，积极推进沿线国家发展战略相互对接的"丝绸之路经济带"和"21 世纪海上丝绸之路"（简称"一带一路"）战略构想，在让古丝绸之路焕发新的生机活力的同时，更以新的形式使亚欧非各国联系更加紧密，互利合作迈向新的历史高度，超越了马歇尔计划、对外援助以及走出去战略，给 21 世纪的国际合作带来新的理念。

培育和践行爱国这一价值准则，需要青年人认真学习、努力工作，特别是把个人的前途命运同祖国发展繁荣、同人民幸福安康结合起来，为祖国取得的每一个进步和成绩而喜悦，为祖国面临的困难和挑战而担忧，为增进民生幸福而努力。更重要的是把这种强烈的爱国主义情感转化为实际行动，落实到每一个祖国需要的时刻，贯彻在平凡的日常学习和工作岗位中。当爱国成为每一个中国人的最高价值准则，社会主义核心价值观的作用就会发挥得更充分，中华民族就会更加同心同德，创造出新的辉煌。正如，习近平总书记所说，"我们常讲，做人要有气节、要有人格。气节也好，人格也好，爱国是第一位的。我们是中华儿女，要了解中华民族历史，秉承中华文化基因，有民族自豪感和文化自信心。要时时想到国家，处处想到人民，做到'利于国者爱之，害于国者恶之'。爱国，不能停留在口号上，而是要把自己的理想同祖国的前途、把自己的人生同民族的命运紧密联系在一起，扎根人民，奉献国家。"①

二、敬业——敬之如宾，业峻鸿绩

敬业，要求公民忠于职守，克己奉公，服务人民，服务社会，充分体现了社会主义职业精神。

（一）敬业的内涵

敬业是指从业者对职业的总体态度和精神状态，包含着对职业价值和意义的认同、热爱职业的情感、积极主动的意向以及兢兢业业的行动。敬业不仅是价值观念，包括精神层面的内涵，更具有现实实践的意义，即意味着热爱、看重自己所从事的工作，并将这种自豪转化成对工作的动力，对生活、集体和国家的热爱。

勤勉敬业不仅要勤于事业，而且要执著于自己选择的职业，也就是我们今天所说的干一行、爱一行，不要朝三暮四。"居之无倦，行之以忠"② 阐述出这样的道理：有官职在身时，对工作不可有厌倦之情绪，推行政务需要以忠诚为根本。朱熹说过，"弘乃能胜得重任，毅便是能担得远去。弘而不毅，虽胜得任，却恐去前面倒了。"③ 就是强调要勇于担当、坚持不懈、执著于事业，要有顽强、坚毅的品格；否则收获的只是空中楼阁。"凡百事之成也，必在敬之；其败也，必在慢之"④ 的大意是，一切事情的成功，关键在于敬业；如果工作上的事情失败了，一定是因为怠慢疏忽了其中的某一环节。

（二）敬业的传统文化渊源

1. 中华传统文化中的"敬业"

中华优秀传统文化蕴含丰富的敬业理论资源，"业精于勤荒于嬉""功崇惟

---

① 在北京大学师生座谈会上的讲话——习近平 2018 年 5 月 2 日．
② 《论语·颜渊》．
③ 《朱子语类》卷三十五．
④ 《荀子·议兵》．

志，业广惟勤""敬业乐群"等传统经典名句凝聚了忠于职守、兢兢业业、勤恳专注的精神。"敬之如宾"出自：唐·温奢《续定命录》："故谏议大夫李行修娶江西廉使王仲舒女。贞懿贤淑，行修敬之如宾。"释义为：像对待宾客那样尊敬对方。"业峻鸿绩"出自：南朝·梁·刘勰《文心雕龙·原道》："夏后氏兴，业峻鸿绩，九序惟歌，勋德弥缛。"周振甫注："业峻鸿绩：即业峻绩鸿，功业高，成绩大。"释义为：功业高，成绩大。

古代中国社会是以小农经济为基础的，勤勉敬业的价值准则对当时社会的发展起到了一定的推动作用。虽然当时的经济并不发达，但是依然存在职业分类。"农桑无本，商贾末业，书画医卜，皆可食力资身"①，另有读书、务农、艺业和商贾四种职业的说法，"读书者，当闭户发愤，止愧学问无成，哪管窗外闲事；务农者，当用力南田，惟知及时耕种，切莫悬粗妄为；艺业者，当居肆成工，务以技能取利，勿生邪念旷闲；商贾者，当竭力经营，一味公平忍耐，勿以奇巧欺人"②的说法。从这段论述中可以看出，古人已经意识到职业有不同、作用有大小，但是各个行业的人们都应做好本职工作，这是开展职业活动的前提条件。

传统儒家思想用"敬事"代指"敬业"，提出"执事敬"③"敬事而信"④等主张，认为人在做事情时要有恭敬、严肃、认真的态度，这是做好事情的基本条件，也是"仁爱"的直接体现，更是君子所为。中华民族历来崇尚敬业，素有"三年视敬业乐群"⑤的主张，《礼记》中的记载体现出古代先贤倡导专心致志于学业的传统。老子有云："图难于其易，为大于其细；天下难事，必作于易；天下大事，必作于细。是以圣人终不为大，故能成其大。"⑥在容易之时谋求难事，在细微之处成就大事。天下的难事，都是从容易之时做起的；天下的大事，亦是从细微之处入手的，这是我们在工作过程中遇到困难应当具备的基本态度，只有从小事、从容易的事入手，踏踏实实才能成就事业。"廉约小心，克己奉公"⑦旨在阐述执政者应廉洁清正、小心谨慎，要约束自己的私欲，以公事为重。这是为官之人勤勉敬业的表现，是值得我们今天学习和借

---

① 许相卿、许云村：《贻谋》.
② 石成金：《传家宝二集卷二·人事通二集》.
③ 《论语·子路》.
④ 《论语·卫灵公》.
⑤ 《礼记·学记》.
⑥ 《道德经》.
⑦ 《后汉书·祭尊列传》.

鉴的思想精华。"夙夜在公"① 是当时人们为了祭祀而劳作的诗，整首诗表达出人们恭敬严肃、认真负责、任劳任怨、严谨勤奋的敬业精神。可以说，无论从事何种职业都需要有这种敬业精神，"夙夜在公"地完成任务，取得事半功倍的成效。传统文化的敬业理念十分重视"仁"，这也是对执政者提出的敬业要求，"'以仁为业，博施济众'，赋予'仕'这一职业以道德神圣性，增强了从政者的职业使命感，为其职业生涯提供了富有道德意义的终极理想目标。"②

2. 潜心治学——贾思勰敬业精神的真实写照

贾思勰作为中国古代深受传统文化熏陶的知识分子，其敬业精神非常可贵，集中体现在其潜心治学上。据考证，《齐民要术》创作于公元 528—556 年间，历时 28 年才得以完成。另说，该书成书于公元 533—544 年或稍后，历时约 11 年多。试想当时的时代，社会条件低劣，交通不便，战乱不断，要完成这么规模庞大的著作，拿到今天也绝非轻而易举之事，历时之长，工程之巨，创作的艰难程度可想而知。更为可贵的是，贾思勰充分发挥自己丰富的阅历知识和文化知识优势，除了完成正文 7 万余字外，对正文作了长达 4 万余字的注释。特别是那些表明自己见解的注释，一定是作者有着切身经历之后的真实思考，反映了北魏当时的社会生产现实情况，或者当时人们对生产生活的观察心得。贾思勰的用心注释，才使得作品主旨更加明白晓畅，内容更加丰富立体，也为我们今天研究农学发展或《齐民要术》农学文化思想提供了宝贵的历史文献资料。全书严密科学的体系架构、一丝不苟的注评……使得后世学者特别是农学领域的学者，大多遵循了贾思勰的著书体例，足以可见贾思潜心治学作风对后世影响之大。

3. 以勤督课——贾思勰敬业精神的集中体现

勤劳是一种理智、高尚的生活观，也是中华民族优秀的传统美德之一。贾思勰在《齐民要术·序》中引用了《左传》名句"民生在勤，勤则不匮"等大量典籍和史实资料，并结合自己的认识，强调勤劳的重要作用。我们从贾思勰对"古语曰：'力能胜贫，谨能胜祸。'盖言勤力可以不贫，谨身可以避祸。故李悝为魏文侯作尽地力之教，国以富强；秦孝公用商君，急耕战之赏，倾夺邻国而雄诸侯"的解释可以清晰地看出，他对勤劳的推崇；在序言中又以"天为之时，而我不农，谷亦不可得而取之。青春至焉，时雨降焉，始之耕田，终之

---

① 《诗经·召南·采蘩》.
② 刘永春，肖群忠. 论儒家思想中的敬业精神［J］. 道德与文明，2016（1）：79.

簠、簋，惰者釜之，勤者钟之。矧夫不为，而尚乎食也哉?"来反复说明勤惰的不同结果;"每岁时农收后，察其强力收多者，辄历载酒肴，从而劳之，便于田头树下，饮食劝勉之，因留其余肴而去;其惰懒者，独不见劳，各自耻不能致丹，其后无不力田者，聚落以致殷富。"引用谚语并援引王丹的故事重申勤劳致富的思想主张;甚至提及那些"稼穑不修，桑果不茂，畜产不肥""杝落不完，垣墙不牢，扫除不净"者，可以"鞭之""笞之"，同样体现出贾思勰以勤督课的迫切之情和对勤劳的坚决主张。

(三) 培育工匠精神，做勤学苦练的新时代青年

当今社会，要实现自己的职业理想和人生价值必须具备基本的敬业精神，耐心、细致、踏实地对待本职工作，是实现自我价值的有效途径。一个人对待职业发展要有耐心，无论从事哪一种类型的职业，都要踏踏实实、一步一个脚印的做好本职工作。这同时也告诫我们，做任何事情，都应耐心、细心、踏实，从小事做起、从点滴做起，唯有如此才可能在事业上有大作为和大发展。我国古代思想家朱熹说:"敬业者，专心致志也"[①]，就是在强调专心、踏实的重要性。爱岗敬业精神最直接、最现实的体现就是在自己的本职工作中能够勤奋刻苦地进行钻研，将平凡的工作做出不平凡的成绩。社会主义核心价值观倡导敬业，客观上要求从业者对待职业要有"勤奋刻苦"的精神，在勤奋中获得事业的成功。曾国藩有"五勤"的论述，即"勤之道有五:一曰身勤。险远之境，屈身经验之;艰苦之境，身亲尝之。二曰眼勤。遇一人必详细察看，接一文必反复审阅。三曰手勤。易弃之物，随号收拾;易忘之事，随笔记载。四曰口勤。待同僚，则互相规劝;待下属，则再三训导。五曰心勤。精诚所至，金石亦开;苦累所积，鬼神亦通。五者皆到，无不尽之职。"[②] 习近平总书记在同全国劳动模范代表座谈时指出，"劳动创造了中华民族，造就了中华民族的辉煌历史，也必将创造出中华民族的光明未来。'一勤天下无难事。'必须牢固树立劳动最光荣、劳动最崇高、劳动最伟大、劳动最美丽的观念，让全体人民进一步焕发劳动热情、释放创造潜能，通过劳动创造更加美好的生活。"[③]

空谈误国、实干兴邦，爱岗敬业为中国梦注入奋斗的力量。新时期，我们

---

① 《朱子语类》卷八十七.
② 曾国藩:《劝诫委员四条》.
③ 习近平. 在同全国劳动模范代表座谈时的讲话 [N]. 人民日报，2013-04-29.

呼唤勤奋刻苦的敬业理念、希冀人人恪守职责、拼搏奋斗的敬业精神，期盼早日形成爱国敬业的有序图景。李克强总理在 2016 年政府工作报告中提出"培育精益求精的工匠精神"。"工匠精神落在个人层面，则是一种对职业敬畏、对工作执著、对产品负责的敬业精神。"① 这种工匠精神的核心就在于踏实，要有坐得住冷板凳的决心、禁得起考验的毅力。现代社会，经济的发展带来的是人心的浮躁，浮躁是一种不细心、不踏实的状态。当工作者期盼得到的多、付出的少，回报的多、奉献的少的时候，其工作态度就不可能细心和踏实了。因此，在实际工作中要将踏实放在第一位，细心、踏实、静心地做事。

其实，集中体现为对自己的产品精雕细琢，追求精益求精的精神理念的工匠精神与我校"创业敬业、求是求新"的潍科精神、"让认真成为品质"的校风及"勤学苦练"的学风不谋而合。

"创业敬业"，就是敢于挑战、勇于开拓、勤于钻研、敢于创新，把所从事的每一项工作都当作课题去研究，以强烈的创新意识和严谨的科学态度，以身作则，率先垂范，任劳任怨，兢兢业业，不断超越他人，超越自我，在挑战面前不退缩，在困难面前不屈服，永不满足，永不停步。"求是求新"，就是尊重科学、追求真理、开拓创新、与时俱进。这就需要坚持学习，不断地充实自己，提升自己，适应日新月异的形势的需要，胜任岗位工作需要。求是求新，要求我们善于发现问题，更重要的是解决问题，发现不了问题是最大的问题。求是求新，要求每位大学生要认真做好自己的人生规划，努力学习，加强实践，挑战自我极限，提升个人综合素质，面对社会发展需求，明确人生定位，创造新生活，服务社会发展。

毛泽东同志曾说过，"世界上怕就怕认真二字，共产党就最讲认真"。"让认真成为品质"是我校的校风，认真就是严肃对待，不马虎，以严肃的态度或心情对待学习和工作。认真是做好工作的基础，是学好科学知识的前提和保障，也是潍科人所坚持的做人和做事原则。它要求教师爱岗敬业、关爱学生，刻苦钻研、严谨笃学，勇于创新、奋发进取、淡泊名利、志存高远；要求学生勤学苦练、执著追求，一丝不苟、永不言弃，认真做人、认真做事、认真做学问。要把"认真"培养成一种工作习惯，把简单的事情做到位，做到精致。将"认真"融化到每位干部、教职工、学生的血液中，成为潍科人的精神气质，成为一种习惯，成为自觉行动。"让认真成为品质"的校风，是潍坊科技学院

---

① 曹传晏．生而"敬业"人之根本［J］．辽东学院学报（社会科学版），2016（3）：133.

的办学理念、指导思想、办学特色和精神气质的凝练和概括，体现了学校育人的原则、目标、作风、品格与精神，是校园文化建设的核心和灵魂。它们所反映的精神旨意和价值追求将引领学校未来的发展方向。

"勤学苦练"是我们的学风，就是指认真学习，刻苦训练。勤奋是点燃智慧的火把，勤出智慧，勤能补拙，大志非才不就，天才非学难成。勤学，强调学习过程的连续性、累积性，以及学习态度的端正性和积极性，旨在倡导严谨治学、学而不厌、终身学习的风气，做到"海纳百川，有容乃大"。古人相信，只要人们勤勤恳恳，持之以恒，就能惊天动地。我国历史上如凿壁偷光、苏秦刺股、孙敬悬梁、车胤囊萤、孙康映雪、高凤流麦、李密挂角、王献之练字、闻鸡起舞、铁杵成针等，都包含着一个立志勤学、催人奋进的励志故事，而他们也因为勤奋刻苦、学有所成而流芳千古。苦练，就是要发扬雷锋的"钉子"精神和实干的精神，刻苦练习和实践。苦练不是一般意义上的练，必须是下决心、下苦功、有毅力、有恒心，善于花大力气，挤时间苦练技能，提高本领。勤学苦练，关键在"勤"学，基础在"苦"练。勤学才能博学，苦练才出绝活，勤学苦练才能成才，才能百炼成钢，才能"青出于蓝而胜于蓝"，才能领略"山登绝顶我为峰"的无限风光与豪迈。

三、诚信——诚心敬意，信誉卓著

"恪守诚信"是中华民族的传统美德，是涵养社会主义核心价值观的重要文化源泉，同时也是培育和践行社会主义核心价值观的时代要求。社会主义核心价值观所倡导的诚信，是在个人层面对公民提出的价值要求，亦是为人的基本准则。

（一）诚信的内涵

诚信即诚实守信，是人类社会千百年传承下来的道德传统，也是社会主义道德建设的重点内容，它强调诚实劳动、信守承诺、诚恳待人。诚信，在中华优秀传统文化中不仅是治国理政的基本遵循，更是待人接物、处理事务、经商治产的根本准则，贯穿于社会生活的各个方面，成为社会各行各业恪守的行为规范。就其意义而言，诚信包含"诚"和"信"两方面内容：诚，即诚实、诚恳；信，即守信、信守诺言。诚于内、信于外，阐明诚实是自身内在德行的直接表现，守信则是对承诺的履行。

（二）诚信的传统文化渊源

1. 中华传统文化中的"诚信"

古代先贤视"诚信"为个人的安身之本，中华优秀传统文化蕴含丰富的诚信资源，"诚者，真实无妄之谓，天理之本然也"①、"物格而后知至，知至而后意诚，意诚而后心正，心正而后身修，身修而后家齐，家齐而后国治，国治而后天下平"②、"有所许诺，纤毫必偿，有所期约，时刻不易，所谓信也"③等内容都是对诚实守信理念的直接表达。诚信是中华民族的传统美德，包含着言论与行动两个方面，要求言必信行必果，强调言论的真实与客观，人己无欺、真实无妄；重视对于言论的践行与笃守，一诺千金、一言九鼎。以儒家思想为主干的传统文化倡导诚信、守信的价值原则，要求仁人志士遵从"信"的价值准则。首先，"信"是安身立命的基础。"人而无信，不知其可也。大车无輗，小车无軏，其何以行之哉？"④輗和軏都是车辕与横木联结的关键，是车之为车的重中之重，以此为比喻说明"信"对人的重要性。其次，"信"是为仁的必然要求。把恭、宽、信、敏、惠作为"五德"，倡导"入则孝，出则悌，谨而信，泛爱众"⑤。其三，"信"是与人交往的准则。反复强调，"与朋友交，言而有信"，并"日三省吾身"，反思"与朋友交而不信乎？"⑥ 以仁和义作为"信"的标准，推行德政于天下，"道千乘之国，敬事而信，节用而爱人"⑦，把足食、足兵、民信作为为政的三个基本要求，如不得已必须去除，先后的顺序是去兵、去食，把"信"留在最后，因为"民无信不立。"⑧ 儒家文化传统中，诚信、守信居于价值观的核心地位。

2. 实践精神——贾思勰诚信务实价值准则的体现

以脚踏实地、身体力行为特点的实践精神是农圣贾思勰身上拥有的一种可贵的精神，也是农圣文化中具有鲜活生命力的精华所在，更是诚信、务实价值准则的重要体现。贾思勰在《齐民要术·序》中引用《左传》名句"民生在

① 《中庸》.
② 《礼记·大学》.
③ 袁采：《袁氏世范》.
④ 《论语·为政》.
⑤ 《论语·学而》.
⑥ 《论语·学而》.
⑦ 《论语·学而》.
⑧ 《论语·颜渊》.

勤，勤则不匮"，强调只要勤劳实干，就不会贫穷的观点，从而号召人们积极参加农业生产实践；又引用古语"力能胜贫，谨能胜祸"进一步强调出实力、干实事就是脱贫致富，谨慎行事就能避免灾祸的道理。从《齐民要术》文本中，我们可以看出贾思勰有重视、搜集、整理生产实践经验的实际行动，有"验以行事"的切身经历，更有行万里路、接地气的丰富体验，他是"躬行践履"亲自为之，而非口头上的游戏辞令。

3. 实事求是——贾思勰诚信务实价值准则的集中彰显

《齐民要术》中展示出的贾思勰尊重规律、勇于质疑的实事求是精神，是农圣文化强劲生命力的重要源泉。"春既多风，若不寻劳，地必虚燥。秋田实，湿劳令地硬"、"春气冷，生迟不曳挞则根虚，虽生辄死。夏气热而生速，曳挞遇雨必坚垎。其春泽多者，或亦不须挞；必欲挞者，宜须待白背，湿挞令地坚硬故也。"充分体现出贾思勰通过对气候、地理条件的长期观察和总结研究，认识和发现自然规律，并提出要尊重客观规律、顺应气候特点进行科学耕种；"耕而不劳，不如作暴"是对自然客观规律的一种实事求是的反映；用"顺天时，量地利，则用力少而成功多，任情返道，劳而无获"来说顺应天时且根据土地情况进行合理种植的重要性；"有闰之岁，节气近后，宜晚田"，引用谚语"以时及泽，为上策"及《氾胜之书》《孟子》等大量古书文字，表达从事农事活动必须遵循自然规律及"春生、夏长、秋收、冬藏，四时不可易也"的科学道理。贾思勰还根据自然规律的特点，通过自己的观察和研究，总结出了不同农作物的最佳种植时机及生长所需的最优品质田地，同一作物在不同土质、不同时机下所需的种子分量等方面的经验。正是这种遵循规律实事求是的精神才使得贾思勰对作物生长规律有了准确地把握和全面的总结。

（三）恪守诚信，做言行一致的新时代青年

源远流长的中华传统文化形成了诚信的传统美德，自古以来，人们便把讲诚信视为个人立身之本、维持和谐人际关系和治国为政的基本遵守和道德规范。

恪守诚信是国家兴盛的重要保障。"民无信不立"[①] 这句传统经典名句流传至今，其意义已经引申为"一个人如果失去了信用，就不可能立足于社会之

---

① 《论语·颜渊》。

中"。其原意思是：一个国家如果没有公信，就不会得到人们的拥护。对此我们不难看出，诚信不论是在古代社会之于国家而言，还是现代社会之于个人而言都是基础性要素，没有诚信就没有国家的繁荣富强，没有诚信就没有个人的良好成长和发展。当代社会，诚信对于一个独立的主权国家而言，其意义在于，国家的富强兴盛与这个国家能否忠诚于人民、取信于人民密切相关，这是国家兴盛的重要保障。此外，诚信还是天下相通的桥梁和纽带，"诚信者，天下之结也"① 是古代先贤提出的诚信主张，这对国家处理外交事务具有重要的启示意义，中华民族自古以来就以"诚"为根本确立外交政策，在与其他国家的交往过程中一直秉承恪守诚信的价值准则。

在中国传统文化中，诚信作为治国为政之本的智慧在习近平的外交观中得到充分的体现和运用。十八大以来，习近平在多个外交场合都曾动情地谈及诚信，"人与人交往在于言而有信，国与国相处讲究诚信为本"，"凡交，近则必相靡以信，远则必忠之以言"，"人而无信，不知其可也"，"诚信比财富更有用"等。习近平在不同外交场合对诚信的这些论述，体现了诚信作为中华优秀传统文化的重要思想精髓，在今天依然是中国处理国际关系的基本理念，充分体现在习近平外交观中。在诚信为本理念的指导下，习近平提出了对待周边国家，坚持"亲、诚、惠、容"周边外交理念。习近平主席还本着真诚相待的原则，积极发展同各大国之间的全方位合作关系，积极推动中美新型大国关系建设，发展中俄全面战略协作伙伴关系，努力建造同欧洲各国的和平、增长、改革、文明四座桥梁，推动中欧全面战略伙伴关系不断发展。正是由于中华民族"守诚信"的文化基因，使得我们在国与国交往中信守承诺、真诚合作，广交朋友，向世界展现了具有中国特色、中国风采、中国气派的外交形象和大国魅力。

恪守诚信是个人安身立命的道德准则。儒家思想中"人而无信，不知其可也"，"仁、义、礼、智、信"的道德信条，都强调了诚信是一个人的立身之本。中华优秀传统文化对诚信的论述十分丰富，如"诚者，天之道也；思诚者，人之道也。"② "凡交，近则必相靡以信，远则必忠以言"③ "君子养心莫善

---

① 《管子·枢言》.

② 《孟子·离娄上》.

③ 《庄子·人间世》.

于诚"① "小信成，则大信立"② "夫轻诺信，多易必多难"③ "志不强者智不达，言不信者行不果"④ 等内容都是在阐述诚信对于个人而言的重要作用。现代社会，诚信同样是一个人不能缺少的美好品德。无论是对父母、朋友、领导，都要怀抱感恩之心、诚信待人。古代先贤主张"凡是交往，如果是关系亲近的人，一定要彼此信任；如果关系不亲近，就一定要信守诺言"，这同样也是我们今天诚信交往的重要内容。"从历史上看，诚信作为为人之道，经过几千年的实践，已经成为中华民族的传统美德，成为人们相互间团结友爱、相安共处、互帮互助的基础，并深深地积淀在人们的生活和意识里。"诚信作为公民道德的基石，既是做人做事的道德底线，也是社会运行的基本条件。青年学生在提升自身诚信修养的过程中，还要注意将诚信与道德实践相结合，因为只有躬身践行诚信，言行一致，才能够使诚信观念的作用得到真正的发挥，否则任何道德上的约束都只是空中楼阁。

四、友善——友于兄弟，善与人交

"友善"是紧涉人际关系的道德要求，是各阶层各行业都应该积极倡导的具有基础性和普适性特点的价值观。只有在日常生活中，倡导并保留一份友善之情，发扬友善互助的精神，人间才能充满更多的真情，社会才会更加和谐。

（一）友善的内涵

友善强调公民之间应互相尊重、互相关心、互相帮助，和睦友好，努力形成社会主义的新型人际关系。"友善"包含善待亲友、他人、社会、自然等。善待亲人可以和谐家庭关系。善待朋友，善待他人，可以和谐人际关系；善待自然可以形成和谐的生态关系。

（二）友善的传统文化渊源

1. 中华传统文化中的"友善"

从中国的文化传统看，友善是人应有的品质。中国人具有追求"至善"的

---

① 《荀子·不苟》.
② 《韩非子·外储说左上》.
③ 《老子》.
④ 《墨子·修身》.

精神，"大学之道，在亲民，在明明德，在至于至善。"在儒家思想家眼里，"仁者，爱人"，以友善的态度对待别人，"己所不欲，勿施于人"，努力实现"己欲立而立人，己欲达而达人"，推崇"恭而不侮，宽则得众，信则人任焉，敏则有功，惠则足以使人"①，广泛地践行"恭宽信敏惠"五种美德就能达到仁的境界。注重身体力行地实现恭敬、宽厚、友善、仁爱、慈惠的价值理念。对自己强调修身、慎独，对他人则要友善、宽厚，并以此作为小人与君子的界定标准之一，"君子求诸己，小人求诸人"。对他人要己所不欲勿施于人，进而到达"己欲立而立人，己欲达而达人"。

2. 问计于民——贾思勰亲善爱民的突出表现

贾思勰在注重书本知识的学习、潜心治学的同时，高度重视在实践中学，向劳动人民学，展示出其亲善爱民的态度。贾思勰这种虚心学习、善于学习、问计于民的精神，在《齐民要术》里也很容易找到相关的印证文字。为提高《齐民要术》的实用价值，指导农业生产，提高产量，贾思勰有选择性摘录了古人有关农业政策和农业生产的文献，把这些知识作为精神激励和生产上的借鉴，即"采捃经传"。采集农业谚语，农谚是老百姓在生产生活中的经验总结最活跃的部分，是经过了长期的历史考验，具有旺盛生命力的活教材，也是高度概括的科学技术格言，即"爰及歌谣"。实地采访群众经验，向富有实际生产经验的老农和内行请教，吸收当时广大劳动群众在生产生活中积累的宝贵经验，把自己的理论建立在了丰富而又扎实的生产生活基础上，即"询之老成"。有了历史文献作理论基础，有了群众智慧作理论支撑，又经过了自己的深入思考和实践验证，更加上自己的精心总结和提升，《齐民要术》以其坚实的理论基础和实践验证，成为我国古代农业科学技术的集大成之作，成为了我国古代劳动人民从事农业生产活动的操作指南。

（三）厚德仁爱，做一个友善待人的新时代青年

习近平总书记明确指出，"激励人们崇德向善、见贤思齐，鼓励全社会积善成德、明德惟馨，培育知荣辱、讲正气、作奉献、促和谐的良好风尚。"②厚德仁爱的传统文化积淀集中体现了中华民族在人际交往过程中秉承的友善原

① 《论语·阳货》.
② 中共中央宣传部. 习近平总书记系列重要讲话读本［M］. 北京：学习出版社，人民出版社，2014：96.

则，同时也是古代文明的重要体现，这是在尊重个体独立性和差异性的基础上而发展起来的传统美德，对我们今天的社会发展以及价值观培育起到重要的推动作用。社会主义核心价值观倡导友善，这在一定程度上可以作为"厚德仁爱"美德的当代体现。这一原则同样适用于中国特色大国外交中，"国之交，在于民相亲""以心相交者，成其久远。"习近平总书记常说，国与国友好的基础是否扎实，关键在于人民友谊是否深厚。这种以心相交、以情近人的外交方式，拉近了中外民众之间的距离。平易近人、真诚友善、质朴可亲，言谈话语中，富有亲和力的"习式外交"日益成为世界舞台上一道亮丽的风景线，不断加深着中国与各交往国家之间的友谊。

友善，既有友好善良、共同合作的含义，又内含包容、大德之深蕴，是公民道德规范的集中诠释。古人讲："实现人生价值的三个基本途径：学习、交际、人格建构"[1]，而今，社会主义核心价值观将"友善"提升为个人价值准则，不仅是对友善这一价值理念的高度重视，同时也是强化友善对于个体成长以及社会发展的重要意义。"友善被列为社会主义核心价值观，是社会主义核心价值体系生活化、大众化的重要体现。友善是处理人与人之间关系、人与社会的关系、人与自然关系的基本准则。"[2] 社会主义核心价值观倡导的友善是一种能够与社会主义市场经济相适应的价值调和，市场的交换价值使人与人之间的关系多了几分功利色彩，友善作为传统美德客观上要求人们在交往过程中以尊重和宽容之心对待他人。现代社会，人际交往的原则其实很简单：有利于他人的事，一定要去做；不利于他人的事情，坚决不要去做。此外，友善还需要我们青年学生在日常生活中努力践行一名"仁者"的行为准则，能够发自内心地爱别人。与众人和睦相处，宽恕他人过错。时刻为他人着想，不能只顾一己之利。友善是一种价值理念、更是为人的高级智慧，人与人交往时要善良、和气，如兄弟姐妹一样真诚地对待他人，这是与人相处的准则，一个能够对他人宽容、诚恳、友善的人，才能获得事业的成功、获得真正的人生幸福。

厚德仁爱、友善待人等传统美德培养了中国人真诚友好、待人有礼、善待他人的美好品质。穿越五千多年的中华优秀传统文化史，回到当代社会，社会主义核心价值观倡导的友善应该有"恭敬礼让、助人为乐、尊老爱幼、和睦邻

---

① 《月读》编辑部. 生生不息：从传统经典名句领悟社会主义核心价值观 [M]. 北京：中华书局，2015：321.

② 刘玉瑛. 社会主义核心价值观学习读本（公民篇）[M]. 北京：新华出版社，2015：87.

里、保护公物、爱护自然"等几方面内容。友善"对个体而言，它是一种高尚的道德品质，它会促使人在生活和工作中善待亲人、善待朋友、善待自然、善待社会。对社会而言，它是一种极为重要的社会伦理守则，在维护社会秩序的和谐和推动社会的良好运转方面发挥着不可替代的作用。"① 在实践交往中，人们应自觉秉承友善原则，学会宽容、忍让和友爱，理性处理人际关系。社会主义核心价值观倡导友善是提升人们道德素养、化解道德危机、深化道德认同的重要举措。总的来说，友善作为厚德仁爱的外化和拓展，它是维系社会成员之间和谐相处的重要精神桥梁，也是衡量社会健康发展的重要伦理标准。"当前，我国正处于社会转型的关键时期，'友善'作为一种核心价值观，能在公民道德培育、社会秩序的优化以及推动和谐社会和中国梦的实现等方面发挥极为重要的作用。"② 从中华优秀传统文化中汲取厚德仁爱的思想精华，将友善思想及其传统文化积淀进行现代转换，植入社会主义核心价值观的培育与践行过程，这是弘扬中华优秀传统文化的客观要求。

大学生的友善观念是其道德修养与文化素养的内在支撑。加强对大学生友善观的培育，对于塑造健康的人格品质意义重大。第一，培养大学生友善品质，教育是基础。要在教育内容上强化友善的道德意蕴，注重灌输友善品质内容和要求；在教育载体上，发挥大学思想政治理论课的主渠道作用；在教育形式上，坚持做到课堂内友善专题教学与课堂外友善辅助教育相结合、友善理论教学与友善实践教学相结合、教师友善的言传与身教相结合、学生友善的自我教育和学校教育管理相结合。第二，着力于氛围营造。以校园文化和各类活动为载体的第二课堂发挥着友善教育的重要作用，要积极营造有利于大学生友善品质培养，集舆论导向、道德实践活动、文化设施为一体的校园文化氛围。如开展道德实践、志愿服务、评选友善道德模范等活动，注重校园文化熏陶，打造符合时代特征具有学校特色的校园文化设施，以文养心，以文育人，以文化人，营造友善优美的育人环境氛围，打造形成崇德向善、礼让宽容的道德风尚。第三，着力于制度保障。加强用法治思维规范校园文明秩序，把大学生友善品质贯彻到依法办学、依法治校和依法管理实践中，以法律法规的权威性和强制性增强大学生培育和践行友善品质的自觉性。坚持用政策导向保障校园文明环境。特别与大学生日常学习、成长成才、就业创业等密切相关的具体政策

---

① 黄明理. 社会主义核心价值观研究丛书·友善篇 [M]. 南京：江苏人民出版社，2015：160.

② 黄明理. 社会主义核心价值观研究丛书·友善篇 [M]. 南京：江苏人民出版社，2015：143.

措施，更要注重学科专业建设和友善价值导向有机统一、学校教育教学的局部利益与社会核心价值的整体利益有机统一，实现提升大学办学水平与提高大学生道德水平的良性互动；用制度约束提升校园文明水平。要把大学生友善行为作为大学内部治理的重要内容，融入制度建设和日常治理工作中。在建立健全大学内部规章制度时，要充分体现大学生友善品质的要求，把思想引导与利益调节、精神鼓励与物质奖励统一起来，加强校园文明的考核奖惩，确保大学生道德守则和文明公约在教育管理实践中得到落实。

五、传承农圣文化，做新时代公民之楷模

《齐民要术》是中华优秀传统文化传承的重要载体。作为传统的农业大国，如何解决以"食"为天的老百姓的吃饭问题，实现国家的长治久安，向来是国家关注的一个现实问题，建立一套因地制宜、因时制宜、因物制宜的农业科学技术体系，实现精耕细作，提高粮食产量，满足百姓需要，是历朝历代致力解决的首要问题。正是在这样的现实条件下，《齐民要术》的产生具有了特别重要的价值和现实意义，这也是《齐民要术》历久弥新、传承留世的重要原因。

《齐民要术》内容非常庞杂，涉及社会生产生活的方方面面，每章的内容都逻辑严密、自成体系，解题、正文、注文、引文体例规范，结构严谨，既有对历史传统文化的集成，又有对现实生产生活经验的总结创新，为后世的农书撰写确立了一个成功的范本，被誉为"中国古代农业百科全书"，为历朝历代奉之为治农重典。

纵观古今中外的文明史，能写出 11 多万字的《齐民要术》，且文章朴素通俗，知识覆盖面广，科技含量高，实际应用价值大，这绝不是一个普通人能做到的。可以说，《齐民要术》显示出贾思勰思维缜密、智慧闪烁的可圈可点的独到之处，体现贾思勰的文化涵养，显示出贾思勰作为有着丰富的知识储备和渊博学识的中国古代知识分子的可贵之处。当然，如果没有为国解忧、爱民如子的深厚情怀，没有潜心治学、以勤督课的敬业精神，没有实事求是、注重实践的诚信意识，没有问计于民、厚德仁爱的友善品质，没有扎实的学习基础和实践经验，或者间接的经验支撑，都是无法做到的。这也是新时代青年应该从贾思勰身上学习和汲取的正能量，是社会主义核心价值观公民个人层面爱国、敬业、诚信、友善在道德准则上的充分体现和本质要求。仁爱之心、家国情怀、责任担当、诚信敬业、知行合一、厚德载物等等美德已成为中华儿女世代

血脉的基因，也是社会主义核心价值观的丰富滋养。在今天多元价值观的冲击下，能否发扬这些美德，保持纯真之心，感恩之心，反映着公民的素质，同样叩问着我们的心灵。同时，要加强自身修养，我们的八字校训中的第一个便是"修身"，修身，修的是素质和品质，是境界和格局，这就要求青年学生必须弘扬美德、加强修养，争做新时代公民之楷模，只有德才匹配方能事业有成。

第四节　博古通今　见贤思齐

一、经典篇

经典一

己亥杂诗·其二百二十

龚自珍

九州生气恃风雷，万马齐喑究可哀。

我劝天公重抖擞，不拘一格降人才。

【译文】

只有狂雷炸响般的巨大力量才能使中国大地发出勃勃生机，然而社会政局毫无生气终究是一种悲哀。

我奉劝上天要重新振作精神，不要拘泥一定规格以降下更多的人才。

【注释】

（1）九州：中国的别称之一。分别是：冀州、兖州、青州、徐州、扬州、荆州、梁州、雍州和豫州。王昌龄《放歌行》："清乐动千门，皇风被九州"。生气：生气勃勃的局面。恃：依靠。

（2）万马齐喑：比喻社会政局毫无生气。喑，沉默，不说话。

（3）天公：造物主。抖擞：振作，奋发。

（4）降：降生，降临。

【赏析】

龚自珍（1792年8月22日—1841年9月26日）清代思想家、文学家及改良主义的先驱者。27岁中举人，38岁中进士。曾任内阁中书、宗人府主事和礼部主事等官职。主张革除弊政，抵制外国侵略，曾全力支持林则徐禁除鸦片。48岁辞官南归，次年暴卒于江苏丹阳云阳书院。他的诗文主张"更法"、

"改图",揭露清统治者的腐朽,洋溢着爱国热情,被柳亚子誉为"三百年来第一流"。

整首诗中选用"九州"、"风雷"、"万马"、"天公"这样的具有壮伟特征的主观意象,是诗人用奇特的想象表现了他热烈的希望,他期待着杰出人才的涌现,期待着改革大势形成新的"风雷"、新的生机,一扫笼罩九州的沉闷和迟滞的局面,既揭露矛盾、批判现实,更憧憬未来、充满理想。它独辟奇境,别开生面,呼唤着变革,呼唤未来。寓意深刻,气势不凡。

全诗以一种热情洋溢的战斗姿态,对清朝当政者以讽荐,表达了作者心中对国家未来命运的关切,和希望当政者能够广纳人才的渴望,流露出忧国忧民的思想。

经典二

少年中国说

(1900 年 2 月 10 日)

梁启超

日本人之称我中国也,一则曰老大帝国,再则曰老大帝国。是语也,盖袭译欧西人之言也。呜呼!我中国其果老大矣乎?梁启超曰:恶,是何言,是何言,吾心目中有一少年中国在!

欲言国之老少,请先言人之老少。老年人常思既往,少年人常思将来。惟思既往也,故生留恋心;惟思将来也,故生希望心。惟留恋也,故保守;惟希望也,故进取。惟保守也,故永旧;惟进取也,故日新。惟思既往也,事事皆其所已经者,故惟知照例;惟思将来也,事事皆其所未经者,故常敢破格。老年人常多忧虑,少年人常好行乐。惟多忧也,故灰心;惟行乐也,故盛气。惟灰心也,故怯懦;惟盛气也,故豪壮。惟怯懦也,故苟且;惟豪壮也,故冒险。惟苟且也,故能灭世界;惟冒险也,故能造世界。老年人常厌事,少年人常喜事。惟厌事也,故常觉一切事无可为者;惟好事也,故常觉一切事无不可为者。老年人如夕照,少年人如朝阳;老年人如瘠牛,少年人如乳虎;老年人如僧,少年人如侠;老年人如字典,少年人如戏文;老年人如鸦片烟,少年人如白兰地酒;老年人如别行星之陨石,少年人如大洋海之珊瑚岛;老年人如埃及沙漠之金字塔,少年人如西伯利亚之铁路;老年人如秋后之柳,少年人如春前之草;老年人如死海之潴为泽,少年人如长江之初发源。此老年与少年性格不同之大略也。梁启超曰:人固有之,国亦宜然。

梁启超曰：伤哉老大也。浔阳江头琵琶妇，当明月绕船，枫叶瑟瑟，衾寒于铁，似梦非梦之时，追想洛阳尘中春花秋月之佳趣。西宫南内，白发宫娥，一灯如穗，三五对坐，谈开元、天宝间遗事，谱霓裳羽衣曲。青门种瓜人，左对孺人，顾弄孺子，忆侯门似海珠履杂之盛事。拿破仑之流于厄蔑，阿剌飞之幽于锡兰，与三两监守吏或过访之好事者，道当年短刀匹马，驰骋中原，席卷欧洲，血战海楼，一声叱咤，万国震恐之丰功伟烈，初而拍案，继而抚髀，终而揽镜。呜呼，面皴齿尽，白头盈把，颓然老矣！若是者，舍幽郁之外无心事，舍悲惨之外无天地，舍颓唐之外无日月，舍叹息之外无音声，舍待死之外无事业。美人豪杰且然，而况于寻常碌碌者耶！生平亲友，皆在墟墓，起居饮食，待命于人，今日且过，遑知他日，今年且过，遑恤明年。普天下灰心短气之事，未有甚于老大者。于此人也，而欲望以云之手段，回天之事功，挟山超海之意气，能乎不能？

呜呼，我中国其果老大矣乎？立乎今日，以指畴昔，唐虞三代，若何之郅治；秦皇汉武，若何之雄杰；汉唐来之文学，若何之隆盛；康乾间之武功，若何之赫！历史家所铺叙，词章家所讴歌，何一非我国民少年时代良辰美景、赏心乐事之陈迹哉！而今颓然老矣，昨日割五城，明日割十城；处处雀鼠尽，夜夜鸡犬惊；十八省之土地财产，已为人怀中之肉；四百兆之父兄子弟，已为人注籍之奴。岂所谓老大嫁作商人妇者耶？呜呼！凭君莫话当年事，憔悴韶光不忍看。楚囚相对，岌岌顾影；人命危浅，朝不虑夕。国为待死之国，一国之民为待死之民，万事付之奈何，一切凭人作弄，亦何足怪！

梁启超曰：我中国其果老大矣乎？是今日全地球之一大问题也。如其老大也，则是中国为过去之国，即地球上昔本有此国，而今渐渐灭，他日之命运殆将尽也。如其非老大也，则是中国为未来之国，即地球上昔未现此国，而今渐发达，他日之前程且方长也。欲断今日之中国为老大耶，为少年耶？则不可不先明"国"字之意义。夫国也者，何物也？有土地，有人民，以居于其土地之人民，而治其所居之土地之事，自制法律而自守之；有主权，有服从，人人皆主权者，人人皆服从者。夫如是，斯谓之完全成立之国。地球上之有完全成立之国也，自百年以来也。完全成立者，壮年之事也；未能完全成立而渐进于完全成立者，少年之事也。故吾得一言以断之曰：欧洲列邦在今日为壮年国，而我中国在今日为少年国。

夫古昔之中国者，虽有国之名，而未成国之形也，或为家族之国，或为酋长之国，或为诸侯封建之国，或为一王专制之国。虽种类不一，要之，其于国家之体质也，有其一部而缺其一部，正如婴儿自胚胎以迄成童，其身体之一二官支，先行长成，此外则全体虽粗具，然未能得其用也。故唐虞以前为胚胎时代，殷周之际为乳哺时代，由孔子而来至于今为童子时代，逐渐发达，而今乃始将入成童以上少年之界焉。其长成所以若是之迟者，则历代之民贼有窒其生机者也。譬犹童年多病，转类老态，或且疑其死期之将至焉，而不知皆由未完全、未成立也，非过去之谓，而未来之谓也。

且我中国畴昔，岂尝有国家哉？不过有朝廷耳。我黄帝子孙，聚族而居，立于此地球之上者既数千年，而问其国之为何名，则无有也。夫所谓唐、虞、夏、商、周、秦、汉、魏、晋、宋、齐、梁、陈、隋、唐、宋、元、明、清者，则皆朝名耳。朝也者，一家之私产也；国也者，人民之公产也。朝有朝之老少，国有国之老少，朝与国既异物，则不能以朝之老少而指为国之老少明矣。文、武、成、康，周朝之少年时代也。幽、厉、桓、赧，则其老年时代也；高、文、景、武，汉朝之少年时代也，元、平、桓、灵，则其老年时代也。自余历朝，莫不有之。凡此者，谓为一朝廷之老也则可，谓为一国之老也则不可。一朝廷之老且死，犹一人之老且死也，于吾所谓中国者何与焉？然则吾中国者，前此尚未出现于世界，而今乃始萌芽云尔。天地大矣，前途辽矣，美哉，我少年中国乎！

玛志尼者，意大利三杰之魁也，以国事被罪，逃窜异邦，乃创立一会，名曰"少年意大利"。举国志士，云涌雾集以应之，卒乃光复旧物，使意大利为欧洲之一雄邦。夫意大利者，欧洲第一之老大国也，自罗马亡后，土地隶于教皇，政权归于奥国，殆所谓老而濒于死者矣。而得一玛志尼，且能举全国而少年之，况我中国之实为少年时代者耶？堂堂四百余州之国土，凛凛四百余兆之国民，岂遂无一玛志尼其人者！

龚自珍氏之集有诗一章，题曰《能令公少年行》。吾尝爱读之，而有味乎其用意之所存。我国民而自谓其国之老大也，斯果老大矣；我国民而自知其国之少年也，斯乃少年矣。西谚有之曰：有三岁之翁，有百岁之童。然则国之老少，又无定形，而实随国民之心力以为消长者也。吾见乎玛志尼之能令国少年也，吾又见乎我国之官吏士民能令国老大也，吾为此惧。夫以如此壮丽浓郁、翩翩绝世之少年中国，而使欧西、日本人谓我为老大者何也？则以握国权者皆老朽之人也。非哦几十年八股，非写几十年白折，非当几十年差，非捱几十年俸，非递几十年手本，非唱几十年诺，非磕几十年头，非请几十年安，则必不能得一官，进一职。其内任卿贰以上、外任监司以上者，百人之中，其五官不备者，殆九十六七人也，非眼盲，则耳聋，非手颤，则足跛，否则半身不遂也。彼其一身饮食、步履、视听、言语，尚且不能自了，须三四人在左右扶之捉之，乃能度日，于此而乃欲责之以国事，是何异立无数木偶而使之治天下也。且彼辈者，自其少壮之时，既已不知亚细、欧罗为何处地方，汉祖、唐宗是哪朝皇帝，犹嫌其顽钝腐败之未臻其极，又必搓磨之、陶冶之，待其脑髓已涸，血管已塞，气息奄奄，与鬼为邻之时，然后将我二万里山河，四万万人命，一举而畀于其手。呜呼！老大帝国，诚哉其老大也！而彼辈者，积其数十年之八股、白折、当差、捱俸、手本、唱诺、磕头、请安，千辛万苦，千苦万辛，乃始得此红顶花翎之服色，中堂大人之名号，乃出其全副精神，竭其毕生力量，以保持之。如彼乞儿，拾金一锭，虽轰雷盘旋其顶上，而两手犹紧抱其荷包，他事非所顾也，非所知也，非所闻也。于此而告之以亡国也，瓜分也，彼乌从而听之？乌从而信之？即使果亡矣，果分矣，而吾今年既七十矣八十矣，但求其一两年内，洋人不来，强盗不起，我已快活过了一世矣。若不得已，则割三头两省之土地奉申贺敬，以换我几个衙门；卖三几百万之人民作仆为奴，以赎我一条老命，有何不可？有何难办？呜呼，今之所谓老后、老臣、老将、老吏者，其修身、齐家、治国、平天下之手段，皆具于是矣。西风一夜催人老，凋尽朱颜白尽头。使走无常当医生，携催命符以祝寿。嗟乎痛哉！以此为国，是安得不老且死，且吾恐其未及岁而殇也。

梁启超曰：造成今日之老大中国者，则中国老朽之冤业也；制出将来之少年中国者，则中国少年之责任也。彼老朽者何足道，彼与此世界作别之日不远矣，而我少年乃新来而与世界为缘。如僦屋者然，彼明日将迁居他方，而我今日始入此室处，将迁居者，不爱护其窗棂，不洁治其庭庑，俗人恒情，亦何足怪。若我少年者前程浩浩，后顾茫茫，中国而为牛、为马、为奴、为隶，则烹脔鞭之残酷，惟我少年当之；中国如称霸宇内、主盟地球，则指挥顾盼之尊荣，惟我少年享之。于彼气息奄奄、与鬼为邻者何与焉？彼而漠然置之，犹可言也；我而漠然置之，不可言也。使举国之少年而果为少年也，则吾中国为未来之国，其进步未可量也；使举国之少年而亦为老大也，则吾中国为过去之国，其澌亡可翘足而待也。故今日之责任，不在他人，而全在我少年。少年智则国智，少年富则国富，少年强则国强，少年独立则国独立，少年自由则国自由，少年进步则国进步，少年胜于欧洲，则国胜于欧洲，少年雄于地球，则国雄于地球。红日初升，其道大光；河出伏流，一泻汪洋；潜龙腾渊，鳞爪飞扬；乳虎啸谷，百兽震惶；鹰隼试翼，风尘吸张；奇花初胎，皇皇；干将发硪，有作其芒；天戴其苍，地履其黄；纵有千古，横有八荒；前途似海，来日方长。美哉，我少年中国，与天不老！壮哉，我中国少年，与国无疆！

"三十功名尘与土，八千里路云和月。莫等闲白了少年头，空悲切！"此岳武穆《满江红》词句也，作者自六岁时即口授记忆，至今喜诵之不衰。自今以往，弃"哀时客"之名，更自名曰"少年中国之少年"。

【赏析】

梁启超（1873—1929）近代思想家，戊戌维新运动（即戊戌变法）领袖之一。字卓如，号任公，别号饮冰室主人。广东新会人。梁启超自幼在家中接受传统教育，1889年中举。1890年赴京会试，不中。回粤路经上海，看到介绍世界地理的《瀛环志略》和上海机器局所译西书，眼界大开。同年结识康有为，投其门下。1891年就读于万木草堂，接受康有为的思想学说并由此走上改良维新的道路，时人合称"康梁"。

作者把封建古老的中国和他心目中的"少年中国"作鲜明的对比，极力赞颂少年勇于改革的精神，针砭老年人消极保守的思想，鼓励人们发愤图强，肩负起建设少年中国的重任，表达作者热切盼望祖国繁荣富强的强烈愿望和积极进取的精神。"少年智则国智，少年富则国富，少年强则国强，少年独立则国独立，少年自由则国自由，少年进步则国进步，"鼓舞人心的话语，曾经激励一代代年轻人为国家富强而发奋努力。

由于时代的局限和作者感情的影响，文章中也反映出作者对一些问题的片面认识。例如：作者把国民按老年、少年来区分并加以否定和肯定，把保守与进取，怯懦与豪壮，无为与有为等等，仅仅归结于老年和少年性格上的差异，把少年人全部看成先进，老年人全部斥为保守，并且把旧中国的衰弱，仅仅归根于官僚的老朽，这些认识并不完全符合实际，甚至有些偏激，对于这些提法都应历史地加以认识。

经典三

为 人 民 服 务

（1944 年 9 月 8 日）

毛泽东

我们的共产党和共产党所领导的八路军、新四军，是革命的队伍。我们这个队伍完全是为着解放人民的，是彻底地为人民的利益工作的。张思德同志就是我们这个队伍中的一个同志。

　　人总是要死的，但死的意义有不同。中国古时候有个文学家叫做司马迁的说过："人固有一死，或重于泰山，或轻于鸿毛。"为人民利益而死，就比泰山还重；替法西斯卖力，替剥削人民和压迫人民的人去死，就比鸿毛还轻。张思德同志是为人民利益而死的，他的死是比泰山还要重的。

　　因为我们是为人民服务的，所以，我们如果有缺点，就不怕别人批评指出。不管是什么人，谁向我们指出都行。只要你说得对，我们就改正。你说的办法对人民有好处，我们就照你的办。"精兵简政"这一条意见，就是党外人士李鼎铭先生提出来的；他提得好，对人民有好处，我们就采用了。只要我们为人民的利益坚持好的，为人民的利益改正错的，我们这个队伍就一定会兴旺起来。

　　我们都是来自五湖四海，为了一个共同的革命目标，走到一起来了。我们还要和全国大多数人民走这一条路。我们今天已经领导着有九千一百万人口的根据地，但是还不够，还要更大些，才能取得全民族的解放。我们的同志在困难的时候，要看到成绩，要看到光明，要提高我们的勇气。中国人民正在受难，我们有责任解救他们，我们要努力奋斗。要奋斗就会有牺牲，死人的事是经常发生的。但是我们想到人民的利益，想到大多数人民的痛苦，我们为人民而死，就是死得其所。不过，我们应当尽量地减少那些不必要的牺牲。我们的干部要关心每一个战士，一切革命队伍的人都要互相关心，互相爱护，互相帮助。

　　今后我们的队伍里，不管死了谁，不管是炊事员，是战士，只要他是做过一些有益的工作的，我们都要给他送葬，开追悼会。这要成为一个制度。这个方法也要介绍到老百姓那里去。村上的人死了，开个追悼会。用这样的方法，寄托我们的哀思，使整个人民团结起来。

【注释】

　　(1) 张思德，四川仪陇人，中共中央警备团的战士。他在一九三三年参加红军，经历长征，负过伤，是一个忠实为人民服务的共产党员。一九四四年九月五日在陕北安塞县山中烧炭，因炭窑崩塌，奋力将队友推出窑外，自己被埋而牺牲。

　　(2) 司马迁，中国西汉时期著名的文学家和历史学家，著有《史记》一百三十篇。此处引语见《汉书·司马迁传》中的《报任少卿书》，原文是："人固有一死，死有重于泰山，或轻于鸿毛。"

　　(3) 李鼎铭（一八八一——一九四七），陕西米脂人，开明绅士。他在一九四一年十一月陕甘宁边区第二届参议会上提出"精兵简政"的提案，并在这次会议上当选为陕甘宁边区政府副主席。

（4）这是指当时陕甘宁边区和华北、华中、华南各抗日根据地所拥有的人口的总数。

（5）泰山：山名，在山东省。古人以泰山为高山的代表，常用来比喻敬仰的人和重大的、有价值的事物。

（6）鸿毛：大雁的毛，比喻事物微不足道。

（7）精兵简政：缩小机构，精简人员。

（8）五湖四海：泛指全国各地。联系上下文，可理解为革命队伍的人来自全国各地，四面八方。

（9）死得其所：形容死得有意义，有价值。

（10）追悼：指的是怀念死者，表示哀悼的意思。

【赏析】

"为人民服务"是我党的一个重要的原则，它源于1944年9月8日毛泽东作的一次著名的讲演。当时，在为战士张思德举行的追悼大会上，毛泽东第一次从理论上深刻阐明了为人民服务的思想。这个演讲经整理后以《为人民服务》为题，发表在延安《解放日报》和国民党统治区的《新华日报》等报纸上，1953年收入《毛泽东选集》第三卷。

其后不久，"为人民服务"演变为"全心全意为人民服务"：1944年10月毛泽东在接见新闻工作者时指出："三心二意不行，半心半意也不行，一定要全心全意为人民服务"。1945年4月在我党七大题为《两个中国之命运》的开幕词中，毛泽东说："我们应该谦虚、谨慎、戒骄、戒躁，全心全意地为中国人民服务，在现时，为着团结全国人民战胜日本侵略者，在将来，为着团结全国人民建设新民主主义的国家。"在七大政治报告《论联合政府》中他强调："全心全意地为人民服务，一刻也不脱离群众；一切从人民的利益出发，而不是从个人或小集团的利益出发；向人民负责和向党的领导机关负责的一致性；这些就是我们的出发点。"党的七大把"中国共产党人必须具有全心全意为中国人民服务的精神"写入了党章。

毛泽东之后的我党历届领导人也都坚持并不断发展"全心全意为人民服务"的思想。邓小平主张以"人民拥护不拥护"、"人民赞成不赞成"、"人民高兴不高兴"、"人民答应不答应"来检验"全心全意为人民服务"的效果，并于1985年提出"领导就是服务"，从而把执政党的领导作用和全心全意为人民服务紧密地联系起来。江泽民明确提出："贯彻'三个代表'重要思想，关键在坚持与时俱进，核心在坚持党的先进性，本质在坚持执政为民。"胡锦涛强调：党员干部一定要做到权为民所用、情为民所系、利为民所谋。

"为人民服务"不仅被确定为中国共产党及其党员必须奉行的"宗旨"，而且写入了宪法，成为国家机关及其工作人员的法定义务。1954 年的新中国第一部宪法第 17 条规定："一切国家机关必须依靠人民群众，经常保持同群众的密切联系，倾听群众的意见，接受群众的监督。"第 18 条规定："一切国家机关工作人员必须效忠人民民主制度，服从宪法和法律，努力为人民服务。"1975 年宪法第 11 条规定："国家机关和工作人员，必须认真学习马克思主义、列宁主义、毛泽东思想，坚持无产阶级政治挂帅，反对官僚主义，密切联系群众，全心全意为人民服务。各级干部都必须参加集体生产劳动。"1978 年宪法第十六条规定："国家机关工作人员必须认真学习马克思主义、列宁主义、毛泽东思想，全心全意地为人民服务，努力钻研业务，积极参加集体生产劳动，接受群众监督，模范地遵守宪法和法律，正确地执行国家的政策，实事求是，不得弄虚作假，不得利用职权谋取私利。"1982 年宪法第 22 条："国家发展为人民服务、为社会主义服务的文学艺术事业、新闻广播电视事业、出版发行事业、图书馆博物馆文化馆和其他文化事业，开展群众性的文化活动。"第 27 条规定："一切国家机关和国家工作人员必须依靠人民的支持，经常保持同人民的密切联系，倾听人民的意见和建议，接受人民的监督，努力为人民服务。"第 29 条规定："中华人民共和国的武装力量属于人民。它的任务是巩固国防，抵抗侵略，保卫祖国，保卫人民的和平劳动，参加国家建设事业，努力为人民服务。"第 76 条规定："全国人民代表大会代表应当同原选举单位和人民保持密切的联系，听取和反映人民的意见和要求，努力为人民服务。"

二、人物篇

（一）"颠沛流离、贫病交加，初心不改、矢志不渝"的千年伟人马克思

青年在选择职业时的考虑

卡尔·马克思

自然本身给动物规定了它应该遵循的活动范围，动物也就安分地在这个范围内活动，不试图越出这个范围，甚至不考虑有其他什么范围的存在。神也给人指定了共同的目标——使人类和他自己趋于高尚，但是，神要人自己去寻找

可以达到这个目标的手段；神让人在社会上选择一个最适合于他、最能使他和社会都得到提高的地位。

能有这样的选择是人比其他生物远为优越的地方，但是这同时也是可能毁灭人的一生、破坏他的一切计划并使他陷于不幸的行为。因此，认真地考虑这种选择——这无疑是开始走上生活道路而又不愿拿自己最重要的事业去碰运气的青年的首要责任。

每个人眼前都有一个目标，这个目标至少在他本人看来是伟大的，而且如果最深刻的信念，即内心深处的声音，认为这个目标是伟大的，那他实际上也是伟大的，因为神决不会使世人完全没有引导，神总是轻声而坚定地作启示。

但是，这声音很容易被淹没；我们认为是灵感的东西可能须臾而生，同样可能须臾而逝。也许，我们的幻想油然而生，我们的感情激动起来，我们的眼前浮想联翩，我们狂热地追求我们以为是神本身给我们指出的目标；但是，我们梦寐以求的东西很快就使我们厌恶——于是我们的整个存在也就毁灭了。

因此，我们应当认真考虑：所选择的职业是不是真正使我们受到鼓舞？我们的内心是不是同意？我们受到的鼓舞是不是一种迷误？我们认为是神的召唤的东西是不是一种自欺？但是，不找出鼓舞的来源本身，我们怎么能认清这些呢？

伟大的东西是光辉的，光辉则引起虚荣心，而虚荣心容易给人鼓舞或者是一种我们觉得是鼓舞的东西；但是，被名利弄得鬼迷心窍的人，理智已无法支配他，于是他一头栽进那不可抗拒的欲念驱使他去的地方；他已经不再自己选择他在社会上的地位，而听任偶然机会和幻想去决定它。

我们的使命决不是求得一个最足以炫耀的职业，因为它不是那种使我们长期从事而始终不会情绪低落的职业，相反，我们很快就会觉得，我们的愿望没有得到满足，我们理想没有实现，我们就将怨天尤人。

但是，不只是虚荣心能够引起对这种或那种职业突然的热情。也许，我们自己也会用幻想把这种职业美化，把它美化成人生所能提供的至高无上的东西。我们没有仔细分析它，没有衡量它的全部分量，即它让我们承担的重大责任；我们只是从远处观察它，然而从远处观察是靠不住的。

在这里，我们自己的理智不能给我们充当顾问，因为它既不是依靠经验，也不是依靠深入的观察，而是被感情欺骗，受幻想蒙蔽。然而，我们的目光应该投向哪里呢？在我们丧失理智的地方，谁来支持我们呢？

是我们的父母，他们走过了漫长的生活道路，饱尝了人世的辛酸。——我们的心这样提醒我们。

如果我们通过冷静的研究，认清所选择的职业的全部分量，了解它的困难以后，我们仍然对它充满热情，我们仍然爱它。觉得自己适合它，那时我们就应该选择它，那时我们既不会受热情的欺骗，也不会仓促从事。

但是，我们并不能总是能够选择我们自认为适合的职业；我们在社会上的关系，还在我们有能力对它们起决定性影响以前就已经在某种程度上开始确立了。

我们的体质常常威胁我们，可是任何人也不敢藐视它的权利。诚然，我们能够超越体质的限制，但这么一来，我们也就垮得更快；在这种情况下，我们就是冒险把大厦筑在松软的废墟上，我们的一生也就变成一场精神原则和肉体原则之间的不幸的斗争。但是，一个不能克服自身相互斗争的因素的人，又怎能抗拒生活的猛烈冲击，怎能安静地从事活动呢？然而只有从安静中才能产生伟大壮丽的事业，安静是唯一生长出成熟果实的土壤。

尽管我们由于体质不适合我们的职业，不能持久地工作，而且工作起来也很少乐趣，但是，为了恪尽职守而牺牲自己幸福的思想激励着我们不顾体弱去努力工作。如果我们选择了力不能胜任的职业，那么，我们决不能把它做好，我们很快就会自愧无能，并对自己说，我们是无用的人，是不能完成自己使命的社会成员。由此产生的必然结果就是妄自菲薄。还有比这更痛苦的感情吗？还有比这更难于靠外界的赐予来补偿的感情吗？妄自菲薄是一条毒蛇，它永远啮噬着我们心灵，吮吸着其中滋润生命的血液，注入厌世和绝望的毒液。

如果我们错误地估计了自己的能力，以为能够胜任经过周密考虑而选定的职业，那么这种错误将使我们受到惩罚。即使不受到外界指责，我们也会感到比外界指责更为可怕的痛苦。

如果我们把这一切都考虑过了，如果我们生活的条件容许我们选择任何一种职业；那么我们就可以选择一种能使我们最有尊严的职业；选择一种建立在我们深信其正确的思想上的职业；选择一种给我们提供广阔场所来为人类进行活动、接近共同目标（对于这个目标来说，一切职业只不过是手段）即完美境地的职业。

尊严就是最能使人高尚起来、使他的活动和他的一切努力具有崇高品质的东西，就是使他无可非议、受到众人钦佩并高于众人之上的东西。

但是，能给人以尊严的只有这样的职业，在从事这种职业时我们不是作为奴隶般的工具，而是在自己的领域内独立地进行创造；这种职业不需要有不体面的行动（哪怕只是表面上不体面的行动），甚至最优秀的人物也会怀着崇高的自豪感去从事它。最合乎这些要求的职业，并不一定是最高的职业，但总是最可取的职业。

但是，正如有失尊严的职业会贬低我们一样，那种建立在我们后来认为是错误的思想上的职业也一定使我们感到压抑。

这里，我们除了自我欺骗，别无解救办法，而以自我欺骗来解救又是多么的糟糕！那些不是干预生活本身，而是从事抽象真理研究的职业，对于还没有坚定的原则和牢固、不可动摇的信念的青年是最危险的。同时，如果这些职业在我们心里深深地扎下了根，如果我们能够为它们的支配思想牺牲生命、竭尽全力，这些职业看来似乎还是最高尚的这些职业能够使才能适合的人幸福，但也必定使那些不经考虑、凭一时冲动就仓促从事的人毁灭。

相反，重视作为我们职业的基础的思想，会使我们在社会上占有较高的地位，提高我们本身的尊严，使我们的行为不可动摇。

一个选择了自己所珍视的职业的人，一想到他可能不称职时就会战战兢兢——这种人不是因为他在社会上所居地位是高尚的，他也就会使自己的行为保持高尚。

在选择职业时，我们应该遵循的主要指针是人类的幸福和我们自身的完美。不应认为，这两种利益是敌对的，互相冲突的，一种利益必须消灭另一种的；人类的天性本身就是这样的：人们只有为同时代人的完美、为他们的幸福而工作，才能使自己也过得完美。

如果一个人只为自己劳动，他也许能够成为著名的学者、大哲人、卓越诗人，然而他永远不能成为完美无疵的伟大人物。

历史承认那些为共同目标劳动因而自己变得高尚的人是伟大人物；经验赞美那些为大多数人带来幸福的人是最幸福的人；宗教本身也教诲我们，人人敬仰的理想人物，就曾为人类牺牲了自己——有谁敢否定这类教诲呢？

如果我们选择了最能为人类福利而劳动的职业，那么，重担就不能把我们压倒，因为这是为大家而献身；那时我们所感到的就不是可怜的、有限的、自私的乐趣，我们的幸福将属于千百万人，我们的事业将默默地、但是永恒发挥作用地存在下去，面对我们的骨灰，高尚的人们将洒下热泪。

写于 1835 年 8 月 12 日

【赏析】

本文是马克思十七岁中学毕业时所写的毕业论文。作者以优美的文笔、深刻的语言，缜密的思考，严格的推理，使人兴奋、鼓舞，给人以发聋振聩的力量。文中所表述的一些见解和许多哲理性的语句都深入实际，给人启迪，时隔一个多世纪，本文仍对广大青年在现实生活中起着积极的指导意义。

马克思从小在家庭和学校就受到了人道主义、理性主义和圣西门学说等启蒙思想的教育和熏陶，使他在中学时期就确立了拥护进步政治与反对反动势力的正确立场，并树立起为人类造福的伟大理想和崇高精神。他在中学毕业时所写的这篇德语作文虽然写得还比较的稚嫩，却已经表现了这位 17 岁的年轻人对自己未来所作的最初选择的严肃考虑。少年马克思已经注意到了"选择了最能为人类福利而劳动的职业"作为自己的责任，他已经认识到个人职业选择和社会需要之间的关系，指出"在选择职业时，我们应该遵循的主要指针是人类的幸福和我们自身的完美"。这一指针和选择使马克思从精神上和方向上决定了他自己的一生。他极其认真负责地使用了一个人所可能有的最尊严的自由选择的权利。

在毕业作文中，马克思写道：人与动物不同，动物完全依赖自然的生活条件，只能在自然提供的一定范围内活动，而人却能掌握自己的命运，有选择的自由。这正是人比动物优越的地方。但是，如果认为生活在社会中的人们能够不受任何限制，随心所欲地自由选择职业，那就完全错了。人们在选择职业时，正如人们在社会上的其他活动一样，并不是完全取决于自己的希望和志愿，而要受到自己所处的社会地位和社会中的关系的限制。他说："我们并不总是能够选择我们自认为适合的职业；我们在社会上的关系，还在我们有能力对它们起决定性影响以前就已经在某种程度上开始确立了。"这是一种非常深刻的思想。在这里，马克思已经把人们的活动、人们的职业与人们在社会上的关系联系起来。后来马克思在许多著作中进一步发展了这一思想。

马克思认为，选择职业是关系到个人生活目的和生活道路的重大问题。因此，不应该为一时的兴趣、渺小的激情、个人的虚荣心所左右，而必须采取严肃的态度，"选择一种使我们最有尊严的职业；选择一种建立在我们深信其正确的思想上的职业；选择一种能给我们提供广阔场所来为人类进行活动……的职业。"

在选择职业时，还必须清醒地估计自己的能力。那些较多地研究抽象真理，而不大深入生活本身的职业，对青年来说是危险的，因为这会使他们脱离现实，一事无成。只有那些能深入生活，把理想与现实、思想与行动紧密结合起来的职业，才是一个有为的青年所向往的。只有这样的职业，才有可能发挥自己的才能，对人类做出有益的贡献。

马克思认为，在选择职业时必须考虑的最重要的原则，是生活和工作的目标。一个人如果仅仅从利己主义的原则出发，只考虑如何满足个人的欲望，虽然也有可能成为出色的诗人、聪明的学者、显赫一时的哲学家；可是，他绝不能成为伟大的人物，也不能得到真正的幸福。他的事业是渺小的，他的幸福是自私的。一个人只有选择为人类服务的职业，只有为人类最大多数人的幸福而工作，才是高尚的人，才能得到真正的幸福，才有不可摧毁的精神力量。马克思说："历史承认那些为共同目标劳动因而自己变得高尚的人是伟大人物；经验赞美那些为大多数人带来幸福的人是最幸福的人""如果我们选择了最能为人类福利而劳动的职业，那么重担就不能把我们压倒，因为这是为大家而献身；那时我们所感到的就不是可怜的、有限的、自私的乐趣，我们的幸福将属于千百万人，我们的事业将默默地但是永恒发挥作用地存在下去，而面对我们的骨灰，高尚的人们将洒下热泪。"

为人类服务，这是少年马克思的崇高理想，也是马克思在中学毕业作文中所阐述的主要思想。在漫长的斗争岁月中，他始终不渝地忠实于少年时代的誓言。他的一生，就是为人类服务的最光辉的榜样。

【人物链接】

1. 德国：诞生

"大学时代，马克思广泛钻研哲学、历史学、法学等知识，探寻人类社会发展的奥秘。"

——习近平

1818 年 5 月 5 日，马克思诞生在德国特里尔城的一个律师家庭。他住在漂亮的房子里，过着无忧无虑的资产阶级生活。少年时代起，他便得到了来自贵族家庭、特里尔最美丽的姑娘——燕妮的青睐。

17 岁时，沿着摩泽尔河，马克思来到了 100 多公里以外的波恩大学学习法律。1836 年 10 月，他又转学到了柏林大学（柏林洪堡大学前身）。

"哲学家们都在解释世界，而问题在于改变世界"，这是当时马克思的高远志向。

1842 年，马克思选择了记者作为人生的第一份职业，他来到了主张推进宪法改革的报纸——《莱茵报》。马克思的文章惹恼了普鲁士当局，下令关停《莱茵报》。他决定离开德国，前往法国巴黎。

2. 法国：邂逅知音

"1843 年移居巴黎后，马克思积极参与工人运动，在革命实践和理论探索的结合中完成了从唯心主义到唯物主义、从革命民主主义到共产主义的转变。"

——习近平

当时的巴黎是知识分子的天堂，它见证了工业革命的辉煌，也见证了法国大革命的动荡。1843 年 10 月，马克思和新婚的妻子燕妮住进了瓦诺街 38 号。

他和朋友卢格相约，创办刊物《德法年鉴》。但很快，由于普鲁士政府的压迫，刊物停刊了。在《德法年鉴》诸多文章中，一篇名为《政治经济学批判大纲》的文章却给马克思留下了深刻的印象，文章的署名是——弗里德里希·恩格斯。

1844 年 8 月底，恩格斯和马克思在著名的摄政咖啡馆见面了。两人相知相交，从此一生不离不弃。

1845 年 1 月，马克思由于帮助革命的《前进报》反对普鲁士当局，而遭到了法国政府的驱逐，开始了漫长的流亡生涯。

3. 比利时：《共产党宣言》的诞生

"1845 年，马克思、恩格斯合作撰写了《德意志意识形态》，第一次比较系统地阐述了历史唯物主义基本原理。""1848 年，马克思、恩格斯合作撰写了《共产党宣言》，一经问世就震动了世界。"

——习近平

1845 年 2 月，马克思一家流亡到了布鲁塞尔，虽然在比利时仅居住了不到三年，但正是在这段时间里，马克思主义哲学不断成熟。

1845 年 4 月，在马克思最困难的时候，恩格斯奔赴布鲁塞尔来到了他的身边。两人夜以继日地写出了《德意志意识形态》。

1847 年 10 月底，马克思和恩格斯一起前往伦敦出席了共产主义者同盟第二次代表大会，大会委托他们为同盟起草一个正式纲领。1848 年 2 月，用德文写成的《共产党宣言》在伦敦一家印刷所出版。

1848 年 3 月，马克思在比利时遭到驱逐。接下来的一年多时间里，他在德国和法国流亡。

4. 英国：不朽的《资本论》

"1867 年问世的《资本论》是马克思主义最厚重、最丰富的著作，被誉为'工人阶级的圣经'。"

——习近平

1849 年 8 月，马克思一家来到了英国。直到 1883 年 3 月 14 日离世，在长达 34 年的时间里，马克思一直生活在伦敦。

1852 年 6 月，马克思得到了一张大英博物馆阅览室的出入证。从此，阅览室成了马克思的半个家。他把这里作为《资本论》收集资料和写作的主要场所，数十年如一日从未间断。

1867 年 9 月 14 日，《资本论》第一卷在德国汉堡正式出版。

1883 年 3 月 14 日，马克思与世长辞，他长眠于伦敦的海格特公墓。

"1835 年，17 岁的马克思在他的高中毕业作文《青年在选择职业时的考虑》中这样写道：'如果我们选择了最能为人类而工作的职业，那么，重担就不能把我们压倒，因为这是为大家作出的牺牲；那时我们所享受的就不是可怜的、有限的、自私的乐趣，我们的幸福将属于千百万人，我们的事业将悄然无声地存在下去，但是它会永远发挥作用，而面对我们的骨灰，高尚的人们将洒下热泪。'马克思一生饱尝颠沛流离的艰辛、贫病交加的煎熬，但他初心不改、矢志不渝，为人类解放的崇高理想而不懈奋斗，成就了伟大人生。"

"今天，马克思主义极大推进了人类文明进程，至今依然是具有重大国际影响的思想体系和话语体系，马克思至今依然被公认为'千年第一思想家'。"

——习近平

【人物简评】

法拉格在回忆马克思时说："思考是他无上的乐事，他的整个身体都为头脑牺牲了。"

1999 年 9 月，英国广播公司（BBC），评选"千年第一思想家"，在全球互联网上公开征询投票一个月。汇集全球投票的结果，马克思位居第一，爱因斯坦第二。

2005 年 7 月，英国广播公司以古今最伟大的哲学家为题，调查了 3 万名听众，结果是马克思得票率第一、休谟第二（马克思以 27.93％的得票率荣登榜首，第二位的苏格兰哲学家休谟得票率为 12.6％）

以色列总统佩雷斯谈到马克思主义的诞生时，说："在共产党的领导人中，有许多的犹太人，包括卡尔·马克思本人，托洛茨基、基诺维耶夫、加密涅夫、还有苏维埃俄国的第一任主席斯维尔德洛夫。他们认为，犹太人之所以受苦受难，那是因为世界被分裂了，世界在危机中分裂，也因为不同的国家，不同的宗教分裂。所以我们要创造一个新的世界，没有阶级，没有神灵，没有国籍，那样犹太人就不会再受苦。"

"马克思是全世界无产阶级和劳动人民的革命导师，是马克思主义的主要创始人，是马克思主义政党的缔造者和国际共产主义的开创者，是近代以来最伟大的思想家。"

——习近平

（二）"敢说敢做敢担当，梁家河找寻青春答案"的习近平

1969 年 1 月，年仅 15 岁的习近平来到陕西省延川县梁家河大队插队落户，与当地百姓"一块吃、一块住、一块干、一块苦"，当了整整七年农民。上山下乡，是那个时代所要求的知识青年的人生选择。习近平接受艰巨挑战，一步一步迈过了跳蚤关、饮食关、劳动关、思想关这"四关"，将青春燃烧在了革命圣地广袤的黄土地上。青年习近平的苦难辉煌，为"只有进行了激情奋斗的青春，只有进行了顽强拼搏的青春，只有为人民作出了奉献的青春，才会留下充实、温暖、持久、无悔的青春回忆"做了最好注脚。

党的十八大以来，习近平总书记科学把握当今世界和当代中国发展大势，顺应实践要求和人民愿望，以巨大的政治勇气和强烈的责任担当，统揽伟大斗争、伟大工程、伟大事业、伟大梦想，统筹推进"五位一体"总体布局、协调推进"四个全面"战略布局，解决了许多长期想解决而没有解决的难题，办成了许多过去想办而没有办成的大事，赢得了全党全军全国各族人民的衷心拥护。习近平总书记站在时代潮头，深刻把握人类社会发展规律、社会主义建设规律和共产党执政规律，提出了科学系统完整的治国理政新理念新思想新战略。领袖的成长不是偶然的，领袖思想的形成总是有源头的。梁家河七年知青岁月，正是习近平总书记治国理政新理念新思想新战略的历史起点和逻辑起点。黄土高原的苍天厚土，深深铸就了一位人民领袖的爱民为民情怀、勤奋好学精神、艰苦奋斗品质、苦干实干作风。

"近平还是那个为老百姓能过上好日子打拼的'好后生'""他贴近黄土地，贴近农民，下决心扎根农村，立志改变梁家河的面貌""近平这个人在他年轻的时候，就志存高远。但他的远大理想，恰恰不是当多大的官，走到多高的位置，而是看似平凡的'为老百姓办实事'"……七年知青岁月，青年习近平把自己看作黄土地的一部分，同梁家河老乡们甘苦与共，用脚丈量黄土高原的宽广与厚度，一心只为让老百姓过上好日子。从心底里热爱人民，把老百姓搁在心里，这样的爱民为民情怀孕育了习近平总书记以人民为中心的发展思想。由此，便不难理解他为什么反复强调"增强人民群众获得感"，为什么要求"让发展成果更多更公平地惠及全体人民"，为什么勉励当代青年"让青春之花绽放在祖国最需要的地方"。

"近平在梁家河从来没有放弃读书和思考""他碰到喜欢看的书，就要把书看完；遇到不懂的事情，就要仔细研究透彻""上山放羊，揣着书，把羊拴到

山坡上，就开始看书。锄地到田头，开始休息一会儿时，就拿出新华字典记一个字的多种含义，一点一滴积累"……在"上山下乡"那个年代，整个社会文化生活匮乏，黄土高原闭塞而荒凉，青年习近平却"痴迷"读书，"一物不知，深以为耻，便求知若渴"。习近平总书记后来回忆道："我并不觉得农村7年时光被荒废了，很多知识的基础是那时候打下来的。"这种勤奋好学精神，贯彻习近平总书记的人生轨迹。从梁家河的窑洞到清华大学的课堂，从基层工作到治国理政，习近平总书记始终把读书学习当成一种生活态度、一种工作责任、一种精神追求。

"近平在困境中实现了精神升华""对近平的思想和价值观起作用的，并不是标语、口号和高音喇叭的灌输，而是知青岁月那日复一日艰苦的生活和劳动，是当年同我们农民兄弟朝夕相处的那二千四百多个日日夜夜对他产生的潜移默化的影响"……在物质和精神极度匮乏的环境中，青年习近平闯过"五关"——跳蚤关、饮食关、生活关、劳动关、思想关，不仅磨炼了吃大苦、耐大劳的意志，还锻造了不避艰辛、不怕困难的品质。在习近平总书记对青年的一系列讲话和回信中，我们可以深刻感知他在艰苦奋斗中锤炼的意志品质。在成长和奋斗过程中，有缓流也有险滩，有喜悦也有哀伤，我们要处优而不养尊，受挫而不短志，坚持艰苦奋斗，不贪图安逸，不惧怕困难，不怨天尤人，依靠勤劳和汗水开辟人生和事业前程。

"不管多累多苦，近平能一直拼命干，从来不'撒尖儿'""他当了梁家河的村支书，带领大家建沼气池，创办铁业社、缝纫社，我一点都不吃惊""我在和他一起生活的时候，就发现他这个人有一股钻劲，有强烈的上进心"……青年习近平在梁家河插队的七年，是受苦受难的七年，也是苦干实干的七年。在这七年里，他用每一滴汗水和每一份付出，生动诠释了他说的那句话："干在实处，走在前列。"在这七年里，他扎根黄土地，于实处用力，用青春书写了无愧于时代、无愧于历史的华彩篇章。"社会主义是干出来的。"青年要敢于做先锋，而不做过客、当看客，扎扎实实干事、踏踏实实做人，实字当头、以干为先，把自己创新创业梦融入伟大中国梦，让青春年华在为国家、为人民的奉献中焕发出绚丽光彩。

榜样的力量是无穷的。《习近平的七年知青岁月》给了我们青春答案，为青年学子树立了思想上和人格上的榜样。广大青年要像习近平青年时代那样，扎根中国大地，洞察国情民情，树立起与党和人民同心同向的理想信念和价值追求，把无悔的青春刻写在实现中华民族伟大复兴的历史丰碑上。

在北京大学师生座谈会上的讲话

（2018 年 5 月 2 日）

习近平

各位同学，各位老师，同志们：

今天，有机会同大家一起座谈，感到非常高兴。再过两天，就是五四青年节，也是北大建校 120 周年校庆日。首先，我代表党中央，向北大全体师生员工和海内外校友，向全国各族青年，向全国青年工作者，致以节日的问候！

近年来，北大继承光荣传统，坚持社会主义办学方向，立德树人成果丰硕，双一流建设成效显著，服务经济社会发展成绩突出，学校发展思路清晰，办学实力和影响力显著增强，令人欣慰。

五四运动源于北大，爱国、进步、民主、科学的五四精神始终激励着北大师生同人民一起开拓、同祖国一起奋进。青春理想，青春活力，青春奋斗，是中国精神和中国力量的生命力所在。今天，在实现中华民族伟大复兴新征程上，北大师生应该继续发扬五四精神，为民族、为国家、为人民作出新的更大的贡献。

从五四运动到中国特色社会主义进入新时代，中华民族迎来了从站起来、富起来到强起来的伟大飞跃。这在中华民族发展史上、在人类社会发展史上都是划时代的。

我在党的十九大报告中提出了我国发展的战略安排，这就是：到 2020 年全面建成小康社会，到 2035 年基本实现社会主义现代化，到本世纪中叶把我国建成富强民主文明和谐美丽的社会主义现代化强国。广大青年生逢其时，也重任在肩。我说过，中华民族伟大复兴，绝不是轻轻松松、敲锣打鼓就能实现的，我们必须准备付出更为艰巨、更为艰苦的努力。广大青年要成为实现中华民族伟大复兴的生力军，肩负起国家和民族的希望。

每一代青年都有自己的际遇和机缘。我记得，1981 年北大学子在燕园一起喊出"团结起来，振兴中华"的响亮口号，今天我们仍然要叫响这个口号，万众一心为实现中国梦而奋斗。广大青年既是追梦者，也是圆梦人。追梦需要激情和理想，圆梦需要奋斗和奉献。广大青年应该在奋斗中释放青春激情、追逐青春理想，以青春之我、奋斗之我，为民族复兴铺路架桥，为祖国建设添砖加瓦。

同学们、老师们！

近代以来我国历史告诉我们，只有社会主义才能救中国，只有中国特色社会主义才能发展中国，才能实现中华民族伟大复兴。坚持好、发展好中国特色社会主义，把我国建设成为社会主义现代化强国，是一项长期任务，需要一代又一代人接续奋斗。我们的今天就是这样走过来的，我们的明天需要青年人接着奋斗下去，一代接着一代不断前进。

教育兴则国家兴，教育强则国家强。高等教育是一个国家发展水平和发展潜力的重要标志。今天，党和国家事业发展对高等教育的需要，对科学知识和优秀人才的需要，比以往任何时候都更为迫切。我在党的十九大报告中提出要"加快一流大学和一流学科建设，实现高等教育内涵式发展"。当前，我国高等教育办学规模和年毕业人数已居世界首位，但规模扩张并不意味着质量和效益增长，走内涵式发展道路是我国高等教育发展的必由之路。

大学是立德树人、培养人才的地方，是青年人学习知识、增长才干、放飞梦想的地方。借此机会，我想就学校培养什么样的人、怎样培养人，同各位同学和老师交流一下看法。

我先给一个明确答案，就是我们的教育要培养德智体美全面发展的社会主义建设者和接班人。前不久，我在十三届全国人大第一次会议上向全体代表讲过："中国人民的特质、禀赋不仅铸就了绵延几千年发展至今的中华文明，而且深刻影响着当代中国发展进步，深刻影响着当代中国人的精神世界。"我讲到中国人民的伟大创造精神、伟大奋斗精神、伟大团结精神、伟大梦想精神。这种伟大精神是一代一代中华儿女创造和积淀出来的，也需要一代一代传承下去。

"国势之强由于人，人才之成出于学。"培养社会主义建设者和接班人，是我们党的教育方针，是我国各级各类学校的共同使命。大学对青年成长成才发挥着重要作用。高校只有抓住培养社会主义建设者和接班人这个根本才能办好，才能办出中国特色世界一流大学。为此，有3项基础性工作要抓好。

第一，坚持办学正确政治方向。《礼记·大学》说："大学之道，在明明德，在亲民，在止于至善。"古今中外，关于教育和办学，思想流派繁多，理论观点各异，但在教育必须培养社会发展所需要的人这一点上是有共识的。培养社会发展所需要的人，说具体了，就是培养社会发展、知识积累、文化传承、国家存续、制度运行所要求的人。所以，古今中外，每个国家都是按照自己的政治要求来培养人的，世界一流大学都是在服务自己国家发展中成长起来的。我国社会主义教育就是要培养社会主义建设者和接班人。

马克思主义是我们立党立国的根本指导思想，也是我国大学最鲜亮的底色。今年是马克思诞辰 200 周年，在世界人民心目中马克思至今依然是最伟大的思想家。中国共产党的主要创始人和一些早期著名活动家，正是在北大工作或学习期间开始阅读马克思主义著作、传播马克思主义的，并推动了中国共产党的建立。这是北大的骄傲，也是北大的光荣。要抓好马克思主义理论教育，深化学生对马克思主义历史必然性和科学真理性、理论意义和现实意义的认识，教育他们学会运用马克思主义立场观点方法观察世界、分析世界，真正搞懂面临的时代课题，深刻把握世界发展走向，认清中国和世界发展大势，让学生深刻感悟马克思主义真理力量，为学生成长成才打下科学思想基础。要坚持不懈培育和弘扬社会主义核心价值观，引导广大师生做社会主义核心价值观的坚定信仰者、积极传播者、模范践行者。要把中国特色社会主义道路自信、理论自信、制度自信、文化自信转化为办好中国特色世界一流大学的自信。只要我们在培养社会主义建设者和接班人上有作为、有成效，我们的大学就能在世界上有地位、有话语权。

"才者，德之资也；德者，才之帅也。"人才培养一定是育人和育才相统一的过程，而育人是本。人无德不立，育人的根本在于立德。这是人才培养的辩证法。办学就要尊重这个规律，否则就办不好学。要把立德树人的成效作为检验学校一切工作的根本标准，真正做到以文化人、以德育人，不断提高学生思想水平、政治觉悟、道德品质、文化素养，做到明大德、守公德、严私德。要把立德树人内化到大学建设和管理各领域、各方面、各环节，做到以树人为核心，以立德为根本。

第二，建设高素质教师队伍。人才培养，关键在教师。教师队伍素质直接决定着大学办学能力和水平。建设社会主义现代化强国，需要一大批各方面各领域的优秀人才。这对我们教师队伍能力和水平提出了新的更高的要求。同样，随着信息化不断发展，知识获取方式和传授方式、教和学关系都发生了革命性变化。这也对教师队伍能力和水平提出了新的更高的要求。

建设政治素质过硬、业务能力精湛、育人水平高超的高素质教师队伍是大学建设的基础性工作。要从培养社会主义建设者和接班人的高度，考虑大学师资队伍的素质要求、人员构成、培训体系等。高素质教师队伍是由一个一个好老师组成的，也是由一个一个好老师带出来的。2014 年教师节时我同北京师范大学的师生代表座谈时就如何做一名好老师提出了 4 点要求，即：要有理想信念、有道德情操、有扎实学识、有仁爱之心。我今天再强调一下。

古人说："师者，人之模范也。"在学生眼里，老师是"吐辞为经、举足为法"，一言一行都给学生以极大影响。教师思想政治状况具有很强的示范性。要坚持教育者先受教育，让教师更好担当起学生健康成长指导者和引路人的责任。

评价教师队伍素质的第一标准应该是师德师风。师德师风建设应该是每一所学校常抓不懈的工作，既要有严格制度规定，也要有日常教育督导。我们的教师队伍师德师风总体是好的，绝大多数老师都敬重学问、关爱学生、严于律己、为人师表，受到学生尊敬和爱戴。同时，也要看到教师队伍中存在的一些问题。对出现的问题，我们要高度重视，认真解决。要引导教师把教书育人和自我修养结合起来，做到以德立身、以德立学、以德施教。

第三，形成高水平人才培养体系。"凿井者，起于三寸之坎，以就万仞之深。"社会主义建设者和接班人，既要有高尚品德，又要有真才实学。学生在大学里学什么、能学到什么、学得怎么样，同大学人才培养体系密切相关。目前，我国大学硬件条件都有很大改善，有的学校的硬件同世界一流大学比没有太大差别了，关键是要形成更高水平的人才培养体系。人才培养体系必须立足于培养什么人、怎样培养人这个根本问题来建设，可以借鉴国外有益做法，但必须扎根中国大地办大学。

人才培养体系涉及学科体系、教学体系、教材体系、管理体系等，而贯通其中的是思想政治工作体系。加强党的领导和党的建设，加强思想政治工作体系建设，是形成高水平人才培养体系的重要内容。要坚持党对高校的领导，坚持社会主义办学方向，把我们的特色和优势有效转化为培养社会主义建设者和接班人的能力。

当今世界，科学技术迅猛发展。大学要瞄准世界科技前沿，加强对关键共性技术、前沿引领技术、现代工程技术、颠覆性技术的攻关创新。要下大气力组建交叉学科群和强有力的科技攻关团队，加强学科之间协同创新，加强对原创性、系统性、引领性研究的支持。要培养造就一大批具有国际水平的战略科技人才、科技领军人才、青年科技人才和高水平创新团队，力争实现前瞻性基础研究、引领性原创成果的重大突破。

同学们、老师们！

当代青年是同新时代共同前进的一代。我们面临的新时代，既是近代以来中华民族发展的最好时代，也是实现中华民族伟大复兴的最关键时代。广大青年既拥有广阔发展空间，也承载着伟大时代使命。青年是国家的希望、民族的未来。我衷心希望每一个青年都成为社会主义建设者和接班人，不辱时代使命，不负人民期望。对广大青年来说，这是最大的人生际遇，也是最大的人生考验。

2014 年我来北大同师生代表座谈时对广大青年提出了具有执著的信念、优良的品德、丰富的知识、过硬的本领这 4 点要求。借此机会，我再给广大青年提几点希望。

一是要爱国，忠于祖国，忠于人民。爱国，是人世间最深层、最持久的情感，是一个人立德之源、立功之本。孙中山先生说，做人最大的事情，"就是要知道怎么样爱国"。我们常讲，做人要有气节、要有人格。气节也好，人格也好，爱国是第一位的。我们是中华儿女，要了解中华民族历史，秉承中华文化基因，有民族自豪感和文化自信心。要时时想到国家，处处想到人民，做到"利于国者爱之，害于国者恶之"。爱国，不能停留在口号上，而是要把自己的理想同祖国的前途、把自己的人生同民族的命运紧密联系在一起，扎根人民，奉献国家。

二是要励志，立鸿鹄志，做奋斗者。苏轼说："古之立大事者，不惟有超世之才，亦必有坚忍不拔之志。"王守仁说："志不立，天下无可成之事。"可见，立志对一个人的一生具有多么重要的意义。广大青年要培养奋斗精神，做到理想坚定，信念执著，不怕困难，勇于开拓，顽强拼搏，永不气馁。幸福都是奋斗出来的，奋斗本身就是一种幸福。1939 年 5 月，毛泽东同志在延安庆贺模范青年大会上说："中国的青年运动有很好的革命传统，这个传统就是'永久奋斗'。我们共产党是继承这个传统的，现在传下来了，以后更要继续传下去。"为实现中华民族伟大复兴的中国梦而奋斗，是我们人生难得的际遇。每个青年都应该珍惜这个伟大时代，做新时代的奋斗者。

三是要求真，求真学问，练真本领。"玉不琢，不成器；人不学，不知道。"知识是每个人成才的基石，在学习阶段一定要把基石打深、打牢。学习就必须求真学问，求真理、悟道理、明事理，不能满足于碎片化的信息、快餐化的知识。要通过学习知识，掌握事物发展规律，通晓天下道理，丰富学识，增长见识。人的潜力是无限的，只有在不断学习、不断实践中才能充分发掘出来。建设社会主义现代化强国，发展是第一要务，创新是第一动力，人才是第一资源。希望广大青年珍惜大好学习时光，求真学问，练真本领，更好为国争光、为民造福。

四是要力行，知行合一，做实干家。"纸上得来终觉浅，绝知此事要躬行。"学到的东西，不能停留在书本上，不能只装在脑袋里，而应该落实到行动上，做到知行合一、以知促行、以行求知，正所谓"知者行之始，行者知之成"。每一项事业，不论大小，都是靠脚踏实地、一点一滴干出来的。"道虽迩，不行不至；事虽小，不为不成。"这是永恒的道理。做人做事，最怕的就是只说不做，眼高手低。不论学习还是工作，都要面向实际、深入实践，实践出真知；都要严谨务实，一分耕耘一分收获，苦干实干。广大青年要努力成为有理想、有学问、有才干的实干家，在新时代干出一番事业。我在长期工作中最深切的体会就是：社会主义是干出来的。

同学们、老师们！

辛弃疾在一首词中写道："乘风好去，长空万里，直下看山河。"我说过："中国梦是历史的、现实的，也是未来的；是我们这一代的，更是青年一代的。中华民族伟大复兴的中国梦终将在一代代青年的接力奋斗中变为现实。"新时代青年要乘新时代春风，在祖国的万里长空放飞青春梦想，以社会主义建设者和接班人的使命担当，为全面建成小康社会、全面建设社会主义现代化强国而努力奋斗，让中华民族伟大复兴在我们的奋斗中梦想成真！

【赏析】

五四青年节前夕，习近平总书记再次来到青年中间，与青年学生谈理想、话奋斗，给予青年谆谆教诲和成长指引，饱含关怀，充满期待。党的十八大以来，习近平总书记在治国理政的繁忙日程中，总是把五四的时间留给青年，体现了我们党始终代表广大青年、赢得广大青年、依靠广大青年的远见卓识，体现了我们党领袖的深邃历史眼光和战略眼光，体现了青年工作事关党和国家全局和未来的特殊地位，是对广大青年的巨大鞭策，也是对广大青年工作者的极大鼓舞。

习近平总书记的重要讲话思想深邃、鞭辟入里，着眼培养社会主义建设者和接班人根本任务，深刻论述了"培养什么人""怎样培养人""青年如何健康成长"等重大问题，对当代青年提出了爱国、励志、求真、力行的明确要求。总书记指出，当代青年是同新时代共同前进的一代，既拥有广阔发展空间，也承载着伟大时代使命，深刻阐述了当代青年所处的历史方位。总书记指出，青年是国家的希望、民族的未来，衷心希望每一个青年都成为社会主义建设者和接班人，成为实现中华民族伟大复兴的生力军，深刻阐明了当代青年的前进方向。总书记指出，当代青年要忠于祖国、忠于人民，要立鸿鹄志、做奋斗者，要求真学问、练真本领，要知行合一、做实干家，深刻阐释了当代青年的成长路径。

第五节　知行合一　行知天下

项目一：实践基地参观——寿光蔬菜国际博览会

（一）实践目的

通过真正到实践基地参观，体验当地农业发展的先进水平。在实地参观的过程中，真正感受寿光人民的聪明才智，看到农业科技成果的运用，感受菜农的富裕，体会到人民的富裕和国家富强，以及我国社会文明和谐的休闲氛围。

（二）实践方案

（1）学校进行活动的宣传和组织，组建以青年大学生实践活动参观团。

（2）任课教师对此次实践活动进行方案的涉及，并且对学生进行实践活动的相关介绍及注意事项说明。

（3）组织学生进入实践基地进行参观，并拍照留念。

（4）任课教师对每次活动进行总结，布置同学撰写实践活动心得体会。

【参考资料】

寿光蔬菜国际博览会

中国（寿光）国际蔬菜科技博览会（简称"菜博会"）创办于 2000 年，由中华人民共和国农业部、中华人民共和国商务部、中华人民共和国科学技术部等部委与山东省人民政府联合主办，每年 4 月 20 日—5 月 20 日在山东寿光蔬菜高科技示范园定期举办。菜博会是经中华人民共和国商务部正式批准设立的年度例会，是国内的国际性蔬菜科技专业展会。

中国（寿光）国际蔬菜科技博览会是国内规模最大、最具影响力的国际性蔬菜产业品牌展会，被认定为国家 AAAAA 级专业展会。蔬菜高科技示范园获国家 4A 级景区授牌第十届中国（寿光）国际蔬菜科技博览会开幕式上举行了授牌仪式。至此，我市国家 4A 级旅游景区已有林海生态博览园和市蔬菜高科技示范园两家。市蔬菜高科技示范园位于洛城街道，占地 1 万亩，建于1999 年 8 月，是一处集科技开发、科普教育、技术培训、试验示范、种苗繁育等于一体的多功能蔬菜科技示范基地。2001 年，市蔬菜高科技示范园建设了寿光国际会展中心，成为第二届蔬菜博览会的主会场。

截至目前，蔬菜博览会已连续在市蔬菜高科技示范园举办十八届，展览展示先进农业技术和品种，提供丰富多样的经济交流平台，吸引了国内外大量宾客参会参展。自 2003 年第四届菜博会开始，市蔬菜高科技示范园所在的主展区 6 个展厅，除展示先进栽培模式和实用技术之外，富有创意地将蔬菜与景观结合，将科技与文化结合，向农业观光旅游跨出了一大步。此后，每届菜博会都会推出大量蔬菜创意景观，用生鲜果菜营造的小桥流水、亭台楼榭、绿色宫殿等田园风情的景观，向各方游客尽展"蔬菜大观园"的风姿。2005 年六届菜博会，参观人数首次超过百万，达到 106 万人次；2007 年第八届菜博会，农业观光迅速发展，参观人数达 146 万人次，本届开始，菜博会纳入山东省观光旅游著名景点；2008 年第九届菜博会参观人数创出新高，达到152 万人次。

市蔬菜高科技示范园成为国家 4A 级旅游景区后，将和周边的弥河生态农业观光园、中华牡丹园、三元朱村等衔接，形成我市城区周边农业观光旅游"圣地"，并与寿北的林海生态博览园、巨淀湖景区、羊口小清河北部湿地等景观互映，共同构建起我市极具特色的生态旅游线路，"中国优秀旅游城市"这块牌子将更显厚重。

【简评】

为了更好地培养适应地方发展的人才，突出人才服务地方的效应，推动地区发展，提高人民生活水平。潍坊科技学院积极强化与当地政府的合作。结合寿光当地经济发展的需求，以及每年 4—5 月召开国际蔬菜博览会的良好机会，潍坊科技学院积极与寿光市政府及菜博会组委会进行沟通协商，将菜博会 9 号厅发展成为自己学生的实习实训基地。以此为契机，农学院积极承担起了每年菜博会 9 号厅的布置安排任务和菜博会志愿服务任务。通过每年到菜博会 9 号厅的实习，学生们既增长了知识，又得到了锻炼，实现了人才特色培养和服务当地发展的有效结合。寿光市政府和潍坊科技学院积极合作，依托学院强大的人才优势，建立了校中园——寿光市软件园。寿光市委、市政府也积极出台优惠政策，支持软件园的发展。按照山东省委、省政府打造山东半岛蓝色经济区和建设黄河三角洲高效生态经济区的战略构想以及寿光市产业发展的实际，寿光市软件园将建设成为文化科技园、电子商务园和大学生创业园。对于当前高校来说，必须要重视利用当地资源，充分挖掘和当地政府的合作空间，以期将人才培养和当地服务结合起来，实现互利共赢。

项目二：参观陈少敏纪念馆

（一）活动目的

寿光陈少敏纪念馆是目前全国唯一一处陈少敏同志专题纪念馆，也是寿光市重要的爱国主义教育基地、党员干部党性教育基地、党风廉政教育基地、红色文化旅游旅游教育基地。让同学们通过参观陈少敏纪念馆，了解陈少敏波澜壮阔、跌宕起伏的传奇人生。从而进一步懂得我们今天富强民主文明和谐的生活来之不易，是无数革命先烈抛头颅洒热血换来的。学习陈少敏爱党爱国，刚正不阿的崇高品质。从而进一步提高自己热爱祖国、热爱人民、拥护中国共产党的思想觉悟，为实现中华民族的伟大复兴的中国梦作出应有的贡献。

（二）活动地点

陈少敏纪念馆。

（三）活动方案

1. 前期准备

（1）团总支宣传部及理论实践部全体成员共同商定活动方案及具体内容，并合理安排每项活动内容的时间，完成最终策划。

（2）根据每位成员的性格特点合理安排分工。

（3）提前派代表去考察行径路线。

（4）提前制作签到表。

（5）通知学团全体成员务必准时参加，如有特殊情况不能按时参加，需及时与活动主要负责人联系、沟通。

（6）统一佩戴学校的校牌，一展宝德风采。

2. 注意事项

（1）外出活动在出发前以及返程前需注意人员是否到齐，以确保活动中同学们的安全。

（2）学团的各位成员应积极配合工作人员的工作，以确保活动的顺利进行。

（3）参观时要保持良好的秩序，不要出现交头接耳，大声喧哗，在馆内吃东西等不好的现象。

（4）参观时应该严肃认真，以提高自身素质、加强文化涵养为目的。

（5）提醒每位同学把握自由参观的时间，以确保统一返程的时间无误。

（6）如果有意外情况的发生，务必第一时间告知部门负责人。

（四）活动成果

每位同学写出活动体会，并交流。

【背景资料】

杰 出 女 将

在经历过革命战争的老一代共产党员中，人称"陈大姐"的陈少敏享有很高的威信，毛泽东曾称赞她是"白区的红心女战士，无产阶级的贤妻良母"，在抗日战争和解放战争的沙场上，她又是一员杰出的女将，这位女革命家的高风亮节，多年来一直被人们怀念和称赞。

陈少敏这一名字，是参加革命后为秘密工作需要所起。这位女革命家原名孙进修，1902 年出生于山东寿光县农家。父亲曾于辛亥革命时从军当过连长，回乡后一边租佃田地耕种，一面教小学。陈少敏自小就随父读书，后来被送到教会学校，接触到西方的思想和一些科学知识。13 岁时，为解决家境困难，曾独自到青岛日本纱厂当过半年童工。19 岁时，家乡遇灾荒，父兄等因病饿死，陈少敏又步行 250 公里到青岛再当女工。过了两年牛马般的苦工生活后，陈少敏于 1923 年加入了邓恩铭等人组织的秘密工会，因参加罢工被厂方开除，又到潍坊进入美国人开办的文美女中读书，于 1927 年在校内秘密参加了共青团。1928 年，她转为共产党员，并奉派返回青岛领导工人运动。此时，陈少敏只有二十多岁，却因老成持重被同志普遍称为"陈大姐"。在北方的七年白区工作中，陈少敏坐过监狱，也忍受过丧夫亡女之痛。1935 年，她化名"老方"到冀鲁豫特委担任组织部长时，动员起成千农民起来斗争，还建立了一支300 人的游击队。反动政府惊恐之余，到处通缉"共党女匪首大脚老方"。

1937 年，陈少敏到延安中央党校学习后，同新婚丈夫一同南下工作。翌年，她到河南任省委组织部长，在确山县"红色竹沟"主办教导大队，并兼任游击队政委。不久，她率部东进与李先念会合，鄂豫独立游击支队编为新四军第五师，李先念任师长兼政委，陈少敏任副政委。这位在边区人称"女将军"的副政委还带头赤脚下田。"陈大姐，种白菜，又肥又大人人爱"的歌谣一时传遍中原地区。

解放战争开始后，陈少敏任中原局副书记兼中原军区副政委。部队被敌包围时，同志们劝她撤走，她却坚持留下。当蒋介石下令"活捉李先念、王震、陈少敏"之际，中原军区部队已奋勇冲出包围圈。在突围的千里征途上，陈少敏虽然患病，却挂着一根树棍坚持随队行军。

新中国成立以后，陈少敏担任全国纺织工会主席，曾发现和培养了郝建秀等女工典型，在党的八大上，她当选为中央委员。

项目三：参观寿光市博物馆

（一）活动目的

为了让广大学生更好地了解本地优秀历史文化遗产，弘扬优秀文化传统，感受寿光的成长和发展，学校决定开展"走进博物馆"集体参观活动。进一步加强学校和社会教育资源的整合，充分利用寿光博物馆的资源优势，充分发挥博物馆作为爱国主义教育基地和传承优秀传统文化窗口的宣传教育功能，不断加强大学生的思想道德建设，努力营造弘扬和培育民族精神的浓厚氛围。

（二）活动方案

1. 活动地点

寿光市博物馆。

2. 活动前准备工作

（1）由相关老师会同学生干部联系沟通博物馆等相关事宜。

（2）将参加活动的学生进行分组，分批次进入博物馆进行参观。

（3）班干部做好组织分工。

3. 活动要求

（1）学生有特殊情况可以不参加，但必须向班主任请假。

（2）学生一律穿校服，穿戴整洁。

（3）活动前各班要对学生做好安全意识教育，务必使每个学生牢牢树立安全意识，防范各种可能发生的情况，对于不服从安排的学生禁止其参加活动。

（4）整个参观过程中要遵守纪律，服从安排，听从带队老师指挥。

（5）讲文明懂礼貌，参观时不要大声喧哗，用心参观，认真听介绍。

（6）爱护环境，不准带吃零食。

（7）参观时注意珍惜和爱护文物。

（8）参加师生务必增强时间观念，按时集合；同时要求学生记牢所乘车号和位置。

（9）活动自始至终带队老师都要高度重视学生的安全问题。

4. 安全预案

（1）每个同学不能单独行动。

（2）每位同学保持通讯畅通。

（3）安排专人提前实地考察，确定活动方案，减少隐患。

（4）注意天气变化，适当增减衣服，避免感冒。

（5）注意交通、财物、人身安全。

（三）活动成果

（1）组织者写出新闻稿件。

（2）每位同学写出并交流观后感。

背景资料

鲁北地区的文物宝库——寿光市博物馆

寿光市博物馆位于寿光市金海南路 181 号，是一座综合性地方博物馆。1983 年 10 月，寿光县博物馆正式成立，1993 年，更名为寿光市博物馆。2009 年底，新馆建成并正式投入使用，建筑面积达 7 600 平方米，展厅面积 4 000 平方米。根据第一次全国可移动文物普查，寿光市博物馆馆藏文物超过 14 万套（件）。其中古钱币占很大比重，尤以齐刀、汉货泉和宋代铜钱最丰。馆藏陶器不仅数量大，精品多，在山东省县级博物馆也不多见。馆藏青铜器以古城街道"益都侯城"出土的纪国铜器在青铜文化中可谓佼佼者，计 64 件，其中 19 件有铭文，是研究纪国早期历史全国唯一的一批实物资料，弥足珍贵。此外，出土于纪台镇纪西刘村西"西兵冢"的战国玉璧和出土于吕家庄的汉镂孔立雕凤鸟熏炉；出土于圣城街道李二村的贾思伯及其夫人墓和北关遗址的唐二彩壶以及不同时期的佛教造像等等，都是馆藏文物中的精品。

博物馆基本陈列为"简史陈列"和"专题陈列"。前者展示了寿光自远古时期至清代不同时期的历史文物；后者则主要展示盐业、碑刻、红色文化、书画等内容。

近年来，寿光市文博事业取得丰硕成果。2009 年 3 月，寿光市博物馆参与发掘的双王城遗址获得 2008 年度全国十大考古发现。2009 年 9 月，又获得 2007—2008 年度国家文物局颁发的田野考古二等奖。2008 年、2011 年，分别获得省级古籍保护整理先进单位。2006 年、2011 年，分别获得潍坊市文博科研先进单位。2016 年 12 月，获得山东省第一次全国可移动文物普查工先进单位。

结　语

以中华优秀传统文化涵养社会主义核心价值观，重在推进中华优秀文化的创造性转化和创新性发展。习近平总书记指出："中华文化延续着我们国家和民族的精神血脉，既要薪火相传，代代守护，也需要与时俱进，推陈出新。"推进中华优秀传统文化的创造性转化和创新性发展，关键是要处理好继承与创新、转化与发展的关系。只有合理继承和发展、创新和转化，中华优秀传统文化才会焕发出强大生命力，源源不断地为社会主义核心价值观提供文化滋养，从而孕育发展成为一种与传统相对接、与社会主义相符合，与现代文明相融汇的新型现代文化。潍坊科技学院一直以传承创新农圣文化为己任，已连续举办了九届中华农圣文化国际研讨会，搭建了弘扬农圣文化的广阔平台。以农圣文化为特色加强优秀传统文化教育，2016 年农圣文化研究中心被确定为山东省高校十三五重点人文社会科学研究基地。我院对农圣文化的传承与创新是国际农业产业与文化的一次盛会，也是一次很有现实意义的学术活动，对中华农圣文化的传承创新，提高中国农业的国际竞争力，推动国际农业文化与产业的可持续发展，必将产生积极而深远的影响。我院着力打造以贾思勰《齐民要术》为载体的农圣文化科研平台，农圣文化研究中心与寿光齐民要术研究会合作，20 多年来，农圣研究成果已出版，被列为十三五国家出版局支持项目。中心研究成果是学院以农圣文化为特色的优秀传统文化育人模式创新实践的重要学术支撑，也是学院着力打造的文化品牌。

潍坊科技学院一直致力于《齐民要术》为代表的传统农耕文化经典研究，重点对中国传统农耕文化与"三农"之间的关系、影响与作用、传承与创新等系统、基础和应用性研究。通过对贾思勰农学思想全面、系统的深入研究，为实现传承中华传统农耕文化，创新现代农业发展不懈奋斗。

新时期、新形势下，不忘初心，牢记使命，铭记传统文化为国家带来的文化复兴，传承就是弘扬，中国优秀传统文化以独特的魅力，受到全人类的推崇，已经成为世界共有的精神财富，中国优秀传统文化源远流长，博大精深，农圣文化也是其中一颗璀璨的明珠，潍坊科技学院将继承优秀传统文化的稳定性和统一性，并创新其文化载体，丰富其文化内涵，造就更加繁荣的、富含时代特色的农圣文化。

参 考 文 献

[1] 朱熹. 四书章句集注 [M]. 北京：中华书局，1983.

[2] 南怀瑾. 南怀瑾选集第一卷，论语别裁 [M]. 上海：复旦大学出版社，2006.

[3] 杨伯峻. 孟子译注 [M]. 北京：中华书局，2010.

[4] 方勇等. 荀子 [M]. 北京：中华书局，2011.

[5] 王文锦. 礼记译解 [M]. 北京：中华书局，2016.

[6] 陈鼓应. 老子今注今译 [M]. 北京：商务印书馆，2016.

[7] 来知德集注，胡真校点. 周易 [M]. 上海：上海古籍出版社，2013.

[8] 寇方墀. 全本周易导读本. [M]. 北京：中华书局，2018.

[9] 老子撰，王弼注，楼宇烈校释. 老子道德经注校释 [M]. 北京：中华书局，2008.

[10] 毕沅校注，吴旭民标点. 墨子 [M]. 上海：上海古籍出版社，2014.

[11] 李兴军.《齐民要术》之农学文化思想内涵研究及解读 [M]. 北京：中国农业科学技术出版社，2017.

[12] 贾思勰著，缪启愉校释. 齐民要术校释 [M]. 北京：中国农业出版社，1998.

[13] 司马迁. 史记 [M]. 北京：中华书局，1982.

[14] 龚鹏程. 国学入门 [M]. 北京：北京大学出版社，2007.

[15] 毕宝魁，卞地诗. 国学基础二十四讲 [M]. 沈阳：东北大学出版社，2010.

[16] 王力. 古代汉语 [M]. 北京：中华书局，2008.

[17] 冯友兰. 中国哲学史 [M]. 北京：生活·读书·新知三联书店，2009.

[18] 杨树达. 论语疏证 [M]. 上海：上海古籍出版社，2013.

[19] 李凯. 孟子诠释思想研究 [M]. 北京：人民文学出版社，2015.

[20] 刘向撰，向宗鲁校证. 说苑校证 [M]. 北京：中华书局，1987.

[21] 俞绍初辑校. 建安七子集 [M]. 北京：中华书局，2016.

[22] 诸葛亮著，段熙仲、闻旭初编校. 诸葛亮集——中国思想史资料丛刊 [M]. 北京：中华书局，2014.

[23] 颜之推撰，刘彦捷、刘石注评. 颜氏家训注评 [M]. 北京：学苑出版社，2000.

[24] 窦学欣. 国学文化经典导读 [M]. 北京：中国华侨出版社，2016.

[25] 卞孝萱，张清华，阎琦. 韩愈评传 [M]. 南京：南京大学出版社，1998.

[26] 韩愈. 韩愈文集汇校笺注 [M]. 北京：中华书局，2018.

[27] 韩愈著，马其昶校注，马茂元整理. 韩昌黎文集校注 [M]. 上海：上海古籍出版社，2014.

［28］朱熹著，张洪、齐熙编，李孝国、董立平译注．朱子读书法［M］．天津：天津社会科学院出版社，2016.

［29］宋濂．宋濂文集［M］．杭州：浙江古籍出版社，2014.

［30］闻世震．郑板桥年谱编释［M］．沈阳：辽宁人民出版社，2014.

［31］郑板桥著，卞孝萱、卞岐编．郑板桥全集［M］．南京：凤凰出版社，2018.

［32］袁枚著，周本淳标校．小仓山房诗文集［M］．上海：上海古籍出版社，2009.

［33］王国维．人间词话汇编汇校汇评［M］．上海：上海三联书社，2013.

［34］贾思勰著，石声汉译注，石定枒、谭光万补注．齐民要术［M］．北京：中华书局，2015.

［35］中国文史出版社．二十五史·卷四［M］．北京：中国文史出版社，2003.

［36］荀况．荀子［M］．北京：北京燕山出版社，2001.

［37］胡平生、陈美兰译注．孝经礼记［M］．北京：中华书局，2007.

［38］于非．中国古代文学作品选［M］．北京：高等教育出版社，2001.

［39］方勇．墨子（中华经典名著全本全注全译丛书）［M］．北京：中华书局，2015.

［40］高华平，王齐洲，张三夕．韩非子（中华经典名著全本全注全译丛书）［M］．北京：中华书局，2012.

［41］王充．张宗祥校注．论衡校注［M］．上海：上海古籍出版社，2013.

［42］刘勰著．王志彬译注．文心雕龙［M］．北京：中华书局，2012.

［43］王守仁．王阳明集［M］．北京：中华书局，2016.

［44］韩非．徐翠兰译．韩非子［M］．太原：山西古籍出版社，2003.

［45］庄周．姚彦汝译．庄子［M］．北京：北京联合出版社，2015.

［46］于立文．唐宋八大家［M］．辽宁：辽海出版社．2015.

［47］陈鼓应．庄子今注今译［M］．北京：商务印书馆，2016.

［48］尚永亮，洪迎华．柳宗元集（名家精注精评本）［M］．南京：凤凰出版社，2014.

［49］郑园，陶文鹏．苏轼集（名家精注精评本）［M］．南京：凤凰出版社，2014.

［50］郁贤皓．中国古代文学作品选［M］．北京：高等教育出版社，2015.

［51］林家骊．楚辞译注［M］．北京：中华书局，2015.

［52］王国轩，王秀梅．孔子家语译注［M］．北京：中华书局，2016.

［53］高华平，王齐洲，张三夕．韩非子译注［M］．北京：中华书局，2015.

［54］司马迁．史记［M］．北京：中国文联出版社，2016.

［55］马克思，恩格斯．马克思恩格斯全集［M］．第1卷．北京：人民出版社，1995.

［56］毛泽东．毛泽东选集［M］．第2卷．北京：人民出版社，1991.

［57］邓小平．邓小平文集［M］．第2卷．北京：人民出版社，1991.

［58］习近平．习近平谈治国理政［M］．第2卷．北京：外文出版社，2017.

［59］习近平．习近平关于社会主义文化建设摘编［M］．北京：中央文献出版社，2017.

［60］习近平．决胜全面建成小康社会　夺取新时代中国特色社会主义伟大胜利［M］．北京：人民出版社，2017.

［61］贾思勰．齐民要术［M］．南京：江苏古籍出版社，2001.

［62］贾思勰，缪启愉，缪桂龙．齐民要术译注［M］．上海：上海古籍出版社，2009.

［63］罗国杰．中国道德传统［M］．北京：中国人民大学出版社，1995.

［64］刘玉瑛．社会主义核心价值观学习读本·公民篇［M］．北京：新华出版社，2015.

［65］黄明理．社会主义核心价值观研究丛书·友善篇［M］．南京：江苏人民出版社，2015.

［66］王文锦．大学中庸译注［M］．北京：中华书局，2008.

［67］杨伯峻．论语译注［M］．北京：中华书局，1980.

［68］陆建华．先秦诸子理学研究［M］．北京：人民出版社，2008.

［69］蒙文化．儒学五轮［M］．桂林：广西师范大学出版社，2007.

［70］石声汉．从齐民要术看中国古代的农业科学知识——整理齐民要术的初步总结［J］．西北农学院学报，1956（2）.

图书在版编目（CIP）数据

农圣文化与国学经典教育 / 李昌武主编 . —北京：
中国农业出版社，2019.8（2020.10 重印）
ISBN 978-7-109-25834-1

Ⅰ．①农… Ⅱ．①李… Ⅲ．①农业史－文化史－中国
Ⅳ．①S-092

中国版本图书馆 CIP 数据核字（2019）第 183234 号

中国农业出版社
地址：北京市朝阳区麦子店街 18 号楼
邮编：100125
责任编辑：赵　刚
版式设计：杜　然　责任校对：周丽芳
印刷：北京中兴印刷有限公司
版次：2019 年 8 月第 1 版
印次：2020 年 10 月北京第 2 次印刷
发行：新华书店北京发行所
开本：700mm×1000mm　1/16
印张：26.75
字数：450 千字
定价：68.00 元
